高等院校基础教育“十三五”规划教材

线性代数及应用

蒋诗泉 叶飞 钟志水 主编
谢国根 张齐 丁学平 黄新旭 副主编

LINEAR ALGEBRA AND ITS APPLICATIONS

人民邮电出版社
北京

图书在版编目（CIP）数据

线性代数及应用 / 蒋诗泉，叶飞，钟志水主编. --
北京 ：人民邮电出版社，2019.8（2023.8 重印）
高等院校基础教育“十三五”规划教材
ISBN 978-7-115-51353-3

Ⅰ. ①线… Ⅱ. ①蒋… ②叶… ③钟… Ⅲ. ①线性代数－高等学校－教材 Ⅳ. ①O151.2

中国版本图书馆CIP数据核字(2019)第142386号

内 容 提 要

本书内容充分体现“好用、实用、通用”的原则，在编写过程中以普通高等学校线性代数教学大纲和研究生入学考试大纲为依据，着眼于介绍线性代数的基本概念、基本原理、基本方法，淡化定理的理论证明，突出定理的应用价值．本书在结构、内容等安排上做了精心策划，尽量做到内容清晰、结构合理、层次分明、使用方便．本书共 6 章，包括行列式、矩阵、线性方程组、相似矩阵与二次型、线性空间与线性变换、MATLAB 在线性代数中的应用．

本书可以作为高等学校非数学类专业“线性代数”课程的教材，也可作为相关领域的技术人员或自学者的参考用书．

◆ 主　　编　蒋诗泉　叶　飞　钟志水
　副 主 编　谢国根　张　齐　丁学平　黄新旭
　责任编辑　刘海溧
　责任印制　焦志炜

◆ 人民邮电出版社出版发行　　北京市丰台区成寿寺路 11 号
　邮编　100164　　电子邮件　315@ptpress.com.cn
　网址　http://www.ptpress.com.cn
　北京联兴盛业印刷股份有限公司印刷

◆ 开本：787×1092　1/16
　印张：14.25　　　　2019 年 8 月第 1 版
　字数：338 千字　　　2023 年 8 月北京第 11 次印刷

定价：39.80 元

读者服务热线：(010)81055256　印装质量热线：(010)81055316
反盗版热线：(010)81055315

前　言

线性代数是高等院校经管类、理工类等专业的重要基础课之一，它是后续课程和现代科学技术的重要基础，在自然科学、经济管理、工程科技领域有着广泛的应用. 这门课程对培养学生创新思维和应用意识有着重要的作用.

编者在多年的线性代数教学和大学生数学建模竞赛辅导的基础上编写了本书，旨在为广大读者提供系统的线性代数知识及丰富的应用案例，真正体现线性代数的应用价值.

本书主要内容如下.

第一章为行列式. 本章介绍了 n 阶行列式的定义、行列式的基本性质、行列式的常用计算方法和克莱姆法则等内容，并给出了行列式的应用案例.

第二章为矩阵. 本章首先通过实例介绍了矩阵的背景，给出矩阵的概念，再介绍矩阵的运算及运算的性质、分块矩阵、逆矩阵、矩阵的初等变换和初等矩阵、矩阵的秩，最后给出矩阵在编制运输计划表和网络图中实际应用的案例.

第三章为线性方程组. 本章基于向量组相关理论，讨论一般线性方程组的解法、线性方程组解的存在性及线性方程组解的结构等内容，并给出线性方程组在任务分派和经济系统平衡中应用的案例.

第四章为相似矩阵与二次型. 本章首先介绍向量的内积、向量组正交化方法、正交矩阵、方阵的特征值与特征向量、相似矩阵、矩阵的对角化条件及实对称矩阵的对角化，然后介绍二次型化为标准形、正定二次型等问题，最后给出相似矩阵与二次型在约束最优化等实际问题中应用的案例.

第五章为线性空间与线性变换. 本章首先给出一般线性空间的概念与性质，然后给出基变换与坐标变换概念并介绍线性空间上的一种重要的对应关系——线性变换和线性变换的矩阵表示，最后给出线性空间与线性变换在密码学和平面图形变换等实际问题中应用的案例.

第六章为 MATLAB 在线性代数中的应用. 本章首先对 MATLAB 进行简单介绍，然后重点介绍 MATLAB 的矩阵运算和矩阵函数，最后通过食品配方、交通流量、成本核算等实例介绍 MATLAB 在线性代数中的应用.

本书具有以下主要特色.

第一，突出数学概念背景和实际应用. 对于每个概念尽量通过实例引入，使读者了解知识的脉络. 每一章专门增加一节应用实例，注重培养学生的数学应用意识，将数学建模的思想完全融入课程，并配有大量应用性习题.

第二，系统化的学习结构体系. 本书在每一章都给出该章的主要内容，在每一节都配有“课前导读”和“学习要求”，使学生快速了解该节的主要内容及该节的学习重点. 在每章后面都有该章知识点网络图、该章题型总结与分析、总习题(A)、总习题(B)，这些内容设置可帮助学生快速掌握该章的逻辑结构、重点内容、主要方法等.

第三，配有丰富的、多样化的例题和习题. 习题严格按照知识点的难易程度进行梯度安排，既有基础知识，也有提高知识. 每章的总习题部分专门设置为 A 组和 B 组两类. A 组强调基础，B 组强调提高，且很多习题都选自考研真题.

第四，MATLAB 应用于线性代数课程中. 为了帮助读者更好地了解书中的重要概念、定理、方法及其应用，本书专门设计了 MATLAB 在线性代数中的应用. 通过介绍 MATLAB 科学计算，使学生真正感受到数学的应用价值，知道如何应用数学并将数学与计算机进行无缝对接.

本书由蒋诗泉、叶飞、钟志水担任主编，谢国根、张齐、丁学平、黄新旭担任副主编. 各章编写分工：第一章由叶飞编写，第二章由丁学平编写，第三章由谢国根编写，第四章由张齐编写，第五章由蒋诗泉编写，第六章由钟志水编写. 黄新旭对部分习题进行了校对. 全书由蒋诗泉统稿.

本书在编写过程中得到了铜陵学院教务处、数学与计算机学院的各位领导和老师的大力支持，在此表示由衷的感谢！本书编写过程中参考的相关书籍均列于参考文献中，在此也向有关作者表示真诚的感谢！

编　者

2019 年 5 月

目　录

第一章 行列式

行列式是数学家莱布尼茨提出的，它源于线性方程组的求解，起初只是作为线性方程组解的一种速记符号. 在很长一段时间内，行列式只是作为解线性方程组的一种工具被使用，后来，行列式才单独形成一门理论并得到进一步研究. 在对行列式的研究中，数学家麦克劳林、克莱姆、范德蒙、拉普拉斯、柯西和雅克比等都做出了杰出的贡献，持续推动了行列式理论的发展. 其中，雅克比的著名论文《论行列式的形成和性质》总结了行列式的发展，标志着行列式系统理论的建立. 就线性代数而言，行列式既是线性代数中最基本的内容之一，也是我们用来分析和解决线性代数中其他问题的工具. 本章主要介绍了 n 阶行列式的定义、行列式的基本性质、行列式的常用计算方法和克莱姆法则等内容.

第一节 行列式概念的引进

【课前导读】

在求解二元或三元一次线性方程组时，通过高斯消元法，不难发现方程组的解可以用方程组的系数和常数项来表示，但想强行记住这些表达式是很不容易的，特别是对于三元一次线性方程组. 为此，行列式作为一种速记符号被引入. 通过行列式符号，可使方程组解的表达式更加简洁和规整，更便于使用.

【学习要求】

1. 了解二元和三元线性方程组的解与方程组系数和常数项之间的关系.

2. 理解二阶和三阶行列式的概念和它们所表示的代数和.

3. 掌握二阶和三阶行列式的对角线规则，并能使用对角线规则来计算二阶和三阶行列式.

一、二阶行列式

设有二元一次线性方程组

$$\begin{cases} a_{11}x_1+a_{12}x_2=b_1, \\ a_{21}x_1+a_{22}x_2=b_2, \end{cases} \tag{1-1}$$

当 $a_{11}a_{22}-a_{12}a_{21}\neq 0$ 时，由高斯消元法可得线性方程组(1-1)的唯一解

$$\begin{cases} x_1=\dfrac{b_1a_{22}-a_{12}b_2}{a_{11}a_{22}-a_{12}a_{21}}, \\ x_2=\dfrac{a_{11}b_2-b_1a_{21}}{a_{11}a_{22}-a_{12}a_{21}}. \end{cases} \tag{1-2}$$

可以看出，线性方程组的解(1-2)由线性方程组的系数和常数项构成. 若想强行记住这些表达式，是不容易的. 为了便于记忆，人们引进符号

$$\begin{vmatrix} a_{11} & a_{12} \\ a_{21} & a_{22} \end{vmatrix}$$

来表示代数式 $a_{11}a_{22}-a_{12}a_{21}$，并称这个符号为**二阶行列式**. 通常，二阶行列式的计算可用图 1-1 表示.

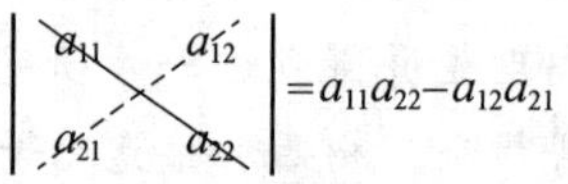

图 1-1　二阶行列式对角线规则

基于上述二阶行列式的概念，代数式 $b_1a_{22}-a_{12}b_2$ 和 $a_{11}b_2-b_1a_{21}$ 可分别记为

$$D_1=\begin{vmatrix} b_1 & a_{12} \\ b_2 & a_{22} \end{vmatrix},\ D_2=\begin{vmatrix} a_{11} & b_1 \\ a_{21} & b_2 \end{vmatrix},$$

因此，当行列式

$$D=\begin{vmatrix} a_{11} & a_{12} \\ a_{21} & a_{22} \end{vmatrix}\neq 0$$

时，线性方程组(1-1)的解可表示为

$$x_1=\frac{D_1}{D},\ x_2=\frac{D_2}{D}, \tag{1-3}$$

其中，D 由方程组的系数构成，称之为**系数行列式**. 将 D 的第一列换成方程组的常数项可得 D_1，将 D 的第二列换成方程组的常数项可得 D_2. 显然，式(1-3)比式(1-2)更便于记忆和使用.

例 1　解二元一次线性方程组

$$\begin{cases} x_1+x_2=7, \\ 3x_1+x_2=17. \end{cases}$$

解　根据给定的线性方程组，可知

$$D=\begin{vmatrix} 1 & 1 \\ 3 & 1 \end{vmatrix}=-2\neq 0,\ D_1=\begin{vmatrix} 7 & 1 \\ 17 & 1 \end{vmatrix}=-10,\ D_2=\begin{vmatrix} 1 & 7 \\ 3 & 17 \end{vmatrix}=-4.$$

因为系数行列式 $D\neq 0$，所以方程组存在唯一解

$$x_1=\frac{D_1}{D}=5,\ x_2=\frac{D_2}{D}=2.$$

二、三阶行列式

设有三元一次线性方程组

$$\begin{cases} a_{11}x_1+a_{12}x_2+a_{13}x_3=b_1, \\ a_{21}x_1+a_{22}x_2+a_{23}x_3=b_2, \\ a_{31}x_1+a_{32}x_2+a_{33}x_3=b_3, \end{cases} \tag{1-4}$$

当 $a_{11}a_{22}a_{33}+a_{12}a_{23}a_{31}+a_{13}a_{21}a_{32}-a_{11}a_{23}a_{32}-a_{12}a_{21}a_{33}-a_{13}a_{22}a_{31}\neq 0$ 时，由高斯消元法可得线性方程组(1-4)的唯一解

$$\begin{cases} x_1=\dfrac{b_1a_{22}a_{33}+a_{12}a_{23}b_3+a_{13}b_2a_{32}-b_1a_{23}a_{32}-a_{12}b_2a_{33}-a_{13}a_{22}b_3}{a_{11}a_{22}a_{33}+a_{12}a_{23}a_{31}+a_{13}a_{21}a_{32}-a_{11}a_{23}a_{32}-a_{12}a_{21}a_{33}-a_{13}a_{22}a_{31}}, \\ x_2=\dfrac{a_{11}b_2a_{33}+b_1a_{23}a_{31}+a_{13}a_{21}b_3-a_{11}a_{23}b_3-b_1a_{21}a_{33}-a_{13}b_2a_{31}}{a_{11}a_{22}a_{33}+a_{12}a_{23}a_{31}+a_{13}a_{21}a_{32}-a_{11}a_{23}a_{32}-a_{12}a_{21}a_{33}-a_{13}a_{22}a_{31}}, \\ x_3=\dfrac{a_{11}a_{22}b_3+a_{12}b_2a_{31}+b_1a_{21}a_{32}-a_{11}b_2a_{32}-a_{12}a_{21}b_3-b_1a_{22}a_{31}}{a_{11}a_{22}a_{33}+a_{12}a_{23}a_{31}+a_{13}a_{21}a_{32}-a_{11}a_{23}a_{32}-a_{12}a_{21}a_{33}-a_{13}a_{22}a_{31}}. \end{cases} \tag{1-5}$$

可以看出，线性方程组的解(1-5)也由线性方程组的系数和常数项构成. 相对于二元一次线性方程组，若想记住这些表达式，更不容易. 同样地，为了便于记忆和使用，人们引进了符号

$$D=\begin{vmatrix} a_{11} & a_{12} & a_{13} \\ a_{21} & a_{22} & a_{23} \\ a_{31} & a_{32} & a_{33} \end{vmatrix}$$

来表示代数式

$$a_{11}a_{22}a_{33}+a_{12}a_{23}a_{31}+a_{13}a_{21}a_{32}-a_{11}a_{23}a_{32}-a_{12}a_{21}a_{33}-a_{13}a_{22}a_{31},$$

并称这个符号为**三阶行列式**. 通常，三阶行列式的计算可用图 1-2 所示的**对角线规则**(也称为**沙流氏规则**)来记忆.

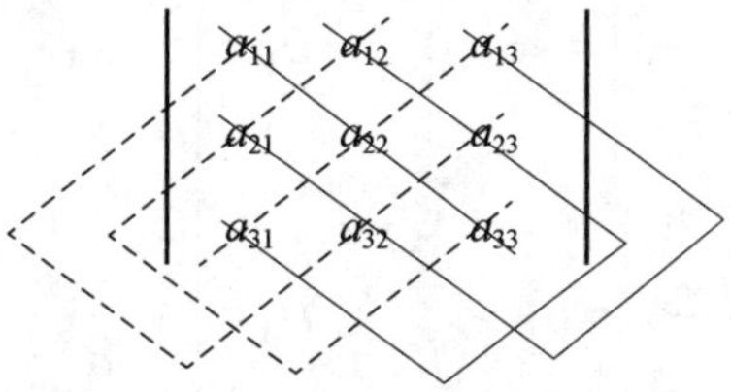

图 1-2　三阶行列式对角线规则

基于上述三阶行列式的概念，代数式

$$b_1a_{22}a_{33}+a_{12}a_{23}b_3+a_{13}b_2a_{32}-b_1a_{23}a_{32}-a_{12}b_2a_{33}-a_{13}a_{22}b_3,$$

$$a_{11}b_2a_{33}+b_1a_{23}a_{31}+a_{13}a_{21}b_3-a_{11}a_{23}b_3-b_1a_{21}a_{33}-a_{13}b_2a_{31},$$

$$a_{11}a_{22}b_3+a_{12}b_2a_{31}+b_1a_{21}a_{32}-a_{11}b_2a_{32}-a_{12}a_{21}b_3-b_1a_{22}a_{31}$$

可分别记为

$$D_1=\begin{vmatrix} b_1 & a_{12} & a_{13} \\ b_2 & a_{22} & a_{23} \\ b_3 & a_{32} & a_{33} \end{vmatrix},\ D_2=\begin{vmatrix} a_{11} & b_1 & a_{13} \\ a_{21} & b_2 & a_{23} \\ a_{31} & b_3 & a_{33} \end{vmatrix},\ D_3=\begin{vmatrix} a_{11} & a_{12} & b_1 \\ a_{21} & a_{22} & b_2 \\ a_{31} & a_{32} & b_3 \end{vmatrix},$$

其中，D 由方程组的系数构成，称之为系数行列式. 将 D 的第一列换成方程组的常数项可得 D_1，将 D 的第二列换成方程组的常数项可得 D_2，将 D 的第三列换成方程组的常数项可得 D_3.

因此，当行列式

$$D=\begin{vmatrix} a_{11} & a_{12} & a_{13} \\ a_{21} & a_{22} & a_{23} \\ a_{31} & a_{32} & a_{33} \end{vmatrix}\neq 0$$

时，线性方程组(1-4)的解可表示为

$$x_1=\frac{D_1}{D},\ x_2=\frac{D_2}{D},\ x_3=\frac{D_3}{D}. \tag{1-6}$$

例 2　用对角线规则计算行列式

$$D=\begin{vmatrix} 1 & 2 & 1 \\ 3 & 1 & 0 \\ 2 & 3 & 2 \end{vmatrix}.$$

解　$D=1\times1\times2+2\times0\times2+1\times3\times3-1\times1\times2-2\times3\times2-1\times0\times3=-3.$

例 3　解三元一次线性方程组

$$\begin{cases} 2x_1-x_2+3x_3=5, \\ 3x_1+x_2-5x_3=5, \\ 4x_1-x_2+x_3=9. \end{cases}$$

解　根据给定的线性方程组，可知

$$D=\begin{vmatrix} 2 & -1 & 3 \\ 3 & 1 & -5 \\ 4 & -1 & 1 \end{vmatrix}=-6\neq 0,\quad D_1=\begin{vmatrix} 5 & -1 & 3 \\ 5 & 1 & -5 \\ 9 & -1 & 1 \end{vmatrix}=-12,$$

$$D_2=\begin{vmatrix} 2 & 5 & 3 \\ 3 & 5 & -5 \\ 4 & 9 & 1 \end{vmatrix}=6,\quad D_3=\begin{vmatrix} 2 & -1 & 5 \\ 3 & 1 & 5 \\ 4 & -1 & 9 \end{vmatrix}=0.$$

因为系数行列式 $D\neq 0$，所以方程组存在唯一解

$$x_1=\frac{D_1}{D}=2,\ x_2=\frac{D_2}{D}=-1,\ x_3=\frac{D_3}{D}=0.$$

在上文中，我们介绍了二阶和三阶行列式，并使用对角线规则来记忆它们所表示的代数式. 下面我们来介绍一类特殊情形——一阶行列式. 显然，一阶行列式只有一行一列，一般记为 a，不记为 $|a|$，以免和 a 的绝对值 $|a|$ 混淆.

另外，需要指出的是，我们现在所使用的行列式表示法主要归功于柯西和凯莱. 柯西第一个把行列式的元素排成方阵，并采用双足标记法，形成有序的行和列，凯莱第一个对方阵两边加上竖线，最终形成了现在的行列式表示法.

综上所述，我们介绍了一阶、二阶和三阶行列式的符号记法以及对角线规则. 自然地，人们会联想到 n 阶行列式. 为了从理论上系统地介绍 n 阶行列式，我们先要学习和掌握与排列相关的概念、运算和性质.

习题 1-1

1. 用对角线规则计算下列二阶行列式：

（1）$\begin{vmatrix} \sin x & \cos x \\ -\cos x & \sin x \end{vmatrix}$；　（2）$\begin{vmatrix} \sin x & \sin y \\ \cos x & \cos y \end{vmatrix}$；　（3）$\begin{vmatrix} \cos x & \sin x \\ \sin x & \cos x \end{vmatrix}$；

（4）$\begin{vmatrix} \arcsin x & \arccos x \\ -1 & 1 \end{vmatrix}$$(-1\leqslant x\leqslant 1)$；

（5）$\begin{vmatrix} \log_a b & 1 \\ 1 & \log_b a \end{vmatrix}$$(a>0$ 且 $a\neq 1$；$b>0$ 且 $b\neq 1)$.

2. 用对角线规则计算下列三阶行列式：

（1）$\begin{vmatrix} 4 & 9 & 2 \\ 3 & 5 & 7 \\ 8 & 1 & 6 \end{vmatrix}$；　（2）$\begin{vmatrix} 3 & 1 & 4 \\ 4 & 3 & 1 \\ 1 & 4 & 3 \end{vmatrix}$；

（3）$\begin{vmatrix} 0 & a & b \\ -a & 0 & c \\ -b & -c & 0 \end{vmatrix}$；　（4）$\begin{vmatrix} 1 & 1 & 1 \\ x & y & z \\ x^2 & y^2 & z^2 \end{vmatrix}$.

3. 用行列式解线性方程组：

（1）$\begin{cases} 3x_1-x_2=11, \\ x_1+x_2=5; \end{cases}$　（2）$\begin{cases} x_1+2x_2-8x_3=0, \\ 2x_1-x_2+3x_3=5, \\ 2x_1-2x_3=0. \end{cases}$

4. 解方程 $\begin{vmatrix} 1+x & 1 & 1 \\ 1 & 1+x & 1 \\ 1 & 1 & 1+x \end{vmatrix}=0$.

5. 证明等式 $\begin{vmatrix} a & b & c \\ c & a & b \\ b & c & a \end{vmatrix}=a^3+b^3+c^3-3abc$.

第二节　排列

【课前导读】

为了从理论上系统地介绍 n 阶行列式的定义，本节介绍了排列、逆序数、排列的奇偶性和对换等概念，讨论了对换对排列奇偶性的影响，并分析了 n 阶排列中奇偶排列的数量关系. 同时，为了更好地理解排列等概念，本节还介绍了加法原理和乘法原理.

【学习要求】

1. 了解加法原理与乘法原理.

2. 理解关于排列奇偶性的两个定理及证明.

3. 掌握排列逆序数的计算方法.

一、加法原理和乘法原理

加法原理和乘法原理是在大量观察、实践的基础上，经过归纳、概括而得出的. 加法原理与分类有关，乘法原理与分步有关，它们是分析处理排列组合等问题的基本原理. 下面对它们作一个简单的介绍.

加法原理：如果完成一件事情共有 n 类方法，在第一类方法中有 m_1 种不同的方法，在第二类方法中有 m_2 种不同的方法，…，在第 n 类方法中有 m_n 种不同的方法，那么完成这件事情共有 $m_1+m_2+\cdots+m_n$ 种不同的方法.

乘法原理：如果完成一件事件需要分成 n 步，在第一步中有 m_1 种不同的方法，在第二步中有 m_2 种不同的方法，…，在第 n 步中有 m_n 种不同的方法，那么完成这件事情共有 $m_1m_2\cdots m_n$ 种不同的方法.

例 4　在所有的两位数中，个位数大于十位数的两位数共有多少个?

解　据题意，可按个位数分别为 2,3,4,5,6,7,8,9 将所求的两位数分成 8 类. 在每一类中，满足条件的两位数分别有 1 个、2 个、3 个、4 个、5 个、6 个、7 个、8 个. 根据加法原理，满足条件的两位数共有

$$1+2+3+4+5+6+7+8=36(\text{个}).$$

例 5　将 n 个球随机地放入 $N(N\geqslant n)$ 个盒子中，且每个盒子内至多只有一个球，问共有多少种放法?

解　将 n 个球随机地放入 N 个盒子中，共需分成 n 步，先放第一个球，再放第二个球，…，最后放第 n 个球. 由题意知，第一个球有 N 种放法，第二个球有 $N-1$ 种放法，…，第 n 个球有 $N-n+1$ 种放法. 根据乘法原理共有 $N(N-1)\cdots(N-n+1)$ 种放法.

二、排列及其逆序数

定义 1-1　由 n 个数码 $1,2,\cdots,n$ 组成的一个 n 元有序数组 $i_1i_2\cdots i_n$ 称为一个 **n 阶全排列**(简称排列).

在排列 $i_1i_2\cdots i_n$ 中，$i_1,i_2,\cdots,i_n$ 可以表示数码 $1,2,\cdots,n$ 中的任意一个，且两两不相等. 例如，在五阶排列 53421 中，$i_1=5$，$i_2=3$，$i_3=4$，$i_4=2$，$i_5=1$.

根据乘法原理，n 个数码 $1,2,\cdots,n$ 共构成 $n!$ 个排列. 其中，排列 $12\cdots n$ 中的数码由左到右是按从小到大的自然顺序排列的，我们称这样的排列为标准排列. 显然，在所有的 n 阶排列中，只有一个标准排列，而其余的 n 阶排列都或多或少地破坏了自然顺序. 例如，在五阶排列 53421 中，5 和 3，5 和 4，5 和 2，5 和 1，3 和 2，3 和 1，4 和 2，4 和 1，2 和 1 的顺序都与自然顺序相反. 下面使用逆序和逆序数来描述和统计这种现象.

定义 1-2　在一个 n 阶排列 $i_1i_2\cdots i_n$ 中，如果一对数的排列顺序与自然顺序相反，即排在左边的数比排在右边的数大，那么就称它们为一个**逆序**. 一个排列中，逆序的总数称为排列的**逆序数**，记为 $\tau(i_1i_2\cdots i_n)$.

通常，我们使用枚举法来计算排列 $i_1i_2i_3\cdots i_{n-1}i_n$ 的逆序数. 首先分析 i_1 与 $i_2,i_3,\cdots,i_{n-1},i_n$ 是否构成逆序，并计数为 m_1；然后分析 i_2 与 $i_3,\cdots,i_{n-1},i_n$ 是否构成逆序，并计数为 m_2；依次类推，最后分析 i_{n-1} 与 i_n 是否构成逆序，并计数为 m_{n-1}，从而可得

$$\tau(i_1i_2\cdots i_n)=m_1+m_2+\cdots+m_{n-1}.$$

例 6　求五阶排列 53421 的逆序数.

解　$\tau(53421)=4+2+2+1=9$.

例 7　求 n 阶排列 $123\cdots(n-1)n$ 和 $n(n-1)\cdots321$ 的逆序数.

解　$\tau(123\cdots(n-1)n)=0+0+0+\cdots+0=0$,

$$\tau(n(n-1)\cdots321)=(n-1)+(n-2)+\cdots+2+1=\frac{n(n-1)}{2}.$$

定义 1-3　逆序数为偶数的排列称为偶排列，逆序数为奇数的排列称为奇排列.

例如，排列 53421 为奇排列，排列 $123\cdots(n-1)n$ 为偶排列，排列 $n(n-1)\cdots321$ 的奇偶性与 n 有关.

定义 1-4　在一个排列 $i_1\cdots i_s\cdots i_t\cdots i_n$ 中，只交换其中数码 i_s 和 i_t 的位置，其余数码保持不动，可以得到一个新排列 $i_1\cdots i_t\cdots i_s\cdots i_n$，对排列施行的这种运算称为**对换**，一般使用符号(i_s,i_t)表示. 若交换的数码处于相邻位置，则称该对换为**相邻对换**.

例如，$53421\xrightarrow{(3,2)}52431$.

显然，非相邻对换可以通过若干次相邻对换逐步实现. 另外，一个 n 阶排列经过对换后还是 n 阶排列，不会改变排列的阶数，从这个意义上来说，对换是封闭的.

定理 1-1　一次对换会改变排列的奇偶性.

证明　(1) 先考虑相邻对换的情形. 假设原排列为 $i_1\cdots i_sabj_1\cdots j_t$，经过相邻对换$(a,b)$后，得到一个新排列 $i_1\cdots i_sbaj_1\cdots j_t$.

显然，新排列相对于原排列，数码相对位置发生变化的只有数码 a 和 b. 这就是说，在原排列 $i_1\cdots i_sabj_1\cdots j_t$ 中，若数码 a 和 b 构成逆序，则在新排列 $i_1\cdots i_sbaj_1\cdots j_t$ 中，数码 b 和 a 不构成逆序. 反之亦然. 从而

$$\tau(i_1\cdots i_sbaj_1\cdots j_t)=\tau(i_1\cdots i_sabj_1\cdots j_t)\pm1,$$

可见，一次相邻对换会改变排列的奇偶性.

(2) 再考虑非相邻对换的情形. 假设原排列为 $i_1\cdots i_sak_1\cdots k_rbj_1\cdots j_t$，经过对换$(a,b)$后，得到一个新排列 $i_1\cdots i_sbk_1\cdots k_raj_1\cdots j_t$，这里 $r\geqslant1$. 不难看出，非相邻对换可以经过 $2r+1$ 次相邻对换实现，具体路径如下：

$$i_1\cdots i_sak_1\cdots k_rbj_1\cdots j_t\xrightarrow{r+1\text{ 次相邻对换}}i_1\cdots i_sbak_1\cdots k_rj_1\cdots j_t\xrightarrow{r\text{ 次相邻对换}}i_1\cdots i_sbk_1\cdots k_raj_1\cdots j_t,$$

显然，$2r+1$ 为奇数，由(1)知奇数次相邻对换也改变了排列的奇偶性. 可见，一次非相邻对换会改变排列的奇偶性.

综上(1)和(2)可得，一次对换会改变排列的奇偶性.

定理 1-2　在所有 $n(n\geqslant2)$ 阶排列中，奇排列和偶排列各占一半，即各有$\frac{n!}{2}$个.

证明　易知所有 n 阶排列共有 $n!$ 个，用 A 表示所有 n 阶奇排列构成的集合，用 B 表示所有 n 阶偶排列构成的集合，并用$|A|$和$|B|$分别表示集合 A 和 B 中元素的个数.

若对所有的 n 阶排列进行一次相同的对换，则集合 A 中所有奇排列都变成了偶排列. 由假设知，在所有 n 阶排列中，偶排列共有 $|B|$ 个，从而可得 $|A|\leqslant|B|$，同理可得 $|B|\leqslant|A|$，从而有 $|A|=|B|=\frac{n!}{2}$.

习题 1-2

1. 用 1,2,3,4,5,6 这 6 个数字，问：

(1) 总共可以组成多少个允许有重复数字的 6 位数？

(2) 总共可以组成多少个允许有重复数字的 6 位的偶数？

(3) 总共可以组成多少个没有重复数字的 6 位数？

2. 求下列排列的逆序数：

(1) 162435；　　(2) 293674518；

(3) 7635421；　　(4) $135\cdots(2n-1)246\cdots2n$.

3. 试确定数码 i 和 j 的值，使得六阶排列：

(1) $63i5j1$ 成为奇排列；　　(2) $3i26j5$ 成为偶排列.

4. 设 $i_1i_2\cdots i_{n-1}i_n$ 为一个 n 阶排列，证明：

$$\tau(i_1i_2\cdots i_{n-1}i_n)+\tau(i_ni_{n-1}\cdots i_2i_1)=\frac{n(n-1)}{2}.$$

5. 求证：

(1) 一个 n 阶奇排列 $i_1i_2\cdots i_{n-1}i_n$，经过奇数次对换变成标准排列 $12\cdots(n-1)n$；

(2) 一个 n 阶偶排列 $i_1i_2\cdots i_{n-1}i_n$，经过偶数次对换变成标准排列 $12\cdots(n-1)n$.

第三节　n 阶行列式

【课前导读】

在第一节中，我们介绍了二阶和三阶行列式，并使用对角线规则来计算它们所表示的代数和. 值得注意的是，对角线规则并不适用于四阶以上(包括四阶)行列式的计算. 在本节中，我们从理论上系统地介绍了 n 阶行列式的定义，它表示所有取自不同行、不同列元素乘积的代数和，并给出了代数和的一种数学表达式. 同时，我们使用行列式的定义分析了一些特殊行列式的值. 其中，上三角形行列式在行列式的计算中起着非常重要的作用. n 阶行列式的定义是本章中一个基本而重要的概念，是行列式所有相关理论的基石.

【学习要求】

1. 了解 n 阶行列式的定义.

2. 理解 n 阶行列式定义的一种数学表达式.

3. 掌握使用行列式定义计算行列式的思路和方法.

一、n 阶行列式定义

在第一节中，我们介绍了二阶和三阶行列式，并给出了计算二阶和三阶行列式的对角线规则. 从中可以看出二阶和三阶行列式都表示其元素按照一定规则构成的代数和. 事实上，这种规则可以推广到一般的 n 阶行列式. 下面具体介绍 n 阶行列式的定义.

定义 1-5 由 n^2 个元素 $a_{ij}(i,j=1,2,\cdots,n)$ 组成的符号

$$\begin{vmatrix} a_{11} & a_{12} & \cdots & a_{1n} \\ a_{21} & a_{22} & \cdots & a_{2n} \\ \vdots & \vdots & \ddots & \vdots \\ a_{n1} & a_{n2} & \cdots & a_{nn} \end{vmatrix}$$

称为 **n 阶行列式**. 它表示所有取自不同行不同列的 n 个元素乘积的代数和. 其中，代数和可表示为

$$\begin{vmatrix} a_{11} & a_{12} & \cdots & a_{1n} \\ a_{21} & a_{22} & \cdots & a_{2n} \\ \vdots & \vdots & \ddots & \vdots \\ a_{n1} & a_{n2} & \cdots & a_{nn} \end{vmatrix} = \sum_{j_1j_2\cdots j_n} (-1)^{\tau(j_1j_2\cdots j_n)} a_{1j_1}a_{2j_2}\cdots a_{nj_n}. \tag{1-7}$$

代数和的数学表达方式有多种，式(1-7)只是其中的一种. 在这种表达方式下，需要把选自不同行不同列的 n 个元素先按行标由小到大的顺序排列好，然后相应的列标便构成了一个 n 阶排列，最后通过计算这个排列的逆序数来决定这 n 个元素乘积前面的正负号.

例 8 计算行列式

$$D=\begin{vmatrix} 0 & 1 & 0 & 0 \\ 2 & 0 & 0 & 0 \\ 0 & 0 & 3 & 0 \\ 0 & 0 & 0 & 4 \end{vmatrix}.$$

解 根据行列式的定义有

$$D=\sum_{j_1j_2j_3j_4} (-1)^{\tau(j_1j_2j_3j_4)} a_{1j_1}a_{2j_2}a_{3j_3}a_{4j_4},$$

由行列式 D 的结构可知，只有当 $j_1=2$，$j_2=1$，$j_3=3$，$j_4=4$ 时，元素 a_{1j_1}，a_{2j_2}，a_{3j_3}，a_{4j_4} 才不全为零，其他任意 4 个取自不同行不同列元素的乘积都为零. 因此

$$D=(-1)^{\tau(2134)}\times1\times2\times3\times4=-24.$$

例 9 求证：若 n 阶行列式 D 中有一行元素全为零，则此行列式的值为零.

证明 根据 n 阶行列式的定义有

$$D=\sum_{j_1j_2\cdots j_n} (-1)^{\tau(j_1j_2\cdots j_n)} a_{1j_1}a_{2j_2}\cdots a_{nj_n},$$

由题意知，$a_{1j_1},a_{2j_2},\cdots,a_{nj_n}$ 中至少有一个元素为零，可见所有取自不同行不同列的 n 个元素的乘积皆为零. 所以此行列式 D 的值为零.

例 10　根据行列式的定义求下列函数三次项的系数：

$$f(x)=\begin{vmatrix} x+1 & 2 & -1 \\ 2 & 2x+1 & 1 \\ -1 & 1 & 3x+1 \end{vmatrix}.$$

解　根据行列式的定义有

$$f(x)=\sum_{j_1j_2j_3}(-1)^{\tau(j_1j_2j_3)}a_{1j_1}a_{2j_2}a_{3j_3},$$

显然，函数 $f(x)$ 为一元三次函数，且只有当 $j_1=1$，$j_2=2$，$j_3=3$ 时，才能产生含 x^3 的项. 因此，函数 $f(x)$ 三次项的系数为 $(-1)^{\tau(123)}\times1\times2\times3$，即三次项的系数为 6.

二、几类特殊的行列式

在行列式的计算中，上三角形行列式起着非常重要的作用. 下面主要介绍上三角形行列式、下三角形行列式、对角形行列式、斜上三角形行列式、斜下三角形行列式和斜对角线行列式的概念、计算方法及结果.

例 11　计算上三角形行列式

$$D_n=\begin{vmatrix} a_{11} & a_{12} & \cdots & a_{1n} \\ 0 & a_{22} & \cdots & a_{2n} \\ \vdots & \vdots & \ddots & \vdots \\ 0 & 0 & \cdots & a_{nn} \end{vmatrix}.$$

解　根据行列式的定义有

$$D_n=\sum_{j_1j_2\cdots j_n}(-1)^{\tau(j_1j_2\cdots j_n)}a_{1j_1}a_{2j_2}\cdots a_{nj_n},$$

由行列式 D_n 的结构可知，只有当 $j_1=1, j_2=2, \cdots, j_n=n$ 时，$a_{1j_1}, a_{2j_2}, \cdots, a_{nj_n}$ 才不全为零，其他任意 n 个取自不同行不同列元素的乘积都为零. 因此

$$D=(-1)^{\tau(12\cdots n)}\times a_{11}\times a_{22}\times\cdots\times a_{nn}=a_{11}a_{22}\cdots a_{nn}.$$

同理，可得下三角形行列式

$$\begin{vmatrix} a_{11} & 0 & \cdots & 0 \\ a_{21} & a_{22} & \cdots & 0 \\ \vdots & \vdots & \ddots & \vdots \\ a_{n1} & a_{n2} & \cdots & a_{nn} \end{vmatrix}=a_{11}a_{22}\cdots a_{nn}.$$

同理，可得对角形行列式

$$\begin{vmatrix} a_{11} & 0 & \cdots & 0 \\ 0 & a_{22} & \cdots & 0 \\ \vdots & \vdots & \ddots & \vdots \\ 0 & 0 & \cdots & a_{nn} \end{vmatrix}=a_{11}a_{22}\cdots a_{nn}.$$

例 12　计算斜上三角形行列式

$$D=\begin{vmatrix} a_{11} & a_{12} & \cdots & a_{1n-1} & a_{1n} \\ a_{21} & a_{22} & \cdots & a_{2n-1} & 0 \\ \vdots & \vdots & \ddots & \vdots & \vdots \\ a_{n-11} & a_{n-12} & \cdots & 0 & 0 \\ a_{n1} & 0 & \cdots & 0 & 0 \end{vmatrix}.$$

解　根据行列式的定义有

$$D=\sum_{j_1j_2\cdots j_n}(-1)^{\tau(j_1j_2\cdots j_n)}a_{1j_1}a_{2j_2}\cdots a_{nj_n},$$

由行列式 D 的结构可知，只有当 $j_1=n,j_2=n-1,\cdots,j_n=1$ 时，$a_{1j_1},a_{2j_2},\cdots,a_{nj_n}$ 才不全为零，其他任意 n 个取自不同行不同列元素的乘积都为零. 因此

$$D=(-1)^{\tau(n(n-1)\cdots 1)}\times a_{1n}\times a_{2n-1}\times\cdots\times a_{n1}=(-1)^{\frac{n(n-1)}{2}}a_{1n}a_{2n-1}\cdots a_{n1}.$$

同理，可得斜下三角形行列式

$$\begin{vmatrix} 0 & 0 & \cdots & 0 & a_{1n} \\ 0 & 0 & \cdots & a_{2n-1} & a_{2n} \\ \vdots & \vdots & \ddots & \vdots & \vdots \\ 0 & a_{n-12} & \cdots & a_{n-1n-1} & a_{n-1n} \\ a_{n1} & a_{n2} & \cdots & a_{nn-1} & a_{nn} \end{vmatrix}=(-1)^{\frac{n(n-1)}{2}}a_{1n}a_{2n-1}\cdots a_{n1}.$$

同理，可得斜对角形行列式

$$\begin{vmatrix} 0 & 0 & \cdots & 0 & a_{1n} \\ 0 & 0 & \cdots & a_{2n-1} & 0 \\ \vdots & \vdots & \ddots & \vdots & \vdots \\ 0 & a_{n-12} & \cdots & 0 & 0 \\ a_{n1} & 0 & \cdots & 0 & 0 \end{vmatrix}=(-1)^{\frac{n(n-1)}{2}}a_{1n}a_{2n-1}\cdots a_{n1}.$$

在本节中，例 8~例 11 所使用的方法称为定义法，一般只适用于包含很多零元素的行列式. 在这类 n 阶行列式中，常常每一行只有一个非零元素，具有比较特殊的结构. 根据定义，所有取自不同行不同列的 n 个元素的乘积总共有 $n!$ 种可能，但真正需要我们计算的取自不同行不同列的 n 个元素的乘积一般只有几种情况，甚至只有一种情况.

习题 1-3

1. 由对角线规则可知三阶行列式表示的代数和如下：

$$\begin{vmatrix} a_{11} & a_{12} & a_{13} \\ a_{21} & a_{22} & a_{23} \\ a_{31} & a_{32} & a_{33} \end{vmatrix}=a_{11}a_{22}a_{33}+a_{12}a_{23}a_{31}+a_{13}a_{21}a_{32}-a_{11}a_{23}a_{32}-a_{12}a_{21}a_{33}-a_{13}a_{22}a_{31},$$

请根据行列式的定义予以验证.

2. 用行列式的定义计算下列行列式：

(1) $\begin{vmatrix} 0 & 0 & 1 & 0 & 0 \\ 0 & 0 & 0 & 2 & 0 \\ 0 & 0 & 0 & 0 & 3 \\ 4 & 0 & 0 & 0 & 0 \\ 0 & 5 & 0 & 0 & 0 \end{vmatrix}$；　　(2) $\begin{vmatrix} a_1 & b_1 & c_1 & d_1 & e_1 \\ a_2 & b_2 & c_2 & d_2 & e_2 \\ 0 & 0 & 0 & d_3 & e_3 \\ 0 & 0 & 0 & d_4 & e_4 \\ 0 & 0 & 0 & d_5 & e_5 \end{vmatrix}$.

3. 求函数

$$f(x)=\begin{vmatrix} x & 1 & 1 & 1 \\ 1 & 1 & 2x & 1 \\ 3x & 4x & 1 & 1 \\ 1 & 1 & 1 & 5x \end{vmatrix}$$

中 x^4 项的系数.

4. 求证：若 n 阶行列式 D 中至多有 $n-1$ 个非零元素，则此行列式 D 的值等于零.

5. 求证：在 n 阶行列式所表示的代数和中，一般项常常被记为 $(-1)^{\tau(j_1j_2\cdots j_n)}a_{1j_1}a_{2j_2}\cdots a_{nj_n}$，试证：

(1) $(-1)^{\tau(j_1j_2\cdots j_n)}a_{1j_1}a_{2j_2}\cdots a_{nj_n}=(-1)^{\tau(i_1i_2\cdots i_n)}a_{i_11}a_{i_22}\cdots a_{i_nn}$；

(2) $(-1)^{\tau(j_1j_2\cdots j_n)}a_{1j_1}a_{2j_2}\cdots a_{nj_n}=(-1)^{\tau(i_1i_2\cdots i_n)+\tau(j_1j_2\cdots j_n)}a_{i_1j_1}a_{i_2j_2}\cdots a_{i_nj_n}$.

第四节　行列式的性质

【课前导读】

行列式的性质可以从行列式结构上的变化来分析和探究行列式值的变化规律，是我们计算行列式值的重要依据. 一般来说，对给定的行列式，我们可以利用行列式的性质，逐步将原行列式转化为一个上三角形行列式，再根据上三角形行列式的相关结论，最终得出原行列式的值，这种方法称为化三角形法.

【学习要求】

1. 了解行列式的基本性质和相关推论.
2. 理解行列式一些性质和推论的证明.
3. 掌握将行列式转化为上三角形行列式来计算行列式值的方法.

在第三节中，我们介绍了 n 阶行列式的定义，并使用此定义计算了一些结构上比较特殊的行列式，一般包含很多零元素. 若使用此定义计算一般的行列式，虽然从理论上是可行的，但实际上却异常烦琐，计算效率低下. 因此，我们需要为行列式的计算寻找新的计算方法和路径. 为此，我们需要学习和了解行列式的一些基本性质和相关推论.

定义 1-6 设有 n 阶行列式

$$D=\begin{vmatrix} a_{11} & a_{12} & \cdots & a_{1n} \\ a_{21} & a_{22} & \cdots & a_{2n} \\ \vdots & \vdots & \ddots & \vdots \\ a_{n1} & a_{n2} & \cdots & a_{nn} \end{vmatrix},$$

若将行列式 D 的行、列互换，可得

$$D^{\mathrm{T}}=\begin{vmatrix} a_{11} & a_{21} & \cdots & a_{n1} \\ a_{12} & a_{22} & \cdots & a_{n2} \\ \vdots & \vdots & \ddots & \vdots \\ a_{1n} & a_{2n} & \cdots & a_{nn} \end{vmatrix}.$$

我们称行列式 D^{T} 为行列式 D 的**转置行列式**，相应的运算称为**转置**.

性质 1-1 转置行列式 D^{T} 的值与原行列式 D 的值相等.

性质 1-2 互换行列式的某两行(列)，行列式的值变号.

推论 若行列式有两行(列)完全相同，则此行列式的值等于零.

证明 这里仅对有两行完全相同的情况进行证明. 不妨假设行列式 D 的第 i 行和第 j 行完全相同. 现将行列式 D 的第 i 行和第 j 行互换，得到行列式 D_1. 由性质 1-2 可知，$D_1=-D$. 由假设可知，$D_1=D$. 所以 $D=-D$，即 $D=0$.

性质 1-3 用数 k 乘以行列式的某一行(列)，等于用数 k 乘以此行列式.

推论 1 行列式某一行(列)所有元素的公因子可以提到行列式的外面.

证明 这里仅对某一行所有元素存在公因子的情况进行证明. 设有 n 阶行列式

$$D=\begin{vmatrix} a_{11} & a_{12} & \cdots & a_{1n} \\ \vdots & \vdots & \ddots & \vdots \\ a_{i1} & a_{i2} & \cdots & a_{in} \\ \vdots & \vdots & \ddots & \vdots \\ a_{n1} & a_{n2} & \cdots & a_{nn} \end{vmatrix}.$$

不妨假设第 i 行有公因子 k，即 $a_{i1}=kb_{i1}$，$a_{i2}=kb_{i2}$，…，$a_{in}=kb_{in}$. 对于 n 阶行列式

$$D_1=\begin{vmatrix} a_{11} & a_{12} & \cdots & a_{1n} \\ \vdots & \vdots & \ddots & \vdots \\ b_{i1} & b_{i2} & \cdots & b_{in} \\ \vdots & \vdots & \ddots & \vdots \\ a_{n1} & a_{n2} & \cdots & a_{nn} \end{vmatrix},$$

根据性质 1-3，用数 k 乘以行列式 D_1 的第 i 行，可得

$$\begin{vmatrix} a_{11} & a_{12} & \cdots & a_{1n} \\ \vdots & \vdots & \ddots & \vdots \\ kb_{i1} & kb_{i2} & \cdots & kb_{in} \\ \vdots & \vdots & \ddots & \vdots \\ a_{n1} & a_{n2} & \cdots & a_{nn} \end{vmatrix}=k\begin{vmatrix} a_{11} & a_{12} & \cdots & a_{1n} \\ \vdots & \vdots & \ddots & \vdots \\ b_{i1} & b_{i2} & \cdots & b_{in} \\ \vdots & \vdots & \ddots & \vdots \\ a_{n1} & a_{n2} & \cdots & a_{nn} \end{vmatrix},$$

即

$$\begin{vmatrix} a_{11} & a_{12} & \cdots & a_{1n} \\ \vdots & \vdots & \ddots & \vdots \\ a_{i1} & a_{i2} & \cdots & a_{in} \\ \vdots & \vdots & \ddots & \vdots \\ a_{n1} & a_{n2} & \cdots & a_{nn} \end{vmatrix} = k \begin{vmatrix} a_{11} & a_{12} & \cdots & a_{1n} \\ \vdots & \vdots & \ddots & \vdots \\ b_{i1} & b_{i2} & \cdots & b_{in} \\ \vdots & \vdots & \ddots & \vdots \\ a_{n1} & a_{n2} & \cdots & a_{nn} \end{vmatrix}.$$

从行列式 D 的角度来看，第 i 行所有元素的公因子 k 都可以提到行列式的外面.

推论 2　若行列式有两行(列)的对应元素成比例，则此行列式的值等于零.

证明　这里仅对有两行的对应元素成比例的情况进行证明. 不妨假设行列式 D 的第 i 行和第 j 行对应元素成比例，即 $a_{j1}=ka_{i1}$，$a_{j2}=ka_{i2}$，…，$a_{jn}=ka_{in}$. 这就是说，行列式 D 的第 j 行可以提出公因子 k，记提出公因子 k 后的行列式为 D_1. 此时，D_1 的第 i 行和第 j 行的对应元素完全相等. 从而有

$$D=kD_1=k\times 0=0.$$

性质 1-4　对于 n 阶行列式

$$D=\begin{vmatrix} a_{11} & a_{12} & \cdots & a_{1n} \\ \vdots & \vdots & \ddots & \vdots \\ a_{i1} & a_{i2} & \cdots & a_{in} \\ \vdots & \vdots & \ddots & \vdots \\ a_{n1} & a_{n2} & \cdots & a_{nn} \end{vmatrix}.$$

若 $a_{i1}=b_{i1}+c_{i1}$，$a_{i2}=b_{i2}+c_{i2}$，…，$a_{in}=b_{in}+c_{in}$，则

$$\begin{vmatrix} a_{11} & a_{12} & \cdots & a_{1n} \\ \vdots & \vdots & \ddots & \vdots \\ a_{i1} & a_{i2} & \cdots & a_{in} \\ \vdots & \vdots & \ddots & \vdots \\ a_{n1} & a_{n2} & \cdots & a_{nn} \end{vmatrix} = \begin{vmatrix} a_{11} & a_{12} & \cdots & a_{1n} \\ \vdots & \vdots & \ddots & \vdots \\ b_{i1} & b_{i2} & \cdots & b_{in} \\ \vdots & \vdots & \ddots & \vdots \\ a_{n1} & a_{n2} & \cdots & a_{nn} \end{vmatrix} + \begin{vmatrix} a_{11} & a_{12} & \cdots & a_{1n} \\ \vdots & \vdots & \ddots & \vdots \\ c_{i1} & c_{i2} & \cdots & c_{in} \\ \vdots & \vdots & \ddots & \vdots \\ a_{n1} & a_{n2} & \cdots & a_{nn} \end{vmatrix}. \tag{1-8}$$

对于等式(1-8)，由左往右看，为行列式的分解(裂解)；由右往左看，相当于行列式的加法.

性质 1-5　将行列式某一行(列)所有元素的 k 倍加到另一行(列)对应的元素上，行列式的值不变.

证明　对于 n 阶行列式

$$D=\begin{vmatrix} a_{11} & a_{12} & \cdots & a_{1n} \\ \vdots & \vdots & \ddots & \vdots \\ a_{i1} & a_{i2} & \cdots & a_{in} \\ \vdots & \vdots & \ddots & \vdots \\ a_{j1} & a_{j2} & \cdots & a_{jn} \\ \vdots & \vdots & \ddots & \vdots \\ a_{n1} & a_{n2} & \cdots & a_{nn} \end{vmatrix},$$

若将行列式 D 第 i 行所有元素的 k 倍加到第 j 行对应的元素上，可得

$$D_1=\begin{vmatrix} a_{11} & a_{12} & \cdots & a_{1n} \\ \vdots & \vdots & \ddots & \vdots \\ a_{i1} & a_{i2} & \cdots & a_{in} \\ \vdots & \vdots & \ddots & \vdots \\ a_{j1}+ka_{i1} & a_{j2}+ka_{i2} & \cdots & a_{jn}+ka_{in} \\ \vdots & \vdots & \ddots & \vdots \\ a_{n1} & a_{n2} & \cdots & a_{nn} \end{vmatrix}.$$

进一步，由性质 1-4 和性质 1-3 的推论 2 可知

$$D_1=\begin{vmatrix} a_{11} & a_{12} & \cdots & a_{1n} \\ \vdots & \vdots & \ddots & \vdots \\ a_{i1} & a_{i2} & \cdots & a_{in} \\ \vdots & \vdots & \ddots & \vdots \\ a_{j1}+ka_{i1} & a_{j2}+ka_{i2} & \cdots & a_{jn}+ka_{in} \\ \vdots & \vdots & \ddots & \vdots \\ a_{n1} & a_{n2} & \cdots & a_{nn} \end{vmatrix}$$

$$=\begin{vmatrix} a_{11} & a_{12} & \cdots & a_{1n} \\ \vdots & \vdots & \ddots & \vdots \\ a_{i1} & a_{i2} & \cdots & a_{in} \\ \vdots & \vdots & \ddots & \vdots \\ a_{j1} & a_{j2} & \cdots & a_{jn} \\ \vdots & \vdots & \ddots & \vdots \\ a_{n1} & a_{n2} & \cdots & a_{nn} \end{vmatrix}+\begin{vmatrix} a_{11} & a_{12} & \cdots & a_{1n} \\ \vdots & \vdots & \ddots & \vdots \\ a_{i1} & a_{i2} & \cdots & a_{in} \\ \vdots & \vdots & \ddots & \vdots \\ ka_{i1} & ka_{i2} & \cdots & ka_{in} \\ \vdots & \vdots & \ddots & \vdots \\ a_{n1} & a_{n2} & \cdots & a_{nn} \end{vmatrix}$$

$$=D.$$

例 13　计算行列式

$$D=\begin{vmatrix} 1 & 3 & -1 & -4 \\ 2 & 4 & 4 & -1 \\ 1 & 2 & 3 & -2 \\ 0 & 2 & -1 & 4 \end{vmatrix}.$$

解　$D=\begin{vmatrix} 1 & 3 & -1 & -4 \\ 2 & 4 & 4 & -1 \\ 1 & 2 & 3 & -2 \\ 0 & 2 & -1 & 4 \end{vmatrix}=\begin{vmatrix} 1 & 3 & -1 & -4 \\ 0 & -2 & 6 & 7 \\ 0 & -1 & 4 & 2 \\ 0 & 2 & -1 & 4 \end{vmatrix}=-\begin{vmatrix} 1 & 3 & -1 & -4 \\ 0 & -1 & 4 & 2 \\ 0 & -2 & 6 & 7 \\ 0 & 2 & -1 & 4 \end{vmatrix}$

$$=-\begin{vmatrix} 1 & 3 & -1 & -4 \\ 0 & -1 & 4 & 2 \\ 0 & 0 & -2 & 3 \\ 0 & 0 & 7 & 8 \end{vmatrix}=-\begin{vmatrix} 1 & 3 & -1 & -4 \\ 0 & -1 & 4 & 2 \\ 0 & 0 & -2 & 3 \\ 0 & 0 & 1 & 17 \end{vmatrix}=\begin{vmatrix} 1 & 3 & -1 & -4 \\ 0 & -1 & 4 & 2 \\ 0 & 0 & 1 & 17 \\ 0 & 0 & -2 & 3 \end{vmatrix}$$

$$=\begin{vmatrix}1&3&-1&-4\\0&-1&4&2\\0&0&1&17\\0&0&0&37\end{vmatrix}=-37.$$

在例 13 中，我们利用行列式的性质逐步将原行列式转化为上三角形行列式，最终求得行列式的值，这种计算行列式的方法称为化三角形法. 在化三角形法中，应该尽量避免出现分数，这可以通过适当交换行列式的某两行或某两列来实现. 另外，值得注意的是，若行列式中所有元素都为整数，则行列式的值必为整数.

例 14　计算行列式

$$D=\begin{vmatrix}0&2&1&-1\\1&-5&3&-4\\1&3&-1&2\\-5&1&3&-3\end{vmatrix}.$$

解　$D=\begin{vmatrix}0&2&1&-1\\1&-5&3&-4\\1&3&-1&2\\-5&1&3&-3\end{vmatrix}=-\begin{vmatrix}1&2&0&-1\\3&-5&1&-4\\-1&3&1&2\\3&1&-5&-3\end{vmatrix}=-\begin{vmatrix}1&2&0&-1\\0&-11&1&-1\\0&5&1&1\\0&-5&-5&0\end{vmatrix}$

$$=\begin{vmatrix}1&0&2&-1\\0&1&-11&-1\\0&1&5&1\\0&-5&-5&0\end{vmatrix}=\begin{vmatrix}1&0&2&-1\\0&1&-11&-1\\0&0&16&2\\0&0&-60&-5\end{vmatrix}=2\begin{vmatrix}1&0&2&-1\\0&1&-11&-1\\0&0&8&1\\0&0&-60&-5\end{vmatrix}$$

$$=-2\begin{vmatrix}1&0&-1&2\\0&1&-1&-11\\0&0&1&8\\0&0&-5&-60\end{vmatrix}=-2\begin{vmatrix}1&0&-1&2\\0&1&-1&-11\\0&0&1&8\\0&0&0&-20\end{vmatrix}=40.$$

例 15　计算行列式

$$D=\begin{vmatrix}1&1&1&1\\1&2&3&4\\1&3&6&10\\1&4&10&20\end{vmatrix}.$$

解　$D=\begin{vmatrix}1&1&1&1\\1&2&3&4\\1&3&6&10\\1&4&10&20\end{vmatrix}=\begin{vmatrix}1&1&1&1\\1&2&3&4\\1&3&6&10\\0&1&4&10\end{vmatrix}=\begin{vmatrix}1&1&1&1\\1&2&3&4\\0&1&3&6\\0&1&4&10\end{vmatrix}=\begin{vmatrix}1&1&1&1\\0&1&2&3\\0&1&3&6\\0&1&4&10\end{vmatrix}$

$$=\begin{vmatrix}1&1&1&1\\0&1&2&3\\0&1&3&6\\0&0&1&4\end{vmatrix}=\begin{vmatrix}1&1&1&1\\0&1&2&3\\0&0&1&3\\0&0&1&4\end{vmatrix}=\begin{vmatrix}1&1&1&1\\0&1&2&3\\0&0&1&3\\0&0&0&1\end{vmatrix}=1.$$

在化三角形法中，我们将一个行列式转化为上三角形行列式的一般逻辑步骤是，按照行标从小到大的顺序，依次将第 $i(1\leqslant i\leqslant n-1)$ 行的 $\left(-\dfrac{a_{ji}}{a_{ii}}\right)$ 倍加到第 $j(i+1\leqslant j\leqslant n)$ 行，将元素 a_{ji} 化为零，最终得到一个上三角形行列式. 如例 13 和例 14. 但有时也要针对行列式的特点，不拘一格，灵活使用，如例 15 及本章后续的一些例题. 另外，在进行这个逻辑过程之前或之中，如果有几行(列)数字比较大，可对这几行(列)进行预处理，将大数字化为小数字，这样可以简化运算.

例 16　计算 n 阶行列式

$$D_n=\begin{vmatrix} b & a & a & \cdots & a \\ a & b & a & \cdots & a \\ a & a & b & \cdots & a \\ \vdots & \vdots & \vdots & \ddots & \vdots \\ a & a & a & \cdots & b \end{vmatrix}.$$

解　将行列式 D_n 第 $i(2\leqslant i\leqslant n)$ 行的一倍分别加到第一行，可得

$$D_n=\begin{vmatrix} (n-1)a+b & (n-1)a+b & (n-1)a+b & \cdots & (n-1)a+b \\ a & b & a & \cdots & a \\ a & a & b & \cdots & a \\ \vdots & \vdots & \vdots & \ddots & \vdots \\ a & a & a & \cdots & b \end{vmatrix}$$

$$=((n-1)a+b)\begin{vmatrix} 1 & 1 & 1 & \cdots & 1 \\ a & b & a & \cdots & a \\ a & a & b & \cdots & a \\ \vdots & \vdots & \vdots & \ddots & \vdots \\ a & a & a & \cdots & b \end{vmatrix}=((n-1)a+b)\begin{vmatrix} 1 & 1 & 1 & \cdots & 1 \\ 0 & b-a & 0 & \cdots & 0 \\ 0 & 0 & b-a & \cdots & 0 \\ \vdots & \vdots & \vdots & \ddots & \vdots \\ 0 & 0 & 0 & \cdots & b-a \end{vmatrix}$$

$$=((n-1)a+b)(b-a)^{n-1}.$$

例 17　计算 n 阶行列式

$$D_n=\begin{vmatrix} 1+a & 1 & 1 & \cdots & 1 \\ 2 & 2+a & 2 & \cdots & 2 \\ 3 & 3 & 3+a & \cdots & 3 \\ \vdots & \vdots & \vdots & \ddots & \vdots \\ n & n & n & \cdots & n+a \end{vmatrix}.$$

解　将行列式 D_n 第 $i(2\leqslant i\leqslant n)$ 行的一倍分别加到第一行，可得

$$D_n=\begin{vmatrix} \dfrac{n(n+1)}{2}+a & \dfrac{n(n+1)}{2}+a & \dfrac{n(n+1)}{2}+a & \cdots & \dfrac{n(n+1)}{2}+a \\ 2 & 2+a & 2 & \cdots & 2 \\ 3 & 3 & 3+a & \cdots & 3 \\ \vdots & \vdots & \vdots & \ddots & \vdots \\ n & n & n & \cdots & n+a \end{vmatrix}$$

$$=\left[\frac{n(n+1)}{2}+a\right]\begin{vmatrix}1&1&1&\cdots&1\\2&2+a&2&\cdots&2\\3&3&3+a&\cdots&3\\\vdots&\vdots&\vdots&\ddots&\vdots\\n&n&n&\cdots&n+a\end{vmatrix}=\left[\frac{n(n+1)}{2}+a\right]\begin{vmatrix}1&1&1&\cdots&1\\0&a&0&\cdots&0\\0&0&a&\cdots&0\\\vdots&\vdots&\vdots&\ddots&\vdots\\0&0&0&\cdots&a\end{vmatrix}$$

$$=\left[\frac{n(n+1)}{2}+a\right]a^{n-1}.$$

例 18　计算 n 阶行列式

$$D_n=\begin{vmatrix}a_1&1&1&\cdots&1\\1&a_2&0&\cdots&0\\1&0&a_3&\cdots&0\\\vdots&\vdots&\vdots&\ddots&\vdots\\1&0&0&\cdots&a_n\end{vmatrix}，其中\ a_2a_3\cdots a_n\neq0.$$

解　将行列式 D_n 第 $j(2\leqslant j\leqslant n)$ 列的 $\left(-\frac{1}{a_j}\right)$ 倍分别加到第一列，可得

$$D_n=\begin{vmatrix}a_1-\sum_{j=2}^{n}\frac{1}{a_j}&1&1&\cdots&1\\0&a_2&0&\cdots&0\\0&0&a_3&\cdots&0\\\vdots&\vdots&\vdots&\ddots&\vdots\\0&0&0&0&a_n\end{vmatrix}=a_2a_3\cdots a_n\left(a_1-\sum_{j=2}^{n}\frac{1}{a_j}\right).$$

例 19　利用行列式的性质证明

$$\begin{vmatrix}a^2&(a+1)^2&(a+2)^2&(a+3)^2\\b^2&(b+1)^2&(b+2)^2&(b+3)^2\\c^2&(c+1)^2&(c+2)^2&(c+3)^2\\d^2&(d+1)^2&(d+2)^2&(d+3)^2\end{vmatrix}=0.$$

证明

$$\begin{vmatrix}a^2&(a+1)^2&(a+2)^2&(a+3)^2\\b^2&(b+1)^2&(b+2)^2&(b+3)^2\\c^2&(c+1)^2&(c+2)^2&(c+3)^2\\d^2&(d+1)^2&(d+2)^2&(d+3)^2\end{vmatrix}=\begin{vmatrix}a^2&a^2+2a+1&a^2+4a+4&a^2+6a+9\\b^2&b^2+2b+1&b^2+4b+4&b^2+6b+9\\c^2&c^2+2c+1&c^2+4c+4&c^2+6c+9\\d^2&d^2+2d+1&d^2+4d+4&d^2+6d+9\end{vmatrix}$$

$$=\begin{vmatrix}a^2&2a+1&4a+4&6a+9\\b^2&2b+1&4b+4&6b+9\\c^2&2c+1&4c+4&6c+9\\d^2&2d+1&4d+4&6d+9\end{vmatrix}$$

$$=\begin{vmatrix}a^2&2a+1&2a+3&6a+9\\b^2&2b+1&2b+3&6b+9\\c^2&2c+1&2c+3&6c+9\\d^2&2d+1&2d+3&6d+9\end{vmatrix}=0.$$

在计算行列式或证明与行列式相关的命题时，我们首先要分析行列式的结构，弄清它们结构上的特征和特性，再适当利用行列式的性质予以计算或证明.

习题 1-4

1. 计算下列行列式的值：

（1）$\begin{vmatrix} 1 & -1 & 1 & -1 \\ 2 & -2 & 3 & 0 \\ 2 & 1 & -1 & 1 \\ 1 & 0 & 2 & 1 \end{vmatrix}$；（2）$\begin{vmatrix} 1 & 3 & 5 & 7 \\ 1 & 4 & 10 & 6 \\ 0 & 1 & 5 & 6 \\ 1 & 3 & 8 & 10 \end{vmatrix}$；（3）$\begin{vmatrix} 5 & 1 & 1 & 1 \\ 1 & 5 & 1 & 1 \\ 1 & 1 & 5 & 1 \\ 1 & 1 & 1 & 5 \end{vmatrix}$；

（4）$\begin{vmatrix} 1 & 2 & 3 & 4 & 5 \\ 2 & 3 & 4 & 5 & 1 \\ 3 & 4 & 5 & 1 & 2 \\ 4 & 5 & 1 & 2 & 3 \\ 5 & 1 & 2 & 3 & 4 \end{vmatrix}$；（5）$\begin{vmatrix} 1 & 2 & 3 & \cdots & n-1 & n \\ -1 & 0 & 3 & \cdots & n-1 & n \\ -1 & -2 & 0 & \cdots & n-1 & n \\ \vdots & \vdots & \vdots & \ddots & \vdots & \vdots \\ -1 & -2 & -3 & \cdots & 0 & n \\ -1 & -2 & -3 & \cdots & -(n-1) & 0 \end{vmatrix}$.

2. 设 $\alpha+\beta+\gamma=0$，求行列式 $D=\begin{vmatrix} \alpha & \beta & \gamma \\ \gamma & \alpha & \beta \\ \beta & \gamma & \alpha \end{vmatrix}$ 的值.

3. 用行列式的性质证明：

（1）$\begin{vmatrix} b+c & c+a & a+b \\ a+b & b+c & c+a \\ c+a & a+b & b+c \end{vmatrix}=2\begin{vmatrix} a & b & c \\ c & a & b \\ b & c & a \end{vmatrix}$；

（2）$\begin{vmatrix} 0 & a_1 & a_2 & a_3 & a_4 \\ -a_1 & 0 & a_5 & a_6 & a_7 \\ -a_2 & -a_5 & 0 & a_8 & a_9 \\ -a_3 & -a_6 & -a_8 & 0 & a_{10} \\ -a_4 & -a_7 & -a_9 & -a_{10} & 0 \end{vmatrix}=0$.

4. 设函数

$$f(x)=\begin{vmatrix} 1 & x & x^2 & x^3 \\ 1 & a & a^2 & a^3 \\ 1 & b & b^2 & b^3 \\ 1 & c & c^2 & c^3 \end{vmatrix},$$

这里 a,b,c 两两不相等，试利用行列式的性质求方程 $f(x)=0$ 的根.

5. 若 n 阶行列式有一行各元素是其余 $n-1$ 行对应元素之和，则此行列式的值等于零.

第五节　行列式按行(列)展开

【课前导读】

在本节中，我们将介绍行列式按行(列)展开定理和相关推论. 通过这些结论，可将高阶行列式转化为低阶行列式来计算，达到了降阶的目的. 同时，我们介绍了范德蒙行列式的概念、结论和相关应用，还介绍了计算行列式的一些重要方法，例如降阶法、升阶法、递推法和数学归纳法等.

【学习要求】

1. 了解行列式的按行(列)展开定理及相关推论、范德蒙行列式.
2. 理解推论和范德蒙行列式的证明.
3. 掌握运用降阶法、升阶法、递推法和数学归纳法来计算行列式值的方法.

行列式展开法则是法国数学家范德蒙建立的，通过子式和余子式来表示行列式. 法国数学家拉普拉斯进一步推广了范德蒙的展开法则，得到了拉普拉斯展开定理.

一、行列式按某一行(列)展开

定义 1-7　在 n 阶行列式

$$D=\begin{vmatrix} a_{11} & a_{12} & \cdots & a_{1j} & \cdots & a_{1n} \\ a_{21} & a_{22} & \cdots & a_{2j} & \cdots & a_{2n} \\ \vdots & \vdots & \ddots & \vdots & \ddots & \vdots \\ a_{i1} & a_{i2} & \cdots & a_{ij} & \cdots & a_{in} \\ \vdots & \vdots & \ddots & \vdots & \ddots & \vdots \\ a_{n1} & a_{n2} & \cdots & a_{nj} & \cdots & a_{nn} \end{vmatrix}$$

中，把元素 a_{ij}所在的第 i 行和第 j 列划去后，余下的元素按照原来的相对顺序构成了一个 $n-1$ 阶行列式，此阶行列式称为元素 a_{ij} 的**余子式**，记为 M_{ij}. 进一步，令 $A_{ij}=(-1)^{i+j}M_{ij}$，称为元素 a_{ij}的**代数余子式**.

显然，一个 n 阶行列式共有 n^2 个余子式和 n^2 个代数余子式.

例如，四阶行列式

$$\begin{vmatrix} 0 & 2 & 1 & -1 \\ 1 & -5 & 3 & -4 \\ 1 & 3 & -1 & 2 \\ -5 & 1 & 3 & -3 \end{vmatrix}$$

共有 16 个代数余子式，其中

$$A_{11}=(-1)^{1+1}\begin{vmatrix} -5 & 3 & -4 \\ 3 & -1 & 2 \\ 1 & 3 & -3 \end{vmatrix},\ A_{12}=(-1)^{1+2}\begin{vmatrix} 1 & 3 & -4 \\ 1 & -1 & 2 \\ -5 & 3 & -3 \end{vmatrix},$$

$$A_{13}=(-1)^{1+3}\begin{vmatrix}1 & -5 & -4\\ 1 & 3 & 2\\ -5 & 1 & -3\end{vmatrix},\ A_{14}=(-1)^{1+4}\begin{vmatrix}1 & -5 & 3\\ 1 & 3 & -1\\ -5 & 1 & 3\end{vmatrix}.$$

需要特别注意的是，对于二阶行列式$\begin{vmatrix}a & b\\ c & d\end{vmatrix}$，$a$ 的代数余子式为 d，b 的代数余子式为$-c$，c 的代数余子式为$-b$，d 的代数余子式为 a.

定理 1-3　n 阶行列式

$$D_n=\begin{vmatrix}a_{11} & a_{12} & \cdots & a_{1j} & \cdots & a_{1n}\\ a_{21} & a_{22} & \cdots & a_{2j} & \cdots & a_{2n}\\ \vdots & \vdots & \ddots & \vdots & \ddots & \vdots\\ a_{i1} & a_{i2} & \cdots & a_{ij} & \cdots & a_{in}\\ \vdots & \vdots & \ddots & \vdots & \ddots & \vdots\\ a_{n1} & a_{n2} & \cdots & a_{nj} & \cdots & a_{nn}\end{vmatrix}$$

等于它任意一行(列)各元素与其对应的代数余子式的乘积之和，即

$$D_n=a_{i1}A_{i1}+a_{i2}A_{i2}+\cdots+a_{in}A_{in}(i=1,2,\cdots,n),$$
$$D_n=a_{1j}A_{1j}+a_{2j}A_{2j}+\cdots+a_{nj}A_{nj}(j=1,2,\cdots,n).$$

从理论上说，行列式按行(列)展开时，可以选择其中任意一行(列). 在实际计算中，我们一般选择零最多的行(列)进行展开，这样可以减少计算量.

例 20　计算行列式

$$D=\begin{vmatrix}-3 & -1 & 1 & -1\\ 1 & 4 & 2 & 2\\ 0 & 3 & 0 & 0\\ 0 & -3 & 1 & 2\end{vmatrix}.$$

解　$D=\begin{vmatrix}-3 & -1 & 1 & -1\\ 1 & 4 & 2 & 2\\ 0 & 3 & 0 & 0\\ 0 & -3 & 1 & 2\end{vmatrix}=3\times(-1)^{3+2}\begin{vmatrix}-3 & 1 & -1\\ 1 & 2 & 2\\ 0 & 1 & 2\end{vmatrix}=-3\begin{vmatrix}-3 & 1 & -3\\ 1 & 2 & -2\\ 0 & 1 & 0\end{vmatrix}$

$=-3\times(-1)^{3+2}\begin{vmatrix}-3 & -3\\ 1 & -2\end{vmatrix}=27.$

例 21　计算 n 阶行列式

$$D_n=\begin{vmatrix}x & y & 0 & \cdots & 0 & 0\\ 0 & x & y & \cdots & 0 & 0\\ \vdots & \vdots & \vdots & \ddots & \vdots & \vdots\\ 0 & 0 & 0 & \cdots & x & y\\ y & 0 & 0 & \cdots & 0 & x\end{vmatrix}.$$

解　将行列式 D_n 按最后一行展开，可得

$$D_n=\begin{vmatrix} x & y & 0 & \cdots & 0 & 0 \\ 0 & x & y & \cdots & 0 & 0 \\ \vdots & \vdots & \vdots & \ddots & \vdots & \vdots \\ 0 & 0 & 0 & \cdots & x & y \\ y & 0 & 0 & \cdots & 0 & x \end{vmatrix}=y\times(-1)^{n+1}M_{n1}+x\times(-1)^{n+n}M_{nn}$$

$$=y\times(-1)^{n+1}\begin{vmatrix} y & 0 & \cdots & 0 & 0 \\ x & y & \cdots & 0 & 0 \\ \vdots & \vdots & \ddots & \vdots & \vdots \\ 0 & 0 & \cdots & x & y \end{vmatrix}+x\times(-1)^{n+n}\begin{vmatrix} x & y & 0 & \cdots & 0 \\ 0 & x & y & \cdots & 0 \\ \vdots & \vdots & \vdots & \ddots & \vdots \\ 0 & 0 & 0 & \cdots & x \end{vmatrix}$$

$$=x^n+(-1)^{n+1}y^n.$$

在例 20 和例 21 中，我们基于行列式展开法则将高阶行列式转化为低阶行列式，并通过计算低阶行列式的值来获得高阶行列式的值，这样的方法一般称为降阶法. 它也是后续行列式计算中递推法和数学归纳法的理论基础.

例 22 计算 n 阶行列式

$$D_n=\begin{vmatrix} 1+a_1 & 1 & \cdots & 1 \\ 1 & 1+a_2 & \cdots & 1 \\ \vdots & \vdots & \ddots & \vdots \\ 1 & 1 & \cdots & 1+a_n \end{vmatrix}\ (a_1a_2\cdots a_n\neq 0).$$

解
$$D_n=\begin{vmatrix} 1+a_1 & 1 & \cdots & 1 \\ 1 & 1+a_2 & \cdots & 1 \\ \vdots & \vdots & \ddots & \vdots \\ 1 & 1 & \cdots & 1+a_n \end{vmatrix}=\begin{vmatrix} 1 & 1 & \cdots & 1 \\ 1 & 1+a_2 & \cdots & 1 \\ \vdots & \vdots & \ddots & \vdots \\ 1 & 1 & \cdots & 1+a_n \end{vmatrix}+\begin{vmatrix} a_1 & 0 & \cdots & 0 \\ 1 & 1+a_2 & \cdots & 1 \\ \vdots & \vdots & \ddots & \vdots \\ 1 & 1 & \cdots & 1+a_n \end{vmatrix}$$

$$=\begin{vmatrix} 1 & 1 & \cdots & 1 \\ 0 & a_2 & \cdots & 0 \\ \vdots & \vdots & \ddots & \vdots \\ 0 & 0 & \cdots & a_n \end{vmatrix}+a_1\begin{vmatrix} 1+a_2 & 1 & \cdots & 1 \\ 1 & 1+a_3 & \cdots & 1 \\ \vdots & \vdots & \ddots & \vdots \\ 1 & 1 & \cdots & 1+a_n \end{vmatrix}$$

$$=a_2a_3\cdots a_n+a_1D_{n-1},$$

即 $D_n=a_2a_3\cdots a_n+a_1D_{n-1}$. 同理，可得 $D_{n-1}=a_3a_4\cdots a_n+a_2D_{n-2}$，$D_{n-2}=a_4a_5\cdots a_n+a_3D_{n-3}$，…，$D_3=a_{n-1}a_n+a_{n-2}D_2$，$D_2=a_n+a_{n-1}D_1$. 从而可得

$$\begin{aligned} D_n &=a_2a_3\cdots a_n+a_1a_3\cdots a_n+a_1a_2D_{n-2} \\ &=a_2a_3\cdots a_n+a_1a_3\cdots a_n+a_1a_2a_4\cdots a_n+a_1a_2a_3D_{n-3} \\ &\cdots\cdots\cdots \\ &=a_2a_3\cdots a_n+a_1a_3\cdots a_n+\cdots+a_1\cdots a_{n-3}a_{n-1}a_n+a_1a_2a_3\cdots a_{n-2}D_2 \\ &=a_2a_3\cdots a_n+a_1a_3\cdots a_n+\cdots+a_1\cdots a_{n-3}a_{n-1}a_n+a_1a_2a_3\cdots a_{n-2}[a_n+a_{n-1}(1+a_n)] \\ &=a_1a_2\cdots a_n\left(1+\sum_{i=1}^{n}\frac{1}{a_i}\right). \end{aligned}$$

在例 22 中，我们基于行列式展开法则，分别建立了 D_i 和 $D_{i-1}(2\leqslant i\leqslant n)$之间的关系，

经过逐步递推，最终算出行列式 D_n 的值，这样的方法叫作递推法. 在行列式的计算中，递推法是一种重要的方法，是计算高阶行列式的有效工具. 在递推法中，一般通过行列式展开法则建立 D_n 与 D_{n-1} 或 D_n 与 D_{n-1} 和 D_{n-2} 之间的关系，并经过逐步递推，最终算出行列式 D_n 的值. 需要注意的是，行列式 D_{n-2}、D_{n-1} 和 D_n 应具有相同的结构.

推论　n 阶行列式 D 任意一行(列)的元素与另一行(列)对应元素的代数余子式乘积之和等于零. 即

$$a_{i1}A_{j1}+a_{i2}A_{j2}+\cdots+a_{in}A_{jn}=0(i\neq j),$$

$$a_{1i}A_{1j}+a_{2i}A_{2j}+\cdots+a_{ni}A_{nj}=0(i\neq j).$$

证明　设有 n 阶行列式

$$D=\begin{vmatrix} a_{11} & a_{12} & \cdots & a_{1n} \\ \vdots & \vdots & \ddots & \vdots \\ a_{i1} & a_{i2} & \cdots & a_{in} \\ \vdots & \vdots & \ddots & \vdots \\ a_{j1} & a_{j2} & \cdots & a_{jn} \\ \vdots & \vdots & \ddots & \vdots \\ a_{n1} & a_{n2} & \cdots & a_{nn} \end{vmatrix},$$

将行列式 D 第 j 行所有元素换成行列式 D 第 i 行相对应的元素，其余行不变，可构造一个新的 n 阶行列式

$$D_1=\begin{vmatrix} a_{11} & a_{12} & \cdots & a_{1n} \\ \vdots & \vdots & \ddots & \vdots \\ a_{i1} & a_{i2} & \cdots & a_{in} \\ \vdots & \vdots & \ddots & \vdots \\ a_{i1} & a_{i2} & \cdots & a_{in} \\ \vdots & \vdots & \ddots & \vdots \\ a_{n1} & a_{n2} & \cdots & a_{nn} \end{vmatrix},$$

这里，$i\neq j$. 显然，行列式 D_1 的第 i 行和第 j 行完全相同，可得 $D_1=0$. 另外，根据代数余子式的定义，可知行列式 D_1 第 j 行的代数余子式和行列式 D 第 j 行的代数余子式对应相等. 现将行列式 D_1 按第 j 行开展，可得

$$D_1=a_{i1}A_{j1}+a_{i2}A_{j2}+\cdots+a_{in}A_{jn}=0(i\neq j).$$

从行列式 D 的角度来看，即有 $a_{i1}A_{j1}+a_{i2}A_{j2}+\cdots+a_{in}A_{jn}=0(i\neq j)$.

同理，可得 $a_{1i}A_{1j}+a_{2i}A_{2j}+\cdots+a_{ni}A_{nj}=0(i\neq j)$.

综合定理 1-3 和上述推论，对于 n 阶行列式 D，有

$$a_{i1}A_{j1}+a_{i2}A_{j2}+\cdots+a_{in}A_{jn}=\begin{cases} D, & i=j, \\ 0, & i\neq j, \end{cases}$$

$$a_{1i}A_{1j}+a_{2i}A_{2j}+\cdots+a_{ni}A_{nj}=\begin{cases} D, & i=j, \\ 0, & i\neq j. \end{cases}$$

例 23　设

$$D=\begin{vmatrix}1&-1&1&-1\\1&-1&2&1\\2&1&-1&1\\0&1&1&2\end{vmatrix},$$

求 $A_{41}+A_{42}+A_{43}+A_{44}$ 及 $M_{41}+M_{42}+M_{43}+M_{44}$.

解　首先构造一个四阶行列式

$$D_1=\begin{vmatrix}1&-1&1&-1\\1&-1&2&1\\2&1&-1&1\\1&1&1&1\end{vmatrix},$$

根据代数余子式的定义，行列式 D 第 4 行各元素的代数余子式与行列式 D_1 第 4 行各元素的代数余子式对应相等. 将行列式 D_1 按第 4 行展开可得

$$A_{41}+A_{42}+A_{43}+A_{44}=D_1.$$

通过计算可得 $D_1=12$，即 $A_{41}+A_{42}+A_{43}+A_{44}=12$.

然后构造一个行列式

$$D_2=\begin{vmatrix}1&-1&1&-1\\1&-1&2&1\\2&1&-1&1\\-1&1&-1&1\end{vmatrix},$$

根据余子式的定义，行列式 D 第 4 行各元素的余子式与行列式 D_2 第 4 行各元素的余子式对应相等. 将行列式 D_2 按第 4 行展开可得

$$-1\times(-1)^{4+1}M_{41}+1\times(-1)^{4+2}M_{42}+(-1)\times(-1)^{4+3}M_{43}+1\times(-1)^{4+4}M_{44}=D_2,$$

即

$$M_{41}+M_{42}+M_{43}+M_{44}=D_2,$$

通过计算可得 $D_2=0$，即 $M_{41}+M_{42}+M_{43}+M_{44}=0$.

二、范德蒙行列式

定义 1-8　若 $n(n\geqslant 2)$ 阶行列式在结构上具有特征

$$D_n=\begin{vmatrix}1&1&1&\cdots&1\\x_1&x_2&x_3&\cdots&x_n\\x_1^2&x_2^2&x_3^2&\cdots&x_n^2\\\vdots&\vdots&\vdots&\ddots&\vdots\\x_1^{n-1}&x_2^{n-1}&x_3^{n-1}&\cdots&x_n^{n-1}\end{vmatrix},$$

则称此行列式为范德蒙行列式.

例 24　证明 n 阶范德蒙行列式

$$D_n=\begin{vmatrix}1 & 1 & 1 & \cdots & 1\\ x_1 & x_2 & x_3 & \cdots & x_n\\ x_1^2 & x_2^2 & x_3^2 & \cdots & x_n^2\\ \vdots & \vdots & \vdots & \ddots & \vdots\\ x_1^{n-1} & x_2^{n-1} & x_3^{n-1} & \cdots & x_n^{n-1}\end{vmatrix}=\prod_{1\leqslant i<j\leqslant n}(x_j-x_i)\,(n\geqslant 2).$$

证明　用数学归纳法. 当 $n=2$ 时，根据对角线规则，有

$$D_2=\begin{vmatrix}1 & 1\\ x_1 & x_2\end{vmatrix}=x_2-x_1=\sum_{1\leqslant i<j\leqslant 2}(x_j-x_i),$$

结论显然成立.

假设对 $n-1$ 阶范德蒙行列式结论成立. 在此基础上，下证对 n 阶范德蒙行列式结论也成立.

对于 n 阶范德蒙行列式 D_n，首先将第 $n-1$ 行的 $-x_1$ 倍加到第 n 行上，然后将第 $n-2$ 行的 $-x_1$ 倍加到第 $n-1$ 行上，以此类推，最后将第一行的 $-x_1$ 倍加到第 2 行上. 根据行列式的性质，可得

$$D_n=\begin{vmatrix}1 & 1 & 1 & \cdots & 1 & 1\\ 0 & x_2-x_1 & x_3-x_1 & \cdots & x_{n-1}-x_1 & x_n-x_1\\ 0 & x_2^2-x_2x_1 & x_3^2-x_3x_1 & \cdots & x_{n-1}^2-x_{n-1}x_1 & x_n^2-x_nx_1\\ \vdots & \vdots & \vdots & \ddots & \vdots & \vdots\\ 0 & x_2^{n-2}-x_2^{n-3}x_1 & x_3^{n-2}-x_3^{n-3}x_1 & \cdots & x_{n-1}^{n-2}-x_{n-1}^{n-3}x_1 & x_n^{n-2}-x_n^{n-3}x_1\\ 0 & x_2^{n-1}-x_2^{n-2}x_1 & x_3^{n-1}-x_3^{n-2}x_1 & \cdots & x_{n-1}^{n-1}-x_{n-1}^{n-2}x_1 & x_n^{n-1}-x_n^{n-2}x_1\end{vmatrix}$$

$$=\begin{vmatrix}x_2-x_1 & x_3-x_1 & \cdots & x_{n-1}-x_1 & x_n-x_1\\ x_2^2-x_2x_1 & x_3^2-x_3x_1 & \cdots & x_{n-1}^2-x_{n-1}x_1 & x_n^2-x_nx_1\\ \vdots & \vdots & \ddots & \vdots & \vdots\\ x_2^{n-2}-x_2^{n-3}x_1 & x_3^{n-2}-x_3^{n-3}x_1 & \cdots & x_{n-1}^{n-2}-x_{n-1}^{n-3}x_1 & x_n^{n-2}-x_n^{n-3}x_1\\ x_2^{n-1}-x_2^{n-2}x_1 & x_3^{n-1}-x_3^{n-2}x_1 & \cdots & x_{n-1}^{n-1}-x_{n-1}^{n-2}x_1 & x_n^{n-1}-x_n^{n-2}x_1\end{vmatrix}$$

$$=(x_2-x_1)(x_3-x_1)\cdots(x_{n-1}-x_1)(x_n-x_1)D_{n-1}.$$

这里

$$D_{n-1}=\begin{vmatrix}1 & 1 & \cdots & 1 & 1\\ x_2 & x_3 & \cdots & x_{n-1} & x_n\\ \vdots & \vdots & \ddots & \vdots & \vdots\\ x_2^{n-3} & x_3^{n-3} & \cdots & x_{n-1}^{n-3} & x_n^{n-3}\\ x_2^{n-2} & x_3^{n-2} & \cdots & x_{n-1}^{n-2} & x_n^{n-2}\end{vmatrix},$$

显然，行列式 D_{n-1} 为 $n-1$ 阶的范德蒙行列式，根据假设可知

$$D_{n-1}=\prod_{2\leqslant i<j\leqslant n}(x_j-x_i),$$

故

$$D_n=(x_2-x_1)(x_3-x_1)\cdots(x_{n-1}-x_1)(x_n-x_1)D_{n-1}=\prod_{1\leqslant i<j\leqslant n}(x_j-x_i).$$

例 25　计算行列式

$$D=\begin{vmatrix}1&1&1&1\\2017&2018&2019&2020\\2017^2&2018^2&2019^2&2020^2\\2017^3&2018^3&2019^3&2020^3\end{vmatrix}.$$

解　根据范德蒙行列式的结论可知

$$\begin{aligned}D&=(2020-2019)(2020-2018)(2020-2017)\cdot\\&\quad(2019-2018)(2019-2017)(2018-2017)\\&=12.\end{aligned}$$

例 26　计算行列式

$$D=\begin{vmatrix}1&1&1&1\\a&b&c&d\\a^2&b^2&c^2&d^2\\a^4&b^4&c^4&d^4\end{vmatrix}.$$

解　现构造一个五阶行列式

$$D_1=\begin{vmatrix}1&1&1&1&1\\a&b&c&d&x\\a^2&b^2&c^2&d^2&x^2\\a^3&b^3&c^3&d^3&x^3\\a^4&b^4&c^4&d^4&x^4\end{vmatrix},$$

显然，D_1 是一个五阶范德蒙行列式，根据范德蒙行列式的结论可知

$$D_1=(x-d)(x-c)(x-b)(x-a)(d-c)(d-b)(d-a)(c-b)(c-a)(b-a).$$

另外，将行列式 D_1 按第 5 列展开，可得

$$D_1=A_{15}+A_{25}x+A_{35}x^2+A_{45}x^3+A_{55}x^4.$$

根据代数余子式的定义可知，$A_{15},A_{25},A_{35},A_{45},A_{55}$ 中都不含 x.

将 D_1 看作一个关于 x 的一元四次函数，通过比较系数可得

$$A_{45}=(-1)^{4+5}M_{45}=(-a-b-c-d)(d-c)(d-b)(d-a)(c-b)(c-a)(b-a),$$

于是

$$M_{45}=(a+b+c+d)(d-c)(d-b)(d-a)(c-b)(c-a)(b-a).$$

根据余子式的定义，可得

$$D=M_{45}=(a+b+c+d)(d-c)(d-b)(d-a)(c-b)(c-a)(b-a).$$

在行列式的计算中，我们一般基于行列式展开法则，使用降阶法，将行列式的阶数降低，但有时也可反其道而行之，将行列式的阶数升高. 在例 26 中，我们对原行列式增加了一行一列，将四阶行列式升阶为五阶行列式，得到了一个范德蒙行列式，然后通过范德蒙行列式的结果以及范德蒙行列式与原行列式之间的关系求得原行列式的值. 这样的方法叫作升阶法. 在升阶法中，一般通过对原行列式增加相同的行数和列数将其阶数增大，得到一个新行列式，相对于原行列式，新行列式在结构上应具有更好的特征，更便于计算. 最后通过计算新行列式以及原行列式与新行列式之间的关系，求出原行列式的值.

习题1-5

1. 写出行列式 D 第二行各元素的代数余子式，并计算行列式的值：

$$D=\begin{vmatrix}1&7&3&2\\0&1&0&2\\2&7&1&8\\3&1&4&1\end{vmatrix}.$$

2. 计算行列式：

(1) $\begin{vmatrix}1&1&1&1\\1&2&3&4\\1&4&9&16\\1&8&27&64\end{vmatrix}$；　　(2) $\begin{vmatrix}1&1&1&1\\x_4&x_3&x_2&x_1\\x_4^2&x_3^2&x_2^2&x_1^2\\x_4^3&x_3^3&x_2^3&x_1^3\end{vmatrix}$；

(3) $\begin{vmatrix}1&2&0&0&0\\0&1&2&0&0\\0&0&1&2&0\\0&0&0&1&2\\2&0&0&0&1\end{vmatrix}$；　　(4) $\begin{vmatrix}1&3&3&\cdots&3&3\\3&2&3&\cdots&3&3\\3&3&3&\cdots&3&3\\\vdots&\vdots&\vdots&\ddots&\vdots&\vdots\\3&3&3&\cdots&n-1&3\\3&3&3&\cdots&3&n\end{vmatrix}$.

3. 设

$$D=\begin{vmatrix}2&2&2&2\\0&-3&0&0\\1&0&-1&1\\3&2&0&4\end{vmatrix},$$

计算行列式 D 的值，并求 $A_{31}+A_{32}+A_{33}+A_{34}$ 和 $M_{31}+M_{32}+M_{33}+M_{34}$.

4. 计算 n 阶行列式

$$D_n=\begin{vmatrix}0&0&\cdots&0&x&y\\0&0&\cdots&x&y&0\\\vdots&\vdots&\ddots&\vdots&\vdots&\vdots\\0&x&\cdots&0&0&0\\x&y&\cdots&0&0&0\\y&0&\cdots&0&0&x\end{vmatrix}.$$

5. 证明下列等式：

$$D_n=\begin{vmatrix}a&0&\cdots&0&1\\0&a&\cdots&0&0\\\vdots&\vdots&\ddots&\vdots&\vdots\\0&0&\cdots&a&0\\1&0&\cdots&0&a\end{vmatrix}=a^n-a^{n-2}.$$

第六节 克莱姆法则

【课前导读】

本节介绍了线性方程组的克莱姆法则，它是第一节二元和三元一次线性方程组解法的推广. 同时，需要注意克莱姆法则的两个局限：一是它只适用于未知数个数与方程数目相等的线性方程组，二是它要求方程组系数行列式的值不等于零. 这些限制，再加上克莱姆法则在计算上的低效性，使得克莱姆法则并不是很适用. 在本书后面的章节中，我们将进一步学习和讨论一般线性方程组的通用解法.

【学习要求】

1. 了解克莱姆法则和相关推论.
2. 理解克莱姆法则和推论的证明.
3. 掌握运用克莱姆法则解线性方程组的方法.

线性方程组是各个方程相关未知量均为一次的方程组. 一次方程被称为线性方程，这是因为在笛卡儿坐标系中，任何一个一次方程都表示一条直线. 正因为如此，由一次方程所构成的方程组称为线性方程组，线性代数的名称也源于此. 线性方程组具有广泛的应用，大量的科学技术问题最终往往归结为解线性方程组. 线性方程组的研究起源于中国古代，在公元 1 世纪左右成书的《九章算术》中就对线性方程组进行了介绍和研究，直到 1678 年左右，德国数学家莱布尼茨才开始了线性方程组的研究，中国对线性方程组的研究比西方至少早 1500 年. 在第一节中，我们讨论了一类二元和三元一次线性方程组的解，并通过引入二阶和三阶行列式的概念，将方程组的解用行列式的形式表示. 自然地，人们会想到对于一般的 n 元一次线性方程组是否也有类似的结论呢？1750 年，瑞士数学家克莱姆在他的《线性代数分析导言》中分析了含有 5 个未知量和 5 个方程的线性方程组的解，创立了线性方程组的一种解法. 随后，经过不断的发展，便形成了线性方程组的一类解法，后人称之为克莱姆法则.

定理 1–4 设有线性方程组

$$\begin{cases} a_{11}x_1+a_{12}x_2+\cdots+a_{1n}x_n=b_1, \\ a_{21}x_1+a_{22}x_2+\cdots+a_{2n}x_n=b_2, \\ \cdots\cdots\cdots \\ a_{n1}x_1+a_{n2}x_2+\cdots+a_{nn}x_n=b_n, \end{cases} \tag{1–9}$$

记

$$D=\begin{vmatrix} a_{11} & a_{12} & \cdots & a_{1n} \\ a_{21} & a_{22} & \cdots & a_{2n} \\ \vdots & \vdots & \ddots & \vdots \\ a_{n1} & a_{n2} & \cdots & a_{nn} \end{vmatrix},$$

$$D_j=\begin{vmatrix} a_{11} & \cdots & a_{1j-1} & b_1 & a_{1j+1} & \cdots & a_{1n} \\ a_{21} & \cdots & a_{2j-1} & b_2 & a_{2j+1} & \cdots & a_{2n} \\ \vdots & \ddots & \vdots & \vdots & \vdots & \ddots & \vdots \\ a_{n1} & \cdots & a_{nj-1} & b_n & a_{nj+1} & \cdots & a_{nn} \end{vmatrix}(1\leqslant j\leqslant n).$$

如果系数行列式 $D\neq0$，则方程组存在唯一解

$$x_j=\frac{D_j}{D}(1\leqslant j\leqslant n).$$

证明　设 $A_{11},A_{21},\cdots,A_{n1}$ 分别为系数行列式 D 第一列各元素的代数余子式，将它们分别乘以方程组的第 $1\sim n$ 个方程，可得

$$a_{11}A_{11}x_1+a_{12}A_{11}x_2+\cdots+a_{1n}A_{11}x_n=b_1A_{11},$$
$$a_{21}A_{21}x_1+a_{22}A_{21}x_2+\cdots+a_{2n}A_{21}x_n=b_2A_{21},$$
$$\cdots\cdots$$
$$a_{n1}A_{n1}x_1+a_{n2}A_{n1}x_2+\cdots+a_{nn}A_{n1}x_n=b_nA_{n1},$$

再将上面这 n 个等式相加，可得

$$(a_{11}A_{11}+a_{21}A_{21}+\cdots+a_{n1}A_{n1})x_1=b_1A_{11}+b_2A_{21}+\cdots+b_nA_{n1}.$$

由行列式展开法则可知

$$Dx_1=D_1,$$

因此，当 $D\neq0$ 时，存在唯一的 $x_1=\dfrac{D_1}{D}$.

同理可证，$x_2=\dfrac{D_2}{D}$，$x_3=\dfrac{D_3}{D}$，$\cdots$，$x_n=\dfrac{D_n}{D}$，且它们都是唯一的.

例 27　用克莱姆法则解线性方程组

$$\begin{cases} x_1-3x_3+2x_4=-10, \\ x_1-x_2+x_3+2x_4=4, \\ 2x_1+x_2+2x_3-x_4=7, \\ 4x_1+x_2+x_3+2x_4=3. \end{cases}$$

解　根据给定的线性方程组，可知

$$D=\begin{vmatrix} 1 & 0 & -3 & 2 \\ 1 & -1 & 1 & 2 \\ 2 & 1 & 2 & -1 \\ 4 & 1 & 1 & 2 \end{vmatrix}=-13\neq0,$$

$$D_1=\begin{vmatrix} -10 & 0 & -3 & 2 \\ 4 & -1 & 1 & 2 \\ 7 & 1 & 2 & -1 \\ 3 & 1 & 1 & 2 \end{vmatrix}=-13,\quad D_2=\begin{vmatrix} 1 & -10 & -3 & 2 \\ 1 & 4 & 1 & 2 \\ 2 & 7 & 2 & -1 \\ 4 & 3 & 1 & 2 \end{vmatrix}=26,$$

$$D_3=\begin{vmatrix}1&0&-10&2\\1&-1&4&2\\2&1&7&-1\\4&1&3&2\end{vmatrix}=-39,\quad D_4=\begin{vmatrix}1&0&-3&-10\\1&-1&1&4\\2&1&2&7\\4&1&1&3\end{vmatrix}=13.$$

根据克莱姆法则，此线性方程组存在唯一解

$$x_1=\frac{D_1}{D}=1,\ x_2=\frac{D_2}{D}=-2,\ x_3=\frac{D_3}{D}=3,\ x_4=\frac{D_4}{D}=-1.$$

在方程组(1-9)中，若常数项 $b_1=b_2=\cdots=b_n=0$，则有

$$\begin{cases}a_{11}x_1+a_{12}x_2+\cdots+a_{1n}x_n=0,\\a_{21}x_1+a_{22}x_2+\cdots+a_{2n}x_n=0,\\\cdots\cdots\cdots\\a_{n1}x_1+a_{n2}x_2+\cdots+a_{nn}x_n=0,\end{cases}\tag{1-10}$$

我们称方程组(1-10)为**齐次线性方程组**.

易知，对于线性方程组(1-9)，其解不一定存在. 但对于齐次线性方程组(1-10)，其解一定存在，例如零解 $x_1=x_2=\cdots=x_n=0$. 因此，对于齐次线性方程组(1-10)，我们需要进一步了解：在什么条件下存在唯一的零解；在什么条件下存在非零解. 下面给出相关的结论.

定理 1-5　对于齐次线性方程组(1-10)，如果系数行列式 $D\neq0$，则方程组存在唯一的零解.

证明　由齐次线性方程组的结构可知

$$D_j=0(1\leqslant j\leqslant n),$$

根据定理 1-4，当 $D\neq0$ 时，方程组(1-10)存在唯一的零解.

推论 1　如果齐次线性方程组(1-10)存在非零解，则系数行列式 $D=0$.

证明　用反证法. 假设系数行列式 $D\neq0$，由定理 1-5 可知，齐次线性方程组(1-10)存在唯一的零解，矛盾，所以假设不成立，从而有 $D=0$.

推论 2　如果齐次线性方程组(1-10)的系数行列式 $D=0$，则方程组存在非零解.

由推论 1 和推论 2 可知，对于齐次线性方程组(1-10)，系数行列式 $D=0$ 与方程组存在非零解等价.

例 28　当 k 满足什么条件时，方程组

$$\begin{cases}(k+2)x_1+x_2+x_3=0,\\x_1+(k+1)x_2+x_3=0,\\x_1+x_2+x_3=0\end{cases}$$

存在非零解?

解　根据给定的线性方程组，可知系数行列式

$$D=\begin{vmatrix}k+2&1&1\\1&k+1&1\\1&1&1\end{vmatrix}=k(k+1).$$

令 $D=k(k+1)=0$，可得 $k=0$ 或 $k=-1$. 所以，当 $k=0$ 或 $k=-1$ 时，方程组存在非零解.

习题 1-6

1. 一位同学在应用克莱姆法则解线性方程组

$$\begin{cases} x_1+x_2+x_3=3, \\ x_1+2x_2+3x_3=6, \\ 2x_1+3x_2+4x_3=9 \end{cases}$$

时，计算发现该线性方程组的系数行列式 $D=0$，于是该同学根据克莱姆法则断言此线性方程组无解，你认为对吗？

2. 用克莱姆法则解线性方程组

$$\begin{cases} x_1+4x_2-5x_3+7x_4=-1, \\ x_1-3x_2-6x_4=9, \\ -x_1+5x_2-x_3+8x_4=-14, \\ x_1+4x_2-7x_3+6x_4=0. \end{cases}$$

3. 讨论下列关于变量 x_1，x_2，x_3 的齐次线性方程组

$$\begin{cases} x_1+ax_2+a^2x_3=0, \\ x_1+bx_2+b^2x_3=0, \\ x_1+cx_2+c^2x_3=0 \end{cases}$$

在什么条件下存在唯一零解？在什么条件下存在非零解？

4. 讨论齐次线性方程组

$$\begin{cases} x_1+x_n=0, \\ x_1+x_2=0, \\ x_2+x_3=0, \\ \cdots\cdots\cdots \\ x_{n-1}+x_n=0 \end{cases}$$

在什么条件下存在唯一零解？在什么条件下存在非零解？

5. 设齐次线性方程组

$$\begin{cases} ax_1+bx_2+bx_3+\cdots+bx_n=0, \\ bx_1+ax_2+bx_3+\cdots+bx_n=0, \\ \cdots\cdots\cdots \\ bx_1+bx_2+bx_3+\cdots+ax_n=0, \end{cases}$$

其中 $a\neq0$，$b\neq0$，$n\geqslant2$. 试讨论 a，b 为何值时，方程组仅有零解.

第七节　应用实例

【课前导读】

本节主要介绍了行列式在求解直线和曲线方程、数据拟合和多项式因式分解等方面的应用. 同时，对应用实例的理论基础进行了分析，并给出了相关的证明. 本节的目的在于激发读者的数学应用意识，培养用所学数学知识来分析和解决问题的能力.

【学习要求】

1. 了解行列式的相关应用领域.
2. 理解应用实例的理论基础和相关证明.
3. 掌握运用行列式求解直线、曲线方程，进行数据拟合和多项式因式分解的方法.

行列式作为基本的数学理论和工具，在线性代数、几何学、数据拟合和多项式理论等领域都有着广泛的应用. 在本章第六节中我们已经介绍了关于如何利用行列式解线性方程组的克莱姆法则，在本书后面的章节中，将进一步介绍行列式在矩阵、n 维向量、相似对角形和二次型等方面的应用. 本节主要介绍了行列式在求解直线和曲线方程、数据拟合和多项式因式分解等方面的应用.

一、在求解直线和曲线方程中的应用

1. 平面内通过定点的直线方程

命题 1-1　已知平面内一直线经过两定点(x_1,y_1)和(x_2,y_2)，则此直线的方程可表示为

$$\begin{vmatrix} x & y & 1 \\ x_1 & y_1 & 1 \\ x_2 & y_2 & 1 \end{vmatrix}=0.$$

证明　设此直线的一般方程为 $Ax+By+C=0$，显然，这里的 A，B，C 不全为零. 因为此直线经过两定点(x_1,y_1)和(x_2,y_2)，所以有

$$\begin{cases} Ax+By+C=0, \\ Ax_1+By_1+C=0, \\ Ax_2+By_2+C=0. \end{cases} \tag{1-11}$$

将式(1-11)看作一个关于变量 A，B，C 的线性方程组，因为 A，B，C 不全为零，即此线性方程组存在非零解，所以

$$\begin{vmatrix} x & y & 1 \\ x_1 & y_1 & 1 \\ x_2 & y_2 & 1 \end{vmatrix}=0.$$

例 29 若平面内一直线经过两定点(1,1)和(2,0)，求此直线方程.

解 由命题 1-1 可知此直线的方程为

$$\begin{vmatrix} x & y & 1 \\ 1 & 1 & 1 \\ 2 & 0 & 1 \end{vmatrix}=0,$$

即 $y+x-2=0$.

2. 空间内通过定点的直线方程

命题 1-2 已知空间内一直线经过定点(x_1,y_1,z_1)、(x_2,y_2,z_2)和(x_3,y_3,z_3)，则此直线的方程可表示为

$$\begin{vmatrix} x & y & z & 1 \\ x_1 & y_1 & z_1 & 1 \\ x_2 & y_2 & z_2 & 1 \\ x_3 & y_3 & z_3 & 1 \end{vmatrix}=0.$$

证明 设此直线的一般方程为 $Ax+By+Cz+D=0$，显然，这里的 A，B，C，D 不全为零. 因为此直线经过定点(x_1,y_1,z_1)、(x_2,y_2,z_2)和(x_3,y_3,z_3)，所以有

$$\begin{cases} Ax+By+Cz+D=0, \\ Ax_1+By_1+Cz_1+D=0, \\ Ax_2+By_2+Cz_2+D=0, \\ Ax_3+By_3+Cz_3+D=0. \end{cases} \tag{1-12}$$

将式(1-12)看作一个关于变量 A，B，C，D 的线性方程组，因为 A，B，C，D 不全为零，即此线性方程组存在非零解，所以

$$\begin{vmatrix} x & y & z & 1 \\ x_1 & y_1 & z_1 & 1 \\ x_2 & y_2 & z_2 & 1 \\ x_3 & y_3 & z_3 & 1 \end{vmatrix}=0.$$

例 30 若空间内一直线经过定点(1,1,1)、(3,0,0)和(2,0,1)，求此直线方程.

解 由命题 1-2 可知此直线的方程为

$$\begin{vmatrix} x & y & z & 1 \\ 1 & 1 & 1 & 1 \\ 3 & 0 & 0 & 1 \\ 2 & 0 & 1 & 1 \end{vmatrix}=0,$$

即 $x+y+z-3=0$.

3. 平面内经过定点的圆方程

命题 1-3 已知平面内一圆经过定点(x_1,y_1)、(x_2,y_2)和(x_3,y_3)，则此圆的方程可表示为

$$\begin{vmatrix} x^2+y^2 & x & y & 1 \\ x_1^2+y_1^2 & x_1 & y_1 & 1 \\ x_2^2+y_2^2 & x_2 & y_2 & 1 \\ x_3^2+y_3^2 & x_3 & y_3 & 1 \end{vmatrix}=0.$$

证明 设此圆的一般方程为$A(x^2+y^2)+Bx+Cy+D=0$，显然，这里的A，B，C，D不全为零. 因为此直线经过定点(x_1,y_1)、(x_2,y_2)和(x_3,y_3)，所以有

$$\begin{cases} A(x^2+y^2)+Bx+Cy+D=0, \\ A(x_1^2+y_1^2)+Bx_1+Cy_1+D=0, \\ A(x_2^2+y_2^2)+Bx_2+Cy_2+D=0, \\ A(x_3^2+y_3^2)+Bx_3+Cy_3+D=0. \end{cases} \tag{1-13}$$

将式(1-13)看作一个关于变量A，B，C，D的线性方程组，因为A，B，C，D不全为零，即此线性方程组存在非零解，所以

$$\begin{vmatrix} x^2+y^2 & x & y & 1 \\ x_1^2+y_1^2 & x_1 & y_1 & 1 \\ x_2^2+y_2^2 & x_2 & y_2 & 1 \\ x_3^2+y_3^2 & x_3 & y_3 & 1 \end{vmatrix}=0.$$

例 31 已知平面内一圆经过定点$(0,1)$、$(2,3)$和$(4,1)$，求此圆的方程.

解 由命题 1-3 可知此圆的方程为

$$\begin{vmatrix} x^2+y^2 & x & y & 1 \\ 1 & 0 & 1 & 1 \\ 13 & 2 & 3 & 1 \\ 17 & 4 & 1 & 1 \end{vmatrix}=0,$$

即$x^2+y^2-4x-2y+1=0$.

二、在数据拟合中的应用

在科学研究和工程技术问题中，人们常常用函数来描述某种内在规律的数量关系. 为此，人们可通过采样和实验等方法来获得若干离散的数据，并通过某种方法得到一个连续函数与已知数据相吻合，这样的过程叫作数据拟合. 不同的拟合方法可能得到不同的连续函数. 其中，多项式拟合是一类重要的方法，有着广泛的应用. 下面简单介绍行列式在多项式拟合中的应用.

假设人们已获得$n+1$个离散的数据$(x_i,y_i)(1\leqslant i\leqslant n+1)$，这里各$x_i(1\leqslant i\leqslant n+1)$互不相等. 现用一元$n$次多项式

$$a_0+a_1x+a_2x^2+\cdots+a_{n-1}x^{n-1}+a_nx^n$$

来拟合这些数据. 由数据的吻合性要求可知

$$\begin{cases} a_0+a_1x_1+a_2x_1^2+\cdots+a_{n-1}x_1^{n-1}+a_nx_1^n=y_1, \\ a_0+a_1x_2+a_2x_2^2+\cdots+a_{n-1}x_2^{n-1}+a_nx_2^n=y_2, \\ \cdots\cdots\cdots \\ a_0+a_1x_n+a_2x_n^2+\cdots+a_{n-1}x_n^{n-1}+a_nx_n^n=y_n, \\ a_0+a_1x_{n+1}+a_2x_{n+1}^2+\cdots+a_{n-1}x_{n+1}^{n-1}+a_nx_{n+1}^n=y_{n+1}. \end{cases} \tag{1-14}$$

将式(1-14)看作一个关于变量 a_0，a_1，a_2，…，a_{n-1}，a_n 的线性方程组. 因为各 $x_i(1\leqslant i\leqslant n+1)$互不相等，所以此方程组的系数行列式

$$D=\begin{vmatrix} 1 & x_1 & x_1^2 & \cdots & x_1^n \\ 1 & x_2 & x_2^2 & \cdots & x_2^n \\ \vdots & \vdots & \vdots & \ddots & \vdots \\ 1 & x_n & x_n^2 & \cdots & x_n^n \\ 1 & x_{n+1} & x_{n+1}^2 & \cdots & x_{n+1}^n \end{vmatrix}=\prod_{1\leqslant i<j\leqslant n+1}(x_j-x_i)\neq 0.$$

由克莱姆法则可知，这样的多项式拟合是由数据$(x_i,y_i)(1\leqslant i\leqslant n+1)$唯一确定的，且

$$a_j=\frac{D_j}{D}(0\leqslant j\leqslant n),$$

其中 D_j 是将系数行列式 D 第 $j+1$ 列的各元素分别换成 $y_1,y_2,\cdots,y_n$，y_{n+1}而得到的行列式.

例 32 在某一工程技术问题中，人们通过采样获得如下数据：

x	0	2	−2	1
y	0	4	5	3

试用一元三次多项式拟合此组数据.

解 设拟合的一元三次多项式为

$$P_3(x)=a_0+a_1x+a_2x^2+a_3x^3,$$

于是可得

$$D=\begin{vmatrix} 1 & 0 & 0 & 0 \\ 1 & 2 & 4 & 8 \\ 1 & -2 & 4 & -8 \\ 1 & 1 & 1 & 1 \end{vmatrix}=-48,\ D_0=\begin{vmatrix} 0 & 0 & 0 & 0 \\ 4 & 2 & 4 & 8 \\ 5 & -2 & 4 & -8 \\ 3 & 1 & 1 & 1 \end{vmatrix}=0,$$

$$D_1=\begin{vmatrix} 1 & 0 & 0 & 0 \\ 1 & 4 & 4 & 8 \\ 1 & 5 & 4 & -8 \\ 1 & 3 & 1 & 1 \end{vmatrix}=-124,\ D_2=\begin{vmatrix} 1 & 0 & 0 & 0 \\ 1 & 2 & 4 & 8 \\ 1 & -2 & 5 & -8 \\ 1 & 1 & 3 & 1 \end{vmatrix}=-54,\ D_3=\begin{vmatrix} 1 & 0 & 0 & 0 \\ 1 & 2 & 4 & 4 \\ 1 & -2 & 4 & 5 \\ 1 & 1 & 1 & 3 \end{vmatrix}=34,$$

进一步可得

$$a_0=0,\ a_1=\frac{31}{12},\ a_2=\frac{27}{24},\ a_3=-\frac{17}{24},$$

即所拟合的一元三次多项式为

$$P_3(x)=\frac{31}{12}x+\frac{27}{24}x^2-\frac{17}{24}x^3.$$

三、在多项式因式分解中的应用

因式分解是指把一个多项式化成几个整式积的形式，它在求解高次方程和作图等方面有着广泛的应用. 下面简单介绍行列式在多项式因式分解中的应用.

命题 1-4　设有关于 x 的一元 n 次多项式

$$a_0+a_1x+a_2x^2+\cdots+a_{n-1}x^{n-1}+a_nx^n,$$

则有下列等式成立

$$\begin{vmatrix} x & -1 & 0 & \cdots & 0 & 0 & 0 \\ 0 & x & -1 & \cdots & 0 & 0 & 0 \\ 0 & 0 & x & \cdots & 0 & 0 & 0 \\ \vdots & \vdots & \vdots & \ddots & \vdots & \vdots & \vdots \\ 0 & 0 & 0 & \cdots & x & -1 & 0 \\ 0 & 0 & 0 & \cdots & 0 & x & -1 \\ a_0 & a_1 & a_2 & \cdots & a_{n-3} & a_{n-2} & a_{n-1}+a_nx \end{vmatrix}=a_0+a_1x+a_2x^2+\cdots+a_{n-1}x^{n-1}+a_nx^n.$$

证明　首先将等式左边行列式第 n 列各元素的 x 倍加到第 $n-1$ 列相应的元素上，在此基础上再将第 $n-1$ 列各元素的 x 倍加到第 $n-2$ 列相应的元素上，如此循环，直到将第 2 列各元素的 x 倍加到第 1 列相应的元素上. 最终可得

$$\begin{vmatrix} x & -1 & 0 & \cdots & 0 & 0 & 0 \\ 0 & x & -1 & \cdots & 0 & 0 & 0 \\ 0 & 0 & x & \cdots & 0 & 0 & 0 \\ \vdots & \vdots & \vdots & \ddots & \vdots & \vdots & \vdots \\ 0 & 0 & 0 & \cdots & x & -1 & 0 \\ 0 & 0 & 0 & \cdots & 0 & x & -1 \\ a_0 & a_1 & a_2 & \cdots & a_{n-3} & a_{n-2} & a_{n-1}+a_nx \end{vmatrix}=\begin{vmatrix} 0 & -1 & 0 & \cdots & 0 & 0 & 0 \\ 0 & 0 & -1 & \cdots & 0 & 0 & 0 \\ 0 & 0 & 0 & \cdots & 0 & 0 & 0 \\ \vdots & \vdots & \vdots & \ddots & \vdots & \vdots & \vdots \\ 0 & 0 & 0 & \cdots & 0 & -1 & 0 \\ 0 & 0 & 0 & \cdots & 0 & 0 & -1 \\ A_0 & A_1 & A_2 & \cdots & A_{n-3} & A_{n-2} & a_{n-1}+a_nx \end{vmatrix}$$

$$=(a_0+a_1x+a_2x^2+\cdots+a_{n-1}x^{n-1}+a_nx^n)\times(-1)^{n+1}\begin{vmatrix} -1 & 0 & \cdots & 0 & 0 & 0 \\ 0 & -1 & \cdots & 0 & 0 & 0 \\ 0 & 0 & \cdots & 0 & 0 & 0 \\ \vdots & \vdots & \ddots & \vdots & \vdots & \vdots \\ 0 & 0 & \cdots & 0 & -1 & 0 \\ 0 & 0 & \cdots & 0 & 0 & -1 \end{vmatrix}$$

$$=(a_0+a_1x+a_2x^2+\cdots+a_{n-1}x^{n-1}+a_nx^n)\times(-1)^{n+1}\times(-1)^{n-1}$$

$$=a_0+a_1x+a_2x^2+\cdots+a_{n-1}x^{n-1}+a_nx^n.$$

其中

$$A_0=a_0+a_1x+a_2x^2+\cdots+a_{n-1}x^{n-1}+a_nx^n,$$

$$A_1=a_1+a_2x+a_3x^2+\cdots+a_{n-1}x^{n-2}+a_nx^{n-1},$$

$$A_2=a_2+a_3x+a_4x^2+\cdots+a_{n-1}x^{n-3}+a_nx^{n-2},$$

$$\cdots\cdots$$

$$A_{n-3}=a_{n-3}+a_{n-2}x+a_{n-1}x^2+a_nx^3,$$

$$A_{n-2}=a_{n-2}+a_{n-1}x+a_nx^2.$$

基于命题 1-4，不难看出任何一个一元 n 次多项式都可以写成一个 n 阶行列式的形式. 在此基础上，进一步利用行列式的相关性质，通过对行列式降阶、提取公因子等过程，最终实现行列式的因式分解.

例 33　对多项式 $x^4-10x^3+35x^2-50x+24$ 进行因式分解.

解　由命题 1-4 可知

$$x^4-10x^3+35x^2-50x+24=\begin{vmatrix} x & -1 & 0 & 0 \\ 0 & x & -1 & 0 \\ 0 & 0 & x & -1 \\ 24 & -50 & 35 & -10+x \end{vmatrix}$$

$$=\begin{vmatrix} x & -1 & 0 & 0 \\ 0 & x & -1 & 0 \\ 0 & 0 & x & -1 \\ 24 & -50 & x^2-10x+35 & 0 \end{vmatrix}=\begin{vmatrix} x & -1 & 0 \\ 0 & x & -1 \\ 24 & -50 & x^2-10x+35 \end{vmatrix}$$

$$=\begin{vmatrix} x & -1 & x-1 \\ 0 & x & x-1 \\ 24 & -50 & x^2-10x+9 \end{vmatrix}=\begin{vmatrix} x & -1 & x-1 \\ 0 & x & x-1 \\ 24 & -50 & (x-1)(x-9) \end{vmatrix}$$

$$=(x-1)\begin{vmatrix} x & -1 & 1 \\ 0 & x & 1 \\ 24 & -50 & x-9 \end{vmatrix}=(x-1)\begin{vmatrix} x & -x-1 & 1 \\ 0 & 0 & 1 \\ 24 & -x^2+9x-50 & x-9 \end{vmatrix}$$

$$=-(x-1)\begin{vmatrix} x & -x-1 \\ 24 & -x^2+9x-50 \end{vmatrix}=-(x-1)\begin{vmatrix} x & \frac{x}{2}-1 \\ 24 & -x^2+9x-14 \end{vmatrix}$$

$$=-(x-1)\begin{vmatrix} x & \frac{1}{2}(x-2) \\ 24 & (7-x)(x-2) \end{vmatrix}=-(x-1)(x-2)\begin{vmatrix} x & \frac{1}{2} \\ 24 & 7-x \end{vmatrix}$$

$$=(x-1)(x-2)(x^2-7x+12)$$

$$=(x-1)(x-2)(x-3)(x-4).$$

习题 1-7

1. 若平面内一直线经过两定点$(0,2)$和$(1,4)$，求此直线方程.
2. 若空间内一直线经过定点$(0,0,2)$、$(1,1,1)$和$(6,-3,2)$，求此直线方程.
3. 已知平面内一圆经过定点$(-1,0)$、$(1,2)$和$(3,0)$，求此圆的方程.
4. 对多项式 $2x^3-9x^2+13x-6$ 进行因式分解.
5. 已知函数$f(x)$经过点$(-2,3)$、$(0,1)$和$(2,5)$，试用一元二次多项式对此函数进行拟合.

本章内容小结

一、本章知识点网络图

本章知识点网络图如图 1-3 所示.

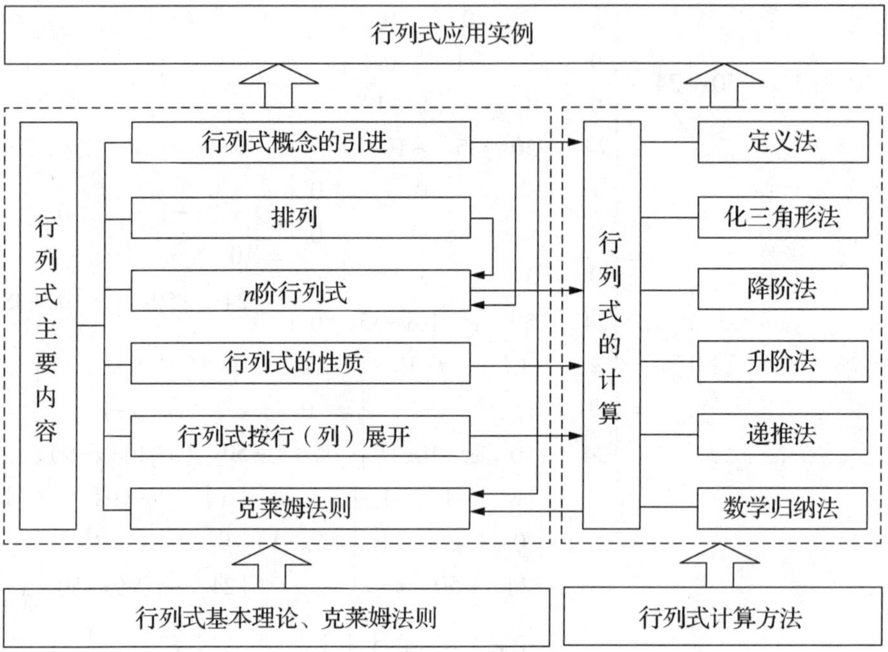

图 1-3　第一章知识点网络图

二、本章题型总结与分析

题型 1：行列式计算方法

解题思路总结如下.

在本章中，我们主要介绍了 n 阶行列式的定义、行列式的性质、行列式的计算方法和克莱姆法则等内容. 其中，关于行列式的计算，主要介绍了定义法、化三角形法、降阶法、升阶法(加边法)、递推法和数学归纳法等. 对于一个行列式，可能有多种方法可以计算它，也可能需要将几种方法综合起来进行计算. 在计算行列式时，我们先要分析这个行列式的结构，明确其结构特征，再选择一些适当的方法进行计算.

至于行列式的各种计算方法，在文中已有相关的说明和例题，这里不再赘述. 下面以几个系列例题为线索，简单介绍和分析行列式结构上的变化对行列式计算方法的影响.

例 34 计算 n 阶行列式

$$D_n=\begin{vmatrix} x_1 & x_2 & x_3 & \cdots & x_{n-1} & x_n \\ x_1 & x_2 & x_3 & \cdots & x_{n-1} & x_n \\ x_1 & x_2 & x_3 & \cdots & x_{n-1} & x_n \\ \vdots & \vdots & \vdots & \ddots & \vdots & \vdots \\ x_1 & x_2 & x_3 & \cdots & x_{n-1} & x_n \\ x_1 & x_2 & x_3 & \cdots & x_{n-1} & x_n \end{vmatrix}.$$

解 由行列式的性质，易知此行列式 $D_n=0$.

例 35 计算 n 阶行列式

$$D_n=\begin{vmatrix} x_1+y & x_2 & x_3 & \cdots & x_{n-1} & x_n \\ x_1 & x_2+y & x_3 & \cdots & x_{n-1} & x_n \\ x_1 & x_2 & x_3+y & \cdots & x_{n-1} & x_n \\ \vdots & \vdots & \vdots & \ddots & \vdots & \vdots \\ x_1 & x_2 & x_3 & \cdots & x_{n-1}+y & x_n \\ x_1 & x_2 & x_3 & \cdots & x_{n-1} & x_n+y \end{vmatrix}.$$

解 将行列式 D_n 第 $j(2\leqslant j\leqslant n)$ 列的 1 倍分别加到第 1 列对应的元素上，可得

$$D_n=\begin{vmatrix} x_1+x_2+\cdots+x_n+y & x_2 & x_3 & \cdots & x_{n-1} & x_n \\ x_1+x_2+\cdots+x_n+y & x_2+y & x_3 & \cdots & x_{n-1} & x_n \\ x_1+x_2+\cdots+x_n+y & x_2 & x_3+y & \cdots & x_{n-1} & x_n \\ \vdots & \vdots & \vdots & \ddots & \vdots & \vdots \\ x_1+x_2+\cdots+x_n+y & x_2 & x_3 & \cdots & x_{n-1}+y & x_n \\ x_1+x_2+\cdots+x_n+y & x_2 & x_3 & \cdots & x_{n-1} & x_n+y \end{vmatrix}$$

$$=(x_1+x_2+\cdots+x_n+y)\begin{vmatrix} 1 & x_2 & x_3 & \cdots & x_{n-1} & x_n \\ 1 & x_2+y & x_3 & \cdots & x_{n-1} & x_n \\ 1 & x_2 & x_3+y & \cdots & x_{n-1} & x_n \\ \vdots & \vdots & \vdots & \ddots & \vdots & \vdots \\ 1 & x_2 & x_3 & \cdots & x_{n-1}+y & x_n \\ 1 & x_2 & x_3 & \cdots & x_{n-1} & x_n+y \end{vmatrix}$$

$$=(x_1+x_2+\cdots+x_n+y)\begin{vmatrix} 1 & x_2 & x_3 & \cdots & x_{n-1} & x_n \\ 0 & y & 0 & \cdots & 0 & 0 \\ 0 & 0 & y & \cdots & 0 & 0 \\ \vdots & \vdots & \vdots & \ddots & \vdots & \vdots \\ 0 & 0 & 0 & \cdots & y & 0 \\ 0 & 0 & 0 & \cdots & 0 & y \end{vmatrix}$$

$$=(x_1+x_2+\cdots+x_n+y)y^{n-1}.$$

例 36　计算 n 阶行列式

$$D_n=\begin{vmatrix} x_1+z & x_2 & x_3 & \cdots & x_{n-1} & x_n \\ x_1 & x_2+y & x_3 & \cdots & x_{n-1} & x_n \\ x_1 & x_2 & x_3+y & \cdots & x_{n-1} & x_n \\ \vdots & \vdots & \vdots & \ddots & \vdots & \vdots \\ x_1 & x_2 & x_3 & \cdots & x_{n-1}+y & x_n \\ x_1 & x_2 & x_3 & \cdots & x_{n-1} & x_n+y \end{vmatrix}\ (yz\neq 0).$$

解　现构造一个 $n+1$ 阶行列式 D_{n+1}，有

$$D_{n+1}=\begin{vmatrix} 1 & x_1 & x_2 & x_3 & \cdots & x_{n-1} & x_n \\ 0 & x_1+z & x_2 & x_3 & \cdots & x_{n-1} & x_n \\ 0 & x_1 & x_2+y & x_3 & \cdots & x_{n-1} & x_n \\ 0 & x_1 & x_2 & x_3+y & \cdots & x_{n-1} & x_n \\ \vdots & \vdots & \vdots & \vdots & \ddots & \vdots & \vdots \\ 0 & x_1 & x_2 & x_3 & \cdots & x_{n-1}+y & x_n \\ 0 & x_1 & x_2 & x_3 & \cdots & x_{n-1} & x_n+y \end{vmatrix}.$$

将行列式 D_{n+1} 第一行的 -1 倍分别加到第 $i(2\leqslant i\leqslant n+1)$ 行对应的元素上，可得

$$D_{n+1}=\begin{vmatrix} 1 & x_1 & x_2 & x_3 & \cdots & x_{n-1} & x_n \\ -1 & z & 0 & 0 & \cdots & 0 & 0 \\ -1 & 0 & y & 0 & \cdots & 0 & 0 \\ -1 & 0 & 0 & y & \cdots & 0 & 0 \\ \vdots & \vdots & \vdots & \vdots & \ddots & \vdots & \vdots \\ -1 & 0 & 0 & 0 & \cdots & y & 0 \\ -1 & 0 & 0 & 0 & \cdots & 0 & y \end{vmatrix}$$

$$=\begin{vmatrix} 1+\frac{x_1}{z}+\frac{x_2}{y}+\cdots+\frac{x_n}{y} & x_1 & x_2 & x_3 & \cdots & x_{n-1} & x_n \\ 0 & z & 0 & 0 & \cdots & 0 & 0 \\ 0 & 0 & y & 0 & \cdots & 0 & 0 \\ 0 & 0 & 0 & y & \cdots & 0 & 0 \\ \vdots & \vdots & \vdots & \vdots & \ddots & \vdots & \vdots \\ 0 & 0 & 0 & 0 & \cdots & y & 0 \\ 0 & 0 & 0 & 0 & \cdots & 0 & y \end{vmatrix}$$

$$=y^{n-1}z\left(1+\frac{x_1}{z}+\frac{x_2}{y}+\cdots+\frac{x_n}{y}\right).$$

进一步，由行列式展开法则可知

$$D_n=D_{n+1}=y^{n-1}z\left(1+\frac{x_1}{z}+\frac{x_2}{y}+\cdots+\frac{x_n}{y}\right).$$

例 37 计算 n 阶行列式

$$D_n=\begin{vmatrix} x_1+y_1 & x_2 & x_3 & \cdots & x_{n-1} & x_n \\ x_1 & x_2+y_2 & x_3 & \cdots & x_{n-1} & x_n \\ x_1 & x_2 & x_3+y_3 & \cdots & x_{n-1} & x_n \\ \vdots & \vdots & \vdots & \ddots & \vdots & \vdots \\ x_1 & x_2 & x_3 & \cdots & x_{n-1}+y_{n-1} & x_n \\ x_1 & x_2 & x_3 & \cdots & x_{n-1} & x_n+y_n \end{vmatrix}\quad(y_1y_2\cdots y_n\neq 0).$$

解 现构造一个 $n+1$ 阶行列式 D_{n+1}，有

$$D_{n+1}=\begin{vmatrix} 1 & x_1 & x_2 & x_3 & \cdots & x_{n-1} & x_n \\ 0 & x_1+y_1 & x_2 & x_3 & \cdots & x_{n-1} & x_n \\ 0 & x_1 & x_2+y_2 & x_3 & \cdots & x_{n-1} & x_n \\ 0 & x_1 & x_2 & x_3+y_3 & \cdots & x_{n-1} & x_n \\ \vdots & \vdots & \vdots & \vdots & \ddots & \vdots & \vdots \\ 0 & x_1 & x_2 & x_3 & \cdots & x_{n-1}+y_{n-1} & x_n \\ 0 & x_1 & x_2 & x_3 & \cdots & x_{n-1} & x_n+y_n \end{vmatrix}.$$

将行列式 D_{n+1} 第一行的 -1 倍分别加到第 $i(2\leqslant i\leqslant n+1)$ 行对应的元素上，可得

$$D_{n+1}=\begin{vmatrix} 1 & x_1 & x_2 & x_3 & \cdots & x_{n-1} & x_n \\ -1 & y_1 & 0 & 0 & \cdots & 0 & 0 \\ -1 & 0 & y_2 & 0 & \cdots & 0 & 0 \\ -1 & 0 & 0 & y_3 & \cdots & 0 & 0 \\ \vdots & \vdots & \vdots & \vdots & \ddots & \vdots & \vdots \\ -1 & 0 & 0 & 0 & \cdots & y_{n-1} & 0 \\ -1 & 0 & 0 & 0 & \cdots & 0 & y_n \end{vmatrix}$$

$$=\begin{vmatrix} 1+\dfrac{x_1}{y_1}+\dfrac{x_2}{y_2}+\cdots+\dfrac{x_n}{y_n} & x_1 & x_2 & x_3 & \cdots & x_{n-1} & x_n \\ 0 & y_1 & 0 & 0 & \cdots & 0 & 0 \\ 0 & 0 & y_2 & 0 & \cdots & 0 & 0 \\ 0 & 0 & 0 & y_3 & \cdots & 0 & 0 \\ \vdots & \vdots & \vdots & \vdots & \ddots & \vdots & \vdots \\ 0 & 0 & 0 & 0 & \cdots & y_{n-1} & 0 \\ 0 & 0 & 0 & 0 & \cdots & 0 & y_n \end{vmatrix}$$

$$=y_1y_2\cdots y_n\left(1+\frac{x_1}{y_1}+\frac{x_2}{y_2}+\cdots+\frac{x_n}{y_n}\right).$$

进一步，由行列式展开法则可知

$$D_n=D_{n+1}=y_1y_2\cdots y_n\left(1+\frac{x_1}{y_1}+\frac{x_2}{y_2}+\cdots+\frac{x_n}{y_n}\right).$$

在例 36 和例 37 中，原行列式通过升阶法和行列式的性质，都被化成一种“箭形行列式”. 下面我们对这种“箭形行列式”进行总结和分析.

例 38　计算下列 $n+1$ 阶“箭形行列式”的值：

$$D_{n+1}=\begin{vmatrix} a_0 & c_1 & c_2 & \cdots & c_{n-1} & c_n \\ b_1 & a_1 & 0 & \cdots & 0 & 0 \\ b_2 & 0 & a_2 & \cdots & 0 & 0 \\ \vdots & \vdots & \vdots & \ddots & \vdots & \vdots \\ b_{n-1} & 0 & 0 & \cdots & a_{n-1} & 0 \\ b_n & 0 & 0 & \cdots & 0 & a_n \end{vmatrix}(a_1a_2\cdots a_{n-1}a_n\neq 0).$$

解　现将行列式第 $j(2\leqslant j\leqslant n)$ 列的 $\left(-\dfrac{b_{j-1}}{a_{j-1}}\right)$ 倍加到第 1 列对应的元素上，可得

$$D_{n+1}=\begin{vmatrix} a_0 & c_1 & c_2 & \cdots & c_{n-1} & c_n \\ b_1 & a_1 & 0 & \cdots & 0 & 0 \\ b_2 & 0 & a_2 & \cdots & 0 & 0 \\ \vdots & \vdots & \vdots & \ddots & \vdots & \vdots \\ b_{n-1} & 0 & 0 & \cdots & a_{n-1} & 0 \\ b_n & 0 & 0 & \cdots & 0 & a_n \end{vmatrix}$$

$$=\begin{vmatrix} a_0-\dfrac{b_1c_1}{a_1}-\dfrac{b_2c_2}{a_2}-\cdots-\dfrac{b_nc_n}{a_n} & c_1 & c_2 & \cdots & c_{n-1} & c_n \\ 0 & a_1 & 0 & \cdots & 0 & 0 \\ 0 & 0 & a_2 & \cdots & 0 & 0 \\ \vdots & \vdots & \vdots & \ddots & \vdots & \vdots \\ 0 & 0 & 0 & \cdots & a_{n-1} & 0 \\ 0 & 0 & 0 & \cdots & 0 & a_n \end{vmatrix}$$

$$=\left(a_0-\sum_{k=1}^{n}\frac{c_kb_k}{a_k}\right)a_1a_2\cdots a_{n-1}a_n.$$

总之，我们在计算一个行列式之前，一定要先分析它的结构，弄清它结构上的特征和特性. 在此基础上，再选择一些适当的方法来计算行列式的值. 这样可以有效地降低计算复杂度和计算量.

题型 2：使用克莱姆法则解一类线性方程组(略，具体见第六节).

总习题一(A)

一、选择题

1. 设函数 $f(x)=\begin{vmatrix} x-2 & x-1 & x-2 & x-3 \\ 2x-2 & 2x-1 & 2x-2 & 2x-3 \\ 3x-3 & 3x-2 & 4x-5 & 3x-5 \\ 4x & 4x-3 & 5x-7 & 4x-3 \end{vmatrix}$，则方程 $f(x)=0$ 的根的个数为(　　).

A. 1　　B. 2　　C. 3　　D. 4

2. 下列关于行列式的性质，说法不正确的是(　　).

A. 互换行列式的两行，行列式的值改变符号

B. 用数 k 乘以行列式，等于用数 k 乘以此行列式中的所有元素

C. 将行列式的行列互换，行列式的值不变

D. 若将行列式一行的 k 倍加到另一行对应的元素上，则行列式的值不变

3. 系数行列式 $D=0$，是线性方程组

$$\begin{cases} a_{11}x_1+a_{12}x_2+\cdots+a_{1n}x_n=0, \\ a_{21}x_1+a_{22}x_2+\cdots+a_{2n}x_n=0, \\ \cdots\cdots\cdots \\ a_{n1}x_1+a_{n2}x_2+\cdots+a_{nn}x_n=0 \end{cases}$$

有非零解的(　　)条件.

A. 充分　　B. 必要　　C. 充分必要　　D. 无关

二、填空题

1. 五阶排列共有________个，其中奇排列________个，偶排列________个.

2. 在五阶行列式所表示的代数和中，乘积 $a_{13}a_{22}a_{35}a_{41}a_{54}$ 前取________号，乘积 $a_{42}a_{15}a_{24}a_{31}a_{53}$ 前取________号(填正或负).

3. 设行列式 $D=\begin{vmatrix} 1 & 4 & 1 & 4 \\ 1 & 0 & 1 & 0 \\ 2 & 2 & 1 & 6 \\ 3 & 2 & 2 & 5 \end{vmatrix}$，则余子式 M_{23} 等于________，代数余子式 A_{32} 等于________.

4. $\begin{vmatrix} 1 & 1 & 1 \\ 2 & 3 & 4 \\ 4 & 9 & 16 \end{vmatrix}=$________.

三、解答题

1. 用行列式的定义计算下列行列式：

(1) $\begin{vmatrix} 0 & 0 & 0 & b_1 \\ 0 & a_2 & b_2 & 0 \\ 0 & b_3 & a_3 & 0 \\ b_4 & 0 & 0 & 0 \end{vmatrix}$；　　(2) $\begin{vmatrix} a_1 & 0 & 0 & b_1 \\ 0 & a_2 & b_2 & 0 \\ 0 & b_3 & a_3 & 0 \\ b_4 & 0 & 0 & a_4 \end{vmatrix}$.

2. 计算下列行列式：

(1) $\begin{vmatrix} 2 & 2 & 2 & 2 & 1 \\ 2 & 2 & 2 & 1 & 2 \\ 2 & 2 & 1 & 2 & 2 \\ 2 & 1 & 2 & 2 & 2 \\ 1 & 2 & 2 & 2 & 2 \end{vmatrix}$；　　(2) $\begin{vmatrix} 5 & 1 & 1 & 1 & 1 \\ 1 & 4 & 0 & 0 & 0 \\ 1 & 0 & 4 & 0 & 0 \\ 1 & 0 & 0 & 4 & 0 \\ 1 & 0 & 0 & 0 & 4 \end{vmatrix}$；

(3) $\begin{vmatrix} 6 & 1 & 1 & 1 & 1 \\ 2 & 7 & 2 & 2 & 2 \\ 3 & 3 & 8 & 3 & 3 \\ 4 & 4 & 4 & 9 & 4 \\ 5 & 5 & 5 & 5 & 10 \end{vmatrix}$;　　(4) $\begin{vmatrix} 1 & -1 & 1 & x-1 \\ 1 & -1 & x+1 & -1 \\ 1 & x-1 & 1 & -1 \\ x+1 & -1 & 1 & -1 \end{vmatrix}$;

(5) $\begin{vmatrix} 1-a & a & 0 & 0 & 0 \\ -1 & 1-a & a & 0 & 0 \\ 0 & -1 & 1-a & a & 0 \\ 0 & 0 & -1 & 1-a & a \\ 0 & 0 & 0 & -1 & 1-a \end{vmatrix}$;　　(6) $\begin{vmatrix} 3 & 2 & 0 & 0 & 0 & 0 \\ 0 & 3 & 2 & 0 & 0 & 0 \\ 0 & 0 & 3 & 2 & 0 & 0 \\ 0 & 0 & 0 & 3 & 2 & 0 \\ 0 & 0 & 0 & 0 & 3 & 2 \\ 2 & 0 & 0 & 0 & 0 & 3 \end{vmatrix}$;

(7) $\begin{vmatrix} 1 & 1 & 1 & 1 & 1 & 1 \\ 1 & 2 & 1 & 1 & 1 & 1 \\ 1 & 1 & 3 & 1 & 1 & 1 \\ 1 & 1 & 1 & 4 & 1 & 1 \\ 1 & 1 & 1 & 1 & 5 & 1 \\ 1 & 1 & 1 & 1 & 1 & 6 \end{vmatrix}$;　　(8) $\begin{vmatrix} 2 & 1 & 1 & 1 & 1 & 1 \\ 1 & 3 & 1 & 1 & 1 & 1 \\ 1 & 1 & 4 & 1 & 1 & 1 \\ 1 & 1 & 1 & 5 & 1 & 1 \\ 1 & 1 & 1 & 1 & 6 & 1 \\ 1 & 1 & 1 & 1 & 1 & 7 \end{vmatrix}$.

3. 若齐次线性方程组

$$\begin{cases} x+y+z=0, \\ 2ax+(a+b)y+2bz=0, \\ a^2x+aby+b^2z=0 \end{cases}$$

存在非零解，则 a 和 b 应满足什么条件？

总习题一(B)

一、选择题

1. 若四阶行列式 $\begin{vmatrix} a_{11} & a_{21} & a_{31} & b_1 \\ a_{12} & a_{22} & a_{32} & b_2 \\ a_{13} & a_{23} & a_{33} & b_3 \\ a_{14} & a_{24} & a_{34} & b_4 \end{vmatrix} = m$，$\begin{vmatrix} a_{11} & a_{21} & c_1 & a_{31} \\ a_{12} & a_{22} & c_2 & a_{32} \\ a_{13} & a_{23} & c_3 & a_{33} \\ a_{14} & a_{24} & c_4 & a_{34} \end{vmatrix} = n$，则四阶行列式 $\begin{vmatrix} a_{31} & a_{21} & a_{11} & b_1+c_1 \\ a_{32} & a_{22} & a_{12} & b_2+c_2 \\ a_{33} & a_{23} & a_{13} & b_3+c_3 \\ a_{34} & a_{24} & a_{14} & b_4+c_4 \end{vmatrix}$ 等于(　　).

A. $m+n$　　B. $-(m+n)$　　C. $n-m$　　D. $m-n$

2. 下列关于行列式的值，说法不正确的是(　　).

A. 若行列式有一行(列)元素全为零，则此行列式的值等于零

B. 若行列式有两行(列)元素对应成比例，则此行列式的值等于零

C. 若 n 阶行列式中有 n 个元素为零，则此行列式的值等于零

D. 若行列式中有一行元素是另外两行对应元素之和，则此行列式的值等于零

3. 系数行列式 $D\neq 0$，是线性方程组

$$\begin{cases} a_{11}x_1+a_{12}x_2+\cdots+a_{1n}x_n=b_1, \\ a_{21}x_1+a_{22}x_2+\cdots+a_{2n}x_n=b_2, \\ \cdots\cdots\cdots \\ a_{n1}x_1+a_{n2}x_2+\cdots+a_{nn}x_n=b_n \end{cases}$$

有解的(　　)条件.

A. 充分　　B. 必要　　C. 充分必要　　D. 无关

二、填空题

1. 设有 $3n$ 阶排列 $147\cdots(3n-2)258\cdots(3n-1)369\cdots3n$，求 $\tau(147\cdots(3n-2)258\cdots(3n-1)369\cdots3n)=$ ________.

2. 设函数 $f(x)=\begin{vmatrix} 3x & 1 & 4 \\ 4 & 3 & x \\ 1 & 4x & 3 \end{vmatrix}$，则函数 $f(x)$ 中 x^3 的系数是________.

3. 设行列式 $D=\begin{vmatrix} 3 & 0 & 4 & 0 \\ 2 & 2 & 2 & 2 \\ 0 & -7 & 0 & 0 \\ 5 & 3 & -2 & 2 \end{vmatrix}$，则第 4 行各元素余子式之和的值为________.

4. 方程 $\begin{vmatrix} 1 & 1 & 1 & 1 \\ 1 & x^3 & x^2 & x \\ 1 & 27 & 9 & 3 \\ 1 & 8 & 4 & 2 \end{vmatrix}=0$ 的解为________.

三、解答题

1. 用行列式的定义计算下列行列式：

(1) $\begin{vmatrix} 0 & 1 & 0 & \cdots & 0 & 0 \\ 0 & 0 & 2 & \cdots & 0 & 0 \\ \vdots & \vdots & \vdots & \ddots & \vdots & \vdots \\ 0 & 0 & 0 & \cdots & n-2 & 0 \\ 0 & 0 & 0 & \cdots & 0 & n-1 \\ n & 0 & 0 & \cdots & 0 & 0 \end{vmatrix}$；　(2) $\begin{vmatrix} 0 & 0 & \cdots & 0 & 1 & 0 \\ 0 & 0 & \cdots & 2 & 0 & 0 \\ \vdots & \vdots & \ddots & \vdots & \vdots & \vdots \\ 0 & n-2 & \cdots & 0 & 0 & 0 \\ n-1 & 0 & \cdots & 0 & 0 & 0 \\ 0 & 0 & \cdots & 0 & 0 & n \end{vmatrix}$.

2. 设 n 阶行列式

$$D=\begin{vmatrix} 1 & 1 & 1 & \cdots & 1 \\ 1 & 1 & 1 & \cdots & 1 \\ 1 & 1 & 1 & \cdots & 1 \\ \vdots & \vdots & \vdots & \ddots & \vdots \\ 1 & 1 & 1 & \cdots & 1 \end{vmatrix},$$

请利用此行列式 D 并结合行列式的定义，证明：在 n 阶排列中，奇偶排列各占一半.

3. 请使用 n 阶行列式的定义，求证：互换行列式的两行，行列式的值将改变符号.

4. 计算下列 n 阶行列式：

(1) $D_n=\begin{vmatrix} 1 & 1 & 1 & \cdots & 1 & 1 \\ -1 & 2 & 0 & \cdots & 0 & 0 \\ -1 & 0 & 3 & \cdots & 0 & 0 \\ \vdots & \vdots & \vdots & \ddots & \vdots & \vdots \\ -1 & 0 & 0 & \cdots & n-1 & 0 \\ -1 & 0 & 0 & \cdots & 0 & n \end{vmatrix}$； (2) $D_n=\begin{vmatrix} 1 & 2 & 3 & \cdots & n-1 & n \\ 2 & 3 & 4 & \cdots & n & 1 \\ 3 & 4 & 5 & \cdots & 1 & 2 \\ \vdots & \vdots & \vdots & \ddots & \vdots & \vdots \\ n-1 & n & 1 & \cdots & n-3 & n-2 \\ n & 1 & 2 & \cdots & n-2 & n-1 \end{vmatrix}$；

(3) $D_n=\begin{vmatrix} a & a & \cdots & a & a & b \\ a & a & \cdots & a & b & a \\ a & a & \cdots & b & a & a \\ \vdots & \vdots & \ddots & \vdots & \vdots & \vdots \\ a & b & \cdots & a & a & a \\ b & a & \cdots & a & a & a \end{vmatrix}$.

5. 利用升阶法(加边法)计算下列行列式：

(1) $D_n=\begin{vmatrix} x+1 & x & x & \cdots & x & x \\ x & x+2 & x & \cdots & x & x \\ x & x & x+3 & \cdots & x & x \\ \vdots & \vdots & \vdots & \ddots & \vdots & \vdots \\ x & x & x & \cdots & x+(n-1) & x \\ x & x & x & \cdots & x & x+n \end{vmatrix}$；

(2) $D_n=\begin{vmatrix} 1+x_1^2 & x_2x_1 & x_3x_1 & \cdots & x_nx_1 \\ x_1x_2 & 1+x_2^2 & x_3x_2 & \cdots & x_nx_2 \\ x_1x_3 & x_2x_3 & 1+x_3^2 & \cdots & x_nx_3 \\ \vdots & \vdots & \vdots & \ddots & \vdots \\ x_1x_n & x_2x_n & x_3x_n & \cdots & 1+x_n^2 \end{vmatrix}$.

6. 利用递推法计算下列行列式：

(1) $D_n=\begin{vmatrix} 3 & 2 & 0 & 0 & \cdots & 0 & 0 \\ 1 & 3 & 2 & 0 & \cdots & 0 & 0 \\ 0 & 1 & 3 & 2 & \cdots & 0 & 0 \\ 0 & 0 & 1 & 3 & \cdots & 0 & 0 \\ \vdots & \vdots & \vdots & \vdots & \ddots & \vdots & \vdots \\ 0 & 0 & 0 & 0 & \cdots & 3 & 2 \\ 0 & 0 & 0 & 0 & \cdots & 1 & 3 \end{vmatrix}$； (2) $D_n=\begin{vmatrix} x & y & y & \cdots & y & y \\ z & x & y & \cdots & y & y \\ z & z & x & \cdots & y & y \\ \vdots & \vdots & \vdots & \ddots & \vdots & \vdots \\ z & z & z & z & x & y \\ z & z & z & z & z & x \end{vmatrix}$.

7. 利用数学归纳法证明

$$D_n=\begin{vmatrix} a+b & ab & 0 & \cdots & 0 & 0 \\ 1 & a+b & ab & \cdots & 0 & 0 \\ 0 & 1 & a+b & \cdots & 0 & 0 \\ \vdots & \vdots & \vdots & \ddots & \vdots & \vdots \\ 0 & 0 & 0 & \cdots & a+b & ab \\ 0 & 0 & 0 & \cdots & 1 & a+b \end{vmatrix}=\frac{a^{n+1}-b^{n+1}}{a-b}(a\neq b).$$

8. 在 n 阶行列式

$$D=\begin{vmatrix} a_{11} & a_{12} & \cdots & a_{1n} \\ a_{21} & a_{22} & \cdots & a_{2n} \\ \vdots & \vdots & \ddots & \vdots \\ a_{n1} & a_{n2} & \cdots & a_{nn} \end{vmatrix}$$

中，若对任意的 $1\leqslant i,\ j\leqslant n$ 满足 $a_{ij}=-a_{ji}$，则称此行列式为反对称行列式. 试证奇数阶反对称行列式的值等于零.

9. 计算下列五阶行列式

$$D=\begin{vmatrix} 1 & 1 & 1 & 1 & 1 \\ a_1 & a_2 & a_3 & a_4 & a_5 \\ a_1^2 & a_2^2 & a_3^2 & a_4^2 & a_5^2 \\ a_1^3 & a_2^3 & a_3^3 & a_4^3 & a_5^3 \\ a_1^5 & a_2^5 & a_3^5 & a_4^5 & a_5^5 \end{vmatrix}.$$

10. 已知齐次线性方程组

$$\begin{cases} (a_1+b)x_1+a_2x_2+a_3x_3+\cdots+a_nx_n=0, \\ a_1x_1+(a_2+b)x_2+a_3x_3+\cdots+a_nx_n=0, \\ a_1x_1+a_2x_2+(a_3+b)x_3+\cdots+a_nx_n=0, \\ \cdots\cdots\cdots \\ a_1x_1+a_2x_2+a_3x_3+\cdots+(a_n+b)x_n=0. \end{cases}$$

其中 $\sum\limits_{i=1}^{n}a_i\neq 0$. 试讨论 $a_1,a_2,\cdots,a_n$ 和 b 满足何种关系时，方程组仅有零解.

第二章　矩阵

矩阵是线性代数的一个最基本的概念，它是研究线性代数的重要工具. 矩阵理论在自然科学、经济管理、工程技术、社会科学等领域有着广泛应用. 在生产实践中，有许多问题可以利用矩阵的相关理论来解决.

本章首先给出矩阵的概念，再介绍矩阵的运算及运算的性质、分块矩阵、逆矩阵、矩阵的初等变换和初等矩阵以及矩阵的秩.

第一节　矩阵的概念及运算

【课前导读】

"矩阵"这一概念由19世纪英国数学家凯莱首先提出. 矩阵运算在科学计算中非常重要. 这一节将介绍矩阵的概念、几种特殊矩阵及矩阵的运算.

【学习要求】

1. 了解矩阵的定义及几种特殊矩阵.
2. 理解矩阵的线性运算、乘法、转置及其性质.
3. 掌握矩阵的运算.

在现实生活中，人们往往不仅需要使用单个数，还要处理成批的数. 例如某运输公司需要将某种物资从 m 个产地运往 n 个销地. 我们可以将运输表格简化成一个矩形数表

$$\begin{pmatrix} a_{11} & a_{12} & \cdots & a_{1j} & \cdots & a_{1n} \\ a_{21} & a_{22} & \cdots & a_{2j} & \cdots & a_{2n} \\ \vdots & \vdots & \ddots & \vdots & \ddots & \vdots \\ a_{i1} & a_{i2} & \cdots & a_{ij} & \cdots & a_{in} \\ \vdots & \vdots & \ddots & \vdots & \ddots & \vdots \\ a_{m1} & a_{m2} & \cdots & a_{mj} & \cdots & a_{mn} \end{pmatrix}.$$

其中，a_{ij}表示从第 i 个产地运往第 j 个销地的数量. 我们把这个矩形数表称作矩阵.

一、矩阵的定义

定义 2-1　由 $m\times n$ 个数 $a_{ij}(i=1,2,\cdots,m;\ j=1,2,\cdots,n)$ 排成一个 m 行 n 列的矩形数表

$$\begin{pmatrix} a_{11} & a_{12} & \cdots & a_{1n} \\ a_{21} & a_{22} & \cdots & a_{2n} \\ \vdots & \vdots & \ddots & \vdots \\ a_{m1} & a_{m2} & \cdots & a_{mn} \end{pmatrix}$$

称为一个 $m\times n$ 矩阵，简记为 $(a_{ij})_{m\times n}$. 每一横排叫作矩阵的行，每一纵排叫作矩阵的列. a_{ij} 表示矩阵的第 i 行第 j 列元素. i 和 j 分别表示 a_{ij} 的行标和列标.

通常用大写英文字母 $\boldsymbol{A},\boldsymbol{B},\boldsymbol{C}\cdots$ 表示矩阵，如 $\boldsymbol{A}=(a_{ij})_{m\times n}$ 或 $\boldsymbol{A}_{m\times n}$.

元素是实数的矩阵称为**实矩阵**，元素是复数的矩阵称为**复矩阵**. 本书中的矩阵除特别说明外，都是实矩阵. 所有元素都是零的 $m\times n$ 矩阵称为**零矩阵**，记为 $\boldsymbol{O}_{m\times n}$，或简记为 $\boldsymbol{O}$.

一个 $1\times n$ 的矩阵

$$(a_1,a_2,\cdots,a_n)$$

称为**行矩阵或 n 维行向量**.

一个 $n\times 1$ 的矩阵

$$\begin{pmatrix} a_1 \\ a_2 \\ \vdots \\ a_n \end{pmatrix}$$

称为**列矩阵或 n 维列向量**.

一个 $n\times n$ 的矩阵

$$\begin{pmatrix} a_{11} & a_{12} & \cdots & a_{1n} \\ a_{21} & a_{22} & \cdots & a_{2n} \\ \vdots & \vdots & \ddots & \vdots \\ a_{n1} & a_{n2} & \cdots & a_{nn} \end{pmatrix}$$

称为 **n 阶矩阵或 n 阶方阵**. 元素 $a_{ii}(i=1,2,\cdots,n)$ 所在的位置称为 n 阶方阵的主对角线.

二、几种特殊矩阵

在解决一些实际问题时，经常会遇见下面几种特殊矩阵.

1. 对角矩阵

设 n 阶矩阵 $\boldsymbol{\Lambda}$，有

$$\boldsymbol{\Lambda}=\begin{pmatrix} a_{11} & 0 & \cdots & 0 \\ 0 & a_{22} & \cdots & 0 \\ \vdots & \vdots & \ddots & \vdots \\ 0 & 0 & \cdots & a_{nn} \end{pmatrix}，当 i\neq j 时，a_{ij}=0,$$

称该 n 阶矩阵为**对角矩阵**，或记为 $\boldsymbol{\Lambda}=\mathrm{diag}(a_{11},a_{22},\cdots,a_{nn})$.

2. 数量矩阵

若 n 阶对角矩阵 $\boldsymbol{\Lambda}$ 的主对角线上元素都为 a，即 $\boldsymbol{\Lambda}=\begin{pmatrix} a & 0 & \cdots & 0 \\ 0 & a & \cdots & 0 \\ \vdots & \vdots & \ddots & \vdots \\ 0 & 0 & \cdots & a \end{pmatrix}$，则称此矩阵为**数量矩阵**.

3. 单位矩阵

若 n 阶数量矩阵的主对角线上的元素为 1，则称此矩阵为**单位矩阵**，即

$$\boldsymbol{E}=\begin{pmatrix}1 & 0 & \cdots & 0\\0 & 1 & \cdots & 0\\\vdots & \vdots & \ddots & \vdots\\0 & 0 & \cdots & 1\end{pmatrix}.$$

4. 对称矩阵

设 n 阶矩阵 $\boldsymbol{A}=\begin{pmatrix}a_{11} & a_{12} & \cdots & a_{1n}\\a_{21} & a_{22} & \cdots & a_{2n}\\\vdots & \vdots & \ddots & \vdots\\a_{n1} & a_{n2} & \cdots & a_{nn}\end{pmatrix}$，若 $a_{ij}=a_{ji}$，则称该 n 阶矩阵为**对称矩阵**.

5. 反对称矩阵

设 n 阶矩阵 $\boldsymbol{A}=\begin{pmatrix}0 & a_{12} & \cdots & a_{1n}\\a_{21} & 0 & \cdots & a_{2n}\\\vdots & \vdots & \ddots & \vdots\\a_{n1} & a_{n2} & \cdots & 0\end{pmatrix}$，若 $a_{ij}=-a_{ji}$，则称该 n 阶矩阵为**反对称矩阵**.

6. 三角矩阵

设 n 阶矩阵 $\boldsymbol{A}=\begin{pmatrix}a_{11} & a_{12} & \cdots & a_{1n}\\0 & a_{22} & \cdots & a_{2n}\\\vdots & \vdots & \ddots & \vdots\\0 & 0 & \cdots & a_{nn}\end{pmatrix}$，其中 $a_{ij}=0(i>j)$，称该 n 阶矩阵为**上三角矩阵**.

类似地，有下三角矩阵 $\begin{pmatrix}a_{11} & 0 & \cdots & 0\\a_{21} & a_{22} & \cdots & 0\\\vdots & \vdots & \ddots & \vdots\\a_{n1} & a_{n2} & \cdots & a_{nn}\end{pmatrix}$，其中 $a_{ij}=0(i<j)$. 上、下三角矩阵统称为**三角矩阵**.

7. 阶梯形矩阵

若一个矩阵 $\boldsymbol{A}=(a_{ij})_{m\times n}$ 中的某一行元素全为零，则称这一行为零行，否则称为非零行. 非零行从左起第一个非零元素称为非零首元. 若矩阵 $\boldsymbol{A}$ 各非零行的非零首元的列标随着行标的增大而严格增大，且非零行均在零行(若存在)的上方，则称该矩阵为**阶梯形矩阵**. 例如 $\begin{pmatrix}1 & 5 & -3\\0 & 2 & 6\\0 & 0 & 7\\0 & 0 & 0\end{pmatrix}$，$\begin{pmatrix}2 & 0 & -3 & 7\\0 & 0 & 5 & 9\\0 & 0 & 0 & 1\end{pmatrix}$.

8. 行简化阶梯形矩阵

若一个阶梯形矩阵的每个非零首元均为 1，且非零首元所在的列的其余元素均为零，称该矩阵为**行简化阶梯形矩阵**，例如 $\begin{pmatrix}1&3&0&2\\0&0&1&5\\0&0&0&0\end{pmatrix}$.

定义 2-2　两个矩阵的行数相等，列数也相等，则称这两个矩阵为**同型矩阵**. 若同型矩阵 $\boldsymbol{A}=(a_{ij})_{m\times n}$ 和 $\boldsymbol{B}=(b_{ij})_{m\times n}$ 中对应位置的元素都相等，则称矩阵 $\boldsymbol{A}$ 与 $\boldsymbol{B}$ 相等，记为 $\boldsymbol{A}=\boldsymbol{B}$.

三、矩阵的线性运算

1. 矩阵的数乘

定义 2-3　设 k 为一个数，k 乘矩阵 $\boldsymbol{A}=(a_{ij})_{m\times n}$ 的所有元素得到的矩阵 $(ka_{ij})_{m\times n}$ 称为矩阵的**数乘**，记为 $k\boldsymbol{A}$.

性质 2-1　由矩阵的数乘定义易知矩阵的数乘满足下列运算性质.

k，l 是两个任意数，$\boldsymbol{A}$，$\boldsymbol{B}$ 都是 $m\times n$ 的矩阵，则：

(1) $k(\boldsymbol{A}+\boldsymbol{B})=k\boldsymbol{A}+k\boldsymbol{B}$；

(2) $(k+l)\boldsymbol{A}=k\boldsymbol{A}+l\boldsymbol{A}$；

(3) $(kl)\boldsymbol{A}=k(l\boldsymbol{A})=l(k\boldsymbol{A})$；

(4) $1\boldsymbol{A}=\boldsymbol{A}$；

(5) $(-1)\boldsymbol{A}=-\boldsymbol{A}$；

(6) $0\boldsymbol{A}=\boldsymbol{O}$.

$-\boldsymbol{A}$ 称为 $\boldsymbol{A}$ 的负矩阵，则矩阵 $\boldsymbol{A}=(a_{ij})_{m\times n}$ 和 $\boldsymbol{B}=(b_{ij})_{m\times n}$ 的减法定义为

$$\boldsymbol{A}-\boldsymbol{B}=\boldsymbol{A}+(-\boldsymbol{B}).$$

矩阵的加法和矩阵的数乘统称为矩阵的**线性运算**.

2. 矩阵的加法

定义 2-4　设矩阵 $\boldsymbol{A}=(a_{ij})_{m\times n}$ 和 $\boldsymbol{B}=(b_{ij})_{m\times n}$ 为同型矩阵，则矩阵 $\boldsymbol{C}=(a_{ij}+b_{ij})_{m\times n}$ 称为**矩阵 $\boldsymbol{A}$ 与 $\boldsymbol{B}$ 的和**，记作 $\boldsymbol{C}=\boldsymbol{A}+\boldsymbol{B}$.

性质 2-2　由矩阵的加法定义易知矩阵的加法满足下列运算性质.

(1) 交换律：$\boldsymbol{A}+\boldsymbol{B}=\boldsymbol{B}+\boldsymbol{A}$.

(2) 结合律：$(\boldsymbol{A}+\boldsymbol{B})+\boldsymbol{C}=\boldsymbol{A}+(\boldsymbol{B}+\boldsymbol{C})$.

(3) $\boldsymbol{A}+\boldsymbol{O}=\boldsymbol{A}$. $\boldsymbol{A}+(-\boldsymbol{A})=\boldsymbol{O}$.

例 1　设 $\boldsymbol{A}=\begin{pmatrix}2&0&3\\-1&2&5\end{pmatrix}$，$\boldsymbol{B}=\begin{pmatrix}0&6&1\\3&0&4\end{pmatrix}$，求 $\boldsymbol{A}+\boldsymbol{B}$ 和 $2\boldsymbol{A}-\boldsymbol{B}$.

解　$\boldsymbol{A}+\boldsymbol{B}=\begin{pmatrix}2&0&3\\-1&2&5\end{pmatrix}+\begin{pmatrix}0&6&1\\3&0&4\end{pmatrix}=\begin{pmatrix}2&6&4\\2&2&9\end{pmatrix}$.

$2\boldsymbol{A}-\boldsymbol{B}=2\begin{pmatrix}2&0&3\\-1&2&5\end{pmatrix}-\begin{pmatrix}0&6&1\\3&0&4\end{pmatrix}=\begin{pmatrix}4&-6&5\\-5&4&6\end{pmatrix}$.

四、矩阵的乘法

定义 2-5 设矩阵 $\boldsymbol{A}=(a_{ij})_{m\times s}$，$\boldsymbol{B}=(b_{ij})_{s\times n}$. 定义矩阵 $\boldsymbol{A}$ 与 $\boldsymbol{B}$ 的乘积是一个 $m\times n$ 的矩阵 $\boldsymbol{C}=(c_{ij})_{m\times n}$，其中 $c_{ij}=a_{i1}b_{1j}+a_{i2}b_{2j}+\cdots+a_{is}b_{sj}=\sum\limits_{k=1}^{s}a_{ik}b_{kj}$. 即

$$\boldsymbol{C}=\boldsymbol{AB}=\begin{pmatrix}a_{11}&a_{12}&\cdots&a_{1s}\\a_{21}&a_{22}&\cdots&a_{2s}\\\vdots&\vdots&\ddots&\vdots\\a_{m1}&a_{m2}&\cdots&a_{ms}\end{pmatrix}\begin{pmatrix}b_{11}&b_{12}&\cdots&b_{1n}\\b_{21}&b_{22}&\cdots&b_{2n}\\\vdots&\vdots&\ddots&\vdots\\b_{s1}&b_{s2}&\cdots&b_{sn}\end{pmatrix}$$

$$=\begin{pmatrix}a_{11}b_{11}+\cdots+a_{1s}b_{s1}&a_{11}b_{12}+\cdots+a_{1s}b_{s2}&\cdots&a_{11}b_{1n}+\cdots+a_{1s}b_{sn}\\a_{21}b_{11}+\cdots+a_{2s}b_{s1}&a_{21}b_{12}+\cdots+a_{2s}b_{s2}&\cdots&a_{21}b_{1n}+\cdots+a_{2s}b_{sn}\\\vdots&\vdots&\ddots&\vdots\\a_{m1}b_{11}+\cdots+a_{ms}b_{s1}&a_{m1}b_{12}+\cdots+a_{ms}b_{s2}&\cdots&a_{m1}b_{1n}+\cdots+a_{ms}b_{sn}\end{pmatrix}.$$

注 只有当左边矩阵 $\boldsymbol{A}$ 的列数等于右边矩阵 $\boldsymbol{B}$ 的行数时，两个矩阵才能相乘.

例 2 设 $\boldsymbol{A}=(2,\ 1,\ 3)$，$\boldsymbol{B}=\begin{pmatrix}-1\\4\\2\end{pmatrix}$，求 $\boldsymbol{AB}$ 和 $\boldsymbol{BA}$.

解 $\boldsymbol{AB}=(2,\ 1,\ 3)\begin{pmatrix}-1\\4\\2\end{pmatrix}=(2\times(-1)+1\times4+3\times2)=(8)$.

$$\boldsymbol{BA}=\begin{pmatrix}-1\\4\\2\end{pmatrix}(2,\ 1,\ 3)=\begin{pmatrix}-2&-1&-3\\8&4&12\\4&2&6\end{pmatrix}.$$

例 3 设 $\boldsymbol{A}=\begin{pmatrix}2&4\\-3&-6\end{pmatrix}$，$\boldsymbol{B}=\begin{pmatrix}-2&4\\1&-2\end{pmatrix}$，求 $\boldsymbol{AB}$ 和 $\boldsymbol{BA}$.

解 $\boldsymbol{AB}=\begin{pmatrix}2&4\\-3&-6\end{pmatrix}\begin{pmatrix}-2&4\\1&-2\end{pmatrix}=\begin{pmatrix}0&0\\0&0\end{pmatrix}$.

$$\boldsymbol{BA}=\begin{pmatrix}-2&4\\1&-2\end{pmatrix}\begin{pmatrix}2&4\\-3&-6\end{pmatrix}=\begin{pmatrix}-16&-32\\8&16\end{pmatrix}.$$

例 4 设 $\boldsymbol{A}=\begin{pmatrix}1&0\\2&0\end{pmatrix}$，$\boldsymbol{B}=\begin{pmatrix}1\\1\end{pmatrix}$，$\boldsymbol{C}=\begin{pmatrix}1\\5\end{pmatrix}$，求 $\boldsymbol{AB}$ 和 $\boldsymbol{AC}$.

解 $\boldsymbol{AB}=\begin{pmatrix}1&0\\2&0\end{pmatrix}\begin{pmatrix}1\\1\end{pmatrix}=\begin{pmatrix}1\\2\end{pmatrix}$.

$$\boldsymbol{AC}=\begin{pmatrix}1&0\\2&0\end{pmatrix}\begin{pmatrix}1\\5\end{pmatrix}=\begin{pmatrix}1\\2\end{pmatrix}.$$

注　从上面例子中可以看出以下几点.

(1) $\boldsymbol{AB} \neq \boldsymbol{BA}$.

(2) $\boldsymbol{AB}=\boldsymbol{O}$ 推不出 $\boldsymbol{A}=\boldsymbol{O}$ 或 $\boldsymbol{B}=\boldsymbol{O}$.

(3) $\boldsymbol{AB}=\boldsymbol{AC}$，当 $\boldsymbol{A} \neq \boldsymbol{O}$ 时，未必能推出 $\boldsymbol{B}=\boldsymbol{C}$.

性质 2-3　矩阵乘法仍满足下列运算规律(假设运算可行).

(1) 结合律：$(\boldsymbol{AB})\boldsymbol{C}=\boldsymbol{A}(\boldsymbol{BC})$.

(2) 分配律：$\boldsymbol{A}(\boldsymbol{B}+\boldsymbol{C})=\boldsymbol{AB}+\boldsymbol{AC}$，$(\boldsymbol{A}+\boldsymbol{B})\boldsymbol{C}=\boldsymbol{AC}+\boldsymbol{BC}$.

(3) $k(\boldsymbol{AB})=(k\boldsymbol{A})\boldsymbol{B}=\boldsymbol{A}(k\boldsymbol{B})$(其中 k 为实数).

例 5　设 $\boldsymbol{A}=\begin{pmatrix}1 & 1\\0 & 1\end{pmatrix}$，$\boldsymbol{B}=\begin{pmatrix}1 & 2\\0 & 1\end{pmatrix}$，求 $\boldsymbol{AB}$ 和 $\boldsymbol{BA}$.

解　$\boldsymbol{AB}=\begin{pmatrix}1 & 1\\0 & 1\end{pmatrix}\begin{pmatrix}1 & 2\\0 & 1\end{pmatrix}=\begin{pmatrix}1 & 3\\0 & 1\end{pmatrix}$.

$\boldsymbol{BA}=\begin{pmatrix}1 & 2\\0 & 1\end{pmatrix}\begin{pmatrix}1 & 1\\0 & 1\end{pmatrix}=\begin{pmatrix}1 & 3\\0 & 1\end{pmatrix}$.

此时 $\boldsymbol{AB}=\boldsymbol{BA}$，则称 $\boldsymbol{A}$、$\boldsymbol{B}$ 可交换.

注　(1) n 阶数量矩阵($k\boldsymbol{E}_n$)与任意 n 阶矩阵 $\boldsymbol{A}$ 可交换，易证$(k\boldsymbol{E})\boldsymbol{A}=\boldsymbol{A}(k\boldsymbol{E})=k\boldsymbol{A}$.

(2) 两个同阶对角矩阵也是可交换的.

有了矩阵的乘法，就可以定义矩阵的幂. 设 $\boldsymbol{A}$ 为 n 阶方阵，k 为正整数，$\boldsymbol{A}^k$ 就是 k 个 $\boldsymbol{A}$ 相乘，称为 $\boldsymbol{A}$ 的 k 次幂，通常规定 $\boldsymbol{A}^0=\boldsymbol{E}$.

容易验证 $\boldsymbol{A}^k\boldsymbol{A}^l=\boldsymbol{A}^{k+l}$，$(\boldsymbol{A}^k)^l=\boldsymbol{A}^{kl}$($k$，$l$ 为正整数). 因为矩阵乘法一般不满足交换律，所以只有当 n 阶矩阵 $\boldsymbol{A}$ 和 $\boldsymbol{B}$ 可交换时，才有$(\boldsymbol{AB})^k=\boldsymbol{A}^k\boldsymbol{B}^k$、$(\boldsymbol{A}+\boldsymbol{B})^2=\boldsymbol{A}^2+2\boldsymbol{AB}+\boldsymbol{B}^2$、$(\boldsymbol{A}+\boldsymbol{B})(\boldsymbol{A}-\boldsymbol{B})=\boldsymbol{A}^2-\boldsymbol{B}^2$ 等公式成立.

五、矩阵的转置

定义 2-6　把矩阵 $\boldsymbol{A}=(a_{ij})_{m\times n}$的行依次换成同序数的列得到的 $n\times m$ 矩阵称为矩阵 $\boldsymbol{A}$ 的**转置矩阵**，记作 $\boldsymbol{A}^{\mathrm{T}}$.

例如，矩阵 $\boldsymbol{A}=\begin{pmatrix}2 & 0 & 3\\5 & 1 & 6\end{pmatrix}$的转置矩阵 $\boldsymbol{A}^{\mathrm{T}}=\begin{pmatrix}2 & 5\\0 & 1\\3 & 6\end{pmatrix}$.

性质 2-4　矩阵的转置运算满足下列运算规律(假设运算都是可行的)：

(1) $(\boldsymbol{A}^{\mathrm{T}})^{\mathrm{T}}=\boldsymbol{A}$；

(2) $(\boldsymbol{A}+\boldsymbol{B})^{\mathrm{T}}=\boldsymbol{A}^{\mathrm{T}}+\boldsymbol{B}^{\mathrm{T}}$；

(3) $(k\boldsymbol{A})^{\mathrm{T}}=k\boldsymbol{A}^{\mathrm{T}}$($k$ 为任意数)；

(4) $(\boldsymbol{AB})^{\mathrm{T}}=\boldsymbol{B}^{\mathrm{T}}\boldsymbol{A}^{\mathrm{T}}$.

证明　下面只证明第 4 条，设矩阵 $\boldsymbol{AB}=\boldsymbol{C}=(c_{ij})_{m\times n}$，$\boldsymbol{B}^{\mathrm{T}}\boldsymbol{A}^{\mathrm{T}}=\boldsymbol{D}=(d_{ij})_{n\times m}$. 于是有 $c_{ji}=\sum\limits_{k=1}^{s}a_{jk}b_{ki}$.

而B^T的第i行为$(b_{1i},\cdots,b_{si})$，A^T的第j列为$(a_{j1},\cdots,a_{js})^T$，因此

$$c_{ji}=\sum_{k=1}^{s}a_{jk}b_{ki}=\sum_{k=1}^{s}b_{ki}a_{jk}=d_{ij}.$$

所以，$d_{ij}=c_{ji}(i=1,2,\cdots,n;\ j=1,2,\cdots,m)$，即$D=C^T$，亦即$(AB)^T=B^TA^T$.

用数学归纳法易证

$$(A_1A_2\cdots A_k)^T=A_k^T\cdots A_2^TA_1^T.$$

例 6　设矩阵$A=\begin{pmatrix}1&0&3\\2&-1&5\end{pmatrix}$，$B=\begin{pmatrix}1&0\\4&-1\\0&-2\end{pmatrix}$，求$(AB)^T$.

解法一　$AB=\begin{pmatrix}1&0&3\\2&-1&5\end{pmatrix}\begin{pmatrix}1&0\\4&-1\\0&-2\end{pmatrix}=\begin{pmatrix}1&-6\\-2&-9\end{pmatrix}$，则

$$(AB)^T=\begin{pmatrix}1&-2\\-6&-9\end{pmatrix}.$$

解法二　$(AB)^T=B^TA^T=\begin{pmatrix}1&4&0\\0&-1&-2\end{pmatrix}\begin{pmatrix}1&2\\0&-1\\3&5\end{pmatrix}=\begin{pmatrix}1&-2\\-6&-9\end{pmatrix}$.

例 7　设A为n阶矩阵，求证：$A+A^T$是对称矩阵，$A-A^T$是反对称矩阵.

证明　因为$(A+A^T)^T=A^T+(A^T)^T=A^T+A=A+A^T$，所以$A+A^T$是对称矩阵.

因为$(A-A^T)^T=A^T-(A^T)^T=A^T-A=-(A-A^T)$，所以$A-A^T$是反对称矩阵.

六、方阵的行列式

定义 2-7　由n阶方阵A的元素所构成的行列式(各元素的位置不变)称为方阵A的行列式，记作$\det A$或$|A|$.

n阶方阵A、B满足下列运算规律：

(1) $|A^T|=|A|$；

(2) $|kA|=k^n|A|$(k为常数)；

(3) $|AB|=|A||B|$.

由(3)易知，对于n阶方阵A、B来说，通常情况下$AB\neq BA$，但是$|AB|=|BA|$.

习题 2-1

1. 设矩阵$A=\begin{pmatrix}1&4&5\\-3&-1&0\end{pmatrix}$，$B=\begin{pmatrix}2&-1&0\\1&7&3\end{pmatrix}$，求$A+3B$和$AB^T$.

2. 计算下列各题：

(1) $(2\quad -1\quad 3)\begin{pmatrix}0\\5\\-2\end{pmatrix}$；　　(2) $\begin{pmatrix}1&3\\0&2\end{pmatrix}\begin{pmatrix}3&0&1\\2&7&-1\end{pmatrix}$；

(3) $\begin{pmatrix}1 & 0\\1 & 1\end{pmatrix}^n$；　　　(4) $(3\quad 1\quad 2)\begin{pmatrix}2 & 0 & 5\\-1 & 4 & 3\\0 & 1 & -2\end{pmatrix}\begin{pmatrix}0\\6\\1\end{pmatrix}$.

3. 设矩阵 $\boldsymbol{A}=\begin{pmatrix}0 & 1 & 0\\0 & 0 & 1\\0 & 0 & 0\end{pmatrix}$，求所有与 $\boldsymbol{A}$ 可交换的矩阵.

4. 设矩阵 $\boldsymbol{A}=\begin{pmatrix}a_1 & 0\\0 & a_2\end{pmatrix}$，$\boldsymbol{B}=\begin{pmatrix}b_1 & b_2\\c_1 & c_2\end{pmatrix}$，求 $\boldsymbol{AB}$ 和 $\boldsymbol{BA}$.

5. 设 $\boldsymbol{A}$ 为 $m\times n$ 的矩阵，求证：$\boldsymbol{AA}^{\mathrm{T}}$ 和 $\boldsymbol{A}^{\mathrm{T}}\boldsymbol{A}$ 都是对称矩阵.

6. 设矩阵 $\boldsymbol{A}=\begin{pmatrix}2 & 1 & -1\\0 & 3 & 6\\4 & 0 & 1\end{pmatrix}$，$\boldsymbol{B}=\begin{pmatrix}0 & 2 & 1\\3 & 1 & 0\\-1 & 5 & 2\end{pmatrix}$，求 $|\boldsymbol{AB}|$ 和 $|\boldsymbol{BA}|$.

第二节　逆矩阵

【课前导读】

在实数的运算中，如果 $ab=ba=1$，则称 b 是 a 的倒数，记作 $b=a^{-1}$ 或 $a=b^{-1}$. 在矩阵运算中也有类似的概念，本节中主要介绍矩阵的逆，并给出逆矩阵的性质、求法和应用.

【学习要求】

1. 了解矩阵逆的定义.
2. 理解逆矩阵的性质和求法.
3. 掌握逆矩阵的应用.

前面介绍了矩阵的加法、减法和乘法，那么能否定义矩阵的除法呢？即能否有一个矩阵 $\boldsymbol{B}$，使得 $\boldsymbol{AB}=\boldsymbol{BA}=\boldsymbol{E}$？请看下面的例 8.

例 8　设 $\boldsymbol{A}=\begin{pmatrix}-1 & 1\\2 & -3\end{pmatrix}$，$\boldsymbol{B}=\begin{pmatrix}-3 & -1\\-2 & -1\end{pmatrix}$，$\boldsymbol{AB}=\begin{pmatrix}-1 & 1\\2 & -3\end{pmatrix}\begin{pmatrix}-3 & -1\\-2 & -1\end{pmatrix}=\begin{pmatrix}1 & 0\\0 & 1\end{pmatrix}$，且 $\boldsymbol{BA}=\begin{pmatrix}-3 & -1\\-2 & -1\end{pmatrix}\begin{pmatrix}-1 & 1\\2 & -3\end{pmatrix}=\begin{pmatrix}1 & 0\\0 & 1\end{pmatrix}$，这里有 $\boldsymbol{AB}=\boldsymbol{BA}=\boldsymbol{E}$，则称矩阵 $\boldsymbol{A}$ 可逆，矩阵 $\boldsymbol{B}$ 为矩阵 $\boldsymbol{A}$ 的逆矩阵.

定义 2-8　设 $\boldsymbol{A}$ 为 n 阶矩阵，如果存在 n 阶矩阵 $\boldsymbol{B}$，使得 $\boldsymbol{AB}=\boldsymbol{BA}=\boldsymbol{E}$，则称 $\boldsymbol{A}$ 为**可逆矩阵**，并称矩阵 $\boldsymbol{B}$ 为 $\boldsymbol{A}$ 的一个**逆矩阵**，记作 $\boldsymbol{B}=\boldsymbol{A}^{-1}$.

注　如果一个矩阵 $\boldsymbol{A}$ 可逆，则它的逆矩阵是唯一的. 设 $\boldsymbol{B}_1$，$\boldsymbol{B}_2$ 都是矩阵 $\boldsymbol{A}$ 的逆矩阵，则有 $\boldsymbol{B}_1=\boldsymbol{B}_1\boldsymbol{E}=\boldsymbol{B}_1(\boldsymbol{AB}_2)=(\boldsymbol{B}_1\boldsymbol{A})\boldsymbol{B}_2=\boldsymbol{EB}_2=\boldsymbol{B}_2$，所以，$\boldsymbol{A}$ 的逆矩阵是唯一的.

那么如何判断一个 n 阶矩阵是否可逆呢？下面利用行列式来判断一个 n 阶矩阵的可逆性.

定义 2-9　设 $\boldsymbol{A}$ 为 n 阶矩阵，若 $|\boldsymbol{A}|=0$，称 $\boldsymbol{A}$ 是奇异矩阵，否则称 $\boldsymbol{A}$ 是非奇异矩阵.

定义 2-10　设 $\boldsymbol{A}$ 为 n 阶矩阵，由行列式 $|\boldsymbol{A}|=\begin{vmatrix} a_{11} & a_{12} & \cdots & a_{1n} \\ a_{21} & a_{22} & \cdots & a_{2n} \\ \vdots & \vdots & \ddots & \vdots \\ a_{n1} & a_{n2} & \cdots & a_{nn} \end{vmatrix}$ 中的每个元素的代数余子式构成的矩阵 $\boldsymbol{A}^*=\begin{pmatrix} \boldsymbol{A}_{11} & \boldsymbol{A}_{21} & \cdots & \boldsymbol{A}_{n1} \\ \boldsymbol{A}_{12} & \boldsymbol{A}_{22} & \cdots & \boldsymbol{A}_{n2} \\ \vdots & \vdots & \ddots & \vdots \\ \boldsymbol{A}_{1n} & \boldsymbol{A}_{2n} & \cdots & \boldsymbol{A}_{nn} \end{pmatrix}$ 称为 $\boldsymbol{A}$ 的**伴随矩阵**.

定理 2-1　设 $\boldsymbol{A}$ 为 n 阶矩阵，矩阵 $\boldsymbol{A}$ 可逆的充要条件是 $|\boldsymbol{A}|\neq 0$，且 $\boldsymbol{A}^{-1}=\frac{1}{|\boldsymbol{A}|}\boldsymbol{A}^*$（$\boldsymbol{A}^*$ 为 $\boldsymbol{A}$ 的伴随矩阵）.

证明　(必要性)由 $\boldsymbol{A}$ 可逆知，存在 n 阶矩阵 $\boldsymbol{B}$ 满足 $\boldsymbol{AB}=\boldsymbol{E}$. 从而，$|\boldsymbol{A}||\boldsymbol{B}|=|\boldsymbol{AB}|=|\boldsymbol{E}|=1\neq 0$，所以 $|\boldsymbol{A}|\neq 0$.

(充分性)设 $\boldsymbol{A}=(a_{ij})$，因为 $a_{i1}A_{j1}+a_{i2}A_{j2}+\cdots+a_{in}A_{jn}=\begin{cases} |\boldsymbol{A}|, & i=j \\ 0, & i\neq j \end{cases}$，所以，$\boldsymbol{AA}^*=|\boldsymbol{A}|\boldsymbol{E}$，$\boldsymbol{A}^*\boldsymbol{A}=|\boldsymbol{A}|\boldsymbol{E}$，又 $|\boldsymbol{A}|\neq 0$，有

$$\boldsymbol{A}\frac{1}{|\boldsymbol{A}|}\boldsymbol{A}^*=\frac{1}{|\boldsymbol{A}|}\boldsymbol{A}^*\boldsymbol{A}=\boldsymbol{E}.$$

所以，由逆矩阵的定义知 $\boldsymbol{A}$ 可逆，且 $\boldsymbol{A}^{-1}=\frac{1}{|\boldsymbol{A}|}\boldsymbol{A}^*$.

推论　若 n 阶矩阵 $\boldsymbol{A}$、$\boldsymbol{B}$ 满足 $\boldsymbol{AB}=\boldsymbol{E}$（或 $\boldsymbol{BA}=\boldsymbol{E}$），则 $\boldsymbol{B}=\boldsymbol{A}^{-1}$.

证明　因为 $\boldsymbol{AB}=\boldsymbol{E}$，$|\boldsymbol{AB}|=|\boldsymbol{A}||\boldsymbol{B}|=|\boldsymbol{E}|=1$，$|\boldsymbol{A}|\neq 0$，$\boldsymbol{A}$ 可逆，

$$\boldsymbol{B}=\boldsymbol{EB}=(\boldsymbol{A}^{-1}\boldsymbol{A})\boldsymbol{B}=\boldsymbol{A}^{-1}(\boldsymbol{AB})=\boldsymbol{A}^{-1}\boldsymbol{E}=\boldsymbol{A}^{-1}.$$

逆矩阵满足下列运算规律.

(1) 若矩阵 $\boldsymbol{A}$ 可逆，则 $\boldsymbol{A}^{-1}$ 亦可逆，且 $(\boldsymbol{A}^{-1})^{-1}=\boldsymbol{A}$.

(2) 若矩阵 $\boldsymbol{A}$ 可逆，常数 $k\neq 0$，则 $k\boldsymbol{A}$ 亦可逆，且 $(k\boldsymbol{A})^{-1}=\frac{1}{k}\boldsymbol{A}^{-1}$.

(3) 若矩阵 $\boldsymbol{A}$ 可逆，则 $\boldsymbol{A}^{\mathrm{T}}$ 亦可逆，且 $(\boldsymbol{A}^{\mathrm{T}})^{-1}=(\boldsymbol{A}^{-1})^{\mathrm{T}}$.

证明　$\boldsymbol{AA}^{-1}=\boldsymbol{A}^{-1}\boldsymbol{A}=\boldsymbol{E}$，则 $(\boldsymbol{AA}^{-1})^{\mathrm{T}}=(\boldsymbol{A}^{-1})^{\mathrm{T}}\boldsymbol{A}^{\mathrm{T}}=\boldsymbol{E}^{\mathrm{T}}=\boldsymbol{E}$，故 $(\boldsymbol{A}^{\mathrm{T}})^{-1}=(\boldsymbol{A}^{-1})^{\mathrm{T}}$.

(4) 若 n 阶矩阵 $\boldsymbol{A}$、$\boldsymbol{B}$ 均可逆，则 $\boldsymbol{AB}$ 亦可逆，且 $(\boldsymbol{AB})^{-1}=\boldsymbol{B}^{-1}\boldsymbol{A}^{-1}$.

证明　$(\boldsymbol{AB})(\boldsymbol{B}^{-1}\boldsymbol{A}^{-1})=\boldsymbol{A}(\boldsymbol{BB}^{-1})\boldsymbol{A}^{-1}=\boldsymbol{AEA}^{-1}=\boldsymbol{AA}^{-1}=\boldsymbol{E}$，故 $(\boldsymbol{AB})^{-1}=\boldsymbol{B}^{-1}\boldsymbol{A}^{-1}$.

进一步可证：若 $\boldsymbol{A}_i(i=1,2,\cdots,m)$ 均为 n 阶可逆矩阵，则

$$(\boldsymbol{A}_1\boldsymbol{A}_2\cdots\boldsymbol{A}_m)^{-1}=\boldsymbol{A}_m^{-1}\cdots\boldsymbol{A}_2^{-1}\boldsymbol{A}_1^{-1}.$$

例 9　判定矩阵 $\boldsymbol{A}=\begin{pmatrix} 0 & -1 & 0 \\ 1 & 0 & 2 \\ 1 & 0 & 1 \end{pmatrix}$ 是否可逆，若可逆，求 $\boldsymbol{A}^{-1}$.

解　因为 $|\boldsymbol{A}|=-1\neq 0$，故 $\boldsymbol{A}$ 可逆，又

$$A_{11}=(-1)^{1+1}\begin{vmatrix}0&2\\0&1\end{vmatrix}=0,\ A_{12}=(-1)^{1+2}\begin{vmatrix}1&2\\1&1\end{vmatrix}=1,\ A_{13}=(-1)^{1+3}\begin{vmatrix}1&0\\1&0\end{vmatrix}=0,$$

$$A_{21}=(-1)^{2+1}\begin{vmatrix}-1&0\\0&1\end{vmatrix}=1,\ A_{22}=(-1)^{2+2}\begin{vmatrix}0&0\\1&1\end{vmatrix}=0,\ A_{23}=(-1)^{2+3}\begin{vmatrix}0&-1\\1&0\end{vmatrix}=-1,$$

$$A_{31}=(-1)^{3+1}\begin{vmatrix}-1&0\\0&2\end{vmatrix}=-2,\ A_{32}=(-1)^{3+2}\begin{vmatrix}0&0\\1&1\end{vmatrix}=0,\ A_{33}=(-1)^{3+3}\begin{vmatrix}0&-1\\1&0\end{vmatrix}=1,$$

所以

$$A^{-1}=\frac{1}{|A|}A^*=\frac{1}{-1}\begin{pmatrix}0&1&-2\\1&0&0\\0&-1&1\end{pmatrix}=\begin{pmatrix}0&-1&2\\-1&0&0\\0&1&-1\end{pmatrix}.$$

例 10 求矩阵方程 $AX=B$ 的解，其中

$$A=\begin{pmatrix}1&1&1\\1&0&-1\\3&2&3\end{pmatrix},\ B=\begin{pmatrix}0&2\\-2&1\\6&5\end{pmatrix}.$$

解 $|A|=-2\neq0$，故 A 可逆，将 $AX=B$ 两边左乘 A^{-1}，则 $A^{-1}AX=A^{-1}B$，$EX=A^{-1}B$，即

$$X=A^{-1}B=\begin{pmatrix}-1&\frac{1}{2}&\frac{1}{2}\\3&0&-1\\-1&-\frac{1}{2}&\frac{1}{2}\end{pmatrix}\begin{pmatrix}0&2\\-2&1\\6&5\end{pmatrix}=\begin{pmatrix}2&1\\-6&1\\4&0\end{pmatrix}.$$

例 11 已知矩阵 A 满足 $A^2+A-3E=O$，求证：A 及 $A+2E$ 可逆.

证明 因为 $A^2+A=3E$，$A(A+E)=3E$，$A\dfrac{A+E}{3}=E$，所以 A 可逆，且 $A^{-1}=\dfrac{A+E}{3}$；因为 $A^2+A=3E$，$A^2+A-2E=3E-2E$，$(A+2E)(A-E)=E$，所以 $A+2E$ 可逆，且 $(A+2E)^{-1}=A-E$.

习题 2-2

1. 求下列矩阵的逆矩阵：

(1) $\begin{pmatrix}1&3\\1&4\end{pmatrix}$；　(2) $\begin{pmatrix}1&1&1\\0&1&1\\0&0&1\end{pmatrix}$；　(3) $\begin{pmatrix}3&2&3\\1&0&-1\\1&1&1\end{pmatrix}$.

2. 解下列矩阵方程：

(1) $\begin{pmatrix}1&2\\3&4\end{pmatrix}X=\begin{pmatrix}0&3\\-1&5\end{pmatrix}$；(2) $X\begin{pmatrix}1&0&0\\1&2&0\\1&0&3\end{pmatrix}=\begin{pmatrix}2&0&1\\0&-1&4\end{pmatrix}$.

3. 设 A 为三阶矩阵，$|A|=2$，计算 $|(2A)^{-1}-A^*|$.

4. 设 $\boldsymbol{A}$ 为 n 阶矩阵，满足 $\boldsymbol{A}^2-2\boldsymbol{A}+3\boldsymbol{E}=\boldsymbol{O}$，求证：$\boldsymbol{A}-3\boldsymbol{E}$ 可逆，并求其逆.

5. 设 $\boldsymbol{A}$ 为 n 阶可逆矩阵，且 $\boldsymbol{AB}=\boldsymbol{BA}$，求证：$\boldsymbol{A}^{-1}\boldsymbol{B}=\boldsymbol{BA}^{-1}$.

6. 设 $\boldsymbol{A}$ 为 n 阶可逆矩阵，且 $\boldsymbol{A}^{-1}=\begin{pmatrix}2&0&1\\0&-1&3\\0&0&1\end{pmatrix}$，求 $\boldsymbol{A}^*$.

第三节 分块矩阵

【课前导读】

当矩阵的行数和列数较高时，通常采用矩阵分块法使运算简便. 本节介绍分块矩阵的运算及分块矩阵的应用.

【学习要求】

1. 了解矩阵的分块方法.
2. 理解分块矩阵的运算.
3. 掌握分块矩阵的应用.

一、矩阵的分块

对于行数和列数较高的矩阵，为简化计算，将大矩阵的计算化成若干小矩阵的计算，这就是矩阵分块的思想. 矩阵的分块法，就是用一些横线和纵线把矩阵分成若干小矩阵，每个小矩阵就是大矩阵的**子块**.

例如，$\boldsymbol{A}=\left(\begin{array}{cc|cc}2&3&1&0\\1&4&0&1\\\hline -1&0&0&0\\0&-1&0&0\end{array}\right)$ 可以记为 $\boldsymbol{A}=\begin{pmatrix}\boldsymbol{A}_{11}&\boldsymbol{E}\\-\boldsymbol{E}&\boldsymbol{O}\end{pmatrix}$.

二、分块矩阵的运算

1. 分块矩阵的和(差)

设

$$\boldsymbol{A}_{m\times n}=\begin{pmatrix}\boldsymbol{A}_{11}&\boldsymbol{A}_{12}&\cdots&\boldsymbol{A}_{1t}\\\boldsymbol{A}_{21}&\boldsymbol{A}_{22}&\cdots&\boldsymbol{A}_{2t}\\\vdots&\vdots&\ddots&\vdots\\\boldsymbol{A}_{s1}&\boldsymbol{A}_{s2}&\cdots&\boldsymbol{A}_{st}\end{pmatrix},\quad \boldsymbol{B}_{m\times n}=\begin{pmatrix}\boldsymbol{B}_{11}&\boldsymbol{B}_{12}&\cdots&\boldsymbol{B}_{1t}\\\boldsymbol{B}_{21}&\boldsymbol{B}_{22}&\cdots&\boldsymbol{B}_{2t}\\\vdots&\vdots&\ddots&\vdots\\\boldsymbol{B}_{s1}&\boldsymbol{B}_{s2}&\cdots&\boldsymbol{B}_{st}\end{pmatrix},$$

其中分块矩阵 $\boldsymbol{A}$ 与 $\boldsymbol{B}$ 的对应子块为同型矩阵，则

$$\boldsymbol{A}\pm\boldsymbol{B}=\begin{pmatrix}\boldsymbol{A}_{11}\pm\boldsymbol{B}_{11} & \boldsymbol{A}_{12}\pm\boldsymbol{B}_{12} & \cdots & \boldsymbol{A}_{1t}\pm\boldsymbol{B}_{1t}\\ \boldsymbol{A}_{21}\pm\boldsymbol{B}_{21} & \boldsymbol{A}_{22}\pm\boldsymbol{B}_{22} & \cdots & \boldsymbol{A}_{2t}\pm\boldsymbol{B}_{2t}\\ \vdots & \vdots & \ddots & \vdots\\ \boldsymbol{A}_{s1}\pm\boldsymbol{B}_{s1} & \boldsymbol{A}_{s2}\pm\boldsymbol{B}_{s2} & \cdots & \boldsymbol{A}_{st}\pm\boldsymbol{B}_{st}\end{pmatrix}.$$

2. 数 k 与分块矩阵的乘积

矩阵的分块方式没有特别规定，对任意的分块矩阵

$$\boldsymbol{A}_{m\times n}=\begin{pmatrix}\boldsymbol{A}_{11} & \boldsymbol{A}_{12} & \cdots & \boldsymbol{A}_{1t}\\ \boldsymbol{A}_{21} & \boldsymbol{A}_{22} & \cdots & \boldsymbol{A}_{2t}\\ \vdots & \vdots & \ddots & \vdots\\ \boldsymbol{A}_{s1} & \boldsymbol{A}_{s2} & \cdots & \boldsymbol{A}_{st}\end{pmatrix},$$

都有

$$k\boldsymbol{A}=\begin{pmatrix}k\boldsymbol{A}_{11} & k\boldsymbol{A}_{12} & \cdots & k\boldsymbol{A}_{1t}\\ k\boldsymbol{A}_{21} & k\boldsymbol{A}_{22} & \cdots & k\boldsymbol{A}_{2t}\\ \vdots & \vdots & \ddots & \vdots\\ k\boldsymbol{A}_{s1} & k\boldsymbol{A}_{s2} & \cdots & k\boldsymbol{A}_{st}\end{pmatrix}.$$

3. 分块矩阵的乘法

设 $\boldsymbol{A}$ 为 $m\times s$ 的矩阵，$\boldsymbol{B}$ 为 $s\times n$ 的矩阵，当矩阵 $\boldsymbol{A}$ 的列分块方式与矩阵 $\boldsymbol{B}$ 的行分块方式一致时，分块矩阵 $\boldsymbol{A}$ 和 $\boldsymbol{B}$ 的乘法才有意义.

$$\boldsymbol{AB}=\begin{pmatrix}\boldsymbol{A}_{11} & \boldsymbol{A}_{12} & \cdots & \boldsymbol{A}_{1t}\\ \boldsymbol{A}_{21} & \boldsymbol{A}_{22} & \cdots & \boldsymbol{A}_{2t}\\ \vdots & \vdots & \ddots & \vdots\\ \boldsymbol{A}_{l1} & \boldsymbol{A}_{l2} & \cdots & \boldsymbol{A}_{lt}\end{pmatrix}\begin{pmatrix}\boldsymbol{B}_{11} & \boldsymbol{B}_{12} & \cdots & \boldsymbol{B}_{1r}\\ \boldsymbol{B}_{21} & \boldsymbol{B}_{22} & \cdots & \boldsymbol{B}_{2r}\\ \vdots & \vdots & \ddots & \vdots\\ \boldsymbol{B}_{t1} & \boldsymbol{B}_{t2} & \cdots & \boldsymbol{B}_{tr}\end{pmatrix}=\boldsymbol{C}_{m\times n},$$

其中 $\boldsymbol{C}_{ij}=\boldsymbol{A}_{i1}\boldsymbol{B}_{1j}+\boldsymbol{A}_{i2}\boldsymbol{B}_{2j}+\cdots+\boldsymbol{A}_{it}\boldsymbol{B}_{tj}=\sum\limits_{k=1}^{t}\boldsymbol{A}_{ik}\boldsymbol{B}_{kj}\quad(i=1,2,\cdots,l;\ j=1,2,\cdots,r)$.

例 12　设 $\boldsymbol{A}=\begin{pmatrix}2 & 1 & 1 & 0\\ -1 & 3 & 0 & 1\\ 0 & 0 & -1 & 0\\ 0 & 0 & 0 & -1\end{pmatrix}$，$\boldsymbol{B}=\begin{pmatrix}1 & 0 & 0 & 0\\ 0 & 1 & 0 & 0\\ 3 & 1 & 2 & 5\\ 0 & 2 & 0 & 1\end{pmatrix}$，用分块矩阵计算 $\boldsymbol{AB}$.

解　把矩阵 $\boldsymbol{A}$ 与 $\boldsymbol{B}$ 进行如下分块：

$$\boldsymbol{A}=\left(\begin{array}{cc|cc}2 & 1 & 1 & 0\\ -1 & 3 & 0 & 1\\ \hline 0 & 0 & -1 & 0\\ 0 & 0 & 0 & -1\end{array}\right)=\begin{pmatrix}\boldsymbol{A}_{11} & \boldsymbol{E}\\ \boldsymbol{O} & -\boldsymbol{E}\end{pmatrix},\quad \boldsymbol{B}=\left(\begin{array}{cc|cc}1 & 0 & 0 & 0\\ 0 & 1 & 0 & 0\\ \hline 3 & 1 & 2 & 5\\ 0 & 2 & 0 & 1\end{array}\right)=\begin{pmatrix}\boldsymbol{E} & \boldsymbol{O}\\ \boldsymbol{B}_{21} & \boldsymbol{B}_{22}\end{pmatrix},$$

$$\boldsymbol{AB}=\begin{pmatrix}\boldsymbol{A}_{11}+\boldsymbol{B}_{21} & \boldsymbol{B}_{22}\\ -\boldsymbol{B}_{21} & -\boldsymbol{B}_{22}\end{pmatrix}=\begin{pmatrix}5 & 2 & 2 & 5\\ -1 & 5 & 0 & 1\\ -3 & -1 & -2 & -5\\ 0 & -2 & 0 & -1\end{pmatrix}.$$

4. 分块矩阵的转置

设 $A_{m\times n}=\begin{pmatrix}A_{11} & A_{12} & \cdots & A_{1t}\\ A_{21} & A_{22} & \cdots & A_{2t}\\ \vdots & \vdots & \ddots & \vdots\\ A_{s1} & A_{s2} & \cdots & A_{st}\end{pmatrix}$，则 $A^{\mathrm{T}}=\begin{pmatrix}A_{11}{}^{\mathrm{T}} & A_{21}{}^{\mathrm{T}} & \cdots & A_{s1}{}^{\mathrm{T}}\\ A_{12}{}^{\mathrm{T}} & A_{22}{}^{\mathrm{T}} & \cdots & A_{s2}{}^{\mathrm{T}}\\ \vdots & \vdots & \ddots & \vdots\\ A_{1t}{}^{\mathrm{T}} & A_{2t}{}^{\mathrm{T}} & \cdots & A_{st}{}^{\mathrm{T}}\end{pmatrix}$ 为分块矩阵 $A_{m\times n}$ 的转置矩阵.

5. 分块对角矩阵

设 A 为 n 阶方阵，若 A 分块矩阵只有在主对角线上有非零子块(均为方阵)，其余子块均为零矩阵，即

$$A=\begin{pmatrix}A_1 & & & O\\ & A_2 & & \\ & & \ddots & \\ O & & & A_m\end{pmatrix},$$

其中 $A_i(i=1,2,\cdots,m)$ 都是方阵，则称 A 为分块对角矩阵.

分块对角矩阵有下列性质：

$$|A|=|A_1||A_2|\cdots|A_m|,$$

若 $|A_i|\neq0(i=1,2,\cdots,m)$，则 $|A|\neq0$，且有

$$A^{-1}=\begin{pmatrix}A_1{}^{-1} & & & O\\ & A_2{}^{-1} & & \\ & & \ddots & \\ O & & & A_m{}^{-1}\end{pmatrix}.$$

例 13　设 $A=\begin{pmatrix}4 & 0 & 0\\ 0 & 1 & -1\\ 0 & -2 & 3\end{pmatrix}$，求 A^{-1}.

解　$A=\left(\begin{array}{c|cc}4 & 0 & 0\\ \hline 0 & 1 & -1\\ 0 & -2 & 3\end{array}\right)=\begin{pmatrix}A_1 & O\\ O & A_2\end{pmatrix}$，$A^{-1}=\begin{pmatrix}A_1{}^{-1} & O\\ O & A_2{}^{-1}\end{pmatrix}=\begin{pmatrix}\frac{1}{4} & 0 & 0\\ 0 & 3 & 1\\ 0 & 2 & 1\end{pmatrix}$.

习题 2-3

1. 用分块矩阵求 A^2：

(1) $A=\begin{pmatrix}3 & 0 & 0\\ 0 & 2 & 1\\ 0 & 3 & 1\end{pmatrix}$；　　(2) $A=\begin{pmatrix}-1 & 2 & 0 & 0\\ 2 & -3 & 0 & 0\\ 0 & 0 & 3 & 4\\ 0 & 0 & 2 & 3\end{pmatrix}$.

2. 设 $\boldsymbol{A}=\left(\begin{array}{cc|cc}2 & -1 & 0 & 0\\ 4 & 3 & 0 & 0\\ \hline 0 & 0 & 1 & -3\\ 0 & 0 & 2 & -1\end{array}\right)$，$\boldsymbol{B}=\left(\begin{array}{cc|cc}-2 & 1 & 0 & 0\\ 3 & 1 & 0 & 0\\ \hline 0 & 0 & 2 & 5\\ 0 & 0 & 3 & 1\end{array}\right)$，求 $(\boldsymbol{A}+\boldsymbol{B})^2$.

3. 设 $\boldsymbol{A}$ 为 3×3 矩阵，$|\boldsymbol{A}|=2$，将 $\boldsymbol{A}$ 按列分块为 $\boldsymbol{A}=(\boldsymbol{A}_1\quad \boldsymbol{A}_2\quad \boldsymbol{A}_3)$. 求 $|\boldsymbol{A}_1-2\boldsymbol{A}_2\quad 3\boldsymbol{A}_3\quad \boldsymbol{A}_2|$.

4. 设 $\boldsymbol{A}=\begin{pmatrix}2 & 4 & 0\\ 3 & 5 & 0\\ 0 & 0 & -2\end{pmatrix}$，用分块矩阵求 $\boldsymbol{A}^{-1}$.

5. 设 $\boldsymbol{A}=\left(\begin{array}{cc|cc}2 & 4 & 0 & 0\\ -1 & 3 & 0 & 0\\ \hline 0 & 0 & 1 & -1\\ 0 & 0 & 3 & 2\end{array}\right)$，求 $|\boldsymbol{A}|$.

第四节　矩阵的初等变换和初等矩阵

【课前导读】

矩阵的初等变换是处理有关矩阵问题的一种重要方法，它对简化矩阵、求矩阵秩、求逆矩阵和解线性方程组等都有着广泛的应用. 本节给出了矩阵的初等变换、阶梯形矩阵、行简化阶梯形矩阵及初等矩阵等概念，并介绍矩阵初等变换的应用.

【学习要求】

1. 了解矩阵的初等变换和初等矩阵定义.
2. 理解矩阵的初等变换和初等矩阵的性质.
3. 掌握矩阵的初等变换的应用.

一、矩阵的初等变换

定义 2-11　下面 3 种变换称为矩阵的初等行(列)变换：

(1) 交换矩阵的某两行(列)元素；

(2) 用非零常数 k 乘以矩阵的某一行(列)；

(3) 将矩阵某一行(列)的 l 倍加到另一行(列)上去.

矩阵的初等行变换与矩阵的初等列变换统称**矩阵的初等变换**.

定理 2-2　设 $\boldsymbol{A}$ 为 $m\times n$ 矩阵，即

$$\boldsymbol{A}=\begin{pmatrix}\boldsymbol{a}_{11} & \boldsymbol{a}_{12} & \cdots & \boldsymbol{a}_{1n}\\ \boldsymbol{a}_{21} & \boldsymbol{a}_{22} & \cdots & \boldsymbol{a}_{2n}\\ \vdots & \vdots & \ddots & \vdots\\ \boldsymbol{a}_{m1} & \boldsymbol{a}_{m2} & \cdots & \boldsymbol{a}_{mn}\end{pmatrix},$$

则对 $\boldsymbol{A}$ 施行一系列初等行变换化成阶梯形矩阵，进而化成行简化阶梯形矩阵.

证明　(略).

例如$\begin{pmatrix}1&5&1&3\\0&2&0&-1\\0&0&0&6\end{pmatrix}$，$\begin{pmatrix}2&0&1&3\\0&0&4&-1\\0&0&0&0\end{pmatrix}$，$\begin{pmatrix}1&3&0&5&2\\0&7&3&1&0\\0&0&0&0&1\\0&0&0&0&0\end{pmatrix}$都是阶梯形矩阵；$\begin{pmatrix}1&0&1&0\\0&1&0&0\\0&0&0&1\end{pmatrix}$，$\begin{pmatrix}1&0&0&3\\0&0&1&-1\\0&0&0&0\end{pmatrix}$，$\begin{pmatrix}1&0&2&-1&0\\0&1&3&1&0\\0&0&0&0&1\\0&0&0&0&0\end{pmatrix}$都是行简化阶梯形矩阵.

例 14 用矩阵的初等行变换将矩阵

$$\boldsymbol{A}=\begin{pmatrix}1&2&2&-1\\0&3&1&4\\2&7&6&-1\\0&0&1&-1\end{pmatrix}$$

化成阶梯形矩阵，进而化成行简化阶梯形矩阵.

解 $\boldsymbol{A}=\begin{pmatrix}1&2&2&-1\\0&3&1&4\\2&7&6&-1\\0&0&1&-1\end{pmatrix}\rightarrow\begin{pmatrix}1&2&2&-1\\0&3&1&4\\0&3&2&1\\0&0&1&-1\end{pmatrix}\rightarrow\begin{pmatrix}1&2&2&-1\\0&3&1&4\\0&0&1&-3\\0&0&1&-1\end{pmatrix}\rightarrow\begin{pmatrix}1&2&2&-1\\0&3&1&4\\0&0&1&-3\\0&0&0&2\end{pmatrix}$

$$\rightarrow\begin{pmatrix}1&2&2&0\\0&3&1&0\\0&0&1&0\\0&0&0&1\end{pmatrix}\rightarrow\begin{pmatrix}1&0&0&0\\0&1&0&0\\0&0&1&0\\0&0&0&1\end{pmatrix}.$$

推论 任一 $m\times n$ 矩阵 $\boldsymbol{A}$ 均可以经过一系列初等变换化成如下形式的矩阵：

$$\begin{pmatrix}1&0&\cdots&0&0&0&\cdots&0\\0&1&\cdots&0&0&0&\cdots&0\\\vdots&\vdots&\ddots&\vdots&\vdots&\vdots&\ddots&\vdots\\0&0&\cdots&1&0&0&\cdots&0\\0&0&\cdots&0&0&0&\cdots&0\\\vdots&\vdots&\ddots&\vdots&\vdots&\vdots&\ddots&\vdots\\0&0&\cdots&0&0&0&\cdots&0\end{pmatrix}=\begin{pmatrix}\boldsymbol{E}_r&\boldsymbol{O}\\\boldsymbol{O}&\boldsymbol{O}\end{pmatrix},$$

称此矩阵为 $\boldsymbol{A}$ 的**标准形**. 这里 $0\leqslant r\leqslant\min(m,n)$.

例 15 用矩阵的初等变换将矩阵 $\boldsymbol{A}=\begin{pmatrix}1&1&1&2\\-1&2&3&3\\1&4&5&7\end{pmatrix}$ 化成标准形.

解 $\boldsymbol{A}\rightarrow\begin{pmatrix}1&1&1&2\\0&3&4&5\\0&3&4&5\end{pmatrix}\rightarrow\begin{pmatrix}1&1&1&2\\0&3&4&5\\0&0&0&0\end{pmatrix}\rightarrow\begin{pmatrix}1&1&1&2\\0&1&\frac{4}{3}&\frac{5}{3}\\0&0&0&0\end{pmatrix}\rightarrow\begin{pmatrix}1&0&-\frac{1}{3}&\frac{1}{3}\\0&1&\frac{4}{3}&\frac{5}{3}\\0&0&0&0\end{pmatrix}$

$$\rightarrow\begin{pmatrix}1&0&0&0\\0&1&0&0\\0&0&0&0\end{pmatrix}=\begin{pmatrix}\boldsymbol{E}_2&\boldsymbol{O}\\\boldsymbol{O}&\boldsymbol{O}\end{pmatrix}.$$

二、初等矩阵及其性质

定义 2-12　由 n 阶单位矩阵 $\boldsymbol{E}$ 经过一次初等行(列)变换而得到的矩阵，称为 **n 阶初等矩阵**.

与 3 种初等行(列)变换对应的 3 种初等矩阵如下.

(1) 交换 $\boldsymbol{E}$ 的第 i 行(列)与第 j 行(列)，得

$$\boldsymbol{E}(i,j)=\begin{pmatrix}1&&&&&&&\\&\ddots&&&&&&\\&&0&\cdots&\cdots&\cdots&1&&\\&&\vdots&1&&&\vdots&&\\&&\vdots&&\ddots&&\vdots&&\\&&\vdots&&&1&\vdots&&\\&&1&\cdots&\cdots&\cdots&0&&\\&&&&&&&\ddots&\\&&&&&&&&1\end{pmatrix}\begin{matrix}\\\\i\text{行}\\\\\\\\j\text{行}\\\\\\\end{matrix}.$$

$$\qquad(i\text{列})\qquad(j\text{列})$$

(2) $\boldsymbol{E}$ 的第 i 行(列)乘以非零常数 k，得

$$\boldsymbol{E}(i(k))=\begin{pmatrix}1&&&&&&\\&\ddots&&&&&\\&&1&&&&\\&&&k&&&\\&&&&1&&\\&&&&&\ddots&\\&&&&&&1\end{pmatrix}\begin{matrix}\\\\\\i\text{行}.\\\\\\\\\end{matrix}$$

$$(i\text{列})$$

(3) $\boldsymbol{E}$ 的第 j 行(列)乘以非零常数 k 加到第 i 行(列)上，得

$$\boldsymbol{E}(i,j(k))=\begin{pmatrix}1&&&&&&&\\&\ddots&&&&&&\\&&1&\cdots&\cdots&\cdots&k&&\\&&\vdots&1&&&\vdots&&\\&&\vdots&&\ddots&&\vdots&&\\&&\vdots&&&1&\vdots&&\\&&0(k)&\cdots&\cdots&\cdots&1&&\\&&&&&&&\ddots&\\&&&&&&&&1\end{pmatrix}\begin{matrix}\\\\i\text{行}\\\\\\\\j\text{行}\\\\\\\end{matrix}.$$

$$\qquad(i\text{列})\qquad(j\text{列})$$

定理 2-3 设 $\boldsymbol{A}$ 为 $m\times n$ 矩阵，则：

(1) 对 $\boldsymbol{A}$ 进行一次初等行变换而得到的矩阵，等于用同种 m 阶初等矩阵左乘 $\boldsymbol{A}$；

(2) 对 $\boldsymbol{A}$ 进行一次初等列变换而得到的矩阵，等于用同种 n 阶初等矩阵右乘 $\boldsymbol{A}$.

证明 （略）.

显然初等矩阵都可逆，且其逆矩阵也为初等矩阵. 易知 $\boldsymbol{E}^{-1}(i,j)=\boldsymbol{E}(i,j)$；$\boldsymbol{E}^{-1}(i(k))=\boldsymbol{E}(i(\frac{1}{k}))$；$\boldsymbol{E}^{-1}(i,j(k))=\boldsymbol{E}(i,j(-k))$.

定义 2-13 如果矩阵 $\boldsymbol{A}$ 施行一系列初等变换化成矩阵 $\boldsymbol{B}$，则称矩阵 $\boldsymbol{A}$ 与矩阵 $\boldsymbol{B}$ 等价，记作 $\boldsymbol{A}\cong\boldsymbol{B}$.

矩阵之间的等价关系具有下列性质：

(1) (自反性) $\boldsymbol{A}\cong\boldsymbol{A}$；

(2) (对称性) 若 $\boldsymbol{A}\cong\boldsymbol{B}$，$\boldsymbol{B}\cong\boldsymbol{A}$；

(3) (传递性) 若 $\boldsymbol{A}\cong\boldsymbol{B}$，$\boldsymbol{B}\cong\boldsymbol{C}$，则 $\boldsymbol{A}\cong\boldsymbol{C}$.

定理 2-4 对 n 阶矩阵 $\boldsymbol{A}$ 进行一次初等变换后得到矩阵 $\boldsymbol{B}$，若 $\boldsymbol{A}$ 可逆，则 $\boldsymbol{B}$ 也可逆.

证明 （仅证明对矩阵 $\boldsymbol{A}$ 进行一次初等行变换而得到矩阵 $\boldsymbol{B}$ 的情形.）

设对矩阵 $\boldsymbol{A}$ 进行一次初等行变换而得到矩阵 $\boldsymbol{B}$，则存在初等矩阵 $\boldsymbol{P}$，使得 $\boldsymbol{PA}=\boldsymbol{B}$. 由于 $\boldsymbol{A}$ 可逆，$\boldsymbol{P}$ 也可逆，则 $\boldsymbol{PA}=\boldsymbol{B}$ 可逆.

定理 2-5 n 阶矩阵 $\boldsymbol{A}$ 可逆的充要条件是 $\boldsymbol{A}\cong\boldsymbol{E}$.

证明 （必要性）由定理 2-2 的推论知 $\boldsymbol{A}\cong\begin{pmatrix}\boldsymbol{E}_r & \boldsymbol{O}\\ \boldsymbol{O} & \boldsymbol{O}\end{pmatrix}$，因为 $\boldsymbol{A}$ 可逆，则 $\boldsymbol{A}$ 的标准形也可逆，故标准形中不含零行或零列，所以 $\boldsymbol{A}\cong\boldsymbol{E}$.

（充分性）因为 $\boldsymbol{A}\cong\boldsymbol{E}$，则 $\boldsymbol{A}$ 通过初等变换化成矩阵 $\boldsymbol{E}$，因为 $\boldsymbol{E}$ 可逆，所以 $\boldsymbol{A}$ 也可逆.

定理 2-6 n 阶矩阵 $\boldsymbol{A}$ 可逆的充要条件是 $\boldsymbol{A}$ 为若干个初等矩阵的乘积.

证明 （必要性）因为 $\boldsymbol{A}$ 可逆，所以 $\boldsymbol{A}\cong\boldsymbol{E}$，即存在 n 阶初等矩阵 $\boldsymbol{P}_1,\boldsymbol{P}_2,\cdots,\boldsymbol{P}_s,\boldsymbol{Q}_1,\boldsymbol{Q}_2,\cdots,\boldsymbol{Q}_t$，使得

$$\boldsymbol{P}_1\boldsymbol{P}_2\cdots\boldsymbol{P}_s\boldsymbol{A}\boldsymbol{Q}_1\boldsymbol{Q}_2\cdots\boldsymbol{Q}_t=\boldsymbol{E},$$

$$\boldsymbol{A}=(\boldsymbol{P}_1\boldsymbol{P}_2\cdots\boldsymbol{P}_s)^{-1}\boldsymbol{E}(\boldsymbol{Q}_1\boldsymbol{Q}_2\cdots\boldsymbol{Q}_t)^{-1},$$

$$\boldsymbol{A}=\boldsymbol{P}_s^{-1}\cdots\boldsymbol{P}_2^{-1}\boldsymbol{P}_1^{-1}\boldsymbol{Q}_t^{-1}\cdots\boldsymbol{Q}_2^{-1}\boldsymbol{Q}_1^{-1}.$$

因为初等矩阵的逆矩阵也为初等矩阵，所以 $\boldsymbol{A}$ 为若干个初等矩阵的乘积.

（充分性）设 $\boldsymbol{A}=\boldsymbol{P}_1\boldsymbol{P}_2\cdots\boldsymbol{P}_s$（$\boldsymbol{P}_i(i=1,2,\cdots,s)$ 为初等矩阵），因为初等矩阵都可逆，所以 $\boldsymbol{A}$ 也可逆.

三、初等变换求矩阵的逆

设 n 阶矩阵 $\boldsymbol{A}$ 可逆，$\boldsymbol{A}^{-1}$ 也可逆，由定理 2-6 知

$$\boldsymbol{A}^{-1}=\boldsymbol{P}_1\boldsymbol{P}_2\cdots\boldsymbol{P}_s\quad(\boldsymbol{P}_i(i=1,2,\cdots,s)\text{为初等矩阵}),$$

$$\boldsymbol{A}^{-1}=\boldsymbol{P}_1\boldsymbol{P}_2\cdots\boldsymbol{P}_s=\boldsymbol{P}_1\boldsymbol{P}_2\cdots\boldsymbol{P}_s\boldsymbol{E},\ \boldsymbol{A}^{-1}\boldsymbol{A}=\boldsymbol{P}_1\boldsymbol{P}_2\cdots\boldsymbol{P}_s\boldsymbol{A}=\boldsymbol{E}.$$

由上式知 $\boldsymbol{A}$ 与 $\boldsymbol{E}$ 进行相同的初等行变换，$\boldsymbol{A}$ 化成矩阵 $\boldsymbol{E}$，$\boldsymbol{E}$ 则化成矩阵 $\boldsymbol{A}^{-1}$，于是用

初等变换求逆矩阵的方法为

$$(\boldsymbol{A}\mid\boldsymbol{E})\xrightarrow{\text{初等行变换}}(\boldsymbol{E}\mid\boldsymbol{A}^{-1}).$$

另一方面，也可以将 $\boldsymbol{A}$ 与 $\boldsymbol{E}$ 进行相同的初等列变换，$\boldsymbol{A}$ 化成矩阵 $\boldsymbol{E}$，$\boldsymbol{E}$ 则化成矩阵 $\boldsymbol{A}^{-1}$.

例 16　用初等变换求矩阵 $\boldsymbol{A}=\begin{pmatrix}1&2&3\\2&2&1\\3&4&3\end{pmatrix}$ 的逆矩阵.

解　作 3×6 的矩阵 $(\boldsymbol{A}\mid\boldsymbol{E})$，对 $(\boldsymbol{A}\mid\boldsymbol{E})$ 进行初等行变换.

$$(\boldsymbol{A}\mid\boldsymbol{E})=\left(\begin{array}{ccc|ccc}1&2&3&1&0&0\\2&2&1&0&1&0\\3&4&3&0&0&1\end{array}\right)\to\left(\begin{array}{ccc|ccc}1&2&3&1&0&0\\0&-2&-5&-2&1&0\\0&-2&-6&-3&0&1\end{array}\right)$$

$$\to\left(\begin{array}{ccc|ccc}1&0&-2&-1&1&0\\0&-2&-5&-2&1&0\\0&0&-1&-1&-1&1\end{array}\right)\to\left(\begin{array}{ccc|ccc}1&0&0&1&3&-2\\0&1&0&-\frac{3}{2}&-3&\frac{5}{2}\\0&0&1&1&1&-1\end{array}\right),$$

则

$$\boldsymbol{A}^{-1}=\begin{pmatrix}1&3&-2\\-\frac{3}{2}&-3&\frac{5}{2}\\1&1&-1\end{pmatrix}.$$

四、初等变换解矩阵方程

矩阵方程 $\boldsymbol{AX}=\boldsymbol{B}$，当 $\boldsymbol{A}$ 可逆时，$\boldsymbol{X}=\boldsymbol{A}^{-1}\boldsymbol{B}$. 因为 $\boldsymbol{A}$ 可逆，所以 $\boldsymbol{A}^{-1}$ 也可逆. 设 $\boldsymbol{A}^{-1}=\boldsymbol{P}_1\boldsymbol{P}_2\cdots\boldsymbol{P}_s$($\boldsymbol{P}_i(i=1,2,\cdots,s)$ 为初等矩阵)，则有 $\boldsymbol{A}^{-1}\boldsymbol{A}=\boldsymbol{P}_1\boldsymbol{P}_2\cdots\boldsymbol{P}_s\boldsymbol{A}=\boldsymbol{E}$，$\boldsymbol{A}^{-1}\boldsymbol{B}=\boldsymbol{P}_1\boldsymbol{P}_2\cdots\boldsymbol{P}_s\boldsymbol{B}=\boldsymbol{X}$.

由上式知 $\boldsymbol{A}$ 与 $\boldsymbol{B}$ 进行相同的初等行变换，$\boldsymbol{A}$ 化成矩阵 $\boldsymbol{E}$，$\boldsymbol{B}$ 则化成矩阵 $\boldsymbol{X}$. 于是得到用初等变换解矩阵方程的方法，即

$$(\boldsymbol{A}\mid\boldsymbol{B})\xrightarrow{\text{初等行变换}}(\boldsymbol{E}\mid\boldsymbol{A}^{-1}\boldsymbol{B})=(\boldsymbol{E}\mid\boldsymbol{X}).$$

例 17　解矩阵方程 $\boldsymbol{AX}-\boldsymbol{B}=\boldsymbol{X}$，其中 $\boldsymbol{A}=\begin{pmatrix}-1&1&1\\2&1&0\\1&0&-1\end{pmatrix}$，$\boldsymbol{B}=\begin{pmatrix}1&2\\0&3\\-1&0\end{pmatrix}$.

解　由 $\boldsymbol{AX}-\boldsymbol{B}=\boldsymbol{X}$，得 $(\boldsymbol{A}-\boldsymbol{E})\boldsymbol{X}=\boldsymbol{B}$，故 $\boldsymbol{X}=(\boldsymbol{A}-\boldsymbol{E})^{-1}\boldsymbol{B}$，$\boldsymbol{A}-\boldsymbol{E}=\begin{pmatrix}-2&1&1\\2&0&0\\1&0&-2\end{pmatrix}$.

作 3×5 的矩阵 $(\boldsymbol{A}-\boldsymbol{E}\mid\boldsymbol{B})$，对 $(\boldsymbol{A}-\boldsymbol{E}\mid\boldsymbol{B})$ 进行初等行变换.

$$(\boldsymbol{A}-\boldsymbol{E}\mid\boldsymbol{B})=\left(\begin{array}{ccc|cc}-2&1&1&1&2\\2&0&0&0&3\\1&0&-2&-1&0\end{array}\right)\to\left(\begin{array}{ccc|cc}-2&1&1&1&2\\0&1&1&1&5\\0&\frac{1}{2}&-\frac{3}{2}&-\frac{1}{2}&1\end{array}\right)$$

$$\to\left(\begin{array}{ccc|cc}-2&1&1&1&2\\0&1&1&1&5\\0&0&2&1&\frac{3}{2}\end{array}\right)\to\left(\begin{array}{ccc|cc}-2&1&0&\frac{1}{2}&\frac{5}{4}\\0&1&0&\frac{1}{2}&\frac{17}{4}\\0&0&1&\frac{1}{2}&\frac{3}{4}\end{array}\right)\to\left(\begin{array}{ccc|cc}1&0&0&0&\frac{3}{2}\\0&1&0&\frac{1}{2}&\frac{17}{4}\\0&0&1&\frac{1}{2}&\frac{3}{4}\end{array}\right)$$

$$=(\boldsymbol{E}\mid(\boldsymbol{A}-\boldsymbol{E})^{-1}\boldsymbol{B}),$$

则

$$\boldsymbol{X}=(\boldsymbol{A}-\boldsymbol{E})^{-1}\boldsymbol{B}=\begin{pmatrix}0&\frac{3}{2}\\\frac{1}{2}&\frac{17}{4}\\\frac{1}{2}&\frac{3}{4}\end{pmatrix}.$$

矩阵方程 $\boldsymbol{XA}=\boldsymbol{B}$，当 $\boldsymbol{A}$ 可逆时，$\boldsymbol{X}=\boldsymbol{BA}^{-1}$. 可以将 $\boldsymbol{A}$ 与 $\boldsymbol{B}$ 进行相同的初等列变换，$\boldsymbol{A}$ 化成矩阵 $\boldsymbol{E}$，$\boldsymbol{B}$ 则化成矩阵 $\boldsymbol{X}$.

习题 2-4

1. 用初等行变换把矩阵 $\boldsymbol{A}=\begin{pmatrix}1&0&2&1\\2&-1&3&0\\3&-1&5&1\\-1&2&0&4\end{pmatrix}$ 化成行简化阶梯形矩阵.

2. 用初等变换把矩阵 $\boldsymbol{A}=\begin{pmatrix}-1&2&3\\2&0&1\\0&4&3\end{pmatrix}$ 化成标准形.

3. 用初等变换求下列矩阵的逆矩阵：

（1）$\begin{pmatrix}-1&0&1\\1&1&0\\1&2&-1\end{pmatrix}$； （2）$\begin{pmatrix}3&1&1\\0&2&-1\\1&0&1\end{pmatrix}$； （3）$\begin{pmatrix}1&0&1&-1\\0&2&0&4\\2&1&3&0\\1&2&0&-2\end{pmatrix}$.

4. 求下列矩阵方程中的未知矩阵 $\boldsymbol{X}$：

（1）$\begin{pmatrix}1&3\\2&4\end{pmatrix}\boldsymbol{X}=\begin{pmatrix}2&5\\0&-1\end{pmatrix}$； （2）$\boldsymbol{X}\begin{pmatrix}1&0&0\\5&4&3\\3&2&0\end{pmatrix}=\begin{pmatrix}2&0&1\\1&-1&0\end{pmatrix}$.

5. 若 $\boldsymbol{AX}+2\boldsymbol{X}=\boldsymbol{A}$，其中 $\boldsymbol{A}=\begin{pmatrix}-1&0&1\\0&1&-1\\3&0&0\end{pmatrix}$，求 $\boldsymbol{X}$.

第五节　矩阵的秩

【课前导读】

在本章的第四节中，我们知道任一矩阵通过初等变换都能化成标准形. 标准形非零行的行数由矩阵本身的特性所确定，这个特性称为矩阵的秩. 本节给出矩阵的秩的概念. 并介绍求矩阵的秩的方法.

【学习要求】

1. 了解矩阵秩的定义.
2. 理解矩阵秩的性质.
3. 掌握矩阵秩的求法.

一、矩阵秩的定义

定义 2-14　设 A 为 $m\times n$ 矩阵，在矩阵 A 中任取 k 行 k 列($k\leqslant\min(m,n)$)，位于这些行列相交处的元素按原来的顺序所组成的 k 阶行列式，称为矩阵 A 的 **k 阶子式**.

定义 2-15　在矩阵 A 中存在一个不等于 0 的 r 阶子式，且所有 $r+1$ 阶子式(如果存在)全为 0，数 r 称为矩阵 A 的**秩**，记作 $r(A)$，并规定零矩阵的秩为 0.

显然，若 A 为 $m\times n$ 矩阵，则

$$0\leqslant r(A_{m\times n})\leqslant\min(m,n).$$

当 $r(A_{m\times n})=m$ 时，称 A 是**行满秩**的；当 $r(A_{m\times n})=n$ 时，称 A 是**列满秩**的.

若 A 为 n 阶矩阵，当 $r(A_{n\times n})=n$ 时，称 A 是**满秩**的.

例 18　求矩阵 $A=\begin{pmatrix}1&1&0&-1\\2&1&-1&2\\3&2&-1&1\end{pmatrix}$ 的秩.

解　矩阵 A 的 4 个三阶子式分别为

$$\begin{vmatrix}1&1&0\\2&1&-1\\3&2&-1\end{vmatrix}=0,\quad\begin{vmatrix}1&1&-1\\2&1&2\\3&2&1\end{vmatrix}=0,\quad\begin{vmatrix}1&0&-1\\2&-1&2\\3&-1&1\end{vmatrix}=0,\quad\begin{vmatrix}1&0&-1\\1&-1&2\\2&-1&1\end{vmatrix}=0,$$

但有二阶子式 $\begin{vmatrix}1&1\\2&1\end{vmatrix}\neq0$，所以 $r(A)=2$.

例 19　求矩阵 $A=\begin{pmatrix}2&1&3&-1&3\\0&6&2&1&4\\0&0&0&0&1\\0&0&0&0&0\end{pmatrix}$ 的秩.

解　矩阵 A 是一个阶梯形矩阵，非零行的行数为 3，所有四阶子式全为 0，但存在一个三阶非零子式

$$\begin{vmatrix} 2 & 1 & 3 \\ 0 & 6 & 4 \\ 0 & 0 & 1 \end{vmatrix} \neq 0,$$

则 $r(\boldsymbol{A})=3$.

由此可见，对于一般矩阵，利用定义求秩是烦琐的. 由例 19 知阶梯形矩阵的秩是非零行的行数，所以下面就把一般矩阵求秩问题转化为阶梯形矩阵的求秩问题.

定理 2-7 初等变换不改变矩阵的秩.

证明 先证明矩阵 $\boldsymbol{A}$ 经过一次初等行变换得到 $\boldsymbol{B}$，有 $r(\boldsymbol{A})=r(\boldsymbol{B})$. 设矩阵 $\boldsymbol{A}$ 的秩为 r，$\boldsymbol{D}$ 是 $\boldsymbol{A}$ 的 r 阶非零子式.

(1) 若 $\boldsymbol{A}$ 交换某两行元素得到 $\boldsymbol{B}$，则在 $\boldsymbol{B}$ 中总能找到与 $\boldsymbol{D}$ 对应的 r 阶子式 $\boldsymbol{D}_1$，$\boldsymbol{D}=-\boldsymbol{D}_1\neq 0$，从而 $r(\boldsymbol{B})\geqslant r(\boldsymbol{A})$. 同理，若 $\boldsymbol{B}$ 交换某两行元素得到 $\boldsymbol{A}$，则 $r(\boldsymbol{A})\geqslant r(\boldsymbol{B})$，所以 $r(\boldsymbol{A})=r(\boldsymbol{B})$.

(2) 若非零数 k 乘以 $\boldsymbol{A}$ 的某一行元素得到 $\boldsymbol{B}$，则在 $\boldsymbol{B}$ 中总能找到与 $\boldsymbol{D}$ 对应的 r 阶子式 $\boldsymbol{D}_1$，$k\boldsymbol{D}=\boldsymbol{D}_1\neq 0$. 与(1)同样可证 $r(\boldsymbol{A})=r(\boldsymbol{B})$.

(3) 若将 $\boldsymbol{A}$ 的某一行元素的 l 倍加到另一行上得到 $\boldsymbol{B}$，则在 $\boldsymbol{B}$ 中总能找到与 $\boldsymbol{D}$ 对应的 r 阶子式 $\boldsymbol{D}_1$，$\boldsymbol{D}=\boldsymbol{D}_1\neq 0$. 与(1)同样可证 $r(\boldsymbol{A})=r(\boldsymbol{B})$.

经过一次初等行变换不改变矩阵的秩，则经过有限次初等行变换也不改变矩阵的秩. 类似地可以证明矩阵经过初等列变换也不改变其秩.

由以上的证明还可以得到下列性质.

性质 2-5 矩阵 $\boldsymbol{A}$ 的秩与 $\boldsymbol{A}^{\mathrm{T}}$ 的秩相等.

性质 2-6 若矩阵 $\boldsymbol{A}$ 与 $\boldsymbol{B}$ 等价，则矩阵 $\boldsymbol{A}$ 的秩与 $\boldsymbol{B}$ 的秩相等.

二、矩阵秩的求法

因为任一矩阵通过初等变换都能化成阶梯形矩阵，且矩阵经过初等变换不改变秩，所以可以对矩阵进行初等变换化成阶梯形矩阵，则非零行的行数就是该矩阵的秩.

例 20 求矩阵 $\boldsymbol{A}=\begin{pmatrix} 1 & 0 & 1 & 2 & -1 \\ 0 & 1 & -1 & 1 & -1 \\ 1 & 1 & 0 & 3 & -2 \\ 2 & 1 & 1 & 5 & -3 \end{pmatrix}$ 的秩.

解 $$\boldsymbol{A}=\begin{pmatrix} 1 & 0 & 1 & 2 & -1 \\ 0 & 1 & -1 & 1 & -1 \\ 1 & 1 & 0 & 3 & -2 \\ 2 & 1 & 1 & 5 & -3 \end{pmatrix}\to\begin{pmatrix} 1 & 0 & 1 & 2 & -1 \\ 0 & 1 & -1 & 1 & -1 \\ 0 & 1 & -1 & 1 & -1 \\ 0 & 1 & -1 & 1 & -1 \end{pmatrix}\to\begin{pmatrix} 1 & 0 & 1 & 2 & -1 \\ 0 & 1 & -1 & 1 & -1 \\ 0 & 0 & 0 & 0 & 0 \\ 0 & 0 & 0 & 0 & 0 \end{pmatrix},$$

所以，$r(\boldsymbol{A})=2$.

例 21 设 $\boldsymbol{A}$ 为 $m\times n$ 矩阵，$\boldsymbol{B}$ 为 $m\times s$ 矩阵. 求证：$r(\boldsymbol{A},\boldsymbol{B})\geqslant\max\{r(\boldsymbol{A}),r(\boldsymbol{B})\}$.

证明 因为 $\boldsymbol{A}$ 或 $\boldsymbol{B}$ 的最高阶非零子式总是 $(\boldsymbol{A},\boldsymbol{B})$ 的非零子式，所以 $r(\boldsymbol{A},\boldsymbol{B})\geqslant\max\{r(\boldsymbol{A}),r(\boldsymbol{B})\}$.

习题 2-5

1. 求矩阵 $A=\begin{pmatrix}-1 & 2 & 0 & 1\\ 3 & 0 & 1 & 5\\ 0 & 2 & 3 & -1\end{pmatrix}$ 的秩.

2. 设矩阵 $A=\begin{pmatrix}2 & -1 & 2 & 1\\ 1 & 2 & 1 & -1\\ 1 & 7 & 1 & \lambda\end{pmatrix}$ 的秩是 2，求 λ 的值.

3. 已知 $\boldsymbol{A}$、$\boldsymbol{B}$ 都是 $m\times n$ 矩阵，存在 m 阶可逆矩阵 $\boldsymbol{P}$ 及 n 阶可逆矩阵 $\boldsymbol{Q}$，使得 $\boldsymbol{PAQ}=\boldsymbol{B}$. 求证：$r(\boldsymbol{A})=r(\boldsymbol{B})$.

4. 求证：秩为 r 的矩阵可以表示成 r 个秩为 1 的矩阵之和.

第六节　应用实例

【课前导读】

线性代数的一个突出优点是将大规模的数据排列成矩阵进行处理，在建立了一系列矩阵运算的理论后，数据处理就变得简单明了. 对某些实际问题用矩阵表示后，很容易用相关的矩阵理论来解决问题，本节通过两个实例表明矩阵理论的强大作用.

【学习要求】

1. 了解矩阵的应用领域.
2. 理解矩阵的应用实例.
3. 掌握矩阵应用的方法.

一、编制运输计划

例 22　某物资有 3 个产地 $\boldsymbol{A}_1,\boldsymbol{A}_2,\boldsymbol{A}_3$，产量依次为 50，20，30 个单位. 有 4 个销地 $\boldsymbol{B}_1$、$\boldsymbol{B}_2$、$\boldsymbol{B}_3$、$\boldsymbol{B}_4$. 需求量依次为 30,20,30,20 个单位. 从 $\boldsymbol{A}_1$ 运往各销地的单位运价依次为 2,5,4,3，从 $\boldsymbol{A}_2$ 运往各销地的单位运价依次为 3,6,5,3，从 $\boldsymbol{A}_3$ 运往各销地的单位运价依次为 6,4,8,7. 现在编制一个运输方案，使总运费最低.

解　运价可以用矩阵表示为

$$\boldsymbol{A}=\begin{pmatrix}2 & 5 & 4 & 3\\ 3 & 6 & 5 & 3\\ 6 & 4 & 8 & 7\end{pmatrix}.$$

运输方案编制就是要确定从 $\boldsymbol{A}_i$ 到 $\boldsymbol{B}_j$ 的运输量 $x_{ij}(i=1,2,3;\ j=1,2,3,4)$，因此，运输量也可以用矩阵表示，如

$$B=\begin{pmatrix}10 & 0 & 20 & 20\\20 & 0 & 0 & 0\\0 & 20 & 10 & 0\end{pmatrix}$$

就是一个运输方案，矩阵第一行表示从 $\boldsymbol{A}_1$ 运输到 4 个销地的运输量，第二、第三行类似，当然这个方案不一定是最优方案.

总运输费用等于矩阵 $\boldsymbol{A}$ 与矩阵 $\boldsymbol{B}$ 相乘，为了使运费最小，可以在矩阵 $\boldsymbol{B}$ 中进行运量调整，比如调整后得到的最优运输方案为

$$C=\begin{pmatrix}20 & 0 & 10 & 20\\0 & 0 & 20 & 0\\10 & 20 & 0 & 0\end{pmatrix},$$

故最低的总运费为 $f=2\times20+4\times10+3\times20+5\times20+6\times10+4\times20=380$.

二、矩阵在网络图中应用

例 23 图 2-1 所示为某个公司的 5 个部门之间的直接联系方式，试用矩阵来表示该网络图.

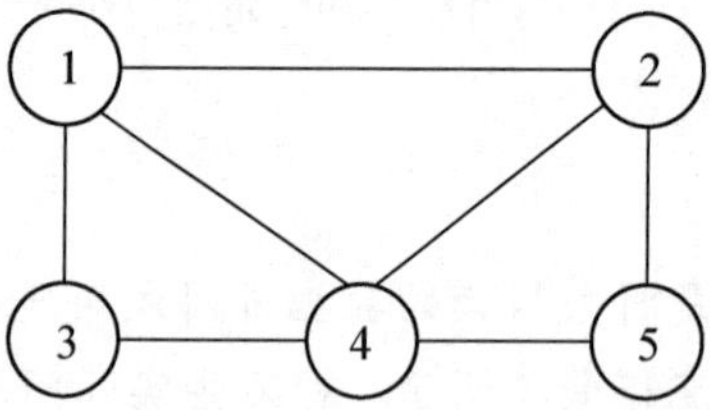

图 2-1 联系方式网络示意图

解 部门间有直接联系的用“1”表示，没有直接联系的用“0”表示，则表示图 2-1 的矩阵为

$$A=\begin{pmatrix}0 & 1 & 1 & 1 & 0\\1 & 0 & 0 & 1 & 1\\1 & 0 & 0 & 1 & 0\\1 & 1 & 1 & 0 & 1\\0 & 1 & 0 & 1 & 0\end{pmatrix}.$$

其中第 i 行表示第 i 部门与其他部门的联系情况($i=1,2,3,4,5$).

我们还可以用矩阵表示公路网、电路网等.

习题 2-6

1. 某个工厂有 3 个生产车间 Ⅰ、Ⅱ、Ⅲ，均生产甲、乙两种产品，用矩阵 $\boldsymbol{A}=\begin{pmatrix}a_{11} & a_{12}\\a_{21} & a_{22}\\a_{31} & a_{32}\end{pmatrix}$表示 3 个生产车间 Ⅰ、Ⅱ、Ⅲ 生产甲、乙两种产品的数量，用矩阵 $\boldsymbol{B}=$

$\begin{pmatrix} b_{11} & b_{12} \\ b_{21} & b_{22} \end{pmatrix}$表示甲、乙两种产品的单位价格和单位利润，其中 b_{11}为甲产品的单位价格，b_{12}为甲产品的单位利润. b_{21}为乙产品的单位价格，b_{22}为乙产品的单位利润. 用矩阵表示 3 个生产车间的总产值和总利润.

2. 图 2-2 所示为 4 个城市之间的单向航线图，试用矩阵来表示 4 个城市之间的单向航线图.

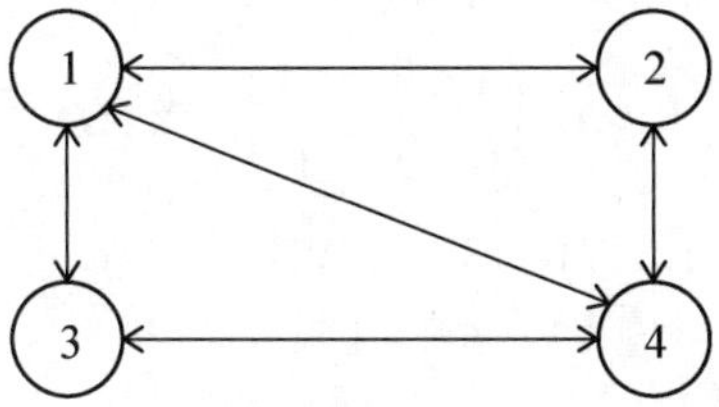

图 2-2　单向航线图

本章内容小结

一、本章知识点网络图

本章知识点网络图如图 2-3 所示.

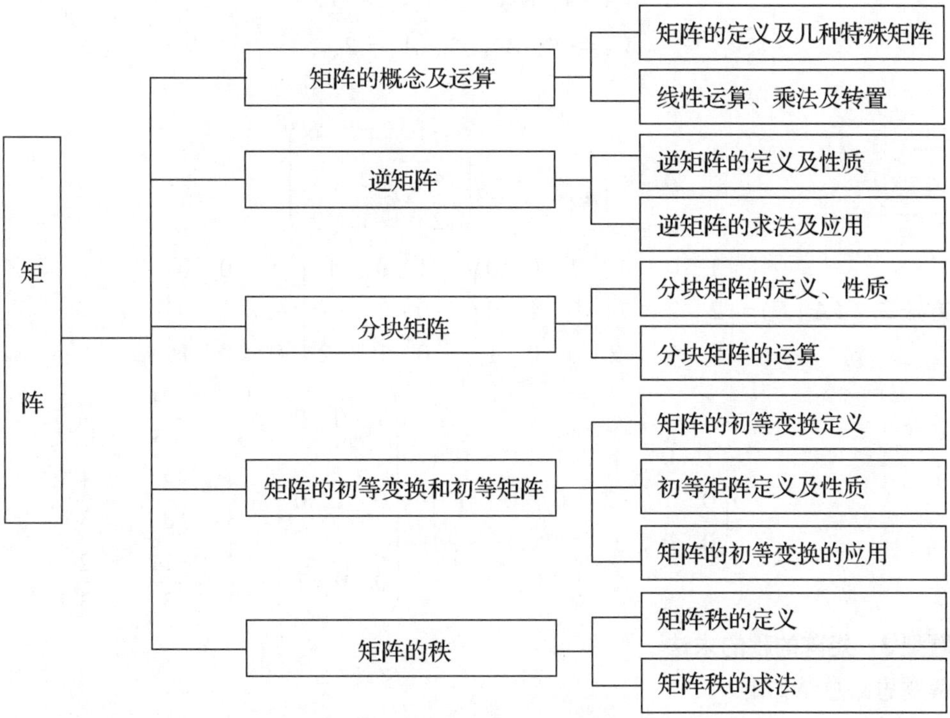

图 2-3　第二章知识点网络图

二、本章题型总结与分析

题型 1：矩阵的乘法

解题思路总结如下.

两个矩阵相乘时，只有当左边矩阵 $\boldsymbol{A}$ 的列数等于右边矩阵 $\boldsymbol{B}$ 的行数时，两个矩阵才能相乘. 算法按照第一节中的定义 2-5 计算.

例 24　已知矩阵 $\boldsymbol{A}=\begin{pmatrix}0&1\\3&2\end{pmatrix}$，$\boldsymbol{B}=\begin{pmatrix}1&0&-1\\0&3&1\end{pmatrix}$. 求 $\boldsymbol{AB}$.

解　$\boldsymbol{AB}=\begin{pmatrix}0&1\\3&2\end{pmatrix}\begin{pmatrix}1&0&-1\\0&3&1\end{pmatrix}=\begin{pmatrix}0&3&1\\3&6&-1\end{pmatrix}$.

题型 2：逆矩阵的求法

解题思路总结如下.

可逆矩阵的逆的求法：(1) 利用伴随矩阵求解；(2) 利用矩阵的初等变换求解.

例 25　判定 $\boldsymbol{A}=\begin{pmatrix}1&0&4\\2&2&7\\0&1&-2\end{pmatrix}$ 是否可逆，若可逆，求 $\boldsymbol{A}^{-1}$.

解　方法一　因为 $|\boldsymbol{A}|=-3\neq 0$，故 $\boldsymbol{A}$ 可逆，又

$$\boldsymbol{A}_{11}=-11,\ \boldsymbol{A}_{12}=4,\ \boldsymbol{A}_{13}=2,$$
$$\boldsymbol{A}_{21}=4,\ \boldsymbol{A}_{22}=-2,\ \boldsymbol{A}_{23}=-1,$$
$$\boldsymbol{A}_{31}=-8,\ \boldsymbol{A}_{32}=1,\ \boldsymbol{A}_{33}=2,$$

所以

$$\boldsymbol{A}^{-1}=\frac{1}{|\boldsymbol{A}|}\boldsymbol{A}^{*}=\frac{1}{-3}\begin{pmatrix}-11&4&-8\\4&-2&1\\2&-1&2\end{pmatrix}.$$

方法二　$$(\boldsymbol{A}\mid\boldsymbol{E})=\left(\begin{array}{ccc|ccc}1&0&4&1&0&0\\2&2&7&0&1&0\\0&1&-2&0&0&1\end{array}\right)\to\left(\begin{array}{ccc|ccc}1&0&4&1&0&0\\0&2&-1&-2&1&0\\0&1&-2&0&0&1\end{array}\right)$$

$$\to\left(\begin{array}{ccc|ccc}1&0&4&1&0&0\\0&1&-2&0&0&1\\0&0&3&-2&1&-2\end{array}\right)\to\left(\begin{array}{ccc|ccc}1&0&0&\frac{11}{3}&-\frac{4}{3}&\frac{8}{3}\\0&1&0&-\frac{4}{3}&\frac{2}{3}&-\frac{1}{3}\\0&0&1&-\frac{2}{3}&\frac{1}{3}&-\frac{2}{3}\end{array}\right).$$

题型 3：矩阵的秩的求法

解题思路总结如下.

矩阵的秩的求法：(1) 按照矩阵的秩定义；(2) 对矩阵进行初等变换化成阶梯形矩阵，则非零行的行数就是该矩阵的秩.

例 26 求矩阵 $\boldsymbol{A}=\begin{pmatrix}1&2&-1&0\\2&4&-2&1\\-1&3&6&-1\\4&5&-7&0\end{pmatrix}$ 的秩.

解 方法一 $\boldsymbol{A}$ 的四阶子式为 0，但存在三阶子式 $\begin{vmatrix}1&2&0\\2&3&1\\-1&4&-1\end{vmatrix}=-5\neq0$，故 $r(\boldsymbol{A})=3$.

方法二 $\boldsymbol{A}=\begin{pmatrix}1&2&-1&0\\2&4&-2&1\\-1&3&6&-1\\4&5&-7&0\end{pmatrix}\to\begin{pmatrix}1&2&-1&0\\0&0&0&1\\0&5&5&-1\\0&-3&-3&0\end{pmatrix}\to\begin{pmatrix}1&2&-1&0\\0&-3&-3&0\\0&0&0&1\\0&0&0&0\end{pmatrix}$，

故 $r(\boldsymbol{A})=3$.

总习题二(A)

一、选择题

1. 设矩阵 $\boldsymbol{A}$ 为 5×3 的矩阵，$\boldsymbol{B}$ 为 3×5 的矩阵，则下列可以运算的是(　　).

A. $\boldsymbol{A}+\boldsymbol{B}$　　B. $\boldsymbol{AB}$　　C. $\boldsymbol{BA}^{\mathrm{T}}$　　D. $\boldsymbol{A}^{\mathrm{T}}\boldsymbol{B}$

2. 设 $\boldsymbol{A}$ 为 n 阶对称矩阵，则(　　).

A. $|\boldsymbol{A}|=0$　　B. $|\boldsymbol{A}|>0$　　C. $\boldsymbol{A}+\boldsymbol{A}^{\mathrm{T}}=\boldsymbol{O}$　　D. $\boldsymbol{A}^3$ 是对称矩阵

3. 设 $\boldsymbol{A}$，$\boldsymbol{B}$ 均为 n 阶可逆矩阵，且 $\boldsymbol{AB}=\boldsymbol{BA}$，则以下错误的是(　　).

A. $\boldsymbol{AB}^{-1}=\boldsymbol{B}^{-1}\boldsymbol{A}$　　B. $\boldsymbol{A}^{-1}\boldsymbol{B}=\boldsymbol{BA}^{-1}$　　C. $\boldsymbol{A}^{-1}\boldsymbol{B}=\boldsymbol{B}^{-1}\boldsymbol{A}$　　D. $\boldsymbol{A}^{-1}\boldsymbol{B}^{-1}=\boldsymbol{B}^{-1}\boldsymbol{A}^{-1}$

4. 设 $\boldsymbol{A}$、$\boldsymbol{B}$、$\boldsymbol{C}$ 均为 n 阶矩阵，满足关系式 $\boldsymbol{ABC}=\boldsymbol{E}$，则(　　).

A. $\boldsymbol{ACB}=\boldsymbol{E}$　　B. $\boldsymbol{CAB}=\boldsymbol{E}$　　C. $\boldsymbol{CBA}=\boldsymbol{E}$　　D. $\boldsymbol{BAC}=\boldsymbol{E}$

5. 设 $\boldsymbol{A}$，$\boldsymbol{B}$ 均为 n 阶可逆矩阵，$\boldsymbol{C}=\begin{pmatrix}\boldsymbol{A}&\boldsymbol{O}\\\boldsymbol{O}&\boldsymbol{B}\end{pmatrix}$，则 $\boldsymbol{C}^*=$(　　).

A. $\begin{pmatrix}|\boldsymbol{A}|\boldsymbol{A}^*&\boldsymbol{O}\\\boldsymbol{O}&|\boldsymbol{B}|\boldsymbol{B}^*\end{pmatrix}$　　B. $\begin{pmatrix}|\boldsymbol{B}|\boldsymbol{B}^*&\boldsymbol{O}\\\boldsymbol{O}&|\boldsymbol{A}|\boldsymbol{A}^*\end{pmatrix}$

C. $\begin{pmatrix}|\boldsymbol{A}|\boldsymbol{B}^*&\boldsymbol{O}\\\boldsymbol{O}&|\boldsymbol{B}|\boldsymbol{A}^*\end{pmatrix}$　　D. $\begin{pmatrix}|\boldsymbol{B}|\boldsymbol{A}^*&\boldsymbol{O}\\\boldsymbol{O}&|\boldsymbol{A}|\boldsymbol{B}^*\end{pmatrix}$

二、填空题

1. 已知 $\boldsymbol{\alpha}=(2,1,3)$，$\boldsymbol{\beta}=(-1,0,4)$，$\boldsymbol{\alpha}^{\mathrm{T}}\boldsymbol{\beta}=$__________.

2. $\boldsymbol{A}=\begin{pmatrix}1&0&1\\0&3&0\\1&0&1\end{pmatrix}$，则 $\boldsymbol{A}^5=$__________.

3. 设矩阵 $\boldsymbol{A}=\begin{pmatrix}2&1&0\\0&-1&3\\1&1&0\end{pmatrix}$，则 $\boldsymbol{A}^{-1}=$__________.

4. 设 $\boldsymbol{A}=\begin{pmatrix}1&2&0&0\\3&2&0&0\\0&0&1&4\\0&0&-1&-5\end{pmatrix}$，则 $\boldsymbol{A}^{-1}=$________.

5. $\boldsymbol{A}^3=\boldsymbol{O}$，则 $(\boldsymbol{A}+\boldsymbol{E})^{-1}=$________.

6. 已知矩阵 $\boldsymbol{A}$ 满足 $\boldsymbol{A}^2-2\boldsymbol{A}-4\boldsymbol{E}=\boldsymbol{O}$，则 $\boldsymbol{A}^{-1}=$____________.

7. 已知四阶矩阵 $\boldsymbol{A}$ 的秩是 2，则 $r(\boldsymbol{A}^*)=$ ________.

8. 设矩阵 $\boldsymbol{A}$ 的逆矩阵 $\boldsymbol{A}^{-1}=\begin{pmatrix}2&1&0\\0&-1&3\\0&0&1\end{pmatrix}$，则 $\boldsymbol{A}^*=$________.

三、解答题

1. 设矩阵 $\boldsymbol{A}=\begin{pmatrix}1&2&0\\3&0&1\\1&-1&2\end{pmatrix}$，$\boldsymbol{B}=\begin{pmatrix}-1&1&3\\2&-1&0\\1&4&-3\end{pmatrix}$，求 $2\boldsymbol{A}-\boldsymbol{B}$，$\boldsymbol{A}\boldsymbol{B}^{\mathrm{T}}$.

2. 计算下列各题：

(1) $\begin{pmatrix}2&1&0\\1&3&4\\0&-1&-2\end{pmatrix}\begin{pmatrix}0\\5\\-2\end{pmatrix}$；

(2) $\begin{pmatrix}0&-1&1\\1&2&3\\2&1&4\end{pmatrix}\begin{pmatrix}1&0&0\\0&3&0\\0&0&2\end{pmatrix}$；

(3) $\begin{pmatrix}1&1&1&1\\1&2&1&1\\1&1&3&1\\1&1&1&4\end{pmatrix}^2$；

(4) $(1\quad 0\quad 2)\begin{pmatrix}1&0&3\\1&3&0\\0&1&1\end{pmatrix}\begin{pmatrix}0\\-2\\1\end{pmatrix}$.

3. 用矩阵乘法将 x_1,x_2,x_3 用 z_1,z_2,z_3 表示，其中

$$\begin{cases}x_1=y_1+2y_2-y_3,\\x_2=y_1+y_2-3y_3,\\x_3=3y_1-y_2+2y_3,\end{cases}\qquad\begin{cases}y_1=3z_1-2z_2-z_3,\\y_2=z_1+z_2+2z_3,\\y_3=z_1-z_2+z_3.\end{cases}$$

4. 已知多项式 $f(x)=x^2-x+2$，$\boldsymbol{A}=\begin{pmatrix}2&1\\-1&3\end{pmatrix}$，求 $f(\boldsymbol{A})$.

5. 求证：任意一个 n 阶矩阵均为一个对称矩阵和一个反对称矩阵的和.

总习题二(B)

一、选择题

1. 设 $\boldsymbol{A}$、$\boldsymbol{B}$ 均为 n 阶可逆矩阵，则(　　)也可逆.

A. $\boldsymbol{AB}$　　B. $\boldsymbol{A}+\boldsymbol{B}$　　C. $\boldsymbol{A}^*+\boldsymbol{B}^*$　　D. $\boldsymbol{A}-\boldsymbol{B}$

2. 设 $\boldsymbol{A}$ 为 n 阶可逆矩阵，$\boldsymbol{A}$ 的伴随矩阵为 $\boldsymbol{A}^*$，则(　　).

A. $|\boldsymbol{A}^*|>0$　　B. $|\boldsymbol{A}^*|=0$　　C. $|\boldsymbol{A}^*|\neq 0$　　D. $|\boldsymbol{A}^*|<0$

3. 设 $\boldsymbol{A}$ 为 n 阶可逆矩阵，$\boldsymbol{A}$ 的伴随矩阵为 $\boldsymbol{A}^*$，则(　　).

A. $|\boldsymbol{A}^*|=|\boldsymbol{A}|^n$　　B. $|\boldsymbol{A}^*|=|\boldsymbol{A}|^{n-1}$

C. $|\boldsymbol{A}^*|=|\boldsymbol{A}|^{n+1}$　　D. $|\boldsymbol{A}^*|=|\boldsymbol{A}|$

4. 设 $\boldsymbol{A}$ 与 $\boldsymbol{B}$ 等价，则必有(　　).

A. 当 $|\boldsymbol{A}|=k(k\neq0)$ 时，$|\boldsymbol{B}|=k$　　B. 当 $|\boldsymbol{A}|=k(k\neq0)$ 时，$|\boldsymbol{B}|=-k$

C. 当 $|\boldsymbol{A}|\neq0$ 时，$|\boldsymbol{B}|=0$　　D. 当 $|\boldsymbol{A}|=0$ 时，$|\boldsymbol{B}|=0$

5. 设 $\boldsymbol{A}$、$\boldsymbol{B}$ 均为 n 阶矩阵，$(\boldsymbol{A}+\boldsymbol{B})(\boldsymbol{A}-\boldsymbol{B})=\boldsymbol{A}^2-\boldsymbol{B}^2$ 成立的充要条件是(　　).

A. $\boldsymbol{A}$、$\boldsymbol{B}$ 均为可逆矩阵　　B. $\boldsymbol{AB}=\boldsymbol{BA}$

C. $\boldsymbol{A}$、$\boldsymbol{B}$ 均为对称矩阵　　D. $\boldsymbol{A}^{\mathrm{T}}=\boldsymbol{B}^{\mathrm{T}}$

二、填空题

1. 设矩阵 $\boldsymbol{A}$ 为 5×3 的矩阵，且 $r(\boldsymbol{A})=2$，矩阵 $\boldsymbol{B}=\begin{pmatrix}1&2&0\\2&-1&3\\0&4&0\end{pmatrix}$，则 $r(\boldsymbol{AB})=$________.

2. 设 $\boldsymbol{A}=\begin{pmatrix}1&1&1&1\\1&2&1&1\\1&1&-3&1\\1&1&1&x\end{pmatrix}$，且 $r(\boldsymbol{A})=3$，则 $x=$________.

3. 设矩阵 $\boldsymbol{A}$，$\boldsymbol{B}$ 均为三阶矩阵，$\boldsymbol{E}$ 为三阶单位矩阵. 已知 $\boldsymbol{AB}=2\boldsymbol{A}+\boldsymbol{B}$，$\boldsymbol{B}=\begin{pmatrix}2&0&1\\0&4&0\\1&0&2\end{pmatrix}$，则 $(\boldsymbol{A}-\boldsymbol{E})^{-1}=$________.

4. 设 $\boldsymbol{A}=\begin{pmatrix}1&0&0&0\\1&1&0&0\\1&1&1&0\\1&1&1&1\end{pmatrix}$，则 $|\boldsymbol{A}|$ 中所有元素代数余子式之和等于________.

5. 设四阶矩阵 $\boldsymbol{A}=(\boldsymbol{\alpha},\boldsymbol{\gamma}_2,\boldsymbol{\gamma}_3,\boldsymbol{\gamma}_4)$，$\boldsymbol{B}=(\boldsymbol{\beta},\boldsymbol{\gamma}_2,\boldsymbol{\gamma}_3,\boldsymbol{\gamma}_4)$，其中 $\boldsymbol{\alpha},\boldsymbol{\beta},\boldsymbol{\gamma}_2,\boldsymbol{\gamma}_3,\boldsymbol{\gamma}_4$ 为 4×1 矩阵，且 $|\boldsymbol{A}|=2$，$|\boldsymbol{B}|=1$，则 $|\boldsymbol{A}+\boldsymbol{B}|=$________.

6. 设 $\boldsymbol{A}$ 为 n 阶矩阵，k 为常数，则 $|-k\boldsymbol{A}|=$________.

7. 设 $\boldsymbol{A}$、$\boldsymbol{B}$ 均为 n 阶可逆矩阵，则 $(\boldsymbol{AB})^*=$________.

8. 设四阶矩阵 $\boldsymbol{A}$ 的伴随矩阵为 $\boldsymbol{A}^*$，已知 $|\boldsymbol{A}|=2$，则 $|(3\boldsymbol{A})^{-1}-\boldsymbol{A}^*|=$________.

三、解答题

1. 用矩阵的初等变换把 $\boldsymbol{A}=\begin{pmatrix}1&0&1&1\\0&2&1&1\\3&1&-3&0\\4&1&-2&1\end{pmatrix}$ 化成标准形.

2. 求下列矩阵的逆矩阵：

(1) $\begin{pmatrix} 2 & 1 \\ -3 & -1 \end{pmatrix}$；　(2) $\begin{pmatrix} 2 & 0 & 0 \\ 0 & 4 & 3 \\ 0 & -2 & -1 \end{pmatrix}$；　(3) $\begin{pmatrix} 1 & 1 & 1 & 1 \\ 0 & -3 & 0 & 0 \\ 1 & 0 & -1 & 1 \\ 3 & 2 & 0 & 4 \end{pmatrix}$.

3. 解下列矩阵方程：

(1) $\begin{pmatrix} 2 & 5 \\ 1 & 3 \end{pmatrix}\boldsymbol{X}=\begin{pmatrix} 1 & 3 \\ 0 & 4 \end{pmatrix}$；　(2) $\boldsymbol{X}\begin{pmatrix} 2 & 0 & 1 \\ 0 & 1 & 3 \\ 3 & -1 & 0 \end{pmatrix}=\begin{pmatrix} 1 & 0 & -2 \\ 3 & 2 & 0 \end{pmatrix}$.

4. 设方阵 $\boldsymbol{A}$ 满足 $\boldsymbol{A}^2+\boldsymbol{A}-\boldsymbol{E}=\boldsymbol{O}$，求证：$\boldsymbol{A}$ 和 $\boldsymbol{A}+3\boldsymbol{E}$ 都可逆.

5. 设 n 阶矩阵 $\boldsymbol{A}$ 可逆，求证其伴随矩阵 $\boldsymbol{A}^*$ 也可逆，且$(\boldsymbol{A}^*)^{-1}=(\boldsymbol{A}^{-1})^*$.

6. $\boldsymbol{A}$、$\boldsymbol{B}$ 均为 n 阶矩阵，且 $\boldsymbol{A}+\boldsymbol{B}=\boldsymbol{AB}$. 求证：

(1) $\boldsymbol{A}-\boldsymbol{E}$ 可逆.

(2) $\boldsymbol{AB}=\boldsymbol{BA}$.

7. 设 n 阶矩阵 $\boldsymbol{A}$ 中元素均为 1，求证：$(\boldsymbol{E}-\boldsymbol{A})^{-1}=\boldsymbol{E}-\frac{1}{n-1}\boldsymbol{A}$.

第三章　线性方程组

在第一章里我们已经介绍了线性方程组的一种特殊情形，即线性方程组中方程的个数等于未知量的个数，且系数行列式不等于零的情形，可以用克莱姆法则求解. 那么不满足克莱姆法则条件的线性方程组又该如何求解呢？求解线性方程组是线性代数领域最重要的任务，此类问题在经济管理领域有着广泛的应用，因此，有必要从更普遍的角度讨论线性方程组解的一般理论. 本章基于向量组相关理论，主要讨论一般线性方程组的解法，线性方程组解的存在性及解的结构等内容.

第一节　n 维向量及线性组合

【课前导读】

在解析几何中，把既有大小又有方向的量定义为向量，引入空间直角坐标系后，空间中的一点 A 可用一个三元数组 (x,y,z) 表示，空间向量 $\overrightarrow{OA}$ 可写成 $\overrightarrow{OA}=(x,y,z)$. 由于解线性方程组等实际需要，本节将对三元数组进行推广，并着重讨论 n 元数组及其 n 元数组的集合，也就是下面要介绍的 n 维向量及其向量组.

【学习要求】

1. 了解 n 维向量、向量组及其线性组合概念.
2. 理解向量能由向量组线性表示的概念.
3. 掌握向量能由向量组线性表示的判断方法.

一、n 维向量的概念及其运算

定义 3–1　由 n 个有次序的数 a_1，a_2，a_3，…，a_n 组成的数组称为一个 **n 维向量**，这 n 个数称为该向量的 n 个分量，其中第 i 个数 a_i 称为第 i 个分量.

分量全为实数的向量称为**实向量**，分量为复数的向量称为**复向量**，除非特别说明，本书一般只讨论实向量.

若 n 维向量写成 $\begin{pmatrix} a_1 \\ a_2 \\ \vdots \\ a_n \end{pmatrix}$ 的形式，称为 **n 维列向量**；若写成 $(a_1,a_2,a_3,\cdots,a_n)$ 的形式，则称为 **n 维行向量**.

从 n 维向量定义可见，n 维列向量就是一个 $n\times1$ 的列矩阵，n 维行向量就是一个 $1\times n$ 的行矩阵，行向量可以看作列向量的转置，并规定列向量和行向量都是按矩阵的运算法则

进行运算. 因此，n 维列向量 $\boldsymbol{\alpha}=\begin{pmatrix}a_1\\a_2\\\vdots\\a_n\end{pmatrix}$ 与 n 维行向量 $\boldsymbol{\alpha}^{\mathrm{T}}=(a_1,a_2\cdots,a_n)$ 总被视为两个不相同的向量(按定义 3-1，$\boldsymbol{\alpha}$ 与 $\boldsymbol{\alpha}^{\mathrm{T}}$ 应是同一个向量).

本书中，常用 $\boldsymbol{\alpha}$，$\boldsymbol{\beta}$，$\boldsymbol{\gamma}$ 等表示列向量，用 $\boldsymbol{\alpha}^{\mathrm{T}}$，$\boldsymbol{\beta}^{\mathrm{T}}$，$\boldsymbol{\gamma}^{\mathrm{T}}$ 等表示行向量，如无特殊说明，所讨论的向量都被视为列向量.

分量都为零的向量称为**零向量**，记为 $\mathbf{0}$，即 $\mathbf{0}=(0,0,\cdots,0)^{\mathrm{T}}$ 或 $\mathbf{0}=(0,0,\cdots,0)$.

向量 $(-a_1,-a_2,\cdots,-a_n)^{\mathrm{T}}$ 称为向量 $\boldsymbol{\alpha}=(a_1,a_2,\cdots,a_n)^{\mathrm{T}}$ 的**负向量**，记为 $-\boldsymbol{\alpha}$.

定义 3-2　两个 n 维向量 $\boldsymbol{\alpha}=(a_1,a_2,\cdots,a_n)^{\mathrm{T}}$ 与 $\boldsymbol{\beta}=(b_1,b_2,\cdots,b_n)^{\mathrm{T}}$ 各对应分量之和所得到的向量，称为**向量 $\boldsymbol{\alpha}$ 与 $\boldsymbol{\beta}$ 的和**，记为 $\boldsymbol{\alpha}+\boldsymbol{\beta}$，即

$$\boldsymbol{\alpha}+\boldsymbol{\beta}=(a_1+b_1,a_2+b_2,\cdots,a_n+b_n)^{\mathrm{T}}.$$

结合负向量的定义，可定义**向量的减法**

$$\boldsymbol{\alpha}-\boldsymbol{\beta}=\boldsymbol{\alpha}+(-\boldsymbol{\beta})=(a_1-b_1,a_2-b_2,\cdots,a_n-b_n)^{\mathrm{T}}.$$

定义 3-3　n 维向量 $\boldsymbol{\alpha}=(a_1,a_2,\cdots,a_n)^{\mathrm{T}}$ 各个分量同时乘以实数 k 所得到的向量，称为**数 k 与向量 $\boldsymbol{\alpha}$ 的乘积**(简称为**数乘**)，记为 $k\boldsymbol{\alpha}$，即

$$k\boldsymbol{\alpha}=(ka_1,ka_2,\cdots,ka_n)^{\mathrm{T}}.$$

向量的加法和数乘运算又称为向量的**线性运算**.

由于向量可以看作行矩阵或列矩阵，从而向量的线性运算也满足以下运算规律($\boldsymbol{\alpha}$，$\boldsymbol{\beta}$，$\boldsymbol{\gamma}\in\mathbf{R}^n$，$k$，$l\in\mathbf{R}$)：

(1) $\boldsymbol{\alpha}+\boldsymbol{\beta}=\boldsymbol{\beta}+\boldsymbol{\alpha}$;　　(2) $(\boldsymbol{\alpha}+\boldsymbol{\beta})+\boldsymbol{\gamma}=\boldsymbol{\alpha}+(\boldsymbol{\beta}+\boldsymbol{\gamma})$;

(3) $\boldsymbol{\alpha}+\mathbf{0}=\boldsymbol{\alpha}$;　　(4) $\boldsymbol{\alpha}+(-\boldsymbol{\alpha})=\mathbf{0}$;

(5) $1\boldsymbol{\alpha}=\boldsymbol{\alpha}$;　　(6) $k(l\boldsymbol{\alpha})=(kl)\boldsymbol{\alpha}$;

(7) $k(\boldsymbol{\alpha}+\boldsymbol{\beta})=k\boldsymbol{\alpha}+k\boldsymbol{\beta}$;　　(8) $(k+l)\boldsymbol{\alpha}=k\boldsymbol{\alpha}+l\boldsymbol{\alpha}$.

例 1　设 $\boldsymbol{\alpha}_1=(0,1,1)^{\mathrm{T}}$，$\boldsymbol{\alpha}_2=(1,1,0)^{\mathrm{T}}$，$\boldsymbol{\alpha}_3=(3,4,0)^{\mathrm{T}}$，求 $\boldsymbol{\alpha}_2-\boldsymbol{\alpha}_1$ 及 $2\boldsymbol{\alpha}_1+3\boldsymbol{\alpha}_2-\boldsymbol{\alpha}_3$.

解　由题设条件，有

$$\boldsymbol{\alpha}_2-\boldsymbol{\alpha}_1=(1,1,0)^{\mathrm{T}}-(0,1,1)^{\mathrm{T}}=(1,0,-1)^{\mathrm{T}},$$

$$2\boldsymbol{\alpha}_1+3\boldsymbol{\alpha}_2-\boldsymbol{\alpha}_3=2(0,1,1)^{\mathrm{T}}+3(1,1,0)^{\mathrm{T}}-(3,4,0)^{\mathrm{T}}=(0,1,2)^{\mathrm{T}}.$$

例 2　已知向量 $\boldsymbol{\alpha}=(3,7,9,5)^{\mathrm{T}}$，$\boldsymbol{\beta}=(-1,2,0,5)^{\mathrm{T}}$.

(1) 如果 $\boldsymbol{\alpha}+\boldsymbol{\gamma}=\boldsymbol{\beta}$，求 $\boldsymbol{\gamma}$.

(2) 如果 $3\boldsymbol{\alpha}+2\boldsymbol{\eta}=5\boldsymbol{\beta}$，求 $\boldsymbol{\eta}$.

解　(1) 由 $\boldsymbol{\alpha}+\boldsymbol{\gamma}=\boldsymbol{\beta}$，故

$$\boldsymbol{\gamma}=\boldsymbol{\beta}-\boldsymbol{\alpha}=(-1,2,0,5)^{\mathrm{T}}-(3,7,9,5)^{\mathrm{T}}=(-4,-5,-9,0)^{\mathrm{T}}.$$

(2) 由 $3\boldsymbol{\alpha}+2\boldsymbol{\eta}=5\boldsymbol{\beta}$，故

$$\boldsymbol{\eta}=\frac{5}{2}\boldsymbol{\beta}-\frac{3}{2}\boldsymbol{\alpha}=\frac{5}{2}(-1,2,0,5)^{\mathrm{T}}-\frac{3}{2}(3,7,9,5)^{\mathrm{T}}=\left(-7,-\frac{11}{2},-\frac{27}{2},5\right)^{\mathrm{T}}.$$

二、向量组及其线性组合

定义 3-4　由若干个同维数的行向量(或列向量)构成的集合，称为**向量组**.

例 3　设矩阵 $A=\begin{pmatrix} a_{11} & a_{12} & \cdots & a_{1n} \\ a_{21} & a_{22} & \cdots & a_{2n} \\ \vdots & \vdots & \ddots & \vdots \\ a_{m1} & a_{m2} & \cdots & a_{mn} \end{pmatrix}$，其每一列 $\boldsymbol{\alpha}_j=\begin{pmatrix} a_{1j} \\ a_{2j} \\ \vdots \\ a_{mj} \end{pmatrix}(j=1,2,\cdots,n)$ 组成的向量组 $\boldsymbol{\alpha}_1,\boldsymbol{\alpha}_2,\cdots,\boldsymbol{\alpha}_n$ 称为矩阵 $\boldsymbol{A}$ 的**列向量组**，矩阵 $\boldsymbol{A}$ 的每一行

$$\boldsymbol{\beta}_i^{\mathrm{T}}=(a_{i1},a_{i2},\cdots,a_{in})(i=1,2,\cdots,m)$$

组成的向量组 $\boldsymbol{\beta}_1^{\mathrm{T}},\boldsymbol{\beta}_2^{\mathrm{T}},\cdots,\boldsymbol{\beta}_m^{\mathrm{T}}$ 称为矩阵 $\boldsymbol{A}$ 的**行向量组**.

根据上述讨论，矩阵 $\boldsymbol{A}$ 可记为 $\boldsymbol{A}=(\boldsymbol{\alpha}_1,\boldsymbol{\alpha}_2,\cdots,\boldsymbol{\alpha}_n)$ 或 $\boldsymbol{A}=\begin{pmatrix} \boldsymbol{\beta}_1^{\mathrm{T}} \\ \boldsymbol{\beta}_2^{\mathrm{T}} \\ \vdots \\ \boldsymbol{\beta}_m^{\mathrm{T}} \end{pmatrix}$.

由例 3 可知，一个向量组总可以与一个矩阵建立一一对应关系.

定义 3-5　给定向量组 $\boldsymbol{A}$：$\boldsymbol{\alpha}_1,\boldsymbol{\alpha}_2,\cdots,\boldsymbol{\alpha}_s$，对于任何一组实数 $k_1,k_2,\cdots,k_s$，表达式 $k_1\boldsymbol{\alpha}_1+k_2\boldsymbol{\alpha}_2+\cdots+k_s\boldsymbol{\alpha}_s$ 称为向量组 $\boldsymbol{A}$ 的一个**线性组合**.

定义 3-6　给定向量组 $\boldsymbol{A}$：$\boldsymbol{\alpha}_1,\boldsymbol{\alpha}_2,\cdots,\boldsymbol{\alpha}_s$ 和 $\boldsymbol{\beta}$，若存在一组实数 $k_1,k_2,\cdots,k_s$，使得 $\boldsymbol{\beta}=k_1\boldsymbol{\alpha}_1+k_2\boldsymbol{\alpha}_2+\cdots+k_s\boldsymbol{\alpha}_s$，则称向量 $\boldsymbol{\beta}$ 可由向量组 $\boldsymbol{A}$ 线性表示，或者说向量 $\boldsymbol{\beta}$ 是向量组 $\boldsymbol{A}$ 的一个线性组合.

例 4　零向量是任意向量组的线性组合. 这是因为

$$\mathbf{0}=0\boldsymbol{\alpha}_1+0\boldsymbol{\alpha}_2+\cdots+0\boldsymbol{\alpha}_s.$$

例 5　向量组中任意一个向量都可由该向量组本身线性表示.

证明　设有向量组 $\boldsymbol{A}$：$\boldsymbol{\alpha}_1,\boldsymbol{\alpha}_2,\cdots,\boldsymbol{\alpha}_s$，对于任意的 $\boldsymbol{\alpha}_j(1\leqslant j\leqslant s)$，有

$$\boldsymbol{\alpha}_j=0\boldsymbol{\alpha}_1+0\boldsymbol{\alpha}_2+\cdots+0\boldsymbol{\alpha}_{j-1}+1\boldsymbol{\alpha}_j+0\boldsymbol{\alpha}_{j+1}+\cdots+0\boldsymbol{\alpha}_s.$$

例 6　对于向量组 $\boldsymbol{\beta}=(3,2,-2,7)^{\mathrm{T}}$，$\boldsymbol{\varepsilon}_1=(1,0,0,0)^{\mathrm{T}}$，$\boldsymbol{\varepsilon}_2=(0,1,0,0)^{\mathrm{T}}$，$\boldsymbol{\varepsilon}_3=(0,0,1,0)^{\mathrm{T}}$，$\boldsymbol{\varepsilon}_4=(0,0,0,1)^{\mathrm{T}}$.

因为 $\boldsymbol{\beta}=3\boldsymbol{\varepsilon}_1+2\boldsymbol{\varepsilon}_2-2\boldsymbol{\varepsilon}_3+7\boldsymbol{\varepsilon}_4$ 的线性组合，设

$$\boldsymbol{\varepsilon}_1=(1,0,\cdots,0)^{\mathrm{T}},\ \boldsymbol{\varepsilon}_2=(0,1,\cdots,0)^{\mathrm{T}},\ \boldsymbol{\varepsilon}_n=(0,0,\cdots,1)^{\mathrm{T}},$$

那么对任意 n 维向量 $\boldsymbol{\beta}=(k_1,k_2,\cdots,k_n)^{\mathrm{T}}$ 都可以表示成

$$\boldsymbol{\beta}=k_1\boldsymbol{\varepsilon}_1+k_2\boldsymbol{\varepsilon}_2+\cdots+k_n\boldsymbol{\varepsilon}_n,$$

即任意 n 维向量都可由 $\boldsymbol{\varepsilon}_1,\boldsymbol{\varepsilon}_2,\cdots,\boldsymbol{\varepsilon}_n$ 线性表示. 向量组 $\boldsymbol{\varepsilon}_1,\boldsymbol{\varepsilon}_2,\cdots,\boldsymbol{\varepsilon}_n$ 也称为 **n 维基本向量组**.

例 7　线性方程组

$$\begin{cases} a_{11}x_1+a_{12}x_2+\cdots+a_{1n}x_n=b_1, \\ a_{21}x_1+a_{22}x_2+\cdots+a_{2n}x_n=b_2, \\ \cdots\cdots\cdots \\ a_{m1}x_1+a_{m2}x_2+\cdots+a_{mn}x_n=b_m. \end{cases} \tag{3-1}$$

令

$$\boldsymbol{\alpha}_j=\begin{pmatrix} a_{1j} \\ a_{2j} \\ \vdots \\ a_{mj} \end{pmatrix}(j=1,2,\cdots,n),\ \boldsymbol{\beta}=\begin{pmatrix} b_1 \\ b_2 \\ \vdots \\ b_m \end{pmatrix},$$

则线性方程组(3-1)可表示为向量形式

$$x_1\boldsymbol{\alpha}_1+x_2\boldsymbol{\alpha}_2+\cdots+x_n\boldsymbol{\alpha}_n=\boldsymbol{\beta}. \tag{3-2}$$

于是，线性方程组(3-1)是否有解，相当于是否存在一组数 $k_1,k_2,\cdots,k_n$，使得 $\boldsymbol{\beta}=k_1\boldsymbol{\alpha}_1+k_2\boldsymbol{\alpha}_2+\cdots+k_n\boldsymbol{\alpha}_n$，即向量 $\boldsymbol{\beta}$ 是否可由向量组 $\boldsymbol{\alpha}_1,\boldsymbol{\alpha}_2,\cdots,\boldsymbol{\alpha}_n$ 线性表示. 由例 7 可得到如下定理.

定理 3-1　向量 $\boldsymbol{\beta}$ 可由向量组 $\boldsymbol{\alpha}_1,\boldsymbol{\alpha}_2,\cdots,\boldsymbol{\alpha}_n$ 线性表示的充要条件是线性方程组 $x_1\boldsymbol{\alpha}_1+x_2\boldsymbol{\alpha}_2+\cdots+x_n\boldsymbol{\alpha}_n=\boldsymbol{\beta}$ 有解.

可见要判断一个向量是否可由一个向量组线性表示，涉及对应线性方程组的解的讨论. 对于一般情形的讨论，在本章第四节将详细介绍，下面给出一个简单的例题，以此说明该类问题的处理方法.

例 8　设 $\boldsymbol{\alpha}_1=(1,0,0)^{\mathrm{T}}$，$\boldsymbol{\alpha}_2=(1,1,0)^{\mathrm{T}}$，$\boldsymbol{\alpha}_3=(1,1,1)^{\mathrm{T}}$，$\boldsymbol{\beta}=(4,2,1)^{\mathrm{T}}$，问 $\boldsymbol{\beta}$ 是否可由向量组 $\boldsymbol{\alpha}_1,\boldsymbol{\alpha}_2,\boldsymbol{\alpha}_3$ 线性表示？若可以，求出线性表达式.

解　设 $\boldsymbol{\beta}=k_1\boldsymbol{\alpha}_1+k_2\boldsymbol{\alpha}_2+k_3\boldsymbol{\alpha}_3$，可得

$$(4,2,1)^{\mathrm{T}}=k_1(1,0,0)^{\mathrm{T}}+k_2(1,1,0)^{\mathrm{T}}+k_3(1,1,1)^{\mathrm{T}}=(k_1+k_2+k_3,k_2+k_3,k_3)^{\mathrm{T}},$$

即

$$\begin{cases} k_1+k_2+k_3=4, \\ k_2+k_3=2, \\ k_3=1, \end{cases}$$

得到唯一解 $k_1=2$，$k_2=1$，$k_3=1$，因此得 $\boldsymbol{\beta}=2\boldsymbol{\alpha}_1+\boldsymbol{\alpha}_2+\boldsymbol{\alpha}_3$.

例 9　设向量组 $\boldsymbol{\alpha}_1=(1,-2,0)^{\mathrm{T}}$，$\boldsymbol{\alpha}_2=(1,0,2)^{\mathrm{T}}$，$\boldsymbol{\beta}=(1,2,1)^{\mathrm{T}}$，问 $\boldsymbol{\beta}$ 是否可由向量组 $\boldsymbol{\alpha}_1$，$\boldsymbol{\alpha}_2$ 线性表示？

解　设 $\boldsymbol{\beta}=k_1\boldsymbol{\alpha}_1+k_2\boldsymbol{\alpha}_2$，可得

$$\begin{cases} k_1+k_2=1, \\ -2k_1=2, \\ 2k_2=1, \end{cases}$$

显然，这是不可能的，故 $\boldsymbol{\beta}$ 不能由向量组 $\boldsymbol{\alpha}_1$，$\boldsymbol{\alpha}_2$ 线性表示.

习题 3-1

1. 设 $\boldsymbol{\alpha}_1=(1,1,0,-1)^{\mathrm{T}}$，$\boldsymbol{\alpha}_2=(-2,1,0,0)^{\mathrm{T}}$，$\boldsymbol{\alpha}_3=(-1,-2,0,1)^{\mathrm{T}}$，求 $3\boldsymbol{\alpha}_1-\boldsymbol{\alpha}_2+5\boldsymbol{\alpha}_3$.

2. 设 $3(\boldsymbol{\alpha}_1-\boldsymbol{\beta})+2(\boldsymbol{\alpha}_2+\boldsymbol{\beta})=5(\boldsymbol{\alpha}_3+\boldsymbol{\beta})$，其中 $\boldsymbol{\alpha}_1=(2,5,1,3)^{\mathrm{T}}$，$\boldsymbol{\alpha}_2=(10,1,5,10)^{\mathrm{T}}$，$\boldsymbol{\alpha}_3=(4,1,-1,1)^{\mathrm{T}}$，求 $\boldsymbol{\beta}$.

3. 将下列各题中向量 $\boldsymbol{\beta}$ 表示为其他向量的线性组合.

(1) $\boldsymbol{\alpha}_1=(1,0,1)^{\mathrm{T}}$，$\boldsymbol{\alpha}_2=(1,1,1)^{\mathrm{T}}$，$\boldsymbol{\alpha}_3=(0,-1,-1)^{\mathrm{T}}$，$\boldsymbol{\beta}=(3,5,-6)^{\mathrm{T}}$.

(2) $\boldsymbol{\varepsilon}_1=(1,0,0,0)^{\mathrm{T}}$，$\boldsymbol{\varepsilon}_2=(0,1,0,0)^{\mathrm{T}}$，$\boldsymbol{\varepsilon}_3=(0,0,1,0)^{\mathrm{T}}$，$\boldsymbol{\varepsilon}_4=(0,0,0,1)^{\mathrm{T}}$
$\boldsymbol{\beta}=(1,5,-1,2)^{\mathrm{T}}$.

(3) $\boldsymbol{\alpha}_1=(1,2)^{\mathrm{T}}$，$\boldsymbol{\alpha}_2=(-1,0)^{\mathrm{T}}$，$\boldsymbol{\beta}=(3,4)^{\mathrm{T}}$.

第二节　向量组的线性相关性

【课前导读】

看一下图 3-1 所示的三维空间中的向量，设 $\boldsymbol{\alpha}_4$ 可表示为 $\boldsymbol{\alpha}_4=k_1\boldsymbol{\alpha}_1+k_2\boldsymbol{\alpha}_2$，说明 $\boldsymbol{\alpha}_1$，$\boldsymbol{\alpha}_2$，$\boldsymbol{\alpha}_4$ 这 3 个向量共面. $\boldsymbol{\alpha}_1$，$\boldsymbol{\alpha}_2$，$\boldsymbol{\alpha}_3$ 这 3 个向量任何一个不能由其他 2 个向量线性表示，说明它们是异面的. 我们把上面这种向量之间最基本的关系予以推广，也就是本节所要讨论的向量组的线性相关性.

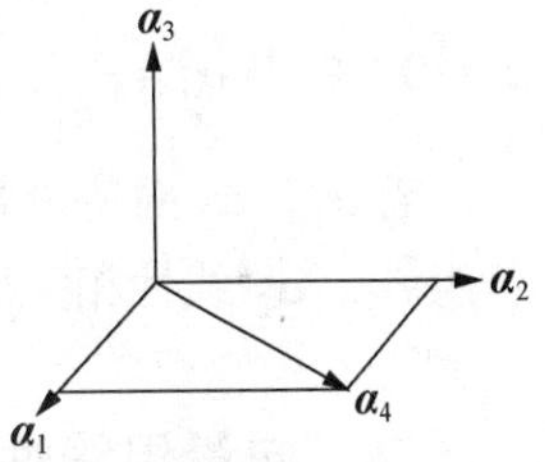

图 3-1　三维空间向量

【学习要求】

1. 了解向量组线性相关、线性无关的概念.
2. 理解向量组线性相关性理论的一些性质.
3. 掌握向量组线性相关、线性无关的判定方法.

一、向量组的线性相关与线性无关

定义 3-7　给一向量组 A：$\boldsymbol{\alpha}_1,\boldsymbol{\alpha}_2,\cdots,\boldsymbol{\alpha}_s$，如果存在一组不全为零的数 $k_1,k_2,\cdots,k_s$，使

$$k_1\boldsymbol{\alpha}_1+k_2\boldsymbol{\alpha}_2+\cdots+k_s\boldsymbol{\alpha}_s=\mathbf{0},\tag{3-3}$$

则称向量组 A **线性相关**. 当且仅当 $k_1=k_2=\cdots=k_s=0$ 时，式(3-3)才成立，则称向量组 A **线性无关**.

注　(1) 由上述定义可知，向量组 A 或线性相关，或线性无关，两者必居其一.

(2) 向量组的线性相关与否与向量的次序无关，与这个向量组是列向量组还是行向量组也无关.

(3) 2 个向量线性相关的几何意义是这 2 个向量共线；3 个向量线性相关的几何意义是这 3 个向量共面.

例 10 向量组 $\boldsymbol{\alpha}_1=(1,2,-1,1)^{\mathrm{T}}$，$\boldsymbol{\alpha}_2=(2,0,3,4)^{\mathrm{T}}$，$\boldsymbol{\alpha}_3=(1,-2,4,3)^{\mathrm{T}}$ 线性相关，这是因为存在一组不全为零的数$(1,-1,1)$使 $\boldsymbol{\alpha}_1-\boldsymbol{\alpha}_2+\boldsymbol{\alpha}_3=\boldsymbol{0}$，故 $\boldsymbol{\alpha}_1,\boldsymbol{\alpha}_2,\boldsymbol{\alpha}_3$ 线性相关.

例 11 n 维基本向量组 $\boldsymbol{\varepsilon}_1=(1,0,\cdots,0)^{\mathrm{T}},\boldsymbol{\varepsilon}_2=(0,1,\cdots,0)^{\mathrm{T}}$，$\cdots,\boldsymbol{\varepsilon}_n=(0,0,\cdots,1)^{\mathrm{T}}$ 线性无关.

证明 对于任意一组数 $k_1,k_2,\cdots,k_n$，有

$k_1\boldsymbol{\varepsilon}_1+k_2\boldsymbol{\varepsilon}_2+\cdots+k_n\boldsymbol{\varepsilon}_n=k_1(1,0,\cdots,0)^{\mathrm{T}}+k_2(0,1,\cdots,0)^{\mathrm{T}}+\cdots+k_n(0,0,\cdots,1)^{\mathrm{T}}=(k_1,k_2,\cdots,k_n)^{\mathrm{T}}$，显然，当且仅当 $k_1=k_2=\cdots=k_n=0$ 时，才有 $k_1\boldsymbol{\varepsilon}_1+k_2\boldsymbol{\varepsilon}_2+\cdots+k_n\boldsymbol{\varepsilon}_n=\boldsymbol{0}$，故向量组 $\boldsymbol{\varepsilon}_1,\boldsymbol{\varepsilon}_2,\cdots,\boldsymbol{\varepsilon}_n$ 线性无关.

例 12 含有零向量的任何向量组都是线性相关的.

证明 设向量组 $\boldsymbol{A}$：$\boldsymbol{\alpha}_1,\boldsymbol{\alpha}_2,\cdots,\boldsymbol{\alpha}_s$，$\boldsymbol{0}$ 是任一含有零向量的向量组，显然，对于任意非零常数 k，有 $0\boldsymbol{\alpha}_1+0\boldsymbol{\alpha}_2+\cdots+0\boldsymbol{\alpha}_s+k\boldsymbol{0}=\boldsymbol{0}$，即该向量组线性相关.

例 13 一个向量 $\boldsymbol{\alpha}$ 线性相关的充要条件是 $\boldsymbol{\alpha}=\boldsymbol{0}$.

证明 若 $\boldsymbol{\alpha}=\boldsymbol{0}$，则可任取 $k\neq0$，使 $k\boldsymbol{\alpha}=\boldsymbol{0}$；反之，若 $k\neq0$，$\boldsymbol{\alpha}\neq\boldsymbol{0}$，则 $k\boldsymbol{\alpha}\neq\boldsymbol{0}$，因此，要存在 $k_1\neq0$，使得 $k\boldsymbol{\alpha}=\boldsymbol{0}$，则必有 $\boldsymbol{\alpha}=\boldsymbol{0}$.

上述证明也可以说明，一个向量 $\boldsymbol{\alpha}$ 线性无关的充要条件是 $\boldsymbol{\alpha}\neq\boldsymbol{0}$.

例 14 两个向量 $\boldsymbol{\alpha}_1$，$\boldsymbol{\alpha}_2$ 线性相关的充要条件是 $\boldsymbol{\alpha}_1$，$\boldsymbol{\alpha}_2$ 对应分量成比例.

证明 若 $\boldsymbol{\alpha}_1$，$\boldsymbol{\alpha}_2$ 线性相关，则存在不全为零的数 k_1，k_2，使 $k_1\boldsymbol{\alpha}_1+k_2\boldsymbol{\alpha}_2=\boldsymbol{0}$，不妨设 $k_1\neq0$，可得 $\boldsymbol{\alpha}_1=-\dfrac{k_2}{k_1}\boldsymbol{\alpha}_2$，即 $\boldsymbol{\alpha}_1$，$\boldsymbol{\alpha}_2$ 对应分量成比例.

若 $\boldsymbol{\alpha}_1$，$\boldsymbol{\alpha}_2$ 对应分量成比例，则 $\boldsymbol{\alpha}_1=k\boldsymbol{\alpha}_2$ 或 $\boldsymbol{\alpha}_2=l\boldsymbol{\alpha}_1$，即 $\boldsymbol{\alpha}_1-k\boldsymbol{\alpha}_2=\boldsymbol{0}$ 或 $\boldsymbol{\alpha}_2-l\boldsymbol{\alpha}_1=\boldsymbol{0}$，故向量组 $\boldsymbol{\alpha}_1$，$\boldsymbol{\alpha}_2$ 线性相关.

二、向量组线性相关性的判定

由定理 3-1 可知，一个向量能否由一个向量组线性表示可归结于对应的非齐次线性方程组是否有解来讨论，那么向量组线性相关性的判定是否也可以转化为对应线性方程组的解的判定？

给定列向量组 $\boldsymbol{\alpha}_1,\boldsymbol{\alpha}_2,\cdots,\boldsymbol{\alpha}_s$，及该向量组组成的矩阵 $\boldsymbol{A}=(\boldsymbol{\alpha}_1,\boldsymbol{\alpha}_2,\cdots,\boldsymbol{\alpha}_s)$，由向量组线性相关和线性无关定义可知，向量组 $\boldsymbol{\alpha}_1,\boldsymbol{\alpha}_2,\cdots,\boldsymbol{\alpha}_s$ 线性相关的充要条件是齐次线性方程组

$$\boldsymbol{\alpha}_1x_1+\boldsymbol{\alpha}_2x_2+\cdots+\boldsymbol{\alpha}_sx_s=\boldsymbol{0}(\boldsymbol{A}\boldsymbol{x}=\boldsymbol{0})$$

有非零解；向量组 $\boldsymbol{\alpha}_1,\boldsymbol{\alpha}_2,\cdots,\boldsymbol{\alpha}_s$ 线性无关的充要条件是上述齐次线性方程组只有零解. 由于涉及对应齐次线性方程组的解的讨论，本章第四节将给出详细讨论.

定理 3-2 向量组 $\boldsymbol{\alpha}_1,\boldsymbol{\alpha}_2,\cdots,\boldsymbol{\alpha}_s(s\geqslant2)$ 线性相关的充要条件是向量组中至少有一个向量可由其余 $s-1$ 个向量线性表示.

证明 (必要性)如果向量组 $\boldsymbol{\alpha}_1,\boldsymbol{\alpha}_2,\cdots,\boldsymbol{\alpha}_s$ 线性相关，则存在一组不全为零的数 $k_1,k_2,\cdots,k_s$，使得 $k_1\boldsymbol{\alpha}_1+k_2\boldsymbol{\alpha}_2+\cdots+k_s\boldsymbol{\alpha}_s=\boldsymbol{0}$，不妨设 $k_1\neq0$，则有

$$\boldsymbol{\alpha}_1=-\frac{k_2}{k_1}\boldsymbol{\alpha}_2-\cdots-\frac{k_s}{k_1}\boldsymbol{\alpha}_s,$$

即 $\boldsymbol{\alpha}_1$ 可由其余向量线性表示.

(充分性)设向量组 $\boldsymbol{\alpha}_1,\boldsymbol{\alpha}_2,\cdots,\boldsymbol{\alpha}_s$ 中有某个向量可由其余 $s-1$ 个向量线性表示，不妨设 $\boldsymbol{\alpha}_s$ 可由 $\boldsymbol{\alpha}_1,\boldsymbol{\alpha}_2,\cdots,\boldsymbol{\alpha}_{s-1}$ 线性表示，即有 $k_1,k_2,\cdots,k_{s-1}$，使得

$$\boldsymbol{\alpha}_s=k_1\boldsymbol{\alpha}_1+k_2\boldsymbol{\alpha}_2+\cdots+k_{s-1}\boldsymbol{\alpha}_{s-1},$$

于是

$$k_1\boldsymbol{\alpha}_1+k_2\boldsymbol{\alpha}_2+\cdots+k_{s-1}\boldsymbol{\alpha}_{s-1}+(-1)\boldsymbol{\alpha}_s=\mathbf{0},$$

故向量组 $\boldsymbol{\alpha}_1,\boldsymbol{\alpha}_2,\cdots,\boldsymbol{\alpha}_s(s\geqslant 2)$ 线性相关.

注 该定理中不是要求 $\boldsymbol{\alpha}_1,\boldsymbol{\alpha}_2,\cdots,\boldsymbol{\alpha}_s$ 中每个向量都可由其余向量线性表示，而是只要求有一个就可以了.

推论 向量组 $\boldsymbol{\alpha}_1,\boldsymbol{\alpha}_2,\cdots,\boldsymbol{\alpha}_s(s\geqslant 2)$ 线性无关的充要条件是向量组中任意一个向量都不能由其余 $s-1$ 个向量线性表示.

定理 3-3 若向量组中有一部分向量(部分组)线性相关，则整个向量组线性相关.

证明 不妨设向量组 $\boldsymbol{\alpha}_1,\boldsymbol{\alpha}_2,\cdots,\boldsymbol{\alpha}_s$ 的一个部分组 $\boldsymbol{\alpha}_1,\boldsymbol{\alpha}_2,\cdots,\boldsymbol{\alpha}_r(r\leqslant s)$ 线性相关，则存在一组不全为零的数 $k_1,k_2,\cdots,k_r$，使得

$$k_1\boldsymbol{\alpha}_1+k_2\boldsymbol{\alpha}_2+\cdots+k_r\boldsymbol{\alpha}_r=\mathbf{0},$$

于是有

$$k_1\boldsymbol{\alpha}_1+k_2\boldsymbol{\alpha}_2+\cdots+k_r\boldsymbol{\alpha}_r+0\boldsymbol{\alpha}_{r+1}+\cdots+0\boldsymbol{\alpha}_s=\mathbf{0}.$$

显然 $k_1,k_2,\cdots,k_r,0,\cdots 0$ 也是一组不全为零的数，故向量组 $\boldsymbol{\alpha}_1,\boldsymbol{\alpha}_2,\cdots,\boldsymbol{\alpha}_s$ 也线性相关.

定理 3-3 也可简单理解为部分相关，则整体相关.

推论 若一个向量组线性无关，则其任意一个部分组也线性无关.

推论也可简单理解为整体无关，则部分必无关.

注 定理 3-3 和上述推论的逆命题均不成立. 即整体相关，部分未必相关；部分无关，整体未必无关.

例如，$\boldsymbol{\alpha}_1=(3,2,1)^{\mathrm{T}}$，$\boldsymbol{\alpha}_2=(3,3,1)^{\mathrm{T}}$，$\boldsymbol{\alpha}_3=(6,5,2)^{\mathrm{T}}$，由 $\boldsymbol{\alpha}_1+\boldsymbol{\alpha}_2=\boldsymbol{\alpha}_3$，故向量组 $\boldsymbol{\alpha}_1,\boldsymbol{\alpha}_2,\boldsymbol{\alpha}_3$ 线性相关，但其部分组 $\boldsymbol{\alpha}_1,\boldsymbol{\alpha}_2$；$\boldsymbol{\alpha}_1,\boldsymbol{\alpha}_3$；$\boldsymbol{\alpha}_2,\boldsymbol{\alpha}_3$ 都线性无关.

定理 3-4 设向量组 $\boldsymbol{\alpha}_1,\boldsymbol{\alpha}_2,\cdots,\boldsymbol{\alpha}_s$ 线性无关，而向量组 $\boldsymbol{\alpha}_1,\boldsymbol{\alpha}_2,\cdots,\boldsymbol{\alpha}_s$，$\boldsymbol{\beta}$ 线性相关，则向量 $\boldsymbol{\beta}$ 可由向量组 $\boldsymbol{\alpha}_1,\boldsymbol{\alpha}_2,\cdots,\boldsymbol{\alpha}_s$ 线性表示，且表达式是唯一的.

证明 因为向量组 $\boldsymbol{\alpha}_1,\boldsymbol{\alpha}_2,\cdots,\boldsymbol{\alpha}_s$，$\boldsymbol{\beta}$ 线性相关，所以存在一组不全为零的数 $k_1,k_2,\cdots,k_s$，k，使得

$$k_1\boldsymbol{\alpha}_1+k_2\boldsymbol{\alpha}_2+\cdots+k_s\boldsymbol{\alpha}_s+k\boldsymbol{\beta}=\mathbf{0},$$

这里 $k\neq 0$，这是因为若 $k=0$，则 $k_1,k_2,\cdots,k_s$ 不全为零，且上式变为

$$k_1\boldsymbol{\alpha}_1+k_2\boldsymbol{\alpha}_2+\cdots+k_s\boldsymbol{\alpha}_s=\mathbf{0},$$

于是向量组 $\boldsymbol{\alpha}_1,\boldsymbol{\alpha}_2,\cdots,\boldsymbol{\alpha}_s$ 线性相关，与已知条件矛盾，所以 $k\neq 0$，此时有

$$\boldsymbol{\beta}=-\frac{k_1}{k}\boldsymbol{\alpha}_1-\frac{k_2}{k}\boldsymbol{\alpha}_2-\cdots-\frac{k_s}{k}\boldsymbol{\alpha}_s,$$

即向量 $\boldsymbol{\beta}$ 可由向量组 $\boldsymbol{\alpha}_1,\boldsymbol{\alpha}_2,\cdots,\boldsymbol{\alpha}_s$ 线性表示.

唯一性证明 假设存在两组数 $\lambda_1,\lambda_2,\cdots,\lambda_s$ 与 $\mu_1,\mu_2,\cdots,\mu_s$，均满足

$$\boldsymbol{\beta}=\lambda_1\boldsymbol{\alpha}_1+\lambda_2\boldsymbol{\alpha}_2+\cdots+\lambda_s\boldsymbol{\alpha}_s,\ \boldsymbol{\beta}=\mu_1\boldsymbol{\alpha}_1+\mu_2\boldsymbol{\alpha}_2+\cdots+\mu_s\boldsymbol{\alpha}_s,$$

整理得

$$\mathbf{0}=(\lambda_1-\mu_1)\boldsymbol{\alpha}_1+(\lambda_2-\mu_2)\boldsymbol{\alpha}_2+\cdots+(\lambda_s-\mu_s)\boldsymbol{\alpha}_s.$$

由向量组 $\boldsymbol{\alpha}_1,\boldsymbol{\alpha}_2,\cdots,\boldsymbol{\alpha}_s$ 线性无关，易知 $\lambda_1=\mu_1$，$\lambda_2=\mu_2$，$\cdots$，$\lambda_s=\mu_s$，故表达式唯一.

定理 3-5 已知 r 维向量组 $\boldsymbol{\alpha}_i=(\boldsymbol{\alpha}_{i1},\boldsymbol{\alpha}_{i2},\cdots,\boldsymbol{\alpha}_{ir})^{\mathrm{T}}(i=1,2,\cdots,s)$，在每个向量 $\boldsymbol{\alpha}_i(i=1,2,\cdots,s)$ 后面添加 $n-r$ 个分量，得到一个 n 维向量组 $\boldsymbol{\alpha}_i'=(\boldsymbol{\alpha}_{i1},\boldsymbol{\alpha}_{i2},\cdots,\boldsymbol{\alpha}_{ir},\boldsymbol{\alpha}_{ir+1},\boldsymbol{\alpha}_{ir+2},\cdots,\boldsymbol{\alpha}_{in})^{\mathrm{T}}(i=1,2,\cdots,s)$，若 $\boldsymbol{\alpha}_1,\boldsymbol{\alpha}_2,\cdots,\boldsymbol{\alpha}_s$ 线性无关，则 $\boldsymbol{\alpha}_1',\boldsymbol{\alpha}_2',\cdots,\boldsymbol{\alpha}_s'$ 线性无关；若 $\boldsymbol{\alpha}_1',\boldsymbol{\alpha}_2',\cdots,\boldsymbol{\alpha}_s'$ 线性相关，则 $\boldsymbol{\alpha}_1,\boldsymbol{\alpha}_2,\cdots,\boldsymbol{\alpha}_s$ 也线性相关.

例 15 讨论向量组

$$\boldsymbol{\alpha}_1=(1,0,0,0,5)^{\mathrm{T}},\ \boldsymbol{\alpha}_2=(0,1,0,0,4)^{\mathrm{T}},\ \boldsymbol{\alpha}_3=(0,0,1,0,7)^{\mathrm{T}},\ \boldsymbol{\alpha}_4=(0,0,0,1,2)^{\mathrm{T}}$$

的线性相关性.

解 取 $\boldsymbol{\varepsilon}_1=(1,0,0,0)^{\mathrm{T}}$，$\boldsymbol{\varepsilon}_2=(0,1,0,0)^{\mathrm{T}}$，$\boldsymbol{\varepsilon}_3=(0,0,1,0)^{\mathrm{T}}$，$\boldsymbol{\varepsilon}_4=(0,0,0,1)^{\mathrm{T}}$，可知单位向量组 $\boldsymbol{\varepsilon}_1,\boldsymbol{\varepsilon}_2,\boldsymbol{\varepsilon}_3,\boldsymbol{\varepsilon}_4$ 线性无关，由定理 3-5 知，向量组 $\boldsymbol{\alpha}_1,\boldsymbol{\alpha}_2,\boldsymbol{\alpha}_3,\boldsymbol{\alpha}_4$ 线性无关.

定理 3-6 列向量组 $\boldsymbol{\alpha}_1,\boldsymbol{\alpha}_2,\cdots,\boldsymbol{\alpha}_s$ 线性相关的充要条件是矩阵 $\boldsymbol{A}=(\boldsymbol{\alpha}_1,\boldsymbol{\alpha}_2,\cdots,\boldsymbol{\alpha}_s)$ 的秩小于 s. 向量组 $\boldsymbol{\alpha}_1,\boldsymbol{\alpha}_2,\cdots,\boldsymbol{\alpha}_s$ 线性无关的充要条件是矩阵 $\boldsymbol{A}=(\boldsymbol{\alpha}_1,\boldsymbol{\alpha}_2,\cdots,\boldsymbol{\alpha}_s)$ 的秩等于 s.

证明 如果向量组 $\boldsymbol{\alpha}_1,\boldsymbol{\alpha}_2,\cdots,\boldsymbol{\alpha}_s$ 线性相关，则必有一个向量 $\boldsymbol{\alpha}_i$ 可由其余向量线性表示. 在矩阵 $\boldsymbol{A}=(\boldsymbol{\alpha}_1,\boldsymbol{\alpha}_2,\cdots,\boldsymbol{\alpha}_s)$ 中，用第 i 列减去其余列的适当倍数，便把第 i 列的元素全部化为零，所以，矩阵 $\boldsymbol{A}=(\boldsymbol{\alpha}_1,\boldsymbol{\alpha}_2,\cdots,\boldsymbol{\alpha}_s)$ 的秩小于 s.

反之，若矩阵 $\boldsymbol{A}=(\boldsymbol{\alpha}_1,\boldsymbol{\alpha}_2,\cdots,\boldsymbol{\alpha}_s)$ 的秩小于 s，则 $\boldsymbol{A}^{\mathrm{T}}$ 经过初等行变换化为行阶梯形矩阵后，至少得到一行的元素全为零，故 $\boldsymbol{\alpha}_1^{\mathrm{T}},\boldsymbol{\alpha}_2^{\mathrm{T}},\cdots,\boldsymbol{\alpha}_s^{\mathrm{T}}$ 至少有一个向量可由其余的向量线性表示，从而向量组 $\boldsymbol{\alpha}_1,\boldsymbol{\alpha}_2,\cdots,\boldsymbol{\alpha}_s$ 线性相关.

命题的后半部分即为前半部分的逆否命题.

推论 1 $n+1$ 个 n 维向量必定线性相关.

推论 2 n 个 n 维列向量组 $\boldsymbol{\alpha}_1,\boldsymbol{\alpha}_2,\cdots,\boldsymbol{\alpha}_n$ 线性相关的充要条件是矩阵 $\boldsymbol{A}=(\boldsymbol{\alpha}_1,\boldsymbol{\alpha}_2,\cdots,\boldsymbol{\alpha}_n)$ 的行列式等于零. 向量组 $\boldsymbol{\alpha}_1,\boldsymbol{\alpha}_2,\cdots,\boldsymbol{\alpha}_n$ 线性无关的充要条件是矩阵 $\boldsymbol{A}=(\boldsymbol{\alpha}_1,\boldsymbol{\alpha}_2,\cdots,\boldsymbol{\alpha}_n)$ 的行列式不等于零.

注 上述结论对于矩阵的行向量组也成立.

定理 3-6 给出了矩阵的秩与向量组线性相关性之间的关系，由于矩阵的秩可通过矩阵的初等变换求得，故可用矩阵的初等变换来判定向量组的线性相关性.

例 16 已知向量组

$$\boldsymbol{\alpha}_1=(1,-1,1)^{\mathrm{T}},\ \boldsymbol{\alpha}_2=(3,2,1)^{\mathrm{T}},\ \boldsymbol{\alpha}_3=(2,3,0)^{\mathrm{T}},$$

讨论向量组 $\boldsymbol{\alpha}_1,\boldsymbol{\alpha}_2,\boldsymbol{\alpha}_3$ 的线性相关性.

解 对矩阵 $\boldsymbol{A}=(\boldsymbol{\alpha}_1,\boldsymbol{\alpha}_2,\boldsymbol{\alpha}_3)$ 进行初等行变换，转化为行阶梯型矩阵，得

$$\boldsymbol{A}=(\boldsymbol{\alpha}_1,\boldsymbol{\alpha}_2,\boldsymbol{\alpha}_3)=\begin{pmatrix}1&3&2\\-1&2&3\\1&1&0\end{pmatrix}\to\begin{pmatrix}1&3&2\\0&5&5\\0&-2&-2\end{pmatrix}\to\begin{pmatrix}1&3&2\\0&1&1\\0&0&0\end{pmatrix}.$$

可得 $r(\boldsymbol{A})=2$，因此，向量组 $\boldsymbol{\alpha}_1,\boldsymbol{\alpha}_2,\boldsymbol{\alpha}_3$ 线性相关.

注　由于向量组 $\boldsymbol{\alpha}_1,\boldsymbol{\alpha}_2,\boldsymbol{\alpha}_3$ 中所含向量的个数等于向量的维数，我们也可利用推论 2 来讨论向量组 $\boldsymbol{\alpha}_1,\boldsymbol{\alpha}_2,\boldsymbol{\alpha}_3$ 的线性相关性. 由矩阵 $\boldsymbol{A}=(\boldsymbol{\alpha}_1,\boldsymbol{\alpha}_2,\boldsymbol{\alpha}_3)$ 的行列式

$$|\boldsymbol{A}|=\begin{vmatrix}1&3&2\\-1&2&3\\1&1&0\end{vmatrix}=0,$$

也可得到向量组 $\boldsymbol{\alpha}_1,\boldsymbol{\alpha}_2,\boldsymbol{\alpha}_3$ 线性相关的结论.

例 17　已知向量组 $\boldsymbol{\alpha}_1,\boldsymbol{\alpha}_2,\boldsymbol{\alpha}_3$ 线性无关，$\boldsymbol{\beta}_1=\boldsymbol{\alpha}_1+\boldsymbol{\alpha}_2$，$\boldsymbol{\beta}_2=\boldsymbol{\alpha}_2+\boldsymbol{\alpha}_3$，$\boldsymbol{\beta}_3=\boldsymbol{\alpha}_3+\boldsymbol{\alpha}_1$，求证：向量组 $\boldsymbol{\beta}_1,\boldsymbol{\beta}_2,\boldsymbol{\beta}_3$ 也线性无关.

证明　设有一组数 k_1,k_2,k_3 使得 $k_1\boldsymbol{\beta}_1+k_2\boldsymbol{\beta}_2+k_3\boldsymbol{\beta}_3=\mathbf{0}$，将 $\boldsymbol{\beta}_1,\boldsymbol{\beta}_2,\boldsymbol{\beta}_3$ 代入并整理可得 $(k_1+k_3)\boldsymbol{\alpha}_1+(k_1+k_2)\boldsymbol{\alpha}_2+(k_2+k_3)\boldsymbol{\alpha}_3=\mathbf{0}$，因为 $\boldsymbol{\alpha}_1,\boldsymbol{\alpha}_2,\boldsymbol{\alpha}_3$ 线性无关，故有

$$\begin{cases}k_1+k_3=0,\\k_1+k_2=0,\\k_2+k_3=0.\end{cases}$$

此齐次线性方程组的系数行列式 $\begin{vmatrix}1&0&1\\1&1&0\\0&1&1\end{vmatrix}=2\neq0$，所以只有零解 $k_1=k_2=k_3=0$，故向量组 $\boldsymbol{\beta}_1,\boldsymbol{\beta}_2,\boldsymbol{\beta}_3$ 线性无关.

例 18　已知向量组 $\boldsymbol{\alpha}_1,\boldsymbol{\alpha}_2,\boldsymbol{\alpha}_3$ 线性无关，向量组 $\boldsymbol{\alpha}_2,\boldsymbol{\alpha}_3,\boldsymbol{\alpha}_4$ 线性相关，求证：向量 $\boldsymbol{\alpha}_4$ 可由 $\boldsymbol{\alpha}_1,\boldsymbol{\alpha}_2,\boldsymbol{\alpha}_3$ 线性表示.

证明　由向量组 $\boldsymbol{\alpha}_1,\boldsymbol{\alpha}_2,\boldsymbol{\alpha}_3$ 线性无关，可得部分组 $\boldsymbol{\alpha}_2,\boldsymbol{\alpha}_3$ 线性无关. 而向量组 $\boldsymbol{\alpha}_2,\boldsymbol{\alpha}_3,\boldsymbol{\alpha}_4$ 线性相关，根据定理 3-4 可知，向量 $\boldsymbol{\alpha}_4$ 可由 $\boldsymbol{\alpha}_2,\boldsymbol{\alpha}_3$ 线性表示，即存在一组数 k_2,k_3，使得 $\boldsymbol{\alpha}_4=k_2\boldsymbol{\alpha}_2+k_3\boldsymbol{\alpha}_3$，进而 $\boldsymbol{\alpha}_4=0\boldsymbol{\alpha}_1+k_2\boldsymbol{\alpha}_2+k_3\boldsymbol{\alpha}_3$，也即向量 $\boldsymbol{\alpha}_4$ 可由 $\boldsymbol{\alpha}_1,\boldsymbol{\alpha}_2,\boldsymbol{\alpha}_3$ 线性表示.

习题 3-2

1. 下列命题哪些是正确的？哪些是错误的？若是正确的，请给出证明；若错误，请举出反例.

(1) 若向量组 $\boldsymbol{\alpha}_1,\boldsymbol{\alpha}_2,\cdots,\boldsymbol{\alpha}_m$ 线性相关，则 $\boldsymbol{\alpha}_1$ 可由 $\boldsymbol{\alpha}_2,\cdots,\boldsymbol{\alpha}_m$ 线性表示.

(2) 若只有当 $\lambda_1,\lambda_2,\cdots,\lambda_m$ 全为零时，等式

$$\lambda_1\boldsymbol{\alpha}_1+\lambda_2\boldsymbol{\alpha}_2+\cdots+\lambda_m\boldsymbol{\alpha}_m+\lambda_1\boldsymbol{\beta}_1+\lambda_2\boldsymbol{\beta}_2+\cdots+\lambda_m\boldsymbol{\beta}_m=\mathbf{0}$$

才成立，则 $\boldsymbol{\alpha}_1,\boldsymbol{\alpha}_2,\cdots,\boldsymbol{\alpha}_m$ 线性无关，$\boldsymbol{\beta}_1,\boldsymbol{\beta}_2,\cdots,\boldsymbol{\beta}_m$ 也线性无关.

(3) 若向量组 $\boldsymbol{\alpha}_1,\boldsymbol{\alpha}_2,\cdots,\boldsymbol{\alpha}_m$ 线性相关，则对任意一组不全为零的数 $\lambda_1,\lambda_2,\cdots,\lambda_m$，都有 $\lambda_1\boldsymbol{\alpha}_1+\lambda_2\boldsymbol{\alpha}_2+\cdots+\lambda_m\boldsymbol{\alpha}_m=\mathbf{0}$.

(4) 若向量组 $\boldsymbol{\alpha}_1,\boldsymbol{\alpha}_2,\cdots,\boldsymbol{\alpha}_m$ 线性相关，向量组 $\boldsymbol{\beta}_1,\boldsymbol{\beta}_2,\cdots,\boldsymbol{\beta}_m$ 也线性相关，则存在一组不全为零的数 $\lambda_1,\lambda_2,\cdots,\lambda_m$ 使

$$\lambda_1\boldsymbol{\alpha}_1+\lambda_2\boldsymbol{\alpha}_2+\cdots+\lambda_m\boldsymbol{\alpha}_m=\mathbf{0}，\lambda_1\boldsymbol{\beta}_1+\lambda_2\boldsymbol{\beta}_2+\cdots+\lambda_m\boldsymbol{\beta}_m=\mathbf{0}$$

同时成立.

(5) 若向量组 $\boldsymbol{\alpha}_1,\boldsymbol{\alpha}_2,\cdots,\boldsymbol{\alpha}_m$ 线性无关，向量组 $\boldsymbol{\beta}_1,\boldsymbol{\beta}_2,\cdots,\boldsymbol{\beta}_m$ 也线性无关，则向量组 $\boldsymbol{\alpha}_1,\boldsymbol{\alpha}_2,\cdots,\boldsymbol{\alpha}_m$，$\boldsymbol{\beta}_1,\boldsymbol{\beta}_2,\cdots,\boldsymbol{\beta}_m$ 也线性无关.

2. 判断下列向量组线性相关还是线性无关：

(1) $\boldsymbol{\alpha}_1=(1,0,-1)^{\mathrm{T}}$，$\boldsymbol{\alpha}_2=(-2,2,0)^{\mathrm{T}}$，$\boldsymbol{\alpha}_3=(3,-5,2)^{\mathrm{T}}$；

(2) $\boldsymbol{\alpha}_1=(1,2,3,4)^{\mathrm{T}}$，$\boldsymbol{\alpha}_2=(0,3,-1,1)^{\mathrm{T}}$，$\boldsymbol{\alpha}_3=(0,0,1,2)^{\mathrm{T}}$，$\boldsymbol{\alpha}_4=(0,0,0,-1)^{\mathrm{T}}$；

(3) $\boldsymbol{\alpha}_1=(1,1,1)^{\mathrm{T}}$，$\boldsymbol{\alpha}_2=(0,2,5)^{\mathrm{T}}$，$\boldsymbol{\alpha}_3=(2,4,7)^{\mathrm{T}}$.

3. 问 λ 取何值时，向量组 $\boldsymbol{\alpha}_1,\boldsymbol{\alpha}_2,\boldsymbol{\alpha}_3$ 线性相关，其中

$$\boldsymbol{\alpha}_1=(\lambda,1,1)^{\mathrm{T}},\ \boldsymbol{\alpha}_2=(1,\lambda,-1)^{\mathrm{T}},\ \boldsymbol{\alpha}_3=(1,-1,\lambda)^{\mathrm{T}}.$$

4. 已知向量组 $\boldsymbol{\alpha}_1=(1,1,1)^{\mathrm{T}}$，$\boldsymbol{\alpha}_2=(1,2,3)^{\mathrm{T}}$，$\boldsymbol{\alpha}_3=(1,3,k)^{\mathrm{T}}$，问：

(1) k 为何值时，向量组 $\boldsymbol{\alpha}_1,\boldsymbol{\alpha}_2,\boldsymbol{\alpha}_3$ 线性相关；

(2) k 为何值时，向量组 $\boldsymbol{\alpha}_1,\boldsymbol{\alpha}_2,\boldsymbol{\alpha}_3$ 线性无关.

5. 设向量组 $\boldsymbol{\alpha}_1,\boldsymbol{\alpha}_2,\boldsymbol{\alpha}_3$ 线性相关，向量组 $\boldsymbol{\alpha}_1,\boldsymbol{\alpha}_2,\boldsymbol{\alpha}_4$ 线性无关，证明：

(1) 向量 $\boldsymbol{\alpha}_3$ 能由 $\boldsymbol{\alpha}_1,\boldsymbol{\alpha}_2$ 线性表示；

(2) 向量 $\boldsymbol{\alpha}_4$ 不能由 $\boldsymbol{\alpha}_1,\boldsymbol{\alpha}_2,\boldsymbol{\alpha}_3$ 线性表示.

第三节　向量组的秩

【课前导读】

对于一个向量组(可以含无穷多向量)，如何把握向量之间的线性关系(即哪些向量可由另外一些向量线性表示)？我们希望在一个向量组中找到个数最少的一个部分向量，其余向量都可由这些向量线性表示. 这些问题涉及向量组的极大线性无关组和向量组的秩.

【学习要求】

1. 了解向量组等价、向量组极大线性无关组及其向量组秩的概念.
2. 理解向量组的秩与矩阵的秩之间的关系.
3. 掌握极大线性无关组及其向量组秩的求法.

一、向量组的等价

定义 3-8　设有两个向量组 $\boldsymbol{A}$：$\boldsymbol{\alpha}_1,\boldsymbol{\alpha}_2,\cdots,\boldsymbol{\alpha}_s$ 与 $\boldsymbol{B}$：$\boldsymbol{\beta}_1,\boldsymbol{\beta}_2,\cdots,\boldsymbol{\beta}_t$，若向量组 $\boldsymbol{A}$ 中的每一个向量都可由向量组 $\boldsymbol{B}$ 线性表示，则称**向量组 $\boldsymbol{A}$ 可由向量组 $\boldsymbol{B}$ 线性表示**. 进一步，若向量组 $\boldsymbol{A}$ 与向量组 $\boldsymbol{B}$ 可相互线性表示，则称**向量组 $\boldsymbol{A}$ 与向量组 $\boldsymbol{B}$ 等价**. 记作

$$\boldsymbol{A}\cong\boldsymbol{B} \text{ 或 } \{\boldsymbol{\alpha}_1,\boldsymbol{\alpha}_2,\cdots,\boldsymbol{\alpha}_s\}\cong\{\boldsymbol{\beta}_1,\boldsymbol{\beta}_2,\cdots,\boldsymbol{\beta}_t\}.$$

例 19　设有向量组 $\boldsymbol{A}$：$\boldsymbol{\alpha}_1=(0,1,1)^{\mathrm{T}}$，$\boldsymbol{\alpha}_2=(1,1,0)^{\mathrm{T}}$，$\boldsymbol{\alpha}_3=(1,2,1)^{\mathrm{T}}$ 与向量组 $\boldsymbol{B}$：$\boldsymbol{\beta}_1=(-1,0,1)^{\mathrm{T}}$，$\boldsymbol{\beta}_2=(2,3,1)^{\mathrm{T}}$，问：向量组 $\boldsymbol{A}$ 与向量组 $\boldsymbol{B}$ 是否等价？

解　易知 $\boldsymbol{\alpha}_1=\frac{2}{3}\boldsymbol{\beta}_1+\frac{1}{3}\boldsymbol{\beta}_2$，$\boldsymbol{\alpha}_2=-\frac{1}{3}\boldsymbol{\beta}_1+\frac{1}{3}\boldsymbol{\beta}_2$，$\boldsymbol{\alpha}_3=\frac{1}{3}\boldsymbol{\beta}_1+\frac{2}{3}\boldsymbol{\beta}_2$，

$$\boldsymbol{\beta}_1=\boldsymbol{\alpha}_1-\boldsymbol{\alpha}_2,\ \boldsymbol{\beta}_2=\boldsymbol{\alpha}_2+\boldsymbol{\alpha}_3.$$

可见，向量组 $\boldsymbol{A}$ 与向量组 $\boldsymbol{B}$ 可相互线性表示，即 $\boldsymbol{A}\cong\boldsymbol{B}$.

由定义不难验证向量组之间的等价具有以下 3 个性质.

(1) 自反性：任一向量组与它自身等价，即 $\boldsymbol{A}\cong\boldsymbol{A}$.

(2) 对称性：若向量组 $\boldsymbol{A}$ 与 $\boldsymbol{B}$ 等价，则向量组 $\boldsymbol{B}$ 也与 $\boldsymbol{A}$ 等价，即 $\boldsymbol{A}\cong\boldsymbol{B}$，则 $\boldsymbol{B}\cong\boldsymbol{A}$.

(3) 传递性：若向量组 $\boldsymbol{A}$ 与 $\boldsymbol{B}$ 等价，且向量组 $\boldsymbol{B}$ 与 $\boldsymbol{C}$ 等价，则向量组 $\boldsymbol{A}$ 与 $\boldsymbol{C}$ 也等价，即 $\boldsymbol{A}\cong\boldsymbol{B}$，且 $\boldsymbol{B}\cong\boldsymbol{C}$，则 $\boldsymbol{A}\cong\boldsymbol{C}$.

根据定义 3-8，若向量组 $\boldsymbol{B}$ 可由向量组 $\boldsymbol{A}$ 线性表示，则对于向量组 $\boldsymbol{B}$ 中的每一个向量 $\boldsymbol{\beta}_j(j=1,2,\cdots,t)$，存在一组数 $k_{1j},k_{2j},\cdots,k_{sj}$，使得

$$\boldsymbol{\beta}_j=k_{1j}\boldsymbol{\alpha}_1+k_{2j}\boldsymbol{\alpha}_2+\cdots+k_{sj}\boldsymbol{\alpha}_s=(\boldsymbol{\alpha}_1,\boldsymbol{\alpha}_2,\cdots,\boldsymbol{\alpha}_s)\begin{pmatrix}k_{1j}\\k_{2j}\\\vdots\\k_{sj}\end{pmatrix}(j=1,2,\cdots,t),$$

故

$$(\boldsymbol{\beta}_1,\boldsymbol{\beta}_2,\cdots,\boldsymbol{\beta}_t)=(\boldsymbol{\alpha}_1,\boldsymbol{\alpha}_2,\cdots,\boldsymbol{\alpha}_s)\begin{pmatrix}k_{11}&k_{12}&\cdots&k_{1t}\\k_{21}&k_{22}&\cdots&k_{2t}\\\vdots&\vdots&\ddots&\vdots\\k_{s1}&k_{s2}&\cdots&k_{st}\end{pmatrix}.$$

矩阵 $\boldsymbol{K}_{s\times t}=(k_{ij})_{s\times t}=\begin{pmatrix}k_{11}&k_{12}&\cdots&k_{1t}\\k_{21}&k_{22}&\cdots&k_{2t}\\\vdots&\vdots&\ddots&\vdots\\k_{s1}&k_{s2}&\cdots&k_{st}\end{pmatrix}$ 称为这一线性表示的**系数矩阵**.

定理 3-7 设有两个向量组

$$\boldsymbol{A}：\boldsymbol{\alpha}_1,\boldsymbol{\alpha}_2,\cdots,\boldsymbol{\alpha}_s；\ \boldsymbol{B}：\boldsymbol{\beta}_1,\boldsymbol{\beta}_2,\cdots,\boldsymbol{\beta}_t.$$

如果向量组 $\boldsymbol{A}$ 可由向量组 $\boldsymbol{B}$ 线性表示，且 $s>t$，则向量组 $\boldsymbol{A}$ 线性相关.

证明 (略).

推论 1 若向量组 $\boldsymbol{A}$：$\boldsymbol{\alpha}_1,\boldsymbol{\alpha}_2,\cdots,\boldsymbol{\alpha}_s$ 可由向量组 $\boldsymbol{B}$：$\boldsymbol{\beta}_1,\boldsymbol{\beta}_2,\cdots,\boldsymbol{\beta}_t$ 线性表示，且向量组 $\boldsymbol{A}$：$\boldsymbol{\alpha}_1,\boldsymbol{\alpha}_2,\cdots,\boldsymbol{\alpha}_s$ 线性无关，则 $s\leqslant t$.

推论 2 若向量组 $\boldsymbol{A}$：$\boldsymbol{\alpha}_1,\boldsymbol{\alpha}_2,\cdots,\boldsymbol{\alpha}_s$ 与 $\boldsymbol{B}$：$\boldsymbol{\beta}_1,\boldsymbol{\beta}_2,\cdots,\boldsymbol{\beta}_t$ 均线性无关，且这两个向量组等价，则 $s=t$.

二、极大线性无关组

定义 3-9 设有向量组 $\boldsymbol{A}$：$\boldsymbol{\alpha}_1,\boldsymbol{\alpha}_2,\cdots,\boldsymbol{\alpha}_s$，若在向量组 $\boldsymbol{A}$ 中取出 r 个向量 $\boldsymbol{\alpha}_{j1},\boldsymbol{\alpha}_{j2},\cdots,\boldsymbol{\alpha}_{jr}$ 满足条件：

(1) 向量组 $\boldsymbol{\alpha}_{j1},\boldsymbol{\alpha}_{j2},\cdots,\boldsymbol{\alpha}_{jr}$ 线性无关；

(2) 向量组 $\boldsymbol{A}$ 中任意 $r+1$ 个向量(若存在)都线性相关.

则称向量组 $\boldsymbol{\alpha}_{j1},\boldsymbol{\alpha}_{j2},\cdots,\boldsymbol{\alpha}_{jr}$ 是向量组 $\boldsymbol{A}$ 的一个**极大线性无关组**，简称**极大无关组**.

注 (1) 向量组 $\boldsymbol{A}$ 中所包含向量的个数可能是无限多个($\boldsymbol{A}$：$\boldsymbol{\alpha}_1,\boldsymbol{\alpha}_2,\cdots,\boldsymbol{\alpha}_s,\cdots$)，但其极大线性无关组中所含向量的个数不会超过向量的维数，从而必定是有限的.

(2) 只有零向量的向量组没有极大线性无关组.

定理 3-8 若 $\boldsymbol{\alpha}_{j1},\boldsymbol{\alpha}_{j2},\cdots,\boldsymbol{\alpha}_{jr}$ 是向量组 $\boldsymbol{A}$：$\boldsymbol{\alpha}_1,\boldsymbol{\alpha}_2,\cdots,\boldsymbol{\alpha}_s$ 的一个线性无关部分组，则它是极大线性无关组的充要条件是向量组 $\boldsymbol{A}$ 中每一个向量都可由 $\boldsymbol{\alpha}_{j1},\boldsymbol{\alpha}_{j2},\cdots,\boldsymbol{\alpha}_{jr}$ 线性表示.

证明 (必要性)若 $\boldsymbol{\alpha}_{j1},\boldsymbol{\alpha}_{j2},\cdots,\boldsymbol{\alpha}_{jr}$ 是向量组 $\boldsymbol{A}$ 的一个极大线性无关组，对任意 $\boldsymbol{\alpha}_j\in\boldsymbol{A}$，当 j 是 $j_1,j_2,\cdots,j_r$ 中的数时，$\boldsymbol{\alpha}_j$ 显然可由 $\boldsymbol{\alpha}_{j1},\boldsymbol{\alpha}_{j2},\cdots,\boldsymbol{\alpha}_{jr}$ 线性表示，当 j 不是 $j_1,j_2,\cdots,j_r$ 中的数时，由定义 3-9 知 $\boldsymbol{\alpha}_{j1},\boldsymbol{\alpha}_{j2},\cdots,\boldsymbol{\alpha}_{jr},\alpha_j$ 线性相关，又 $\boldsymbol{\alpha}_{j1},\boldsymbol{\alpha}_{j2},\cdots,\boldsymbol{\alpha}_{jr}$ 线性无关，由定理 3-4知，$\boldsymbol{\alpha}_j$ 可由 $\boldsymbol{\alpha}_{j1},\boldsymbol{\alpha}_{j2},\cdots,\boldsymbol{\alpha}_{jr}$ 线性表示.

(充分性)若向量组 $\boldsymbol{A}$：$\boldsymbol{\alpha}_1,\boldsymbol{\alpha}_2,\cdots,\boldsymbol{\alpha}_s$ 每一个向量可由 $\boldsymbol{\alpha}_{j1},\boldsymbol{\alpha}_{j2},\cdots,\boldsymbol{\alpha}_{jr}$ 线性表示，则向量组 $\boldsymbol{A}$ 中任意 $r+1$ 个向量的部分组可由 $\boldsymbol{\alpha}_{j1},\boldsymbol{\alpha}_{j2},\cdots,\boldsymbol{\alpha}_{jr}$ 线性表示，即向量组 $\boldsymbol{A}$ 中任意 $r+1$ 个向量的部分组均线性相关，由定义 3-9 知，向量组 $\boldsymbol{\alpha}_{j1},\boldsymbol{\alpha}_{j2},\cdots,\boldsymbol{\alpha}_{jr}$ 是向量组 $\boldsymbol{A}$ 的一个极大线性无关组.

根据定理 3-8，可得到极大线性无关组的一个等价定义.

定义 3-9′ 设有向量组 $\boldsymbol{A}$：$\boldsymbol{\alpha}_1,\boldsymbol{\alpha}_2,\cdots,\boldsymbol{\alpha}_s$，若在向量组 $\boldsymbol{A}$ 中取出 r 个向量 $\boldsymbol{\alpha}_{j1},\boldsymbol{\alpha}_{j2},\cdots,\boldsymbol{\alpha}_{jr}$ 满足条件：

(1) 向量组 $\boldsymbol{\alpha}_{j1},\boldsymbol{\alpha}_{j2},\cdots,\boldsymbol{\alpha}_{jr}$ 线性无关；

(2) 向量组 $\boldsymbol{A}$ 中每一个向量都可由 $\boldsymbol{\alpha}_{j1},\boldsymbol{\alpha}_{j2},\cdots,\boldsymbol{\alpha}_{jr}$ 线性表示.

则称向量组 $\boldsymbol{\alpha}_{j1},\boldsymbol{\alpha}_{j2},\cdots,\boldsymbol{\alpha}_{jr}$ 是向量组 $\boldsymbol{A}$ 的一个**极大无关组**.

例 20 向量组 $\boldsymbol{\alpha}_1=(1,1,2)^{\mathrm{T}}$，$\boldsymbol{\alpha}_2=(0,2,5)^{\mathrm{T}}$，$\boldsymbol{\alpha}_3=(2,4,9)^{\mathrm{T}}$，因为 $\boldsymbol{\alpha}_1$，$\boldsymbol{\alpha}_2$ 线性无关，且 $2\boldsymbol{\alpha}_1+\boldsymbol{\alpha}_2=\boldsymbol{\alpha}_3$，根据定义 3-9′知，$\boldsymbol{\alpha}_1,\boldsymbol{\alpha}_2$ 是向量组 $\boldsymbol{\alpha}_1,\boldsymbol{\alpha}_2,\boldsymbol{\alpha}_3$ 的一个极大线性无关组. 又因为 $\boldsymbol{\alpha}_2$，$\boldsymbol{\alpha}_3$ 线性无关，且 $\boldsymbol{\alpha}_1=\frac{1}{2}\boldsymbol{\alpha}_3-\frac{1}{2}\boldsymbol{\alpha}_2$，故 $\boldsymbol{\alpha}_2,\boldsymbol{\alpha}_3$ 也是向量组 $\boldsymbol{\alpha}_1,\boldsymbol{\alpha}_2,\boldsymbol{\alpha}_3$ 的一个极大线性无关组.

从例 20 可以看出，一个向量组的极大线性无关组不一定是唯一的.

根据极大线性无关组的等价定义可以看出，向量组 $\boldsymbol{A}$ 中每一个向量都可由其极大线性无关组表示；反之，极大线性无关组作为向量组 $\boldsymbol{A}$ 的部分组，一定可由向量组 $\boldsymbol{A}$ 线性表示，即向量组 $\boldsymbol{A}$ 与其极大线性无关组可相互线性表示，由向量组等价概念，可得到以下定理.

定理 3-9 向量组 $\boldsymbol{A}$：$\boldsymbol{\alpha}_1,\boldsymbol{\alpha}_2,\cdots,\boldsymbol{\alpha}_s$ 与其任意一个极大线性无关组总是等价的.

由定理 3-9 和向量组等价的传递性有如下推论.

推论 向量组 $\boldsymbol{A}$：$\boldsymbol{\alpha}_1,\boldsymbol{\alpha}_2,\cdots,\boldsymbol{\alpha}_s$ 的任意两个极大线性无关组等价.

定理 3-10 向量组 $\boldsymbol{A}$：$\boldsymbol{\alpha}_1,\boldsymbol{\alpha}_2,\cdots,\boldsymbol{\alpha}_s$ 的任意两个极大线性无关组中所含向量的个数相同.

定理 3-10 表明，极大线性无关组所含向量的个数与极大线性无关组的选择无关，于是，我们引入如下定义.

定义 3-10 向量组 $\boldsymbol{A}$：$\boldsymbol{\alpha}_1,\boldsymbol{\alpha}_2,\cdots,\boldsymbol{\alpha}_s$ 的任意一个极大线性无关组所含向量的个数，称为该**向量组的秩**，记为 $r(\boldsymbol{\alpha}_1,\boldsymbol{\alpha}_2,\cdots,\boldsymbol{\alpha}_s)$.

全由零向量组成的向量组的秩为 0.

例如，向量组 $\boldsymbol{\alpha}_1=(1,1,2)^{\mathrm{T}}$，$\boldsymbol{\alpha}_2=(0,2,5)^{\mathrm{T}}$，$\boldsymbol{\alpha}_3=(2,4,9)^{\mathrm{T}}$ 的极大线性无关组含有 2 个向量，故 $r(\boldsymbol{\alpha}_1,\boldsymbol{\alpha}_2,\boldsymbol{\alpha}_3)=2$.

定理 3-11 等价的向量组必有相同的秩.

证明 设有两个向量组 $\boldsymbol{A}$：$\boldsymbol{\alpha}_1,\boldsymbol{\alpha}_2,\cdots,\boldsymbol{\alpha}_s$ 和 $\boldsymbol{B}$：$\boldsymbol{\beta}_1,\boldsymbol{\beta}_2,\cdots,\boldsymbol{\beta}_t$，且 $\boldsymbol{\alpha}_{j1},\boldsymbol{\alpha}_{j2},\cdots,\boldsymbol{\alpha}_{jr}$ 和 $\boldsymbol{\beta}_{i1},\boldsymbol{\beta}_{i2},\cdots,\boldsymbol{\beta}_{ik}$ 分别为向量组 $\boldsymbol{A}$ 和 $\boldsymbol{B}$ 的一个极大线性无关组，且

$$r(\boldsymbol{\alpha}_1,\boldsymbol{\alpha}_2,\cdots,\boldsymbol{\alpha}_s)=r,\quad r(\boldsymbol{\beta}_1,\boldsymbol{\beta}_2,\cdots,\boldsymbol{\beta}_t)=k,$$

由极大线性无关组定义，有

$$\{\boldsymbol{\alpha}_1,\boldsymbol{\alpha}_2,\cdots,\boldsymbol{\alpha}_s\}\cong\{\boldsymbol{\alpha}_{j1},\boldsymbol{\alpha}_{j2},\cdots,\boldsymbol{\alpha}_{jr}\},\quad\{\boldsymbol{\beta}_1,\boldsymbol{\beta}_2,\cdots,\boldsymbol{\beta}_t\}\cong\{\boldsymbol{\beta}_{i1},\boldsymbol{\beta}_{i2},\cdots,\boldsymbol{\beta}_{ik}\},$$

根据向量组等价的传递性，得

$$\{\boldsymbol{\alpha}_{j1},\boldsymbol{\alpha}_{j2},\cdots,\boldsymbol{\alpha}_{jr}\}\cong\{\boldsymbol{\beta}_{i1},\boldsymbol{\beta}_{i2},\cdots,\boldsymbol{\beta}_{ik}\},$$

由定理 3-7 的推论 2 得 $r=k$，即

$$r(\boldsymbol{\alpha}_1,\boldsymbol{\alpha}_2,\cdots,\boldsymbol{\alpha}_s)=r(\boldsymbol{\beta}_1,\boldsymbol{\beta}_2,\cdots,\boldsymbol{\beta}_t).$$

定理 3-12　向量 $\boldsymbol{\beta}$ 可由向量组 $\boldsymbol{\alpha}_1,\boldsymbol{\alpha}_2,\cdots,\boldsymbol{\alpha}_s$ 线性表示的充要条件是

$$r(\boldsymbol{\alpha}_1,\boldsymbol{\alpha}_2,\cdots,\boldsymbol{\alpha}_s)=r(\boldsymbol{\alpha}_1,\boldsymbol{\alpha}_2,\cdots,\boldsymbol{\alpha}_s,\boldsymbol{\beta}).$$

证明　(必要性)向量 $\boldsymbol{\beta}$ 可由向量组 $\boldsymbol{\alpha}_1,\boldsymbol{\alpha}_2,\cdots,\boldsymbol{\alpha}_s$ 线性表示，即存在一组数 $k_1,k_2,\cdots,k_s$，使得 $\boldsymbol{\beta}=k_1\boldsymbol{\alpha}_1+k_2\boldsymbol{\alpha}_2+\cdots+k_s\boldsymbol{\alpha}_s$，因此有

$$\{\boldsymbol{\alpha}_1,\boldsymbol{\alpha}_2,\cdots,\boldsymbol{\alpha}_s\}\cong\{\boldsymbol{\alpha}_1,\boldsymbol{\alpha}_2,\cdots,\boldsymbol{\alpha}_s,\boldsymbol{\beta}\},$$

由定理 3-11 知 $r(\boldsymbol{\alpha}_1,\boldsymbol{\alpha}_2,\cdots,\boldsymbol{\alpha}_s)=r(\boldsymbol{\alpha}_1,\boldsymbol{\alpha}_2,\cdots,\boldsymbol{\alpha}_s,\boldsymbol{\beta})$.

(充分性)设 $r(\boldsymbol{\alpha}_1,\boldsymbol{\alpha}_2,\cdots,\boldsymbol{\alpha}_s)=r(\boldsymbol{\alpha}_1,\boldsymbol{\alpha}_2,\cdots,\boldsymbol{\alpha}_s,\boldsymbol{\beta})$，若 $\boldsymbol{\alpha}_{j1},\boldsymbol{\alpha}_{j2},\cdots,\boldsymbol{\alpha}_{jr}$ 为向量组 $\boldsymbol{\alpha}_1,\boldsymbol{\alpha}_2,\cdots,\boldsymbol{\alpha}_s$ 的一个极大线性无关组，则 $\boldsymbol{\alpha}_{j1},\boldsymbol{\alpha}_{j2},\cdots,\boldsymbol{\alpha}_{jr}$ 同时也为向量组 $\boldsymbol{\alpha}_1,\boldsymbol{\alpha}_2,\cdots,\boldsymbol{\alpha}_s,\boldsymbol{\beta}$ 的一个极大线性无关组. 根据极大线性无关组的定义，有

$$\{\boldsymbol{\alpha}_{j1},\boldsymbol{\alpha}_{j2},\cdots,\boldsymbol{\alpha}_{jr}\}\cong\{\boldsymbol{\alpha}_1,\boldsymbol{\alpha}_2,\cdots,\boldsymbol{\alpha}_s\},\quad\{\boldsymbol{\alpha}_{j1},\boldsymbol{\alpha}_{j2},\cdots,\boldsymbol{\alpha}_{jr}\}\cong\{\boldsymbol{\alpha}_1,\boldsymbol{\alpha}_2,\cdots,\boldsymbol{\alpha}_s,\boldsymbol{\beta}\}.$$

由向量组等价的传递性可知 $\{\boldsymbol{\alpha}_1,\boldsymbol{\alpha}_2,\cdots,\boldsymbol{\alpha}_s\}\cong\{\boldsymbol{\alpha}_1,\boldsymbol{\alpha}_2,\cdots,\boldsymbol{\alpha}_s,\boldsymbol{\beta}\}$，故向量 $\boldsymbol{\beta}$ 可由向量组 $\boldsymbol{\alpha}_1,\boldsymbol{\alpha}_2,\cdots,\boldsymbol{\alpha}_s$ 线性表示.

例 21　证明向量 $\boldsymbol{\beta}=(-1,1,5)^{\mathrm{T}}$ 可由向量组 $\boldsymbol{\alpha}_1=(1,2,3)^{\mathrm{T}}$，$\boldsymbol{\alpha}_2=(0,1,4)^{\mathrm{T}}$，$\boldsymbol{\alpha}_3=(2,3,6)^{\mathrm{T}}$ 线性表示.

解　设 $\boldsymbol{A}=(\boldsymbol{\alpha}_1,\boldsymbol{\alpha}_2,\boldsymbol{\alpha}_3)$，$(\boldsymbol{A},\boldsymbol{\beta})=(\boldsymbol{\alpha}_1,\boldsymbol{\alpha}_2,\boldsymbol{\alpha}_3,\boldsymbol{\beta})$，由

$$(\boldsymbol{A},\boldsymbol{\beta})=\begin{pmatrix}1&0&2&-1\\2&1&3&1\\3&4&6&5\end{pmatrix}\to\begin{pmatrix}1&0&2&-1\\0&1&-1&3\\0&4&0&8\end{pmatrix}\to\begin{pmatrix}1&0&2&-1\\0&1&-1&3\\0&0&4&-4\end{pmatrix}$$

可得 $r(\boldsymbol{\alpha}_1,\boldsymbol{\alpha}_2,\boldsymbol{\alpha}_3)=r(\boldsymbol{\alpha}_1,\boldsymbol{\alpha}_2,\boldsymbol{\alpha}_3,\boldsymbol{\beta})=3$，故向量 $\boldsymbol{\beta}$ 可由向量组 $\boldsymbol{\alpha}_1,\boldsymbol{\alpha}_2,\boldsymbol{\alpha}_3$ 线性表示.

例 22　求证：一个向量组线性无关的充要条件是它的秩等于它所含向量的个数.

证明　若一个向量组线性无关，则它的极大线性无关组就是其本身，显然，它的秩等于它所含向量的个数；反之，若一个向量组的秩等于它所含向量的个数，即它的极大线性无关组就是该向量本身，所以该向量组是线性无关的.

例 22 给出了判断向量组线性无关的一种方法，同时也得到了以下推论.

推论　向量组线性相关的充要条件是它的秩小于它所含向量的个数.

例 23　若向量组 $\boldsymbol{B}$：$\boldsymbol{\beta}_1,\boldsymbol{\beta}_2,\cdots,\boldsymbol{\beta}_t$ 可由向量组 $\boldsymbol{A}$：$\boldsymbol{\alpha}_1,\boldsymbol{\alpha}_2,\cdots,\boldsymbol{\alpha}_s$ 线性表示，求证：

$$r(\boldsymbol{\beta}_1,\boldsymbol{\beta}_2,\cdots,\boldsymbol{\beta}_t)\leqslant r(\boldsymbol{\alpha}_1,\boldsymbol{\alpha}_2,\cdots,\boldsymbol{\alpha}_s).$$

证明　设 $\boldsymbol{\alpha}_{j1},\boldsymbol{\alpha}_{j2},\cdots,\boldsymbol{\alpha}_{jr}$ 与 $\boldsymbol{\beta}_{i1},\boldsymbol{\beta}_{i2},\cdots,\boldsymbol{\beta}_{ik}$ 分别为向量组 $\boldsymbol{A}$ 和 $\boldsymbol{B}$ 的一个极大线性无关组，由向量等价传递性知，向量组 $\boldsymbol{\beta}_{i1},\boldsymbol{\beta}_{i2},\cdots,\boldsymbol{\beta}_{ik}$ 可由向量组 $\boldsymbol{\alpha}_{j1},\boldsymbol{\alpha}_{j2},\cdots,\boldsymbol{\alpha}_{jr}$ 线性表示，根据定理 3-7 的推论 1 可得 $k\leqslant r$，即 $r(\boldsymbol{\beta}_1,\boldsymbol{\beta}_2,\cdots,\boldsymbol{\beta}_t)\leqslant r(\boldsymbol{\alpha}_1,\boldsymbol{\alpha}_2,\cdots,\boldsymbol{\alpha}_s)$.

三、矩阵秩与向量组秩的关系

由本章例 3 知，一个 $m\times n$ 矩阵

$$\boldsymbol{A}=\begin{pmatrix}a_{11}&a_{12}&\cdots&a_{1n}\\a_{21}&a_{22}&\cdots&a_{2n}\\\cdots&\cdots&\ddots&\cdots\\a_{m1}&a_{m2}&\cdots&a_{mn}\end{pmatrix}=(\boldsymbol{\alpha}_1,\boldsymbol{\alpha}_2,\cdots,\boldsymbol{\alpha}_n)=\begin{pmatrix}\boldsymbol{\beta}_1^{\mathrm{T}}\\\boldsymbol{\beta}_2^{\mathrm{T}}\\\vdots\\\boldsymbol{\beta}_m^{\mathrm{T}}\end{pmatrix}$$

对应列向量组 $\boldsymbol{\alpha}_1,\boldsymbol{\alpha}_2,\cdots,\boldsymbol{\alpha}_n$ 和行向量组 $\boldsymbol{\beta}_1^{\mathrm{T}},\boldsymbol{\beta}_2^{\mathrm{T}},\cdots,\boldsymbol{\beta}_m^{\mathrm{T}}$，那么矩阵的秩与矩阵对应的列向量组的秩和行向量组的秩三者之间有什么关系？

定理 3-13　设 $\boldsymbol{A}$ 为 $m\times n$ 矩阵，则矩阵 $\boldsymbol{A}$ 的秩等于它的列向量组的秩，也等于它的行向量组的秩.

证明　设 $\boldsymbol{A}=(\boldsymbol{\alpha}_1,\boldsymbol{\alpha}_2,\cdots,\boldsymbol{\alpha}_n)$，$r(\boldsymbol{A})=r$，由矩阵秩的定义，必定存在矩阵 $\boldsymbol{A}$ 的 r 阶子式 $\boldsymbol{D}_r\neq 0$，则 $\boldsymbol{D}_r$ 所在的 r 个列向量组成的列向量组线性无关，又由所有的 $r+1$ 阶子式 $\boldsymbol{D}_{r+1}=0$，故 $\boldsymbol{A}$ 中任意 $r+1$ 个列向量组成的列向量组都线性相关. 由极大线性无关组定义知，$\boldsymbol{D}_r$ 所在的 r 列即为 $\boldsymbol{A}$ 的列向量组的一个极大线性无关组，因此列向量组的秩等于 r.

同理可证，矩阵 $\boldsymbol{A}$ 的行向量组的秩也等于 r.

推论　矩阵 $\boldsymbol{A}$ 的行向量组的秩等于列向量组的秩.

定理 3-14　对矩阵 $\boldsymbol{A}$ 施行初等行(列)变换得到矩阵 $\boldsymbol{B}$，则 $\boldsymbol{B}$ 的列(行)向量组与 $\boldsymbol{A}$ 的列(行)向量组具有相同的线性关系.

证明　(略).

定理 3-13 和定理 3-14 给出了求向量组秩和极大线性无关组的一种方法，下面以列向量组 $\boldsymbol{\alpha}_1,\boldsymbol{\alpha}_2,\cdots,\boldsymbol{\alpha}_n$ 为例：

(1) 将列向量组 $\boldsymbol{\alpha}_1,\boldsymbol{\alpha}_2,\cdots,\boldsymbol{\alpha}_n$ 转化为矩阵 $\boldsymbol{A}=(\boldsymbol{\alpha}_1,\boldsymbol{\alpha}_2,\cdots,\boldsymbol{\alpha}_n)$，对 $\boldsymbol{A}$ 进行初等行变换，变换为行阶梯形矩阵 $\boldsymbol{B}$，由矩阵 $\boldsymbol{B}$ 的非零行的行数得出矩阵 $\boldsymbol{A}$ 的秩，即得出向量组 $\boldsymbol{\alpha}_1,\boldsymbol{\alpha}_2,\cdots,\boldsymbol{\alpha}_n$ 的秩；

(2) 进一步将矩阵 $\boldsymbol{B}$ 转化为行最简形矩阵 $\boldsymbol{C}=(\boldsymbol{\gamma}_1,\boldsymbol{\gamma}_2,\cdots,\boldsymbol{\gamma}_n)$，则向量组 $\boldsymbol{\gamma}_1,\boldsymbol{\gamma}_2,\cdots,\boldsymbol{\gamma}_n$ 与向量组 $\boldsymbol{\alpha}_1,\boldsymbol{\alpha}_2,\cdots,\boldsymbol{\alpha}_n$ 具有相同的线性关系，从而可根据向量组 $\boldsymbol{\gamma}_1,\boldsymbol{\gamma}_2,\cdots,\boldsymbol{\gamma}_n$ 的极大线性无关组求出向量组 $\boldsymbol{\alpha}_1,\boldsymbol{\alpha}_2,\cdots,\boldsymbol{\alpha}_n$ 的极大线性无关组，并可将不属于极大线性无关组的向量用极大线性无关组线性表示.

例 24　求向量组 $\boldsymbol{\alpha}_1=(1,0,2,1)^{\mathrm{T}}$，$\boldsymbol{\alpha}_2=(1,2,0,1)^{\mathrm{T}}$，$\boldsymbol{\alpha}_3=(2,1,3,0)^{\mathrm{T}}$，$\boldsymbol{\alpha}_4=(2,5,-1,4)^{\mathrm{T}}$，$\boldsymbol{\alpha}_5=(1,-1,3,-1)^{\mathrm{T}}$ 的秩和一个极大线性无关组，并将不属于极大线性无关组的向量用极大线性无关组线性表示.

解　令矩阵 $\boldsymbol{A}=(\boldsymbol{\alpha}_1,\boldsymbol{\alpha}_2,\boldsymbol{\alpha}_3,\boldsymbol{\alpha}_4,\boldsymbol{\alpha}_5)$，对矩阵 $\boldsymbol{A}$ 进行初等行变换化为行最简形矩阵 $\boldsymbol{C}$.

$$\boldsymbol{A}=\begin{pmatrix}1&1&2&2&1\\0&2&1&5&-1\\2&0&3&-1&3\\1&1&0&4&-1\end{pmatrix}\to\begin{pmatrix}1&1&2&2&1\\0&2&1&5&-1\\0&-2&-1&-5&1\\0&0&-2&2&-2\end{pmatrix}\to\begin{pmatrix}1&1&2&2&1\\0&2&1&5&-1\\0&0&0&0&0\\0&0&1&-1&1\end{pmatrix}$$

$$\to\begin{pmatrix}1&1&2&2&1\\0&2&1&5&-1\\0&0&1&-1&1\\0&0&0&0&0\end{pmatrix}\to\begin{pmatrix}1&0&0&1&0\\0&1&0&3&-1\\0&0&1&-1&1\\0&0&0&0&0\end{pmatrix}=(\boldsymbol{\gamma}_1,\boldsymbol{\gamma}_2,\boldsymbol{\gamma}_3,\boldsymbol{\gamma}_4,\boldsymbol{\gamma}_5)=\boldsymbol{C}.$$

由 $r(\boldsymbol{C})=3$，可知 $r(\boldsymbol{A})=3$，即 $r(\boldsymbol{\alpha}_1,\boldsymbol{\alpha}_2,\boldsymbol{\alpha}_3,\boldsymbol{\alpha}_4,\boldsymbol{\alpha}_5)=3$. 而 3 个非零行的首个非零元分别在第 1、2、3 列，故 $\boldsymbol{\gamma}_1,\boldsymbol{\gamma}_2,\boldsymbol{\gamma}_3$ 为列向量组 $\boldsymbol{\gamma}_1,\boldsymbol{\gamma}_2,\boldsymbol{\gamma}_3,\boldsymbol{\gamma}_4,\boldsymbol{\gamma}_5$ 的一个极大线性无关组，且

$$\boldsymbol{\gamma}_4=\boldsymbol{\gamma}_1+3\boldsymbol{\gamma}_2-\boldsymbol{\gamma}_3;\ \boldsymbol{\gamma}_5=0\boldsymbol{\gamma}_1-\boldsymbol{\gamma}_2+\boldsymbol{\gamma}_3.$$

由于向量组 $\boldsymbol{\gamma}_1,\boldsymbol{\gamma}_2,\boldsymbol{\gamma}_3,\boldsymbol{\gamma}_4,\boldsymbol{\gamma}_5$ 与向量组 $\boldsymbol{\alpha}_1,\boldsymbol{\alpha}_2,\boldsymbol{\alpha}_3,\boldsymbol{\alpha}_4,\boldsymbol{\alpha}_5$ 具有相同的线性关系，所以 $\boldsymbol{\alpha}_1,\boldsymbol{\alpha}_2,\boldsymbol{\alpha}_3$ 为列向量组 $\boldsymbol{\alpha}_1,\boldsymbol{\alpha}_2,\boldsymbol{\alpha}_3,\boldsymbol{\alpha}_4,\boldsymbol{\alpha}_5$ 的一个极大线性无关组，且有

$$\boldsymbol{\alpha}_4=\boldsymbol{\alpha}_1+3\boldsymbol{\alpha}_2-\boldsymbol{\alpha}_3;\ \boldsymbol{\alpha}_5=0\boldsymbol{\alpha}_1-\boldsymbol{\alpha}_2+\boldsymbol{\alpha}_3.$$

习题 3-3

1. 求下列向量组的秩和一个极大线性无关组：

(1) $\boldsymbol{\alpha}_1=(2,1,1)^{\mathrm{T}}$，$\boldsymbol{\alpha}_2=(1,2,-1)^{\mathrm{T}}$，$\boldsymbol{\alpha}_3=(-2,3,0)^{\mathrm{T}}$；

(2) $\boldsymbol{\alpha}_1=(2,1,3,-1)^{\mathrm{T}}$，$\boldsymbol{\alpha}_2=(3,-1,2,0)^{\mathrm{T}}$，$\boldsymbol{\alpha}_3=(4,2,6,-2)^{\mathrm{T}}$，$\boldsymbol{\alpha}_4=(4,-3,1,1)^{\mathrm{T}}$；

(3) $\boldsymbol{\alpha}_1=(1,1,2,3)^{\mathrm{T}}$，$\boldsymbol{\alpha}_2=(1,-1,1,1)^{\mathrm{T}}$，$\boldsymbol{\alpha}_3=(1,3,3,5)^{\mathrm{T}}$，$\boldsymbol{\alpha}_4=(4,-2,5,6)^{\mathrm{T}}$，$\boldsymbol{\alpha}_5=(-3,-1,-5,-7)^{\mathrm{T}}$.

2. 求向量组 $\boldsymbol{\alpha}_1=(1,2,3,0)^{\mathrm{T}}$，$\boldsymbol{\alpha}_2=(-1,-1,-3,1)^{\mathrm{T}}$，$\boldsymbol{\alpha}_3=(5,0,15,-10)^{\mathrm{T}}$，$\boldsymbol{\alpha}_4=(-2,1,-6,5)^{\mathrm{T}}$，$\boldsymbol{\alpha}_5=(2,0,5,-4)^{\mathrm{T}}$ 的秩和一个极大线性无关组，并把不属于极大线性无关组的向量用极大线性无关组线性表示.

3. 已知向量组 $\boldsymbol{\alpha}_1=(3,k,0)^{\mathrm{T}}$，$\boldsymbol{\alpha}_2=(k,1,2)^{\mathrm{T}}$，$\boldsymbol{\alpha}_3=(1,-2,1)^{\mathrm{T}}$，问 k 为何值时，向量组 $\boldsymbol{\alpha}_1,\boldsymbol{\alpha}_2,\boldsymbol{\alpha}_3$ 的秩为 3.

4. 求证：向量 $\boldsymbol{\beta}=(1,2,3)^{\mathrm{T}}$ 可由向量组 $\boldsymbol{\alpha}_1=(1,1,1)^{\mathrm{T}}$，$\boldsymbol{\alpha}_2=(0,1,-1)^{\mathrm{T}}$，$\boldsymbol{\alpha}_3=(1,-1,0)^{\mathrm{T}}$ 线性表示，并写出 $\boldsymbol{\beta}$ 用 $\boldsymbol{\alpha}_1,\boldsymbol{\alpha}_2,\boldsymbol{\alpha}_3$ 线性表示的表达式.

5. 已知向量组 $\boldsymbol{\alpha}_1,\boldsymbol{\alpha}_2,\cdots,\boldsymbol{\alpha}_s$ 的秩为 r，证明 $\boldsymbol{\alpha}_1,\boldsymbol{\alpha}_2,\cdots,\boldsymbol{\alpha}_s$ 中任意 r 个线性无关的向量均为该向量组的极大线性无关组.

第四节　线性方程组的可解性及解的结构

【课前导读】

在第一章介绍了解线性方程组的克莱姆法则，但大多数线性方程组并不满足应用克莱姆法则的条件. 在本节中，我们利用矩阵的秩来表述非齐次线性方程组的解与它的增广矩阵、齐次线性方程组与它的系数矩阵之间的关系，并给出了线性方程组的解的存在性及其求解方法.

【学习要求】

1. 了解线性方程组的系数矩阵、增广矩阵的概念.
2. 理解线性方程组解的结构.
3. 掌握矩阵初等行变换法和基础解系法求解线性方程组.

引例　用消元法求解下列线性方程组：

$$\begin{cases}2x_1+x_2+3x_3=-5,\\3x_1+x_2+2x_3=-1,\\4x_1+3x_2+8x_3=-14.\end{cases}$$

解　为观察消元过程，下面列出消元过程中每个步骤的方程组及其对应的矩阵.

$$\begin{cases}2x_1+x_2+3x_3=-5,\\3x_1+x_2+2x_3=-1,\\4x_1+3x_2+8x_3=-14\end{cases}\text{(1)}\quad\leftrightarrow\quad\begin{pmatrix}2&1&3&-5\\3&1&2&-1\\4&3&8&-14\end{pmatrix},\qquad(1)$$

$$\begin{cases}2x_1+x_2+3x_3=-5,\\x_1-x_3=4,\\4x_1+3x_2+8x_3=-14\end{cases}\text{(2)}\quad\leftrightarrow\quad\begin{pmatrix}2&1&3&-5\\1&0&-1&4\\4&3&8&-14\end{pmatrix},\qquad(2)$$

$$\begin{cases}2x_1+x_2+3x_3=-5,\\x_1-x_3=4,\\x_2+2x_3=-4\end{cases}\text{(3)}\quad\leftrightarrow\quad\begin{pmatrix}2&1&3&-5\\1&0&-1&4\\0&1&2&-4\end{pmatrix},\qquad(3)$$

$$\begin{cases}x_1-x_3=4,\\2x_1+x_2+3x_3=-5,\\x_2+2x_3=-4\end{cases}\text{(4)}\quad\leftrightarrow\quad\begin{pmatrix}1&0&-1&4\\2&1&3&-5\\0&1&2&-4\end{pmatrix},\qquad(4)$$

$$\begin{cases}x_1-x_3=4,\\x_2+5x_3=-13,\\x_2+2x_3=-4\end{cases}\text{(5)}\quad\leftrightarrow\quad\begin{pmatrix}1&0&-1&4\\0&1&5&-13\\0&1&2&-4\end{pmatrix},\qquad(5)$$

$$\begin{cases}x_1-x_3=4,\\x_2+5x_3=-13,\\-3x_3=9\end{cases}\text{(6)}\quad\leftrightarrow\quad\begin{pmatrix}1&0&-1&4\\0&1&5&-13\\0&0&-3&9\end{pmatrix},\qquad(6)$$

$$\begin{cases}x_1-x_3=4,\\x_2+5x_3=-13,\\x_3=-3\end{cases}\text{(7)}\quad\leftrightarrow\quad\begin{pmatrix}1&0&-1&4\\0&1&5&-13\\0&0&1&-3\end{pmatrix}.\qquad(7)$$

由方程组(7)的最后一个方程可得 $x_3=-3$，将其代入第二个方程可得 $x_2=2$，再将 $x_3=-3$ 代入第一个方程可得 $x_1=1$，即方程组的解为 $x_1=1$，$x_2=2$，$x_3=-3$.

我们将过程(1)～(7)称为**消元过程**，矩阵(7)为行阶梯形矩阵，对应的方程组(7)称为**行阶梯形方程组**.

可以看出，用消元法求解线性方程组其实就是对方程组反复进行以下 3 种变换：

(1) 交换某两个方程的位置；

(2) 用一个非零常数乘以某一个方程的两边；

(3) 将一个方程的倍数加到另外一个方程上去.

以上 3 种变换称为**线性方程组的初等变换**.

从上述解题过程可以发现，消元法的目的是利用线性方程组的初等变换将一般的线性方程组转化为行阶梯形方程组，显然这个行阶梯形方程组与原线性方程组的解相同，因此，将对原线性方程组求解转为对行阶梯形方程组求解即可.

若用一个矩阵表示线性方程组的系数和常数项，则将原方程组转化为行阶梯形方程组相当于将对应矩阵化为行阶梯形矩阵. 一般情况下，行阶梯形方程组的形式不唯一，且根据行阶梯形方程组很难直接“读”出该线性方程组的解，为此，可进一步利用线性方程组的初等变换将行阶梯形方程组转化为行最简形方程组.

$$\begin{cases}x_1=1,\\ x_2+5x_3=-13,\\ x_3=-3\end{cases}\quad(8)\quad\leftrightarrow\quad\begin{pmatrix}1&0&0&1\\0&1&5&-13\\0&0&1&-3\end{pmatrix},\quad(8)$$

$$\begin{cases}x_1=1,\\ x_2=2,\\ x_3=-3\end{cases}\quad(9)\quad\leftrightarrow\quad\begin{pmatrix}1&0&0&1\\0&1&0&2\\0&0&1&-3\end{pmatrix}.\quad(9)$$

从方程组(9)，可以直接看出 $x_1=1$，$x_2=2$，$x_3=-3$.

通常把过程(8)~(9)称为回代过程.

显然，引例中用消元法求解线性方程组的过程，相当于对该线性方程组的系数和常数项按照对应位置构成的矩阵进行初等变换. 那么对于一般的线性方程组是否成立？答案是肯定的，下面就对一般线性方程组求解问题进行讨论.

一、线性方程组有解的判定定理

设有 n 元非齐次线性方程组

$$\begin{cases}a_{11}x_1+a_{12}x_2+\cdots+a_{1n}x_n=b_1,\\ a_{21}x_1+a_{22}x_2+\cdots+a_{2n}x_n=b_2,\\ \cdots\cdots\cdots\\ a_{m1}x_1+a_{m2}x_2+\cdots+a_{mn}x_n=b_m.\end{cases}\tag{3-4}$$

令

$$\boldsymbol{A}=\begin{pmatrix}a_{11}&a_{12}&\cdots&a_{1n}\\a_{21}&a_{22}&\cdots&a_{2n}\\\vdots&\vdots&\ddots&\vdots\\a_{m1}&a_{m2}&\cdots&a_{mn}\end{pmatrix},\quad \boldsymbol{x}=\begin{pmatrix}x_1\\x_2\\\vdots\\x_n\end{pmatrix},\quad \boldsymbol{b}=\begin{pmatrix}b_1\\b_2\\\vdots\\b_m\end{pmatrix},$$

则式(3-4)可写为矩阵形式

$$\boldsymbol{Ax}=\boldsymbol{b}.\tag{3-5}$$

称矩阵 $\overline{\boldsymbol{A}}=(\boldsymbol{A},\boldsymbol{b})=\begin{pmatrix}a_{11}&a_{12}&\cdots&a_{1n}&b_1\\a_{21}&a_{22}&\cdots&a_{2n}&b_2\\\vdots&\vdots&\ddots&\vdots&\vdots\\a_{m1}&a_{m2}&\cdots&a_{mn}&b_m\end{pmatrix}$ 为线性方程组(3-4)的增广矩阵.

由本章第一节知，若令

$$\boldsymbol{\alpha}_j=\begin{pmatrix}a_{1j}\\a_{2j}\\\vdots\\a_{mj}\end{pmatrix}(j=1,2,\cdots,n),\ \boldsymbol{\beta}=\begin{pmatrix}b_1\\b_2\\\vdots\\b_m\end{pmatrix},$$

则线性方程组(3-4)也可表示为向量形式

$$x_1\boldsymbol{\alpha}_1+x_2\boldsymbol{\alpha}_2+\cdots+x_n\boldsymbol{\alpha}_n=\boldsymbol{\beta}. \tag{3-6}$$

定理 3-15　线性方程组(3-4)有解的充要条件是系数矩阵的秩等于增广矩阵的秩，即 $r(\boldsymbol{A})=r(\overline{\boldsymbol{A}})$.

证明　由本章第三节定理 3-12 和定理 3-13 可知，显然成立.

设 $r(\boldsymbol{A})=r$，对增广矩阵 $\overline{\boldsymbol{A}}=(\boldsymbol{A},\boldsymbol{b})$ 进行初等行变换，化为行阶梯形矩阵 $\overline{\boldsymbol{B}}$，为便于描述，不妨设 $\overline{\boldsymbol{B}}$ 的形式为

$$\overline{\boldsymbol{B}}=\begin{pmatrix}a'_{11}&a'_{12}&\cdots&a'_{1r}&a'_{1,r+1}&a'_{1,r+2}&\cdots&a'_{1n}&c_1\\0&a'_{22}&\cdots&a'_{2r}&a'_{2,r+1}&a'_{2,r+2}&\cdots&a'_{2n}&c_2\\\vdots&\vdots&\ddots&\vdots&\vdots&\vdots&\ddots&\vdots&\vdots\\0&0&\cdots&a'_{rr}&a'_{r,r+1}&a'_{r,r+2}&\cdots&a'_{rn}&c_r\\0&0&\cdots&0&0&0&\cdots&0&c_{r+1}\\0&0&\cdots&0&0&0&\cdots&0&0\\\vdots&\vdots&\ddots&\vdots&\vdots&\vdots&\ddots&\vdots&\vdots\\0&0&\cdots&0&0&0&\cdots&0&0\end{pmatrix}.$$

可见，若 $c_{r+1}\neq0$，则 $r(\boldsymbol{A})=r<r(\overline{\boldsymbol{A}})=r+1$，方程组 $\boldsymbol{Ax}=\boldsymbol{b}$ 无解.

若 $c_{r+1}=0$，则 $r(\boldsymbol{A})=r(\overline{\boldsymbol{A}})=r$，方程组 $\boldsymbol{Ax}=\boldsymbol{b}$ 有解，进一步对行阶梯形矩阵进行初等行变换化为行简化阶梯形矩阵

$$\overline{\boldsymbol{C}}=\begin{pmatrix}1&0&\cdots&0&b_{1,r+1}&b_{1,r+2}&\cdots&b_{1n}&d_1\\0&1&\cdots&0&b_{2,r+1}&b_{2,r+2}&\cdots&b_{1n}&d_2\\\vdots&\vdots&\ddots&\vdots&\vdots&\vdots&\ddots&\vdots&\vdots\\0&0&\cdots&1&b_{r,r+1}&b_{r,r+2}&\cdots&b_{rn}&d_r\\0&0&\cdots&0&0&0&\cdots&0&0\\0&0&\cdots&0&0&0&\cdots&0&0\\\vdots&\vdots&\ddots&\vdots&\vdots&\vdots&\ddots&\vdots&\vdots\\0&0&\cdots&0&0&0&\cdots&0&0\end{pmatrix},$$

则 $\overline{\boldsymbol{C}}$ 对应的方程组为

$$\begin{cases}x_1+b_{1,r+1}x_{r+1}+b_{1,r+2}x_{r+2}+\cdots+b_{1n}x_n=d_1,\\x_2+b_{2,r+1}x_{r+1}+b_{2,r+2}x_{r+2}+\cdots+b_{2n}x_n=d_2,\\\cdots\cdots\cdots\\x_r+b_{r,r+1}x_{r+1}+b_{r,r+2}x_{r+2}+\cdots+b_{rn}x_n=d_r.\end{cases} \tag{3-7}$$

方程组(3-7)与方程组(3-4)是同解方程，因此只需要讨论方程组(3-7)的解即可.

(1) 当 $r(\boldsymbol{A})=r(\overline{\boldsymbol{A}})=r=n$，则有

$$\begin{cases} x_1=d_1, \\ x_2=d_2, \\ \cdots\cdots\cdots \\ x_n=d_n, \end{cases}$$

故方程组(3-4)有唯一解.

(2) 当 $r(\boldsymbol{A})=r(\overline{\boldsymbol{A}})=r<n$，将方程组(3-7)整理为

$$\begin{cases} x_1=-b_{1,r+1}x_{r+1}-b_{1,r+2}x_{r+2}-\cdots-b_{1n}x_n+d_1, \\ x_2=-b_{2,r+1}x_{r+1}-b_{2,r+2}x_{r+2}-\cdots-b_{2n}x_n+d_2, \\ \cdots\cdots\cdots \\ x_r=-b_{r,r+1}x_{r+1}-b_{r,r+2}x_{r+2}-\cdots-b_{rn}x_n+d_r. \end{cases} \tag{3-8}$$

令自由未知数 $x_{r+1}=k_{r+1}$，$x_{r+2}=k_{r+2}$，…，$x_n=k_n$，可得方程组(3-8)的含有 $n-r$ 个参数的解

$$\begin{cases} x_1=-b_{1,r+1}k_{r+1}-b_{1,r+2}k_{r+2}-\cdots-b_{1n}k_n+d_1, \\ x_2=-b_{2,r+1}k_{r+1}-b_{2,r+2}k_{r+2}-\cdots-b_{2n}k_n+d_2, \\ \cdots\cdots\cdots \\ x_r=-b_{r,r+1}k_{r+1}-b_{r,r+2}k_{r+2}-\cdots-b_{rn}k_n+d_r, \\ x_{r+1}=k_{r+1}, \\ x_{r+2}=k_{r+2}, \\ \cdots\cdots\cdots \\ x_n=k_n, \end{cases} \tag{3-9}$$

即

$$\begin{pmatrix} x_1 \\ x_2 \\ \vdots \\ x_r \\ x_{r+1} \\ x_{r+2} \\ \vdots \\ x_n \end{pmatrix}=k_{r+1}\begin{pmatrix} -b_{1,r+1} \\ -b_{2,r+1} \\ \vdots \\ -b_{r,r+1} \\ 1 \\ 0 \\ \vdots \\ 0 \end{pmatrix}+k_{r+2}\begin{pmatrix} -b_{1,r+2} \\ -b_{2,r+2} \\ \vdots \\ -b_{r,r+2} \\ 0 \\ 1 \\ \vdots \\ 0 \end{pmatrix}+\cdots+k_n\begin{pmatrix} -b_{1n} \\ -b_{2n} \\ \vdots \\ -b_{rn} \\ 0 \\ 0 \\ \vdots \\ 1 \end{pmatrix}+\begin{pmatrix} d_1 \\ d_2 \\ \vdots \\ d_r \\ 0 \\ 0 \\ \vdots \\ 0 \end{pmatrix}. \tag{3-10}$$

由于参数 k_{r+1}，k_{r+2}，…，k_n 可任意取值，故方程组(3-8)有无穷多解，即方程组(3-4)有无穷多解.

由于含有 $n-r$ 个参数的解(3-9)可以线性表示方程组(3-9)的任意解，从而也可以表示方程组(3-4)的任意解，故把解(3-9)称为线性方程组(3-4)的**通解(全部解)**，解(3-10)也称为通解的**向量形式**.

由上述讨论，可得到以下推论.

推论 1　若 $r(\boldsymbol{A})=r(\overline{\boldsymbol{A}})$时，$n$ 元非齐次线性方程组 $\boldsymbol{Ax}=\boldsymbol{b}$ 有解，且：

(1) 当 $r(\boldsymbol{A})=r(\overline{\boldsymbol{A}})=r=n$ 时，方程组有唯一解；

(2) 当 $r(\boldsymbol{A})=r(\overline{\boldsymbol{A}})=r<n$ 时，方程组有无穷多解.

n 元齐次线性方程组的一般形式为

$$\begin{cases} a_{11}x_1+a_{12}x_2+\cdots+a_{1n}x_n=0, \\ a_{21}x_1+a_{22}x_2+\cdots+a_{2n}x_n=0, \\ \cdots\cdots\cdots \\ a_{m1}x_1+a_{m2}x_2+\cdots+a_{mn}x_n=0, \end{cases} \tag{3-11}$$

它可以看作线性方程组(3-4)当常数 $b_1=b_2=\cdots=b_m=0$ 时的特殊情形，可见方程组(3-11)的矩阵形式为 $\boldsymbol{Ax}=\boldsymbol{0}$.

由推论 1，对于齐次线性方程组有下列推论.

推论 2　对于 n 元齐次线性方程组 $\boldsymbol{Ax}=\boldsymbol{0}$ 有：

(1) 当 $r(\boldsymbol{A})=r=n$ 时，方程组 $\boldsymbol{Ax}=\boldsymbol{0}$ 只有零解；

(2) 当 $r(\boldsymbol{A})=r<n$ 时，方程组 $\boldsymbol{Ax}=\boldsymbol{0}$ 有非零解.

注　(1) 对于 $m\times n$ 矩阵 $\boldsymbol{A}$，若 $m<n$ 时，n 元齐次线性方程组 $\boldsymbol{Ax}=\boldsymbol{0}$ 必有非零解.
(2) 齐次线性方程组若有非零解，则它就有无穷多解.

上述推论的证明给出了求解线性方程组的步骤，其实其步骤在引例求解过程中已经有所体现，现归纳如下.

(1) 对于非齐次线性方程组，将其增广矩阵化为行阶梯形矩阵，观察系数矩阵和增广矩阵的秩，若系数矩阵的秩小于增广矩阵的秩，则方程组无解.

(2) 若系数矩阵的秩等于增广矩阵的秩，则进一步将行阶梯形矩阵化为行简化阶梯形矩阵. 而对于齐次线性方程组，由于一定有解，故将系数矩阵直接化为行简化阶梯形矩阵.

(3) 把行简化阶梯形矩阵中每个非零行的首个非零元所对应的未知数取为非自由未知数，并将剩下的未知数作为自由未知数. 改写行简化阶梯形矩阵所对应的线性方程组，将非自由未知数保留在方程左边，将自由未知数移到方程右边，并令各自由未知数为任意常数，即可求出含有相应个参数的通解.

例 25　求解齐次线性方程组

$$\begin{cases} 3x_1+6x_2-x_3-3x_4=0, \\ x_1+2x_2+x_3-x_4=0, \\ 5x_1+10x_2+x_3-5x_4=0. \end{cases}$$

解　对系数矩阵 $\boldsymbol{A}$ 进行初等行变换化为行简化阶梯形矩阵.

$$\boldsymbol{A}=\begin{pmatrix} 3 & 6 & -1 & -3 \\ 1 & 2 & 1 & -1 \\ 5 & 10 & 1 & -5 \end{pmatrix} \to \begin{pmatrix} 1 & 2 & 1 & -1 \\ 3 & 6 & -1 & -3 \\ 5 & 10 & 1 & -5 \end{pmatrix} \to \begin{pmatrix} 1 & 2 & 1 & -1 \\ 0 & 0 & -4 & 0 \\ 0 & 0 & -4 & 0 \end{pmatrix}$$

$$\to \begin{pmatrix} 1 & 2 & 1 & -1 \\ 0 & 0 & 1 & 0 \\ 0 & 0 & 0 & 0 \end{pmatrix} \to \begin{pmatrix} 1 & 2 & 0 & -1 \\ 0 & 0 & 1 & 0 \\ 0 & 0 & 0 & 0 \end{pmatrix}.$$

取 x_2，x_4 为自由变量，得到同解方程

$$\begin{cases} x_1=-2x_2+x_4, \\ x_3=0. \end{cases} \tag{*}$$

令 $x_2=k_1$，$x_4=k_2$，则方程组通解为

$$\begin{cases}x_1=-2k_1+k_2,\\x_2=k_1,\\x_3=0,\\x_4=k_2,\end{cases}\quad (k_1,\ k_2\text{ 为任意常数}),$$

或写成向量形式

$$\begin{pmatrix}x_1\\x_2\\x_3\\x_4\end{pmatrix}=k_1\begin{pmatrix}-2\\1\\0\\0\end{pmatrix}+k_2\begin{pmatrix}1\\0\\0\\1\end{pmatrix}\quad (k_1,\ k_2\text{ 为任意常数}).$$

例 26　求解非齐次线性方程组

$$\begin{cases}2x_1+\ x_2-2x_3=2,\\3x_1+3x_2+5x_3=14,\\\ x_1-\ x_2-9x_3=10.\end{cases}$$

解　对增广矩阵 $\overline{A}=(A,b)$ 进行初等行变换.

$$(A,b)=\begin{pmatrix}2&1&-2&2\\3&3&5&14\\1&-1&-9&10\end{pmatrix}\to\begin{pmatrix}1&-1&-9&10\\3&3&5&14\\2&1&-2&2\end{pmatrix}$$

$$\to\begin{pmatrix}1&-1&-9&10\\0&6&32&-16\\0&3&16&-18\end{pmatrix}\to\begin{pmatrix}1&-1&-9&10\\0&6&32&-16\\0&0&0&-10\end{pmatrix},$$

可见 $r(A)=2$，$r(\overline{A})=3$，故方程组无解.

例 27　求解非齐次线性方程组

$$\begin{cases}x_1+2x_2-\ x_3+\ x_4=6,\\2x_1+2x_2+\ x_3\qquad\ =6,\\x_1+4x_2-4x_3+3x_4=12,\\4x_1+6x_2-\ x_3+2x_4=18.\end{cases}$$

解　对增广矩阵 $\overline{A}=(A,b)$ 进行初等行变换.

$$(A,b)=\begin{pmatrix}1&2&-1&1&6\\2&2&1&0&6\\1&4&-4&3&12\\4&6&-1&2&18\end{pmatrix}\to\begin{pmatrix}1&2&-1&1&6\\0&-2&3&-2&-6\\0&2&-3&2&6\\0&-2&3&-2&-6\end{pmatrix}\to\begin{pmatrix}1&2&-1&1&6\\0&-2&3&-2&-6\\0&0&0&0&0\\0&0&0&0&0\end{pmatrix}$$

$$\to\begin{pmatrix}1&2&-1&1&6\\0&1&-\frac{3}{2}&1&3\\0&0&0&0&0\\0&0&0&0&0\end{pmatrix}\to\begin{pmatrix}1&0&2&-1&0\\0&1&-\frac{3}{2}&1&3\\0&0&0&0&0\\0&0&0&0&0\end{pmatrix},$$

可得 $r(\boldsymbol{A})=r(\overline{\boldsymbol{A}})=2<4$，方程组有无穷多解，取 x_1，x_2 为非自由未知数，于是有

$$\begin{cases}x_1=-2x_3+x_4,\\ x_2=\dfrac{3}{2}x_3-x_4+3,\end{cases}\quad (x_3,\ x_4\ \text{为自由未知数}).$$

令 $x_3=k_1$，$x_4=k_2$，则方程组的通解为

$$\begin{cases}x_1=-2k_1+k_2,\\ x_2=\dfrac{3}{2}k_1-k_2+3,\\ x_3=k_1,\\ x_4=k_2,\end{cases}\quad (k_1,\ k_2\ \text{为任意常数}),$$

即

$$\begin{pmatrix}x_1\\x_2\\x_3\\x_4\end{pmatrix}=k_1\begin{pmatrix}-2\\ \dfrac{3}{2}\\1\\0\end{pmatrix}+k_2\begin{pmatrix}1\\-1\\0\\1\end{pmatrix}+\begin{pmatrix}0\\3\\0\\0\end{pmatrix}\quad (k_1,\ k_2\ \text{为任意常数}).$$

例 28　设有非齐次线性方程组

$$\begin{cases}-2x_1+x_2+x_3=-2,\\ x_1-2x_2+x_3=\lambda,\\ x_1+x_2-2x_3=\lambda^2.\end{cases}$$

问当 λ 取何值时，方程组无解或有无穷多解？并在有无穷多解时求其解.

解　对增广矩阵进行初等行变换，将其化为行阶梯形矩阵，有

$$(\boldsymbol{A},\boldsymbol{b})=\begin{pmatrix}-2&1&1&-2\\1&-2&1&\lambda\\1&1&-2&\lambda^2\end{pmatrix}\to\begin{pmatrix}1&-2&1&\lambda\\-2&1&1&-2\\1&1&-2&\lambda^2\end{pmatrix}$$

$$\to\begin{pmatrix}1&-2&1&\lambda\\0&-3&3&-2+2\lambda\\0&3&-3&\lambda^2-\lambda\end{pmatrix}\to\begin{pmatrix}1&-2&1&\lambda\\0&1&-1&\dfrac{2}{3}(1-\lambda)\\0&0&0&(\lambda-1)(\lambda+2)\end{pmatrix}.$$

当 $\lambda\neq1$ 且 $\lambda\neq-2$ 时，$r(\boldsymbol{A})=2<r(\boldsymbol{A},\boldsymbol{b})=3$，方程组无解.

当 $\lambda=1$ 或 $\lambda=-2$ 时，$r(\boldsymbol{A})=r(\boldsymbol{A},\boldsymbol{b})=2$，方程组有无穷多解.

当 $\lambda=1$ 时，增广矩阵变为

$$(\boldsymbol{A},\boldsymbol{b})=\begin{pmatrix}-2&1&1&-2\\1&-2&1&1\\1&1&-2&1\end{pmatrix}\to\begin{pmatrix}1&-2&1&1\\0&1&-1&0\\0&0&0&0\end{pmatrix}\to\begin{pmatrix}1&0&-1&1\\0&1&-1&0\\0&0&0&0\end{pmatrix},$$

可得

$$\begin{cases}x_1=x_3+1,\\ x_2=x_3,\end{cases}\quad (x_3\ \text{为自由未知数}),$$

由此可得通解

$$\begin{pmatrix}x_1\\x_2\\x_3\end{pmatrix}=k\begin{pmatrix}1\\1\\1\end{pmatrix}+\begin{pmatrix}1\\0\\0\end{pmatrix}(k\text{ 为任意常数}).$$

当 $\lambda=-2$ 时，增广矩阵变为

$$(\boldsymbol{A},\boldsymbol{b})=\begin{pmatrix}-2&1&1&-2\\1&-2&1&-2\\1&1&-2&4\end{pmatrix}\to\begin{pmatrix}1&-2&1&-2\\0&1&-1&2\\0&0&0&0\end{pmatrix}\to\begin{pmatrix}1&0&-1&2\\0&1&-1&2\\0&0&0&0\end{pmatrix},$$

可得

$$\begin{cases}x_1=x_3+2,\\x_2=x_3+2,\end{cases}\quad(x_3\text{ 为自由未知数}),$$

由此可得通解

$$\begin{pmatrix}x_1\\x_2\\x_3\end{pmatrix}=k\begin{pmatrix}1\\1\\1\end{pmatrix}+\begin{pmatrix}2\\2\\0\end{pmatrix}\quad(k\text{ 为任意常数}).$$

二、齐次线性方程组解的结构

上面我们介绍了用矩阵的初等变换求解线性方程组的方法，下面用向量组线性相关性的理论来讨论线性方程组的解.

对于齐次线性方程组

$$\begin{cases}a_{11}x_1+a_{12}x_2+\cdots+a_{1n}x_n=0,\\a_{21}x_1+a_{22}x_2+\cdots+a_{2n}x_n=0,\\\cdots\cdots\cdots\\a_{m1}x_1+a_{m2}x_2+\cdots+a_{mn}x_n=0.\end{cases}\tag{3-12}$$

若令

$$\boldsymbol{A}=\begin{pmatrix}a_{11}&a_{12}&\cdots&a_{1n}\\a_{21}&a_{22}&\cdots&a_{2n}\\\vdots&\vdots&\ddots&\vdots\\a_{m1}&a_{m2}&\cdots&a_{mn}\end{pmatrix},\quad \boldsymbol{x}=\begin{pmatrix}x_1\\x_2\\\vdots\\x_n\end{pmatrix},$$

则方程组(3-12)可改为矩阵形式 $\boldsymbol{Ax}=\boldsymbol{0}$.

如果 $x_1=k_1$，$x_2=k_2$，…，$x_n=k_n$ 为方程组(3-12)的解，则向量 $\begin{pmatrix}k_1\\k_2\\\vdots\\k_n\end{pmatrix}$ 称为方程组(3-12)的解向量，也称为 $\boldsymbol{Ax}=\boldsymbol{0}$ 的解.

先讨论齐次线性方程组 $\boldsymbol{Ax}=\boldsymbol{0}$ 解的性质.

性质 3-1 设 $\boldsymbol{\xi}_1$，$\boldsymbol{\xi}_2$ 为 $\boldsymbol{Ax}=\boldsymbol{0}$ 的任意两个解，则 $\boldsymbol{\xi}_1+\boldsymbol{\xi}_2$ 仍为 $\boldsymbol{Ax}=\boldsymbol{0}$ 的解.

证明 因为 $\boldsymbol{\xi}_1$，$\boldsymbol{\xi}_2$ 均为 $\boldsymbol{Ax}=\boldsymbol{0}$ 的解，则有 $\boldsymbol{A\xi}_1=\boldsymbol{0}$，$\boldsymbol{A\xi}_2=\boldsymbol{0}$，于是

$$\boldsymbol{A}(\boldsymbol{\xi}_1+\boldsymbol{\xi}_2)=\boldsymbol{A\xi}_1+\boldsymbol{A\xi}_2=\boldsymbol{0}+\boldsymbol{0}=\boldsymbol{0},$$

所以 $\boldsymbol{\xi}_1+\boldsymbol{\xi}_2$ 仍为 $\boldsymbol{Ax}=\boldsymbol{0}$ 的解.

性质 3-2 设 $\boldsymbol{\xi}$ 为 $\boldsymbol{Ax}=\boldsymbol{0}$ 的任意解，则对任意实数 k，$k\boldsymbol{\xi}$ 仍为 $\boldsymbol{Ax}=\boldsymbol{0}$ 的解.

证明 因为 $\boldsymbol{\xi}$ 为 $\boldsymbol{Ax}=\boldsymbol{0}$ 的解，有 $\boldsymbol{A\xi}=\boldsymbol{0}$，对任意实数 k，有

$$\boldsymbol{A}(k\boldsymbol{\xi})=k(\boldsymbol{A\xi})=k\boldsymbol{0}=\boldsymbol{0},$$

所以 $k\boldsymbol{\xi}$ 仍为 $\boldsymbol{Ax}=\boldsymbol{0}$ 的解.

由性质 3-1 和性质 3-2，容易推出：若 $\boldsymbol{\xi}_1,\boldsymbol{\xi}_2,\cdots,\boldsymbol{\xi}_t$ 都是齐次线性方程组 $\boldsymbol{Ax}=\boldsymbol{0}$ 的解，则对于任意一组数 $k_1,k_2,\cdots,k_t$，线性组合

$$k_1\boldsymbol{\xi}_1+k_2\boldsymbol{\xi}_2+\cdots+k_t\boldsymbol{\xi}_t$$

仍为 $\boldsymbol{Ax}=\boldsymbol{0}$ 的解.

如果齐次线性方程组 $\boldsymbol{Ax}=\boldsymbol{0}$ 有非零解，如何求出所有可能的非零解？这是我们特别关心的问题，下面我们就讨论齐次线性方程组所有非零解的表示.

定义 3-11 若齐次线性方程组 $\boldsymbol{Ax}=\boldsymbol{0}$ 的有限个解 $\boldsymbol{\xi}_1,\boldsymbol{\xi}_2,\cdots,\boldsymbol{\xi}_t$ 满足：

（1）$\boldsymbol{\xi}_1,\boldsymbol{\xi}_2,\cdots,\boldsymbol{\xi}_t$ 线性无关；

（2）$\boldsymbol{Ax}=\boldsymbol{0}$ 的任意一个解都可由 $\boldsymbol{\xi}_1,\boldsymbol{\xi}_2,\cdots,\boldsymbol{\xi}_t$ 线性表示.

则称 $\boldsymbol{\xi}_1,\boldsymbol{\xi}_2,\cdots,\boldsymbol{\xi}_t$ 是齐次线性方程组 $\boldsymbol{Ax}=\boldsymbol{0}$ 的一个基础解系.

注 （1）按照上述定义，若 $\boldsymbol{\xi}_1,\boldsymbol{\xi}_2,\cdots,\boldsymbol{\xi}_t$ 是齐次线性方程组 $\boldsymbol{Ax}=\boldsymbol{0}$ 的一个基础解系，则 $\boldsymbol{Ax}=\boldsymbol{0}$ 的通解可以表示成 $\boldsymbol{x}=c_1\boldsymbol{\xi}_1+c_2\boldsymbol{\xi}_2+\cdots+c_t\boldsymbol{\xi}_t$，其中 c_1，c_2，$\cdots$，c_t 为任意实数.

（2）齐次线性方程组 $\boldsymbol{Ax}=\boldsymbol{0}$ 的基础解系即为其解向量组的一个极大线性无关组. 因此基础解系并不是唯一的，但任意两个基础解系所含解向量的个数一定相等.

当一个齐次线性方程组只有零解时，则该方程组没有基础解系；但当一个齐次线性方程组有非零解时，是否一定有基础解系？若有，又该怎样求其基础解系？下面的定理给出了这两个问题的答案.

定理 3-16 对齐次线性方程组 $\boldsymbol{Ax}=\boldsymbol{0}$，若 $r(\boldsymbol{A})=r<n$，则方程组 $\boldsymbol{Ax}=\boldsymbol{0}$ 的基础解系一定存在，且基础解系中所含向量的个数为 $n-r$，其中 n 是该方程组所含未知数的个数.

证明 因为 $r(\boldsymbol{A})=r<n$，对系数矩阵 $\boldsymbol{A}$ 进行初等行变换，将其化为行简化阶梯形矩阵

$$\boldsymbol{A}=\begin{pmatrix} a_{11} & a_{12} & \cdots & a_{1n} \\ a_{21} & a_{22} & \cdots & a_{2n} \\ \vdots & \vdots & \ddots & \vdots \\ a_{m1} & a_{m2} & \cdots & a_{mn} \end{pmatrix} \to \begin{pmatrix} 1 & 0 & \cdots & 0 & b_{1,r+1} & b_{1,r+2} & \cdots & b_{1n} \\ 0 & 1 & \cdots & 0 & b_{2,r+1} & b_{2,r+2} & \cdots & b_{1n} \\ \vdots & \vdots & \ddots & \vdots & \vdots & \vdots & \ddots & \vdots \\ 0 & 0 & \cdots & 1 & b_{r,r+1} & b_{r,r+2} & \cdots & b_{rn} \\ 0 & 0 & \cdots & 0 & 0 & 0 & \cdots & 0 \\ 0 & 0 & \cdots & 0 & 0 & 0 & \cdots & 0 \\ \vdots & \vdots & \ddots & \vdots & \vdots & \vdots & \ddots & \vdots \\ 0 & 0 & \cdots & 0 & 0 & 0 & \cdots & 0 \end{pmatrix},$$

则齐次方程组 $\boldsymbol{Ax}=\boldsymbol{0}$ 与下列方程同解

$$\begin{cases} x_1=-b_{1,r+1}x_{r+1}-b_{1,r+2}x_{r+2}-\cdots-b_{1n}x_n, \\ x_2=-b_{2,r+1}x_{r+1}-b_{2,r+2}x_{r+2}-\cdots-b_{2n}x_n, \\ \cdots\cdots\cdots \\ x_r=-b_{r,r+1}x_{r+1}-b_{r,r+2}x_{r+2}-\cdots-b_{rn}x_n, \end{cases}(x_{r+1},\ x_{r+2},\ \cdots,\ x_n \text{为自由未知数}). \quad (3-13)$$

分别取

$$\begin{pmatrix} x_{r+1} \\ x_{r+2} \\ \vdots \\ x_n \end{pmatrix}=\begin{pmatrix} 1 \\ 0 \\ \vdots \\ 0 \end{pmatrix}, \begin{pmatrix} 0 \\ 1 \\ \vdots \\ 0 \end{pmatrix}, \cdots, \begin{pmatrix} 0 \\ 0 \\ \vdots \\ 1 \end{pmatrix},$$

代入式(3-13)，即可得到齐次方程组 $\boldsymbol{Ax}=\boldsymbol{0}$ 的 $n-r$ 个解向量.

$$\boldsymbol{\xi}_1=\begin{pmatrix} -b_{1,r+1} \\ -b_{2,r+1} \\ \vdots \\ -b_{r,r+1} \\ 1 \\ 0 \\ \vdots \\ 0 \end{pmatrix},\ \boldsymbol{\xi}_2=\begin{pmatrix} -b_{1,r+2} \\ -b_{2,r+2} \\ \vdots \\ -b_{r,r+2} \\ 0 \\ 1 \\ \vdots \\ 0 \end{pmatrix},\ \cdots,\ \boldsymbol{\xi}_{n-r}=\begin{pmatrix} -b_{1n} \\ -b_{2n} \\ \vdots \\ -b_{rn} \\ 0 \\ 0 \\ \vdots \\ 1 \end{pmatrix}.$$

下面证明向量组 $\boldsymbol{\xi}_1,\boldsymbol{\xi}_2,\cdots,\boldsymbol{\xi}_{n-r}$ 就是齐次线性方程组 $\boldsymbol{Ax}=\boldsymbol{0}$ 的一个基础解系.

(1) 证明 $\boldsymbol{\xi}_1,\boldsymbol{\xi}_2,\cdots,\boldsymbol{\xi}_{n-r}$ 线性无关.

由于 $\boldsymbol{\xi}_1,\boldsymbol{\xi}_2,\cdots,\boldsymbol{\xi}_{n-r}$ 可看作 $n-r$ 个 $n-r$ 维向量 $\begin{pmatrix} 1 \\ 0 \\ \vdots \\ 0 \end{pmatrix}, \begin{pmatrix} 0 \\ 1 \\ \vdots \\ 0 \end{pmatrix}, \cdots, \begin{pmatrix} 0 \\ 0 \\ \vdots \\ 1 \end{pmatrix}$，分别添加 r 个分量得到的，而 $\begin{pmatrix} 1 \\ 0 \\ \vdots \\ 0 \end{pmatrix}, \begin{pmatrix} 0 \\ 1 \\ \vdots \\ 0 \end{pmatrix}, \cdots, \begin{pmatrix} 0 \\ 0 \\ \vdots \\ 1 \end{pmatrix}$ 线性无关，故 $\boldsymbol{\xi}_1,\boldsymbol{\xi}_2,\cdots,\boldsymbol{\xi}_{n-r}$ 也是线性无关.

(2) 证明 $\boldsymbol{Ax}=\boldsymbol{0}$ 的任意一个解都可由 $\boldsymbol{\xi}_1,\boldsymbol{\xi}_2,\cdots,\boldsymbol{\xi}_{n-r}$ 线性表示.

设 $\boldsymbol{Ax}=\boldsymbol{0}$ 的任意一个解为

$$\boldsymbol{\xi}=\begin{pmatrix} k_1 \\ k_2 \\ \vdots \\ k_r \\ k_{r+1} \\ k_{r+2} \\ \vdots \\ k_n \end{pmatrix},$$

则 $k_1, k_2, \cdots, k_r, k_{r+1}, k_{r+2}, \cdots, k_n$ 必定满足方程组(3-13)，即

$$\begin{cases} k_1 = -b_{1,r+1}k_{r+1} - b_{1,r+2}k_{r+2} - \cdots - b_{1n}k_n, \\ k_2 = -b_{2,r+1}k_{r+1} - b_{2,r+2}k_{r+2} - \cdots - b_{2n}k_n, \\ \cdots\cdots\cdots \\ k_r = -b_{r,r+1}k_{r+1} - b_{r,r+2}k_{r+2} - \cdots - b_{rn}k_n, \end{cases}$$

于是有

$$\begin{cases} k_1 = -b_{1,r+1}k_{r+1} - b_{1,r+2}k_{r+2} - \cdots - b_{1n}k_n, \\ k_2 = -b_{2,r+1}k_{r+1} - b_{2,r+2}k_{r+2} - \cdots - b_{2n}k_n, \\ \cdots\cdots\cdots \\ k_r = -b_{r,r+1}k_{r+1} - b_{r,r+2}k_{r+2} - \cdots - b_{rn}k_n, \\ k_{r+1} = \quad k_{r+1}, \\ k_{r+2} = \qquad k_{r+2}, \\ \cdots\cdots\cdots \\ k_n = \qquad\qquad k_n, \end{cases},$$

即

$$\boldsymbol{\xi} = \begin{pmatrix} k_1 \\ k_2 \\ \vdots \\ k_r \\ k_{r+1} \\ k_{r+2} \\ \vdots \\ k_n \end{pmatrix} = \begin{pmatrix} -b_{1,r+1}k_{r+1} - b_{1,r+2}k_{r+2} - \cdots - b_{1n}k_n \\ -b_{2,r+1}k_{r+1} - b_{2,r+2}k_{r+2} - \cdots - b_{2n}k_n \\ \vdots \\ -b_{r,r+1}k_{r+1} - b_{r,r+2}k_{r+2} - \cdots - b_{rn}k_n \\ k_{r+1} \\ k_{r+2} \\ \vdots \\ k_n \end{pmatrix} = k_{r+1}\begin{pmatrix} -b_{1,r+1} \\ -b_{2,r+1} \\ \vdots \\ -b_{r,r+1} \\ 1 \\ 0 \\ \vdots \\ 0 \end{pmatrix} + k_{r+2}\begin{pmatrix} -b_{1,r+2} \\ -b_{2,r+2} \\ \vdots \\ -b_{r,r+2} \\ 0 \\ 1 \\ \vdots \\ 0 \end{pmatrix} + \cdots + k_n\begin{pmatrix} -b_{1n} \\ -b_{2n} \\ \vdots \\ -b_{rn} \\ 0 \\ 0 \\ \vdots \\ 1 \end{pmatrix}$$

$$= k_{r+1}\boldsymbol{\xi}_1 + k_{r+2}\boldsymbol{\xi}_2 + \cdots + k_n\boldsymbol{\xi}_{n-r},$$

故 $\boldsymbol{Ax}=\boldsymbol{0}$ 的任一解 $\boldsymbol{\xi}$ 都可由 $\boldsymbol{\xi}_1, \boldsymbol{\xi}_2, \cdots, \boldsymbol{\xi}_{n-r}$ 线性表示.

综合(1)和(2)的证明可知，$\boldsymbol{\xi}_1, \boldsymbol{\xi}_2, \cdots, \boldsymbol{\xi}_{n-r}$ 是齐次线性方程组 $\boldsymbol{Ax}=\boldsymbol{0}$ 的一个基础解系.

注 定理 3-16 的证明过程给出了求齐次线性方程组基础解系的方法.

例 29 求齐次线性方程组

$$\begin{cases} x_1 + x_2 + x_3 + x_4 + x_5 = 0, \\ 3x_1 + 2x_2 + x_3 + x_4 - 3x_5 = 0, \\ x_2 + 2x_3 + 2x_4 + 6x_5 = 0, \\ 5x_1 + 4x_2 + 3x_3 + 3x_4 - x_5 = 0 \end{cases}$$

的基础解系和通解.

解 对系数矩阵 $\boldsymbol{A}$ 进行初等行变换，化为行简化阶梯形矩阵，有

$$A=\begin{pmatrix}1&1&1&1&1\\3&2&1&1&-3\\0&1&2&2&6\\5&4&3&3&-1\end{pmatrix}\to\begin{pmatrix}1&1&1&1&1\\0&-1&-2&-2&-6\\0&1&2&2&6\\0&-1&-2&-2&-6\end{pmatrix}\to\begin{pmatrix}1&1&1&1&1\\0&-1&-2&-2&-6\\0&0&0&0&0\\0&0&0&0&0\end{pmatrix}$$

$$\to\begin{pmatrix}1&1&1&1&1\\0&1&2&2&6\\0&0&0&0&0\\0&0&0&0&0\end{pmatrix}\to\begin{pmatrix}1&0&-1&-1&-5\\0&1&2&2&6\\0&0&0&0&0\\0&0&0&0&0\end{pmatrix},$$

可得

$$\begin{cases}x_1-\quad\ x_3-\ x_4-5x_5=0,\\ \quad x_2+2x_3+2x_4+6x_5=0.\end{cases}$$

取 x_3，x_4，x_5 为自由未知数，方程组改写为

$$\begin{cases}x_1=\quad x_3+\ x_4+5x_5,\\ x_2=-2x_3-2x_4-6x_5.\end{cases}\qquad (*)$$

令 $\begin{pmatrix}x_3\\x_4\\x_5\end{pmatrix}=\begin{pmatrix}1\\0\\0\end{pmatrix},\begin{pmatrix}0\\1\\0\end{pmatrix},\begin{pmatrix}0\\0\\1\end{pmatrix}$，则对应有 $\begin{pmatrix}x_1\\x_2\end{pmatrix}=\begin{pmatrix}1\\-2\end{pmatrix},\begin{pmatrix}1\\-2\end{pmatrix},\begin{pmatrix}5\\-6\end{pmatrix}$，即得基础解系

$$\boldsymbol{\xi}_1=\begin{pmatrix}1\\-2\\1\\0\\0\end{pmatrix},\ \boldsymbol{\xi}_2=\begin{pmatrix}1\\-2\\0\\1\\0\end{pmatrix},\ \boldsymbol{\xi}_3=\begin{pmatrix}5\\-6\\0\\0\\1\end{pmatrix},$$

并由此写出通解

$$\boldsymbol{\xi}=k_1\begin{pmatrix}1\\-2\\1\\0\\0\end{pmatrix}+k_2\begin{pmatrix}1\\-2\\0\\1\\0\end{pmatrix}+k_3\begin{pmatrix}5\\-6\\0\\0\\1\end{pmatrix}\ (k_1,\ k_2,\ k_3\ \text{为任意常数}).$$

注　在例 25 中，线性方程组的解法是从方程组(＊)直接写出通解，而本例中是先从方程组(＊)中先求出基础解系，再写出通解，两种解法其实并没有多少区别.

例 30　设 $\boldsymbol{A}_{m\times n}\boldsymbol{B}_{n\times l}=\boldsymbol{O}$，求证：$r(\boldsymbol{A})+r(\boldsymbol{B})\leqslant n$.

证明　将矩阵 $\boldsymbol{B}$ 按列分块，得 $\boldsymbol{B}=(\boldsymbol{b}_1,\boldsymbol{b}_2,\cdots,\boldsymbol{b}_l)$，其中 $\boldsymbol{b}_1,\boldsymbol{b}_2,\cdots,\boldsymbol{b}_l$ 为矩阵 $\boldsymbol{B}$ 的列向量组. 由 $\boldsymbol{AB}=\boldsymbol{O}$，则

$$\boldsymbol{A}(\boldsymbol{b}_1,\boldsymbol{b}_2,\cdots,\boldsymbol{b}_l)=(\boldsymbol{Ab}_1,\boldsymbol{Ab}_2,\cdots,\boldsymbol{Ab}_l)=(\boldsymbol{0},\boldsymbol{0},\cdots,\boldsymbol{0}),$$

即

$$\boldsymbol{Ab}_i=\boldsymbol{0}\ (i=1,2,\cdots,l),$$

表明矩阵 $\boldsymbol{B}$ 的每一个列向量 $\boldsymbol{b}_i$ 都是齐次线性方程组 $\boldsymbol{Ax}=\boldsymbol{0}$ 的解.

(1) 当 $r(\boldsymbol{A})=r=n$ 时，由于 $\boldsymbol{Ax}=\boldsymbol{0}$ 只有零解，故 $\boldsymbol{B}=\boldsymbol{O}$，则 $r(\boldsymbol{B})=0$，所以

$$r(\boldsymbol{A})+r(\boldsymbol{B})=n+0=n\leqslant n.$$

(2) 当 $r(\boldsymbol{A})=r<n$ 时，不妨设 $\boldsymbol{\xi}_1,\boldsymbol{\xi}_2,\cdots,\boldsymbol{\xi}_{n-r}$ 为 $\boldsymbol{Ax}=\boldsymbol{0}$ 的一个基础解系，则每个 $\boldsymbol{b}_i(i=1,2,\cdots,l)$ 均可由 $\boldsymbol{\xi}_1,\boldsymbol{\xi}_2,\cdots,\boldsymbol{\xi}_{n-r}$ 线性表示，因此有

$$r(\boldsymbol{B})=r(\boldsymbol{b}_1,\boldsymbol{b}_2,\cdots,\boldsymbol{b}_l)\leqslant r(\boldsymbol{\xi}_1,\boldsymbol{\xi}_2,\cdots,\boldsymbol{\xi}_{n-r})=n-r,$$

则

$$r(\boldsymbol{A})+r(\boldsymbol{B})\leqslant r+(n-r)=n.$$

例 31　求证：若 $\boldsymbol{A}$ 是一个 $n(n\geqslant 2)$ 阶矩阵，$\boldsymbol{A}^*$ 为 $\boldsymbol{A}$ 的伴随矩阵，则

$$r(\boldsymbol{A}^*)=\begin{cases}n, & r(\boldsymbol{A})=n,\\ 1, & r(\boldsymbol{A})=n-1,\\ 0, & r(\boldsymbol{A})\leqslant n-2.\end{cases}$$

证明　(1) 当 $r(\boldsymbol{A})=n$ 时，有 $|\boldsymbol{A}|\neq 0$，再由 $\boldsymbol{AA}^*=|\boldsymbol{A}|\boldsymbol{E}$ 可得 $|\boldsymbol{A}^*|=|\boldsymbol{A}|^{n-1}\neq 0$，从而有 $r(\boldsymbol{A}^*)=n$.

(2) 当 $r(\boldsymbol{A})=n-1$ 时，则 $\boldsymbol{A}$ 中至少有一个 $n-1$ 阶子式不等于零，即 $\boldsymbol{A}^*$ 中至少有一个元素不等于零，故 $r(\boldsymbol{A}^*)\geqslant 1$.

另一方面，因为 $r(\boldsymbol{A})=n-1$，则 $|\boldsymbol{A}|=0$，知 $\boldsymbol{AA}^*=|\boldsymbol{A}|\boldsymbol{E}=\boldsymbol{O}$，再结合例 30 可得 $r(\boldsymbol{A}^*)\leqslant n-(n-1)=1$，综合上述两个不等式，可得 $r(\boldsymbol{A}^*)=1$.

(3) 当 $r(\boldsymbol{A})\leqslant n-2$ 时，则 $\boldsymbol{A}$ 中的任意一个 $n-1$ 阶子式均为零，可得 $\boldsymbol{A}^*=\boldsymbol{O}$，即 $r(\boldsymbol{A}^*)=0$.

三、非齐次线性方程组解的结构

设有非齐次线性方程组

$$\begin{cases}a_{11}x_1+a_{12}x_2+\cdots+a_{1n}x_n=b_1,\\ a_{21}x_1+a_{22}x_2+\cdots+a_{2n}x_n=b_2,\\ \cdots\cdots\cdots\\ a_{m1}x_1+a_{m2}x_2+\cdots+a_{mn}x_n=b_m,\end{cases}$$

它的矩阵形式为 $\boldsymbol{Ax}=\boldsymbol{b}$，称 $\boldsymbol{Ax}=\boldsymbol{0}$ 为 $\boldsymbol{Ax}=\boldsymbol{b}$ 所对应的齐次线性方程组(也称为导出组).

性质 3-3　设 $\boldsymbol{\eta}_1$，$\boldsymbol{\eta}_2$ 是 $\boldsymbol{Ax}=\boldsymbol{b}$ 的任意两个解，则 $\boldsymbol{\eta}_1-\boldsymbol{\eta}_2$ 是导出组 $\boldsymbol{Ax}=\boldsymbol{0}$ 的解.

证明　因为 $\boldsymbol{\eta}_1$，$\boldsymbol{\eta}_2$ 是 $\boldsymbol{Ax}=\boldsymbol{b}$ 的两个解，即 $\boldsymbol{A\eta}_1=\boldsymbol{b}$，$\boldsymbol{A\eta}_2=\boldsymbol{b}$，所以

$$\boldsymbol{A}(\boldsymbol{\eta}_1-\boldsymbol{\eta}_2)=\boldsymbol{A\eta}_1-\boldsymbol{A\eta}_2=\boldsymbol{b}-\boldsymbol{b}=\boldsymbol{0},$$

即 $\boldsymbol{\eta}_1-\boldsymbol{\eta}_2$ 是导出组 $\boldsymbol{Ax}=\boldsymbol{0}$ 的解.

性质 3-4　设 $\boldsymbol{\eta}$ 是 $\boldsymbol{Ax}=\boldsymbol{b}$ 的任意解，$\boldsymbol{\xi}$ 是导出组 $\boldsymbol{Ax}=\boldsymbol{0}$ 的任意解，则 $\boldsymbol{\eta}+\boldsymbol{\xi}$ 是 $\boldsymbol{Ax}=\boldsymbol{b}$ 的解.

证明　由题易知，即 $\boldsymbol{A\eta}=\boldsymbol{b}$，$\boldsymbol{A\xi}=\boldsymbol{0}$，于是

$$\boldsymbol{A}(\boldsymbol{\eta}+\boldsymbol{\xi})=\boldsymbol{A\eta}+\boldsymbol{A\xi}=\boldsymbol{b}+\boldsymbol{0}=\boldsymbol{b},$$

即 $\boldsymbol{\eta}+\boldsymbol{\xi}$ 是 $\boldsymbol{Ax}=\boldsymbol{b}$ 的解.

由性质 3-3 和性质 3-4 可以看出，非齐次线性方程组 $\boldsymbol{Ax}=\boldsymbol{b}$ 与其导出组 $\boldsymbol{Ax}=\boldsymbol{0}$ 之间有着密切的关系. 进一步探讨非齐次线性方程组解的结构定理.

定理 3-17 设 $\boldsymbol{\eta}$ 是非齐次线性方程组 $\boldsymbol{Ax}=\boldsymbol{b}$ 任意给定的一个解(通常称为特解)，$\boldsymbol{\xi}_1,\boldsymbol{\xi}_2,\cdots,\boldsymbol{\xi}_{n-r}$是其导出组 $\boldsymbol{Ax}=\boldsymbol{0}$ 的一个基础解系，则非齐次线性方程组 $\boldsymbol{Ax}=\boldsymbol{b}$ 的通解可以表示为

$$\boldsymbol{\gamma}=k_1\boldsymbol{\xi}_1+k_2\boldsymbol{\xi}_2+\cdots+k_{n-r}\boldsymbol{\xi}_{n-r}+\boldsymbol{\eta},$$

其中 k_1，k_2，$\cdots$，k_{n-r}是任意实数.

证明 由 $\boldsymbol{A}(k_1\boldsymbol{\xi}_1+k_2\boldsymbol{\xi}_2+\cdots+k_{n-r}\boldsymbol{\xi}_{n-r}+\boldsymbol{\eta})=\boldsymbol{0}+\boldsymbol{b}=\boldsymbol{b}$，故 $k_1\boldsymbol{\xi}_1+k_2\boldsymbol{\xi}_2+\cdots+k_{n-r}\boldsymbol{\xi}_{n-r}+\boldsymbol{\eta}$ 确实是 $\boldsymbol{Ax}=\boldsymbol{b}$ 的解.

下面证明 $\boldsymbol{Ax}=\boldsymbol{b}$ 任意一个解都可以表示为 $\boldsymbol{\gamma}=k_1\boldsymbol{\xi}_1+k_2\boldsymbol{\xi}_2+\cdots+k_{n-r}\boldsymbol{\xi}_{n-r}+\boldsymbol{\eta}$.

设 $\boldsymbol{\gamma}$ 为非齐次线性方程组 $\boldsymbol{Ax}=\boldsymbol{b}$ 的任意一个解，由性质 3-3 可知，$\boldsymbol{\gamma}-\boldsymbol{\eta}$ 是其导出组 $\boldsymbol{Ax}=\boldsymbol{0}$的解，从而必定可由 $\boldsymbol{Ax}=\boldsymbol{0}$ 的基础解系线性表示，即存在一组数 $k_1,k_2,\cdots,k_{n-r}$，使得$\boldsymbol{\gamma}-\boldsymbol{\eta}=k_1\boldsymbol{\xi}_1+k_2\boldsymbol{\xi}_2+\cdots+k_{n-r}\boldsymbol{\xi}_{n-r}$，即 $\boldsymbol{\gamma}=k_1\boldsymbol{\xi}_1+k_2\boldsymbol{\xi}_2+\cdots+k_{n-r}\boldsymbol{\xi}_{n-r}+\boldsymbol{\eta}$.

综合前述讨论，设有非齐次线性方程组 $\boldsymbol{A}_{m\times n}\boldsymbol{x}=\boldsymbol{b}$，且 $\boldsymbol{\alpha}_1,\boldsymbol{\alpha}_2,\cdots,\boldsymbol{\alpha}_n$ 为系数矩阵 $\boldsymbol{A}$ 的列向量组，则下列命题等价：

(1) 非齐次线性方程组 $\boldsymbol{Ax}=\boldsymbol{b}$ 有解；

(2) $r(\boldsymbol{A})=r(\boldsymbol{A},\boldsymbol{b})$；

(3) 向量 $\boldsymbol{b}$ 可由向量组 $\boldsymbol{\alpha}_1,\boldsymbol{\alpha}_2,\cdots,\boldsymbol{\alpha}_n$ 线性表示；

(4) 向量组 $\boldsymbol{\alpha}_1,\boldsymbol{\alpha}_2,\cdots,\boldsymbol{\alpha}_n$ 与向量组 $\boldsymbol{\alpha}_1,\boldsymbol{\alpha}_2,\cdots,\boldsymbol{\alpha}_n,\boldsymbol{b}$ 等价.

例 32 求下列非齐次线性方程组的通解：

$$\begin{cases} x_1-\ \ x_2+\ 2x_3+3x_4=1, \\ 5x_1+16x_2+31x_3-6x_4=26, \\ 2x_1+\ \ x_2+\ 7x_3+3x_4=5. \end{cases}$$

解 对增广矩阵进行初等行变换.

$$\overline{\boldsymbol{A}}=\begin{pmatrix} 1 & -1 & 2 & 3 & 1 \\ 5 & 16 & 31 & -6 & 26 \\ 2 & 1 & 7 & 3 & 5 \end{pmatrix}\to\begin{pmatrix} 1 & -1 & 2 & 3 & 1 \\ 0 & 21 & 21 & -21 & 21 \\ 0 & 3 & 3 & -3 & 3 \end{pmatrix}$$

$$\to\begin{pmatrix} 1 & -1 & 2 & 3 & 1 \\ 0 & 1 & 1 & -1 & 1 \\ 0 & 0 & 0 & 0 & 0 \end{pmatrix}\to\begin{pmatrix} 1 & 0 & 3 & 2 & 2 \\ 0 & 1 & 1 & -1 & 1 \\ 0 & 0 & 0 & 0 & 0 \end{pmatrix}.$$

由 $r(\boldsymbol{A})=r(\overline{\boldsymbol{A}})=2<4$ 知方程组有无穷多解，且得到

$$\begin{cases} x_1=-3x_3-2x_4+2, \\ x_2=\ \ -x_3+\ x_4+1, \end{cases}\quad (x_3，x_4\text{ 为自由未知数}),$$

取 $x_3=x_4=0$，得 $x_1=2$，$x_2=1$，即得方程组的一个特解

$$\boldsymbol{\eta}=\begin{pmatrix} 2 \\ 1 \\ 0 \\ 0 \end{pmatrix},$$

对应的导出组为

$$\begin{cases} x_1=-3x_3-2x_4, \\ x_2=-x_3+x_4, \end{cases}\quad (x_3，x_4\text{ 为自由未知数}),$$

令

$$\begin{pmatrix}x_3\\x_4\end{pmatrix}=\begin{pmatrix}1\\0\end{pmatrix}\text{及}\begin{pmatrix}0\\1\end{pmatrix},$$

则

$$\begin{pmatrix}x_1\\x_2\end{pmatrix}=\begin{pmatrix}-3\\-1\end{pmatrix}\text{及}\begin{pmatrix}-2\\1\end{pmatrix},$$

即得导出组的一个基础解系

$$\boldsymbol{\xi}_1=\begin{pmatrix}-3\\-1\\1\\0\end{pmatrix},\ \boldsymbol{\xi}_2=\begin{pmatrix}-2\\1\\0\\1\end{pmatrix},$$

于是，所求方程组的通解为

$$\boldsymbol{\gamma}=k_1\boldsymbol{\xi}_1+k_2\boldsymbol{\xi}_2+\boldsymbol{\eta}\quad(k_1,\ k_2\text{ 为任意常数}).$$

习题 3-4

1. 求下列齐次线性形方程组的通解.

（1）$\begin{cases}x_1+2x_2+2x_3+x_4=0,\\2x_1+x_2-2x_3-2x_4=0,\\x_1-x_2-4x_3-3x_4=0.\end{cases}$　（2）$\begin{cases}2x_1-4x_2+5x_3+3x_4=0,\\3x_1-6x_2+4x_3+2x_4=0,\\4x_1-8x_2+17x_3+11x_4=0.\end{cases}$

（3）$\begin{cases}x_1+x_2+x_3+4x_4-3x_5=0,\\x_1-x_2+3x_3-2x_4-x_5=0,\\2x_1+x_2+3x_3+5x_4-5x_5=0,\\3x_1+x_2+5x_3+6x_4-7x_5=0.\end{cases}$　（4）$\begin{cases}x_1-2x_2+x_3+x_4-x_5=0,\\2x_1+x_2-x_3-x_4+x_5=0,\\x_1+8x_2-5x_3-5x_4+5x_5=0,\\3x_1-x_2-2x_3+x_4-x_5=0.\end{cases}$

2. 求下列非齐次线性方程组的通解(要求写出导出组的基础解系).

（1）$\begin{cases}x_1-x_2+2x_3-2x_4=1,\\x_2+x_3+2x_4=-1,\\2x_1-x_2+5x_3-2x_4=1,\\x_1+x_2+4x_3+2x_4=-1.\end{cases}$　（2）$\begin{cases}x_1+2x_2+3x_3+x_4=5,\\2x_1+4x_2-x_4=1,\\-x_1-2x_2+3x_3+2x_4=4,\\x_1+2x_2-9x_3-5x_4=-13.\end{cases}$

（3）$\begin{cases}x_1+5x_2-x_3-x_4=-1,\\x_1-2x_2+x_3+3x_4=3,\\3x_1+8x_2-x_3+x_4=1,\\x_1-9x_2+3x_3+7x_4=7.\end{cases}$

3. 已知四元非齐次线性方程组 $\boldsymbol{Ax}=\boldsymbol{b}$ 的 3 个解为 $\boldsymbol{\eta}_1$，$\boldsymbol{\eta}_2$，$\boldsymbol{\eta}_3$，且 $\boldsymbol{\eta}_1=(3,-4,1,2)^{\mathrm{T}}$，$\boldsymbol{\eta}_2+\boldsymbol{\eta}_3=(4,6,8,0)^{\mathrm{T}}$，$r(\boldsymbol{A})=3$，求该方程组的通解.

4. 问线性方程组

$$\begin{cases}2x_1-\ x_2+2x_3-8x_4=1,\\ \ x_1+2x_2+\ x_3-\ x_4=-1,\\ \ x_1+7x_2+\ x_3+5x_4=\lambda\end{cases}$$

中 λ 取何值时，方程组有解？在有解的情况下，求线性方程组的通解.

5. 设 $\boldsymbol{A}$ 是 $m\times n$ 实矩阵，求证：$r(\boldsymbol{A}^{\mathrm{T}}\boldsymbol{A})=r(\boldsymbol{A})$.

6. 设 n 阶矩阵 $\boldsymbol{A}$ 满足 $\boldsymbol{A}^2=\boldsymbol{A}$，$\boldsymbol{E}$ 为 n 阶单位矩阵，求证：$r(\boldsymbol{A})+r(\boldsymbol{A}-\boldsymbol{E})=n$.

第五节　应用实例

【课前导读】

线性方程组在实际中有广泛的应用，适当地引入此方面的实际案例可以加强教学效果. 本节通过具体的实例，阐述了线性方程组理论在经济系统平衡等方面的实际应用.

【学习要求】

1. 了解线性方程组在经济学、社会学、统计学等方面的应用.
2. 理解向量组、线性方程组在具体问题中所表示的意义.
3. 掌握实际问题模型建立和模型求解的方法.

一、任务分派问题

例 33　某地计划修 3 条公路，有 3 个公司报名修路，其对这 3 条路的报价如表 3-1 所示.

表 3-1　报价表　（单位：万元）

公　司	公　路　A	公　路　B	公　路　C
公司一	182	195	149
公司二	141	238	110
公司三	198	218	207

为加快修路进度，拟允许每个公司只承包一条公路，问如何分派任务才能做到总费用最省？

解　由题意可得矩阵

$$\begin{pmatrix}182 & 195 & 149\\ 141 & 238 & 110\\ 198 & 218 & 207\end{pmatrix},$$

将矩阵每行每列各取一个元素求和，得到最小值就是所采取的方案.

总共有 6 种方案：

$$182+238+207=627;$$
$$182+218+110=510;$$
$$195+141+207=543;$$
$$195+110+198=503;$$
$$149+141+218=508;$$
$$149+238+198=585.$$

比较这 6 种结果，发现 BCA 方法最优.

例 34　一家服装厂共有 3 个加工车间，第 1 个车间用一匹布能生产 4 件衬衫、15 条长裤和 3 件外衣，第 2 个车间用一匹布能生产 4 件衬衫、5 条长裤和 9 件外衣，第 3 个车间用一匹布能生产 8 件衬衫、10 条长裤和 3 件外衣. 现该厂接到一个订单，要求供应 2000 件衬衫、3500 条长裤和 2400 件外衣，问该厂如何向 3 个车间安排加工任务，以完成该订单.

解　将 3 个车间生产的衬衫、长裤、外衣和总加工量分别用向量表示为

$$\boldsymbol{\alpha}_1=\begin{pmatrix}4\\15\\3\end{pmatrix},\ \boldsymbol{\alpha}_2=\begin{pmatrix}4\\5\\9\end{pmatrix},\ \boldsymbol{\alpha}_3=\begin{pmatrix}8\\10\\3\end{pmatrix},\ \boldsymbol{\beta}=\begin{pmatrix}2000\\3500\\2400\end{pmatrix},$$

显然 $\boldsymbol{\alpha}_1,\boldsymbol{\alpha}_2,\boldsymbol{\alpha}_3$ 线性无关，故 $\boldsymbol{\beta}$ 可由向量组 $\boldsymbol{\alpha}_1,\boldsymbol{\alpha}_2,\boldsymbol{\alpha}_3$ 线性表示，有

$$\begin{cases}4x_1+4x_2+\ 8x_3=2000,\\15x_1+5x_2+10x_3=3500,\\3x_1+9x_2+\ 3x_3=2400.\end{cases}$$

解该线性方程组，可得 $\begin{cases}x_1=100,\\x_2=200,\\x_3=100,\end{cases}$ 即 $\boldsymbol{\beta}=100\boldsymbol{\alpha}_1+200\boldsymbol{\alpha}_2+100\boldsymbol{\alpha}_3$，故可分配 3 个车间 100、200、100 匹布即可圆满完成任务.

二、经济系统的平衡问题

例 35　假设一个经济系统由 3 个行业：五金化工、能源(如燃料、电力等)、机械组成，每个行业的产出在各个行业中的分配如表 3-2 所示，每一列中的元素表示占该行业总产出的比例. 以第二列为例，能源行业的总产出的分配如下：80%分配到五金化工行业，10%分配到机械行业，余下的供本行业使用. 因为考虑了所有的产出，所以每一列的小数加起来必须等于 1. 把五金化工、能源、机械行业每年总产出的价格(即货币价值)分别用 $\boldsymbol{p}_1,\boldsymbol{p}_2,\boldsymbol{p}_3$ 表示. 试求出使得每个行业的投入与产出都相等的平衡价格.

表 3-2　经济系统的平衡

产出分配			购买者
五金化工	能源	机械	
0.2	0.8	0.4	五金化工
0.3	0.1	0.4	能源
0.5	0.1	0.2	机械

注 列昂惕夫的“交换模型”：假设一个国家的经济分为很多行业，例如制造业、通信业、娱乐业和服务行业等. 我们知道每个部门一年的总产出，并准确了解其产出如何在经济的其他部门之间分配或“交易”. 把一个部门产出的总货币价值称为该产出的价格. 列昂惕夫证明了如下结论.

存在赋给各部门总产出的平衡价格，使得每个部门的投入与产出都相等.

解 从表 3-2 可以看出，沿列表示每个行业的产出分配到何处，沿行表示每个行业所需的投入. 例如，第 1 行说明五金化工行业购买了 80%的能源产出、40%的机械产出以及 20%的本行业产出，由于 3 个行业的总产出价格分别是 $\boldsymbol{p}_1,\boldsymbol{p}_2,\boldsymbol{p}_3$，因此五金化工行业必须分别向 3 个行业支付 $0.2\boldsymbol{p}_1, 0.8\boldsymbol{p}_2, 0.4\boldsymbol{p}_3$ 元. 五金化工行业的总支出为 $0.2\boldsymbol{p}_1+0.8\boldsymbol{p}_2+0.4\boldsymbol{p}_3$. 为了使五金化工行业的收入 $\boldsymbol{p}_1$ 等于它的支出，因此希望 $\boldsymbol{p}_1=0.2\boldsymbol{p}_1+0.8\boldsymbol{p}_2+0.4\boldsymbol{p}_3$.

采用类似的方法处理表 3-2 中第 2、3 行，同上式一起构成齐次线性方程组

$$\begin{cases}\boldsymbol{p}_1=0.2\boldsymbol{p}_1+0.8\boldsymbol{p}_2+0.4\boldsymbol{p}_3,\\ \boldsymbol{p}_2=0.3\boldsymbol{p}_1+0.1\boldsymbol{p}_2+0.4\boldsymbol{p}_3,\\ \boldsymbol{p}_3=0.5\boldsymbol{p}_1+0.1\boldsymbol{p}_2+0.2\boldsymbol{p}_3,\end{cases}$$

该方程组的通解为

$$\begin{pmatrix}\boldsymbol{p}_1\\ \boldsymbol{p}_2\\ \boldsymbol{p}_3\end{pmatrix}=\begin{pmatrix}1.417\\ 0.917\\ 1.000\end{pmatrix}\boldsymbol{p}_3.$$

此即经济系统的平衡价格向量，每个 $\boldsymbol{p}_3$ 的非负取值都确定一个平衡价格的取值. 例如，我们取 $\boldsymbol{p}_3$ 为 1.000 亿元，则 $\boldsymbol{p}_1=1.417$ 亿元，$\boldsymbol{p}_2=0.917$ 亿元. 即如果五金化工行业产出价格为 1.417 亿元，则能源行业产出价格为 0.917 亿元，机械行业的产出价格为 1.000 亿元，那么每个行业的收入和支出相等.

习题 3-5

1. (建筑设计问题)一幢大的公寓建筑使用模块建筑技术. 每层楼的建筑设计在 3 种设计中选择. A 设计每层有 18 个公寓，包括 3 个三室单元、7 个两室单元和 8 个一室单元；B 设计每层有 4 个三室单元、4 个两室单元和 8 个一室单元；C 设计每层有 5 个三室单元、3 个两室单元和 9 个一室单元. 设该建筑有 x_1 层采取 A 设计，x_2 层采取 B 设计，x_3 层采取 C 设计.

(1) 向量 $x_1\begin{pmatrix}3\\7\\8\end{pmatrix}$ 的实际意义是什么？

(2) 用向量的线性组合表示该建筑所包含的三室、两室和一室单元的总数.

(3) 是否可能设计该建筑物，使恰有 66 个三室单元、74 个两室单元和 136 个一室单元？如果可能，是否有多种方法？

2. (营养食谱问题)一种早餐麦片的包装罐通常列出每份食用量包含的热量、蛋白质、

碳水化合物与脂肪的量. 两种常见的麦片的营养素含量如表 3-3 所示.

表 3-3　两种麦片的营养素含量

营　养　素	每份食物营养素含量	
	A 麦片	B 麦片
热量(J)	110	130
蛋白质(g)	4	3
碳水化合物(g)	20	18
脂肪(g)	2	5

设这两种麦片的混合物要求含 295J 热量，9g 蛋白质，48g 碳水化合物和 8g 脂肪.

(1) 建立这个问题的一个向量方程，并给出方程中变量表示的含义.

(2) 写出等价的矩阵方程，并判断所希望的两种麦片的混合物是否可以制作出来.

本章内容小结

一、本章知识点网络图

本章知识点网络图如图 3-2 所示.

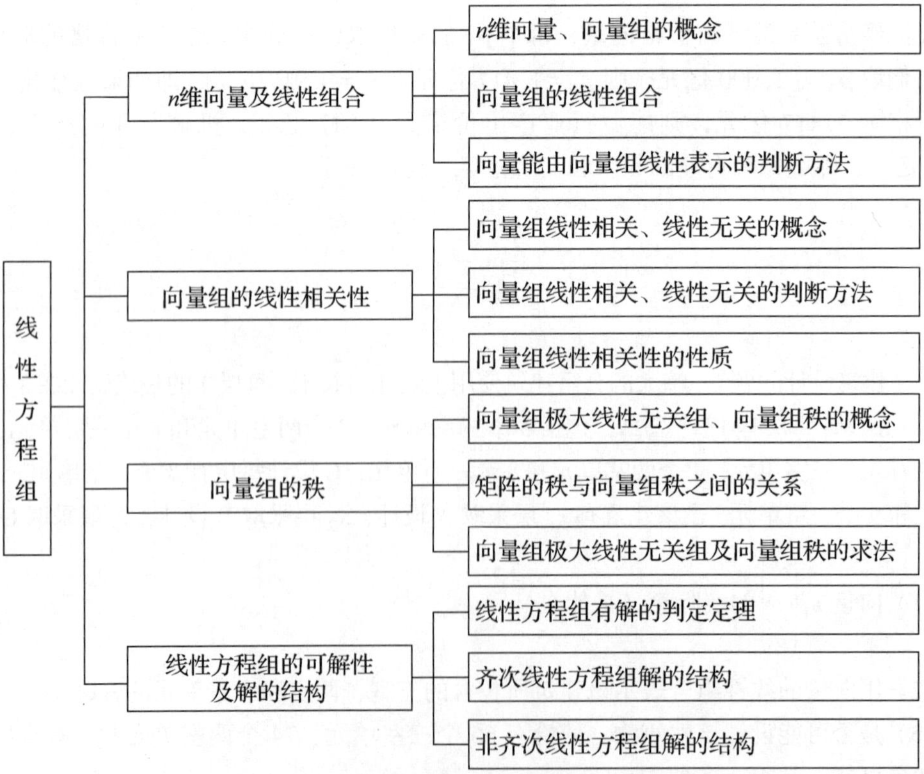

图 3-2　第三章知识点网络图

二、本章题型总结与分析

题型 1：向量组线性相关性的判定

解题思路总结如下.

(1) 利用定义判别：这是判别向量组线性相关性最基本的方法，既适用于分量已给出的向量组，又适用于分量中含有待定参数的向量组.

(2) 利用矩阵的秩判别：不妨设有 m 个 n 维列向量 $\boldsymbol{\alpha}_1,\boldsymbol{\alpha}_2,\cdots,\boldsymbol{\alpha}_m$，记 $\boldsymbol{A}=(\boldsymbol{\alpha}_1,\boldsymbol{\alpha}_2,\cdots,\boldsymbol{\alpha}_m)$，则可用矩阵 $\boldsymbol{A}$ 的秩判别向量组 $\boldsymbol{\alpha}_1,\boldsymbol{\alpha}_2,\cdots,\boldsymbol{\alpha}_m$ 的线性相关性.

(3) 利用行列式判别：若向量组的个数与维数相等，如 n 维向量组 $\boldsymbol{\alpha}_1,\boldsymbol{\alpha}_2,\cdots,\boldsymbol{\alpha}_n$，记 $\boldsymbol{A}=(\boldsymbol{\alpha}_1,\boldsymbol{\alpha}_2,\cdots,\boldsymbol{\alpha}_n)$，此时 $\boldsymbol{A}$ 为方阵. 若 $|\boldsymbol{A}|=0$，则向量组线性相关；若 $|\boldsymbol{A}|\neq 0$，则向量组线性无关.

例 36 设有向量组

$$\boldsymbol{\alpha}_1=(2,1,1,1)^{\mathrm{T}},\ \boldsymbol{\alpha}_2=(2,1,a,a)^{\mathrm{T}},\ \boldsymbol{\alpha}_3=(3,2,1,a)^{\mathrm{T}},\ \boldsymbol{\alpha}_4=(4,3,2,1)^{\mathrm{T}},$$

讨论向量组的线性相关性.

解 **方法一** 矩阵秩法. 记 $\boldsymbol{A}=(\boldsymbol{\alpha}_1,\boldsymbol{\alpha}_2,\boldsymbol{\alpha}_3,\boldsymbol{\alpha}_4)$，则

$$\boldsymbol{A}=(\boldsymbol{\alpha}_1,\boldsymbol{\alpha}_2,\boldsymbol{\alpha}_3,\boldsymbol{\alpha}_4)=\begin{pmatrix}2&2&3&4\\1&1&2&3\\1&a&1&2\\1&a&a&1\end{pmatrix}\to\begin{pmatrix}1&1&2&3\\0&0&-1&-2\\0&a-1&-1&-1\\0&a-1&a-2&-2\end{pmatrix}\to\begin{pmatrix}1&1&2&3\\0&a-1&-1&-2\\0&0&1&2\\0&0&0&1-2a\end{pmatrix},$$

故当 $a\neq 1$ 且 $a\neq\dfrac{1}{2}$ 时，$\boldsymbol{r}(\boldsymbol{A})=4$，向量组 $\boldsymbol{\alpha}_1,\boldsymbol{\alpha}_2,\boldsymbol{\alpha}_3,\boldsymbol{\alpha}_4$ 线性无关；当 $a=1$ 或 $a=\dfrac{1}{2}$ 时，$\boldsymbol{r}(\boldsymbol{A})=3$，向量组线性相关.

方法二 用行列式法，因为

$$|\boldsymbol{A}|=\begin{vmatrix}2&2&3&4\\1&1&2&3\\1&a&1&2\\1&a&a&1\end{vmatrix}=(a-1)(2a-1)=0,$$

显然，当 $a\neq 1$ 且 $a\neq\dfrac{1}{2}$ 时，向量组 $\boldsymbol{\alpha}_1,\boldsymbol{\alpha}_2,\boldsymbol{\alpha}_3,\boldsymbol{\alpha}_4$ 线性无关；当 $a=1$ 或 $a=\dfrac{1}{2}$ 时，向量组线性相关.

题型 2：求向量组的秩与极大线性无关组

解题思路总结如下.

1. 求向量组的极大线性无关组

(1) 定义法：需要列举向量组中所有线性无关部分组进行讨论，故一般适用于向量个数相对较少的向量组.

(2) 初等行变换法：是求向量组极大线性无关组的基本方法，关键是将向量组所对应的矩阵利用矩阵初等行变换，化为行阶梯形矩阵，在每一阶梯(阶梯处元素不为零)中取一列作为代表，则所得向量组就是原向量组的极大线性无关组.

2. 求向量组的秩

(1) 将向量组的秩转化为矩阵的秩来计算.

(2) 定义法. 如欲证 r 个向量组成的向量组的秩为 r，只需要证明该向量组线性无关.

例 37　设有向量组

$\boldsymbol{\alpha}_1=(1+a,1,1,1)^{\mathrm{T}}$，$\boldsymbol{\alpha}_2=(2,2+a,2,2)^{\mathrm{T}}$，$\boldsymbol{\alpha}_3=(3,3,3+a,3)^{\mathrm{T}}$，$\boldsymbol{\alpha}_4=(4,4,4,4+a)^{\mathrm{T}}$.
问 a 为何值时，$\boldsymbol{\alpha}_1,\boldsymbol{\alpha}_2,\boldsymbol{\alpha}_3,\boldsymbol{\alpha}_4$ 线性相关？当 $\boldsymbol{\alpha}_1,\boldsymbol{\alpha}_2,\boldsymbol{\alpha}_3,\boldsymbol{\alpha}_4$ 线性相关时，求其一个极大线性无关组，并将其余向量用该极大线性无关组线性表示.

解　令

$$|\boldsymbol{A}|=|\boldsymbol{\alpha}_1,\boldsymbol{\alpha}_2,\boldsymbol{\alpha}_3,\boldsymbol{\alpha}_4|=\begin{vmatrix}1+a & 2 & 3 & 4\\ 1 & 2+a & 3 & 4\\ 1 & 2 & 3+a & 4\\ 1 & 2 & 3 & 4+a\end{vmatrix}=(10+a)a^3,$$

显然，当 $a=0$ 或 $a=-10$ 时，向量组 $\boldsymbol{\alpha}_1,\boldsymbol{\alpha}_2,\boldsymbol{\alpha}_3,\boldsymbol{\alpha}_4$ 线性相关.

(1) 当 $a=0$ 时，$\boldsymbol{\alpha}_1$ 是一个极大线性无关组，且 $\boldsymbol{\alpha}_2=2\boldsymbol{\alpha}_1$，$\boldsymbol{\alpha}_3=3\boldsymbol{\alpha}_1$，$\boldsymbol{\alpha}_4=4\boldsymbol{\alpha}_1$.

(2) 当 $a=-10$ 时，对 $\boldsymbol{A}$ 进行初等行变换化为行最简形.

$$\boldsymbol{A}=\begin{pmatrix}-9 & 2 & 3 & 4\\ 1 & -8 & 3 & 4\\ 1 & 2 & -7 & 4\\ 1 & 2 & 3 & -6\end{pmatrix}\to\begin{pmatrix}1 & 2 & 3 & -6\\ 1 & -8 & 3 & 4\\ 1 & 2 & -7 & 4\\ -9 & 2 & 3 & 4\end{pmatrix}\to\begin{pmatrix}1 & 0 & 0 & -1\\ 0 & 1 & 0 & -1\\ 0 & 0 & 1 & -1\\ 0 & 0 & 0 & 0\end{pmatrix},$$

$\boldsymbol{\alpha}_1,\boldsymbol{\alpha}_2,\boldsymbol{\alpha}_3$ 即为向量组 $\boldsymbol{\alpha}_1,\boldsymbol{\alpha}_2,\boldsymbol{\alpha}_3,\boldsymbol{\alpha}_4$ 的一个极大线性无关组，且从行最简形矩阵易知

$$\boldsymbol{\alpha}_4=-\boldsymbol{\alpha}_1-\boldsymbol{\alpha}_2-\boldsymbol{\alpha}_3.$$

题型 3：线性方程组的求解

解题思路总结如下.

(1) 初等行变换：对线性方程组的增广矩阵进行初等行变换，化为行阶梯形矩阵，然后根据系数矩阵与增广矩阵的秩判断线性方程组是否有解. 若有解，求其一般解；若线性方程组中含有参数，还需要进一步讨论参数方程组解的情况.

(2) 线性方程组应用题：线性方程组除在工程、经济领域有大量的实际应用外，还能判断几何问题中直线、平面的位置.

例 38　设线性方程组为 $\begin{cases}x_1+x_2+2x_3+3x_4=1,\\ x_1+3x_2+6x_3+x_4=3,\\ 3x_1-x_2-k_1x_3+15x_4=3,\\ x_1-5x_2-10x_3+12x_4=k_2,\end{cases}$ 问 k_1 与 k_2 各取何值时，方程组无解？有唯一解？有无穷多解？有无穷多解时，求其一般解.

解　$$\boldsymbol{B}=(\boldsymbol{A},\boldsymbol{b})=\begin{pmatrix}1 & 1 & 2 & 3 & \cdots & 1\\ 1 & 3 & 6 & 1 & \cdots & 3\\ 3 & -1 & -k_1 & 15 & \cdots & 3\\ 1 & -5 & -10 & 12 & \cdots & k_2\end{pmatrix}\to\begin{pmatrix}1 & 1 & 2 & 3 & \cdots & 1\\ 0 & 1 & 2 & -1 & \cdots & 2\\ 0 & 0 & -k_1+2 & 2 & \cdots & 4\\ 0 & 0 & 0 & 3 & \cdots & k_2+5\end{pmatrix}.$$

（1）当 $r(\boldsymbol{A})=r(\boldsymbol{B})=4 \Leftrightarrow -k_1+2\neq 0 \Leftrightarrow k_1\neq 2$ 时，方程组有唯一解.

（2）当 $k_1=2$ 时，$\boldsymbol{B}\to\begin{pmatrix}1&1&2&3&\cdots&1\\0&1&2&-1&\cdots&2\\0&0&0&1&\cdots&2\\0&0&0&0&\cdots&k_2-1\end{pmatrix}$.

当 $k_2\neq 1$ 时，$r(\boldsymbol{A})=3\neq r(\boldsymbol{B})=4$，方程组无解.

当 $k_2=1$ 时，$r(\boldsymbol{A})=r(\boldsymbol{B})=3<4$，方程组有无穷多解，且

$$\boldsymbol{B}\to\begin{pmatrix}1&0&0&0&\cdots&-8\\0&1&2&0&\cdots&3\\0&0&0&1&\cdots&2\\0&0&0&0&\cdots&0\end{pmatrix},$$

则通解为

$$\begin{pmatrix}x_1\\x_2\\x_3\\x_4\end{pmatrix}=\begin{pmatrix}-8\\3\\0\\2\end{pmatrix}+k\begin{pmatrix}0\\-2\\1\\0\end{pmatrix},\ k\text{ 为任意常数}.$$

题型 4：利用线性方程组解的性质解题

解题思路总结如下.

（1）利用线性方程组解的判定定理解题.

（2）综合利用线性方程组解的判定定理、性质、结构定理解题.

例 39 已知 β_1，β_2 是非齐次线性方程组 $\boldsymbol{Ax}=\boldsymbol{b}$ 的两个不同的解，α_1，α_2 是对应齐次线性方程组 $\boldsymbol{Ax}=\boldsymbol{0}$ 的基础解系，k_1，k_2 为任意常数，则方程组 $\boldsymbol{Ax}=\boldsymbol{b}$ 的通解(一般解)必是(　　).

A. $k_1\alpha_1+k_2(\alpha_1+\alpha_2)+\dfrac{\beta_1-\beta_2}{2}$　　　B. $k_1\alpha_1+k_2(\alpha_1-\alpha_2)+\dfrac{\beta_1+\beta_2}{2}$

C. $k_1\alpha_1+k_2(\beta_1+\beta_2)+\dfrac{\beta_1-\beta_2}{2}$　　　D. $k_1\alpha_1+k_2(\beta_1-\beta_2)+\dfrac{\beta_1+\beta_2}{2}$

解 α_1，$\alpha_1-\alpha_2$ 线性无关且为对应齐次线性方程组的解，故 α_1，$\alpha_1-\alpha_2$ 是对应齐次线性方程组 $\boldsymbol{Ax}=\boldsymbol{0}$ 的基础解系；又 $\boldsymbol{A}\dfrac{\beta_1+\beta_2}{2}=\dfrac{\boldsymbol{A}\beta_1+\boldsymbol{A}\beta_2}{2}=\boldsymbol{b}$，故$\dfrac{\beta_1+\beta_2}{2}$为 $\boldsymbol{Ax}=\boldsymbol{b}$ 的一个特解；由非齐次线性方程组解的结构，故选 B.

对 A：$\dfrac{\beta_1-\beta_2}{2}$为 $\boldsymbol{Ax}=\boldsymbol{0}$ 的解. 对 C：$\beta_1+\beta_2$ 为 $\boldsymbol{Ax}=2\boldsymbol{b}$ 的解，且$\dfrac{\beta_1-\beta_2}{2}$为 $\boldsymbol{Ax}=\boldsymbol{0}$ 的解. 对 D：α_1，$\beta_1-\beta_2$ 不一定线性无关.

总习题三(A)

一、选择题

1. 已知向量组 $\boldsymbol{\alpha}_1,\boldsymbol{\alpha}_2,\boldsymbol{\alpha}_3$ 线性相关，则一定有(　　).

A. $\boldsymbol{\alpha}_1$ 可由 $\boldsymbol{\alpha}_2$，$\boldsymbol{\alpha}_3$ 线性表示　　B. $\boldsymbol{\alpha}_2$ 可由 $\boldsymbol{\alpha}_1$，$\boldsymbol{\alpha}_3$ 线性表示

C. $\boldsymbol{\alpha}_3$ 可由 $\boldsymbol{\alpha}_1$，$\boldsymbol{\alpha}_2$ 线性表示　　D. 以上说法均不正确

2. n 维向量组 $\boldsymbol{A}$：$\boldsymbol{\alpha}_1,\boldsymbol{\alpha}_2,\cdots,\boldsymbol{\alpha}_s$ 线性无关的充分必要条件是(　　).

A. 向量组 $\boldsymbol{A}$ 中不含有零向量

B. 向量组 $\boldsymbol{A}$ 的秩等于它所含向量的个数

C. 向量组 $\boldsymbol{A}$ 中任意 $s-1$ 个向量线性无关

D. 向量组 $\boldsymbol{A}$ 中存在一个向量，它不能由其余向量线性表示

3. 设向量组 $\boldsymbol{A}$：$\boldsymbol{\alpha}_1,\boldsymbol{\alpha}_2,\cdots,\boldsymbol{\alpha}_s$ 的秩为 r，其中 $s>1$，$r>0$，则(　　).

A. 必有 $r<s$

B. 向量组 $\boldsymbol{A}$ 中任意个数小于 r 的部分向量组必线性相关

C. 向量组 $\boldsymbol{A}$ 中任意 r 个向量必线性无关

D. 向量组 $\boldsymbol{A}$ 中任意 $r+1$ 个向量必线性相关

4. 向量组 $\boldsymbol{A}$：$\boldsymbol{\alpha}_1,\boldsymbol{\alpha}_2,\cdots,\boldsymbol{\alpha}_r$ 可由向量组 $\boldsymbol{B}$：$\boldsymbol{\beta}_1,\boldsymbol{\beta}_2,\cdots,\boldsymbol{\beta}_s$ 线性表示，则下列选项正确的是(　　).

A. 当 $r<s$ 时，向量组 $\boldsymbol{B}$ 必线性相关　　B. 当 $r>s$ 时，向量组 $\boldsymbol{B}$ 必线性相关

C. 当 $r<s$ 时，向量组 $\boldsymbol{A}$ 必线性相关　　D. 当 $r>s$ 时，向量组 $\boldsymbol{A}$ 必线性相关

5. 设 $\boldsymbol{A}$ 为 $m\times n$ 矩阵，且 $\boldsymbol{r}(\boldsymbol{A})=m$，则(　　).

A. $\boldsymbol{A}$ 的行向量组与列向量组都线性无关

B. $\boldsymbol{A}$ 的行向量组线性无关，列向量组线性相关

C. 当 $m\neq n$ 时，$\boldsymbol{A}$ 的行向量组线性无关，列向量组线性相关

D. 当 $m\neq n$ 时，$\boldsymbol{A}$ 的行向量组与列向量组都线性无关

6. 设向量组 $\boldsymbol{\alpha}_1,\boldsymbol{\alpha}_2,\boldsymbol{\alpha}_3,\boldsymbol{\alpha}_4,\boldsymbol{\alpha}_5$ 线性无关，且 $\boldsymbol{\beta}_1=\boldsymbol{\alpha}_1+\boldsymbol{\alpha}_2$，$\boldsymbol{\beta}_2=\boldsymbol{\alpha}_2+\boldsymbol{\alpha}_3$，$\boldsymbol{\beta}_3=\boldsymbol{\alpha}_3+\boldsymbol{\alpha}_4$，$\boldsymbol{\beta}_4=\boldsymbol{\alpha}_4+\boldsymbol{\alpha}_5$，$\boldsymbol{\beta}_5=\boldsymbol{\alpha}_5+\boldsymbol{\alpha}_1$，则 $\boldsymbol{\beta}_1,\boldsymbol{\beta}_2,\boldsymbol{\beta}_3,\boldsymbol{\beta}_4,\boldsymbol{\beta}_5$(　　).

A. 不一定线性相关　　B. 一定线性相关

C. 一定线性无关　　D. 以上均不正确

7. 设 $\boldsymbol{A}$ 为 $m\times n$ 矩阵，对于齐次线性方程组 $\boldsymbol{Ax}=\boldsymbol{0}$，若 $r(\boldsymbol{A})=r<m<n$，则下列结论正确的是(　　).

A. 方程组通解中自由未知量的个数为 r 个　　B. 方程组中独立方程的个数为 $n-r$ 个

C. 方程组有无穷多解　　D. 基础解系中含有 r 个解向量

8. 以下结论正确的是(　　).

A. 方程个数小于未知数个数的方程组有解

B. 方程个数等于未知数个数的方程组有解

C. 方程个数大于未知数个数的方程组有解

D. 以上结论均不正确

9. 设 $\boldsymbol{A}$ 为 $m\times n$ 矩阵，$\boldsymbol{B}$ 为 $n\times m$ 矩阵，则对于线性方程组 $(\boldsymbol{AB})\boldsymbol{x}=\boldsymbol{0}$，(　　).

A. 当 $m<n$ 时，仅有零解　　B. 当 $m<n$ 时，必有非零解

C. 当 $m>n$ 时，仅有零解　　D. 当 $m>n$ 时，必有非零解

10. 齐次线性方程组 $\boldsymbol{Ax}=\boldsymbol{0}$ 的系数矩阵 $\boldsymbol{A}$ 是一个 n 阶矩阵，如果 $|\boldsymbol{A}|=0$，而 a_{11} 的代数余子式 $\boldsymbol{A}_{11}\neq 0$，则该方程组的基础解系所含解向量的个数为(　　).

A. 1　　B. n　　C. $n-1$　　D. 2

二、填空题

1. 向量 $\boldsymbol{\alpha}_1=(1,a,2)^{\mathrm{T}}$ 与 $\boldsymbol{\alpha}_2=(2,4,b)^{\mathrm{T}}$ 线性相关，则 $a=$________，$b=$________.

2. 已知 $\boldsymbol{\alpha}_1=(3,1,-1,1)^{\mathrm{T}}$，$\boldsymbol{\alpha}_2=(1,1,1,1)^{\mathrm{T}}$，$\boldsymbol{\alpha}_3=(2,0,-2,1)^{\mathrm{T}}$，则 $2\boldsymbol{\alpha}_1+\boldsymbol{\alpha}_2-\boldsymbol{\alpha}_3=$________.

3. 设三阶矩阵 $\boldsymbol{A}=\begin{pmatrix}1&-2&2\\2&1&2\\3&0&4\end{pmatrix}$，向量 $\boldsymbol{\alpha}=\begin{pmatrix}k\\1\\1\end{pmatrix}$，已知 $\boldsymbol{A\alpha}$ 与 $\boldsymbol{\alpha}$ 线性相关，则 $k=$________.

4. 两个等价的________向量组所含的向量个数相同.

5. 若向量组 $\boldsymbol{A}$：$\boldsymbol{\alpha}_1,\boldsymbol{\alpha}_2,\cdots,\boldsymbol{\alpha}_s$ 与向量组 $\boldsymbol{B}$：$\boldsymbol{\beta}_1,\boldsymbol{\beta}_2,\cdots,\boldsymbol{\beta}_t$ 等价，且 $s<t$，则向量组 $\boldsymbol{B}$ 线性________.

6. 线性方程组 $\boldsymbol{Ax}=\boldsymbol{b}$ 有解的充分必要条件是________.

7. 如果 $\boldsymbol{\eta}$ 是 $\boldsymbol{Ax}=\boldsymbol{b}$ 的一个解(特解)，若 $r(\boldsymbol{A})=r<n$，且 $\boldsymbol{\xi}_1$，$\boldsymbol{\xi}_2$，…，$\boldsymbol{\xi}_{n-r}$ 是 $\boldsymbol{Ax}=\boldsymbol{0}$ 的基础解系，则 $\boldsymbol{Ax}=\boldsymbol{b}$ 的通解为________.

8. 设 $\boldsymbol{A}$ 为 4×3 阶矩阵，若 $\boldsymbol{Ax}=\boldsymbol{0}$，以 $\boldsymbol{\xi}_1=(1,0,2)^{\mathrm{T}}$，$\boldsymbol{\xi}_2=(0,1,-1)^{\mathrm{T}}$ 为基础解系，则 $r(\boldsymbol{A})=$________.

9. 设 $\boldsymbol{A}$ 为五阶矩阵，若 $r(\boldsymbol{A})=5$，则 $r(\boldsymbol{A}^*)=$________；若 $r(\boldsymbol{A})=3$，则 $r(\boldsymbol{A}^*)=$________.

10. 设有线性方程组 $\begin{cases}kx_1+x_2+x_3=1\\x_1+kx_2+x_3=k\\x_1+x_2+kx_3=k^2\end{cases}$，若线性方程组有唯一解，则 k________；若线性方程组有无穷多解，则 $k=$________；若线性方程组无解，则 $k=$________.

三、解答题

1. 求下列线性方程组的通解：

(1) $\begin{cases}x_1+x_2+2x_3-x_4=0,\\2x_1+x_2+x_3-x_4=0,\\2x_1+2x_2+x_3+2x_4=0;\end{cases}$

(2) $\begin{cases}2x_1+x_2-x_3+x_4=1,\\4x_1+2x_2-2x_3+x_4=2,\\2x_1+x_2-x_3-x_4=1;\end{cases}$

(3) $\begin{cases}2x_1+3x_2-x_3-7x_4=0,\\3x_1+x_2+2x_3-7x_4=0,\\4x_1+x_2-3x_3+6x_4=0,\\x_1-2x_2+5x_3-5x_4=0;\end{cases}$

(4) $\begin{cases}2x_1+x_2-x_3+x_4=1,\\3x_1-2x_2+2x_3-3x_4=2,\\5x_1-x_2+x_3-2x_4=3,\\2x_1-x_2+x_3-3x_4=-8.\end{cases}$

2. 设 $\boldsymbol{A}=\begin{pmatrix}1 & -2 & 3k\\ -1 & 2k & -3\\ k & -2 & 3\end{pmatrix}$，问 k 为何值时，可使：

(1) $r(\boldsymbol{A})=1$；(2) $r(\boldsymbol{A})=2$；(3) $r(\boldsymbol{A})=3$.

3. 求 λ，使齐次线性方程组

$$\begin{cases}(1+\lambda)x_1+x_2+x_3=0,\\ x_1+(1+\lambda)x_2+x_3=0,\\ x_1+x_2+(1+\lambda)x_3=0\end{cases}$$

有非零解，并求其通解.

4. 求下列向量组的秩，并求它的一个极大线性无关组.

(1) $\boldsymbol{\alpha}_1=(1,2,-1,4)^{\mathrm{T}}$，$\boldsymbol{\alpha}_2=(9,100,10,4)^{\mathrm{T}}$，$\boldsymbol{\alpha}_3=(-2,-4,2,-8)^{\mathrm{T}}$.

(2) $\boldsymbol{\alpha}_1=(1,2,1,3)^{\mathrm{T}}$，$\boldsymbol{\alpha}_2=(4,-1,-5,-6)^{\mathrm{T}}$，$\boldsymbol{\alpha}_3=(1,-3,-4,-7)^{\mathrm{T}}$.

(3) $\boldsymbol{\alpha}_1=(2,1,3,-1)^{\mathrm{T}}$，$\boldsymbol{\alpha}_2=(3,-1,2,0)^{\mathrm{T}}$，$\boldsymbol{\alpha}_3=(4,2,6,-2)^{\mathrm{T}}$，$\boldsymbol{\alpha}_4=(4,-3,1,1)^{\mathrm{T}}$.

5. 求向量组 $\boldsymbol{\alpha}_1=(1,-1,2,4)^{\mathrm{T}}$，$\boldsymbol{\alpha}_2=(0,3,1,2)^{\mathrm{T}}$，$\boldsymbol{\alpha}_3=(3,0,7,14)^{\mathrm{T}}$，$\boldsymbol{\alpha}_4=(1,-1,2,0)^{\mathrm{T}}$，$\boldsymbol{\alpha}_5=(2,1,5,6)^{\mathrm{T}}$. 的秩和一个极大线性无关组，并将不属于极大线性无关组的向量用极大线性无关组线性表示.

6. 设 $\boldsymbol{\alpha}_1,\boldsymbol{\alpha}_2,\cdots,\boldsymbol{\alpha}_n$ 是一组 n 维向量，已知 n 维单位向量 $\boldsymbol{\xi}_1,\boldsymbol{\xi}_2,\cdots,\boldsymbol{\xi}_n$ 能由它们线性表示，证明向量组 $\boldsymbol{\alpha}_1,\boldsymbol{\alpha}_2,\cdots,\boldsymbol{\alpha}_n$ 线性无关.

7. 设 $\boldsymbol{\alpha}_1,\boldsymbol{\alpha}_2,\cdots,\boldsymbol{\alpha}_n$ 是一组 n 维向量，证明它们线性无关的充分必要条件是任一 n 维向量都能由它们线性表示.

8. 求下列线性方程组的一个基础解系和通解：

(1) $\begin{cases}x_1+x_2-x_3-x_4=0,\\ 2x_1-5x_2+3x_3+2x_4=0,\\ 7x_1-7x_2+3x_3+x_4=0;\end{cases}$

(2) $\begin{cases}x_1-8x_2+10x_3+2x_4=0,\\ 2x_1+4x_2+5x_3-x_4=0,\\ 3x_1+8x_2+6x_3-2x_4=0;\end{cases}$

(3) $\begin{cases}x_1+x_2-3x_3-x_4=1,\\ 3x_1-x_2-3x_3+4x_4=4,\\ x_1+5x_2-9x_3-8x_4=0;\end{cases}$

(4) $\begin{cases}x_1+x_2+x_3+x_4+x_5=7,\\ 3x_1+x_2+2x_3+x_4-3x_5=-2,\\ 2x_2+x_3+2x_4+6x_5=23.\end{cases}$

9. 设四元非齐次线性方程组的系数矩阵的秩为 3，已知 $\boldsymbol{\eta}_1$，$\boldsymbol{\eta}_2$，$\boldsymbol{\eta}_3$ 是它的 3 个解向量，且 $\boldsymbol{\eta}_1=\begin{pmatrix}2\\3\\4\\5\end{pmatrix}$，$\boldsymbol{\eta}_2+\boldsymbol{\eta}_3=\begin{pmatrix}1\\2\\3\\4\end{pmatrix}$，求该方程组的通解.

10. 设有向量组 $\boldsymbol{\alpha}_1=\begin{pmatrix}\lambda\\2\\10\end{pmatrix}$，$\boldsymbol{\alpha}_2=\begin{pmatrix}-2\\1\\5\end{pmatrix}$，$\boldsymbol{\alpha}_3=\begin{pmatrix}-1\\1\\4\end{pmatrix}$ 及向量 $\boldsymbol{b}=\begin{pmatrix}1\\ \mu\\ -1\end{pmatrix}$，问 λ，μ 为何值时，满足：

(1) 向量 $\boldsymbol{b}$ 不能由向量组 $\boldsymbol{\alpha}_1,\boldsymbol{\alpha}_2,\boldsymbol{\alpha}_3$ 线性表示；

(2) 向量 $\boldsymbol{b}$ 能由向量组 $\boldsymbol{\alpha}_1,\boldsymbol{\alpha}_2,\boldsymbol{\alpha}_3$ 线性表示，且表达式唯一；

(3) 向量 $\boldsymbol{b}$ 能由向量组 $\boldsymbol{\alpha}_1,\boldsymbol{\alpha}_2,\boldsymbol{\alpha}_3$ 线性表示，且表达式不唯一，并求一般表达式.

11. 设 $\boldsymbol{\eta}$ 为非齐次线性方程组 $\boldsymbol{Ax}=\boldsymbol{b}$ 的一个解，$\boldsymbol{\xi}_1,\boldsymbol{\xi}_2,\cdots,\boldsymbol{\xi}_{n-r}$是对应齐次线性方程组 $\boldsymbol{Ax}=\boldsymbol{0}$ 的一个基础解系，求证：

(1) $\boldsymbol{\xi}_1,\boldsymbol{\xi}_2,\cdots,\boldsymbol{\xi}_{n-r},\boldsymbol{\eta}$ 线性无关；

(2) $\boldsymbol{\eta}+\boldsymbol{\xi}_1,\boldsymbol{\eta}+\boldsymbol{\xi}_2,\cdots,\boldsymbol{\eta}+\boldsymbol{\xi}_{n-r},\boldsymbol{\eta}$ 线性无关.

12. 设 $\boldsymbol{\eta}$ 是非齐次线性方程组 $\boldsymbol{Ax}=\boldsymbol{b}$ 的一个解，$\boldsymbol{\xi}_1,\boldsymbol{\xi}_2,\cdots,\boldsymbol{\xi}_t$ 是对应齐次线性方程组 $\boldsymbol{Ax}=\boldsymbol{0}$ 的一个基础解系，令 $\boldsymbol{\eta}_1=\boldsymbol{\eta}$，$\boldsymbol{\eta}_2=\boldsymbol{\xi}_1+\boldsymbol{\eta}$，$\boldsymbol{\eta}_3=\boldsymbol{\xi}_2+\boldsymbol{\eta}$，$\cdots$，$\boldsymbol{\eta}_{t+1}=\boldsymbol{\xi}_t+\boldsymbol{\eta}$. 证明非齐次线性方程组 $\boldsymbol{Ax}=\boldsymbol{b}$ 的任一个解都可表示成 $\boldsymbol{\gamma}=k_1\boldsymbol{\eta}_1+k_2\boldsymbol{\eta}_2+\cdots+k_t\boldsymbol{\eta}_t+k_{t+1}\boldsymbol{\eta}_{t+1}$，其中 $k_1+k_2+\cdots+k_{t+1}=1$.

13. 设

$$\boldsymbol{a}=\begin{pmatrix}a_1\\a_2\\a_3\end{pmatrix},\ \boldsymbol{b}=\begin{pmatrix}b_1\\b_2\\b_3\end{pmatrix},\ \boldsymbol{c}=\begin{pmatrix}c_1\\c_2\\c_3\end{pmatrix},$$

证明 3 条直线

$$\begin{cases}l_1:\ a_1x+b_1y+c_1=0,\\l_2:\ a_2x+b_2y+c_2=0,\\l_3:\ a_3x+b_3y+c_3=0,\end{cases}\quad (a_i+b_i\neq 0,\ i=1,2,3)$$

相交于一点的充分必要条件是向量组 $\boldsymbol{a},\boldsymbol{b}$ 线性无关，且向量组 $\boldsymbol{a},\boldsymbol{b},\boldsymbol{c}$ 线性相关.

总习题三(B)

一、选择题

1. 假设 $\boldsymbol{A}$ 是 n 阶方阵，其秩 $r<n$，那么在 $\boldsymbol{A}$ 的 n 个行向量中(　　).

A. 必有 r 个行向量线性无关

B. 任意 r 个行向量线性无关

C. 任意 r 个行向量都构成最大线性无关向量组

D. 任何一个行向量都可以由其他 r 个行向量线性表示

2. n 维向量组 $\boldsymbol{\alpha}_1,\boldsymbol{\alpha}_2,\cdots,\boldsymbol{\alpha}_s(3\leqslant s\leqslant n)$线性无关的充分必要条件是(　　).

A. 存在一组不全为零的数 $k_1,k_2,\cdots,k_s$，使 $k_1\boldsymbol{\alpha}_1+k_2\boldsymbol{\alpha}_2+\cdots+k_s\boldsymbol{\alpha}_s\neq 0$

B. $\boldsymbol{\alpha}_1,\boldsymbol{\alpha}_2,\cdots,\boldsymbol{\alpha}_s$ 中任意两个向量都线性无关

C. $\boldsymbol{\alpha}_1,\boldsymbol{\alpha}_2,\cdots,\boldsymbol{\alpha}_s$ 中存在一个向量，它不能用其余向量线性表示

D. $\boldsymbol{\alpha}_1,\boldsymbol{\alpha}_2,\cdots,\boldsymbol{\alpha}_s$ 中任意一个向量都不能用其余向量线性表示

3. 设 $\boldsymbol{A}$ 是 $m\times n$ 矩阵，$\boldsymbol{Ax}=\boldsymbol{0}$ 是非齐次线性方程组 $\boldsymbol{Ax}=\boldsymbol{b}$ 所对应的齐次线性方程组，则下列结论正确的是(　　).

A. 若 $\boldsymbol{Ax}=\boldsymbol{0}$ 仅有零解，则 $\boldsymbol{Ax}=\boldsymbol{b}$ 有唯一解

B. 若 $\boldsymbol{Ax}=\boldsymbol{0}$ 有非零解，则 $\boldsymbol{Ax}=\boldsymbol{b}$ 有无穷多个解

C. 若 $\boldsymbol{Ax}=\boldsymbol{b}$ 有无穷多个解，则 $\boldsymbol{Ax}=\boldsymbol{0}$ 仅有零解

D. 若 $\boldsymbol{Ax}=\boldsymbol{b}$ 有无穷多个解，则 $\boldsymbol{Ax}=\boldsymbol{0}$ 有非零解

4. 设 $\boldsymbol{A}$ 为 $m\times n$ 矩阵，齐次线性方程组 $\boldsymbol{Ax}=\boldsymbol{0}$ 仅有零解的充分条件是(　　).

A. $\boldsymbol{A}$ 的列向量线性无关　　B. $\boldsymbol{A}$ 的列向量线性相关

C. $\boldsymbol{A}$ 的行向量线性无关　　D. $\boldsymbol{A}$ 的行向量线性相关

二、填空题

1. 齐次线性方程组 $\begin{cases}\lambda x_1+x_2+x_3=0,\\ x_1+\lambda x_2+x_3=0,\\ x_1+x_2+x_3=0\end{cases}$ 只有零解，则 λ 应满足的条件是__________.

2. 已知向量组 $\boldsymbol{\alpha}_1=(1,2,3,4)$，$\boldsymbol{\alpha}_2=(2,3,4,5)$，$\boldsymbol{\alpha}_3=(3,4,5,6)$，$\boldsymbol{\alpha}_4=(4,5,6,7)$，则该向量组的秩是__________.

三、解答题

1. 求线性方程组 $\begin{cases}2x_1-x_2+4x_3-3x_4=-4,\\ x_1+x_3-x_4=-3,\\ 3x_1+x_2+x_3=1,\\ 7x_1+7x_3-3x_4=3\end{cases}$ 的通解.

2. 设向量组 $\boldsymbol{\alpha}_1,\boldsymbol{\alpha}_2,\cdots,\boldsymbol{\alpha}_s(s\geqslant 2)$ 线性无关，且 $\boldsymbol{\beta}_1=\boldsymbol{\alpha}_1+\boldsymbol{\alpha}_2$，$\boldsymbol{\beta}_2=\boldsymbol{\alpha}_2+\boldsymbol{\alpha}_3$，$\cdots$，$\boldsymbol{\beta}_{s-1}=\boldsymbol{\alpha}_{s-1}+\boldsymbol{\alpha}_s$，$\boldsymbol{\beta}_s=\boldsymbol{\alpha}_s+\boldsymbol{\alpha}_1$，讨论向量组 $\boldsymbol{\beta}_1,\boldsymbol{\beta}_2,\cdots,\boldsymbol{\beta}_s$ 的线性相关性.

3. 设线性方程组为 $\begin{cases}x_1+x_2+2x_3+3x_4=1,\\ x_1+3x_2+6x_3+x_4=3,\\ 3x_1-x_2-k_1x_3+15x_4=3,\\ x_1-5x_2-10x_3+12x_4=k_2,\end{cases}$ 问 k_1 与 k_2 各取何值时，方程组无解？有唯一解？有无穷多解？有无穷多解时，求其一般解.

4. 已知 $\boldsymbol{\alpha}_1=(1,0,2,3)^{\mathrm{T}}$，$\boldsymbol{\alpha}_2=(1,1,3,5)^{\mathrm{T}}$，$\boldsymbol{\alpha}_3=(1,-1,a+2,1)^{\mathrm{T}}$，$\boldsymbol{\alpha}_4=(1,2,4,a+8)^{\mathrm{T}}$，$\boldsymbol{\beta}=(1,1,b+3,5)^{\mathrm{T}}$，则

(1) a，b 为何值时，$\boldsymbol{\beta}$ 不能表示成 $\boldsymbol{\alpha}_1,\boldsymbol{\alpha}_2,\boldsymbol{\alpha}_3,\boldsymbol{\alpha}_4$ 的线性组合？

(2) a，b 为何值时，$\boldsymbol{\beta}$ 有 $\boldsymbol{\alpha}_1,\boldsymbol{\alpha}_2,\boldsymbol{\alpha}_3,\boldsymbol{\alpha}_4$ 的唯一的线性表达式？写出该表达式.

5. 已知向量组 $\boldsymbol{A}$：$\boldsymbol{\alpha}_1,\boldsymbol{\alpha}_2,\boldsymbol{\alpha}_3$，$\boldsymbol{B}$：$\boldsymbol{\alpha}_1,\boldsymbol{\alpha}_2,\boldsymbol{\alpha}_3,\boldsymbol{\alpha}_4$ 和 $\boldsymbol{C}$：$\boldsymbol{\alpha}_1,\boldsymbol{\alpha}_2,\boldsymbol{\alpha}_3,\boldsymbol{\alpha}_5$，如果 $r(\boldsymbol{A})=r(\boldsymbol{B})=3$，$r(\boldsymbol{C})=4$，证明向量组 $\boldsymbol{\alpha}_1,\boldsymbol{\alpha}_2,\boldsymbol{\alpha}_3,\boldsymbol{\alpha}_5-\boldsymbol{\alpha}_4$ 的秩等于 4.

6. 已知平面上 3 条不同直线的方程分别为

$$l_1:\ ax+2by+3c=0,$$
$$l_2:\ bx+2cy+3a=0,$$
$$l_3:\ cx+2ay+3b=0.$$

试证这 3 条直线交于一点的充分必要条件为 $a+b+c=0$.

第四章　相似矩阵与二次型

相似矩阵的概念最早出现在瑞士数学家欧拉的著作中，著作中还证明了相似矩阵有相同的特征值. 矩阵的特征值理论在现代数学、物理、工程技术、经济等领域都有着广泛的应用.

二次型理论起源于解析几何化二次曲线、二次曲面为标准形问题，现在在物理领域的势能与动能、微分几何领域的曲面法曲率、经济领域的效用函数、统计领域的置信椭圆方面都有应用.

本章首先定义了向量的内积，然后介绍了向量组的施密特正交化方法和正交矩阵，讨论了方阵的特征值与特征向量、相似矩阵、矩阵的对角化条件以及实对称矩阵的对角化问题，最后重点介绍了二次型化为标准形问题以及讨论了一类重要的二次型——正定二次型.

第一节　正交矩阵

【课前导读】

向量的内积实际上是定义在 $\mathbf{R}^n$ 上的一个二元实函数，对这个函数规定了一些法则，就像二维与三维的数量积一样，然后定义了长度与夹角，而正交矩阵的行向量组(或列向量组)中的每个向量长度都为 1，且每两个向量的夹角都是 90°.

【学习要求】

1. 掌握向量组内积的概念，会求向量的长度及两向量的夹角.
2. 理解并掌握线性无关向量组的施密特正交化方法.
3. 会判别正交矩阵，并了解它的一些简单性质.

在平面直角坐标系中，平面向量 $\boldsymbol{\alpha}=(a_1,a_2)$，$\boldsymbol{\beta}=(b_1,b_2)$，定义了 $\boldsymbol{\alpha}\cdot\boldsymbol{\beta}=a_1b_1+a_2b_2$，称为 $\boldsymbol{\alpha}$ 与 $\boldsymbol{\beta}$ 的数量积，平面向量 $\boldsymbol{\alpha}$ 的长度为 $\sqrt{a_1^2+a_2^2}$；在空间直角坐标系中，空间向量 $\boldsymbol{\alpha}=(a_1,a_2,a_3)$，$\boldsymbol{\beta}=(b_1,b_2,b_3)$，定义了 $\boldsymbol{\alpha}\cdot\boldsymbol{\beta}=a_1b_1+a_2b_2+a_3b_3$，称为 $\boldsymbol{\alpha}$ 与 $\boldsymbol{\beta}$ 的数量积，空间向量 $\boldsymbol{\alpha}$ 的长度为 $\sqrt{a_1^2+a_2^2+a_3^2}$.

下面我们将数量积的概念推广到 n 维向量中，引入内积的概念.

一、向量内积

定义 4-1　设 n 维向量 $\boldsymbol{\alpha}=(a_1,a_2,\cdots,a_n)^{\mathrm{T}}$，$\boldsymbol{\beta}=(b_1,b_2,\cdots,b_n)^{\mathrm{T}}$，称 $(\boldsymbol{\alpha},\boldsymbol{\beta})=a_1b_1+a_2b_2+\cdots+a_nb_n$ 为向量 $\boldsymbol{\alpha}$ 与 $\boldsymbol{\beta}$ 的内积.

向量的内积是一种运算，是二维、三维向量的数量积的一种推广，其结果是一个实数. 如果把向量看成列矩阵，那么$(\boldsymbol{\alpha},\boldsymbol{\beta})=\boldsymbol{\alpha}^{\mathrm{T}}\boldsymbol{\beta}$.

由内积的定义，容易得到以下性质：

（1）$(\boldsymbol{\alpha},\boldsymbol{\beta})=(\boldsymbol{\beta},\boldsymbol{\alpha})$；

（2）$(k\boldsymbol{\alpha},\boldsymbol{\beta})=k(\boldsymbol{\alpha},\boldsymbol{\beta})$；

（3）$(\boldsymbol{\alpha}+\boldsymbol{\beta},\boldsymbol{\gamma})=(\boldsymbol{\alpha},\boldsymbol{\gamma})+(\boldsymbol{\beta},\boldsymbol{\gamma})$；

（4）$(\boldsymbol{\alpha},\boldsymbol{\alpha})\geqslant \boldsymbol{0}$，当且仅当$\boldsymbol{\alpha}=\boldsymbol{0}$时取等号.

注　以上$\boldsymbol{\alpha}$，$\boldsymbol{\beta}$，$\boldsymbol{\gamma}$为n维列向量，k为实数.

用以上性质可以证明著名的**柯西-施瓦茨不等式**$(\boldsymbol{\alpha},\boldsymbol{\beta})^2\leqslant(\boldsymbol{\alpha},\boldsymbol{\alpha})(\boldsymbol{\beta},\boldsymbol{\beta})$.

二、*n* 维向量的长度与夹角

利用内积的概念可以定义n维向量的长度与夹角.

定义 4-2　设有n维向量$\boldsymbol{\alpha}=(a_1,a_2,\cdots,a_n)^{\mathrm{T}}$，称$\sqrt{(\boldsymbol{\alpha},\boldsymbol{\alpha})}=\sqrt{a_1^2+a_2^2+\cdots+a_n^2}$为$n$维向量$\boldsymbol{\alpha}$的长度，记作$\|\boldsymbol{\alpha}\|$(或称$\boldsymbol{\alpha}$的**模**或**范数**).

例如，$\boldsymbol{\alpha}=(1,-2,2)$，$\boldsymbol{\alpha}$的长度$\|\boldsymbol{\alpha}\|=\sqrt{1^2+(-2)^2+2^2}=3$.

向量的长度具有以下性质.

（1）非负性：$\|\boldsymbol{\alpha}\|\geqslant 0$，当且仅当$\boldsymbol{\alpha}=0$时$\|\boldsymbol{\alpha}\|=0$.

（2）齐次性：$\|k\boldsymbol{\alpha}\|=k\|\boldsymbol{\alpha}\|$.

（3）三角不等式：$\|\boldsymbol{\alpha}+\boldsymbol{\beta}\|\leqslant\|\boldsymbol{\alpha}\|+\|\boldsymbol{\beta}\|$.

当$\|\boldsymbol{\alpha}\|=1$时称$\boldsymbol{\alpha}$为单位向量，若$\|\boldsymbol{\alpha}\|\neq 0$，称$\dfrac{1}{\|\boldsymbol{\alpha}\|}\boldsymbol{\alpha}$为$\boldsymbol{\alpha}$的**单位化向量**.

在二维、三维向量的数量积中，$(\boldsymbol{\alpha},\boldsymbol{\beta})=\|\boldsymbol{\alpha}\|\|\boldsymbol{\beta}\|\cos\angle(\boldsymbol{\alpha},\boldsymbol{\beta})$，我们得到$\boldsymbol{\alpha}$与$\boldsymbol{\beta}$的夹角余弦$\cos\angle(\boldsymbol{\alpha},\boldsymbol{\beta})=\dfrac{(\boldsymbol{\alpha},\boldsymbol{\beta})}{\|\boldsymbol{\alpha}\|\|\boldsymbol{\beta}\|}$. 把这个推广到$n$维向量的内积中，有如下定义.

定义 4-3　当$\boldsymbol{\alpha}\neq\boldsymbol{0}$，$\boldsymbol{\beta}\neq\boldsymbol{0}$时，称$\theta=\arccos\dfrac{(\boldsymbol{\alpha},\boldsymbol{\beta})}{\|\boldsymbol{\alpha}\|\|\boldsymbol{\beta}\|}$为$n$维向量$\boldsymbol{\alpha}$与$\boldsymbol{\beta}$的夹角. 当$(\boldsymbol{\alpha},\boldsymbol{\beta})=\boldsymbol{0}$时，称$\boldsymbol{\alpha}$与$\boldsymbol{\beta}$正交. 易知，若$\boldsymbol{\alpha}=\boldsymbol{0}$，则$\boldsymbol{\alpha}$与任意向量都正交.

三、向量组的正交性

定义 4-4　设$\boldsymbol{\alpha}_1,\boldsymbol{\alpha}_2,\cdots,\boldsymbol{\alpha}_m$都是非零向量，若它们两两正交，即$\forall i,j(i\neq j)$，有$(\boldsymbol{\alpha}_i,\boldsymbol{\alpha}_j)=\boldsymbol{0}$，则称$\boldsymbol{\alpha}_1,\boldsymbol{\alpha}_2,\cdots,\boldsymbol{\alpha}_m$为正交向量组.

例如，向量组$\boldsymbol{\alpha}_1=(1,0,0)^{\mathrm{T}}$，$\boldsymbol{\alpha}_2=(0,-1,0)^{\mathrm{T}}$，$\boldsymbol{\alpha}_3=(0,0,2)^{\mathrm{T}}$为正交向量组.

下面讨论正交向量组的性质.

定理 4-1　正交向量组一定是线性无关向量组.

证明　设$\boldsymbol{\alpha}_1,\boldsymbol{\alpha}_2,\cdots,\boldsymbol{\alpha}_m$是正交向量组，并存在一组实数$k_1,k_2,\cdots,k_m$，使

$$k_1\boldsymbol{\alpha}_1+k_2\boldsymbol{\alpha}_2+\cdots+k_m\boldsymbol{\alpha}_m=0,\tag{4-1}$$

以 $\boldsymbol{\alpha}_1^{\mathrm{T}}$ 同时左乘(4-1)两端，得 $k_1\boldsymbol{\alpha}_1^{\mathrm{T}}\boldsymbol{\alpha}_1=\mathbf{0}$，因 $\boldsymbol{\alpha}_1\neq 0$，故 $\boldsymbol{\alpha}_1^{\mathrm{T}}\boldsymbol{\alpha}_1=\|\boldsymbol{\alpha}_1\|\neq 0$，从而 $k_1=0$.

同理，分别用 $\boldsymbol{\alpha}_2^{\mathrm{T}}\cdots\boldsymbol{\alpha}_m^{\mathrm{T}}$ 同时左乘(4-1)两端，得 $k_2=\cdots=k_m=0$，所以 $\boldsymbol{\alpha}_1,\boldsymbol{\alpha}_2,\cdots,\boldsymbol{\alpha}_m$ 线性无关.

注 $\mathbf{R}^n$ 中任一正交向量组含向量个数不会超过 n，若向量组 $\boldsymbol{\alpha}_1,\boldsymbol{\alpha}_2,\cdots,\boldsymbol{\alpha}_m$ 两两正交，且其中每个向量都是单位向量，则称该向量组为规范正交向量组.

定义 4-5 设 n 维向量 $\boldsymbol{e}_1,\boldsymbol{e}_2,\cdots,\boldsymbol{e}_m$ 是向量空间 $V(V\in\mathbf{R}^n)$ 的一个基，如果 $\boldsymbol{e}_1,\boldsymbol{e}_2,\cdots,\boldsymbol{e}_m$ 两两正交，且都是单位向量，则称 $\boldsymbol{e}_1,\boldsymbol{e}_2,\cdots,\boldsymbol{e}_m$ 是 V 的一个规范正交基.

例如，$\boldsymbol{e}_1=\left(\frac{2}{3},\frac{1}{3},\frac{2}{3}\right)^{\mathrm{T}}$，$\boldsymbol{e}_2=\left(-\frac{1}{3},\frac{2}{3},\frac{1}{3}\right)^{\mathrm{T}}$，$\boldsymbol{e}_3=\left(\frac{1}{3},\frac{2}{3},-\frac{2}{3}\right)^{\mathrm{T}}$ 是 $\mathbf{R}^3$ 的一组规范正交基.

设 $\boldsymbol{\alpha}_1,\boldsymbol{\alpha}_2,\cdots,\boldsymbol{\alpha}_m$ 是向量空间 V 的一个基，求 V 的一个规范正交基，就是找一组两两正交的单位向量 $\boldsymbol{e}_1,\boldsymbol{e}_2,\cdots,\boldsymbol{e}_m$，使 $\boldsymbol{e}_1,\boldsymbol{e}_2,\cdots,\boldsymbol{e}_m$ 与 $\boldsymbol{\alpha}_1,\boldsymbol{\alpha}_2,\cdots,\boldsymbol{\alpha}_m$ 等价. 这一过程称作把基 $\boldsymbol{\alpha}_1,\boldsymbol{\alpha}_2,\cdots,\boldsymbol{\alpha}_m$ 规范正交化. 过程如下.

第一步(正交化)：分别令

$$\boldsymbol{\beta}_1=\boldsymbol{\alpha}_1,$$

$$\boldsymbol{\beta}_2=\boldsymbol{\alpha}_2-\frac{(\boldsymbol{\alpha}_2,\boldsymbol{\beta}_1)}{(\boldsymbol{\beta}_1,\boldsymbol{\beta}_1)}\boldsymbol{\beta}_1,$$

$$\cdots\cdots\cdots$$

$$\boldsymbol{\beta}_m=\boldsymbol{\alpha}_m-\frac{(\boldsymbol{\alpha}_m,\boldsymbol{\beta}_1)}{(\boldsymbol{\beta}_1,\boldsymbol{\beta}_1)}\boldsymbol{\beta}_1-\cdots-\frac{(\boldsymbol{\alpha}_m,\boldsymbol{\beta}_{m-1})}{(\boldsymbol{\beta}_{m-1},\boldsymbol{\beta}_{m-1})}\boldsymbol{\beta}_{m-1}.$$

第二步(单位化)：令 $\boldsymbol{e}_1=\frac{1}{\|\boldsymbol{\beta}_1\|}\boldsymbol{\beta}_1,\boldsymbol{e}_2=\frac{1}{\|\boldsymbol{\beta}_2\|}\boldsymbol{\beta}_2,\cdots,\boldsymbol{e}_m=\frac{1}{\|\boldsymbol{\beta}_m\|}\boldsymbol{\beta}_m$.

例 1 设 $\boldsymbol{\alpha}_1=(1,1,2)^{\mathrm{T}}$，$\boldsymbol{\alpha}_2=(1,2,3)^{\mathrm{T}}$，$\boldsymbol{\alpha}_3=(-1,3,5)^{\mathrm{T}}$，求与 $\boldsymbol{\alpha}_1,\boldsymbol{\alpha}_2,\boldsymbol{\alpha}_3$ 等价的 $\mathbf{R}^3$ 的一组规范正交基.

解 先正交化：令

$$\boldsymbol{\beta}_1=\boldsymbol{\alpha}_1=(1,1,2)^{\mathrm{T}},$$

$$\boldsymbol{\beta}_2=\boldsymbol{\alpha}_2-\frac{(\boldsymbol{\alpha}_2,\boldsymbol{\beta}_1)}{(\boldsymbol{\beta}_1,\boldsymbol{\beta}_1)}\boldsymbol{\beta}_1=(1,2,3)^{\mathrm{T}}-\frac{9}{6}(1,1,2)^{\mathrm{T}}=\left(-\frac{1}{2},\frac{1}{2},0\right)^{\mathrm{T}},$$

$$\begin{aligned}\boldsymbol{\beta}_3&=\boldsymbol{\alpha}_3-\frac{(\boldsymbol{\alpha}_3,\boldsymbol{\beta}_1)}{(\boldsymbol{\beta}_1,\boldsymbol{\beta}_1)}\boldsymbol{\beta}_1-\frac{(\boldsymbol{\alpha}_3,\boldsymbol{\beta}_2)}{(\boldsymbol{\beta}_2,\boldsymbol{\beta}_2)}\boldsymbol{\beta}_2=(-1,3,5)^{\mathrm{T}}-\frac{12}{6}(1,1,2)^{\mathrm{T}}-\frac{2}{\frac{1}{2}}\left(-\frac{1}{2},\frac{1}{2},0\right)^{\mathrm{T}}\\&=(-1,-1,1)^{\mathrm{T}}.\end{aligned}$$

再单位化：令

$$\boldsymbol{e}_1=\frac{1}{\|\boldsymbol{\beta}_1\|}\boldsymbol{\beta}_1=\left(\frac{1}{\sqrt{6}},\frac{1}{\sqrt{6}},\frac{2}{\sqrt{6}}\right)^{\mathrm{T}},$$

$$\boldsymbol{e}_2=\frac{1}{\|\boldsymbol{\beta}_2\|}\boldsymbol{\beta}_2=\left(-\frac{1}{\sqrt{2}},\frac{1}{\sqrt{2}},0\right)^{\mathrm{T}},$$

$$e_3=\frac{1}{\|\boldsymbol{\beta}_3\|}\boldsymbol{\beta}_3=\left(-\frac{1}{\sqrt{3}},-\frac{1}{\sqrt{3}},\frac{1}{\sqrt{3}}\right)^{\mathrm{T}}.$$

例 2　已知 $\boldsymbol{\alpha}_1=(1,1,-1)^{\mathrm{T}}$，求一组非零向量 $\boldsymbol{\alpha}_2$，$\boldsymbol{\alpha}_3$，使得 $\boldsymbol{\alpha}_1,\boldsymbol{\alpha}_2,\boldsymbol{\alpha}_3$ 两两正交.

解　$\boldsymbol{\alpha}_2,\boldsymbol{\alpha}_3$ 应满足方程 $\boldsymbol{\alpha}_1^{\mathrm{T}}\boldsymbol{X}=\boldsymbol{O}$，即 $x_1+x_2-x_3=0$. 它的基础解系为 $\boldsymbol{\xi}_1=(1,0,1)^{\mathrm{T}}$，$\boldsymbol{\xi}_2=(0,1,1)^{\mathrm{T}}$，把基础解系正交化即可，即取 $\boldsymbol{\alpha}_2=\boldsymbol{\xi}_1=(1,0,1)^{\mathrm{T}}$，$\boldsymbol{\alpha}_3=\boldsymbol{\xi}_2-\frac{(\boldsymbol{\xi}_2,\boldsymbol{\xi}_1)}{(\boldsymbol{\xi}_1,\boldsymbol{\xi}_1)}\boldsymbol{\xi}_1=(0,1,1)^{\mathrm{T}}-\frac{1}{2}(1,0,1)^{\mathrm{T}}=\left(-\frac{1}{2},1,\frac{1}{2}\right)^{\mathrm{T}}$.

四、正交矩阵

定义 4-6　如果 n 阶矩阵 $\boldsymbol{A}$ 满足 $\boldsymbol{A}\boldsymbol{A}^{\mathrm{T}}=\boldsymbol{E}$，那么称 $\boldsymbol{A}$ 为正交矩阵.

正交矩阵有下述性质：

(1) $\boldsymbol{A}^{\mathrm{T}}=\boldsymbol{A}^{-1}$，即 $\boldsymbol{A}\boldsymbol{A}^{\mathrm{T}}=\boldsymbol{A}^{\mathrm{T}}\boldsymbol{A}=\boldsymbol{E}$；

(2) 若 $\boldsymbol{A}$ 是正交矩阵，则 $\boldsymbol{A}^{\mathrm{T}}$(或 $\boldsymbol{A}^{-1}$)也是正交矩阵；

(3) 两个正交矩阵之积是正交矩阵；

(4) 若 $\boldsymbol{A}$ 为正交矩阵，则 $|\boldsymbol{A}|=1$ 或-1.

定理 4-2　$\boldsymbol{A}$ 为正交矩阵的充分必要条件是 $\boldsymbol{A}$ 的列(行)向量组为规范正交向量组.

证明　设 $\boldsymbol{A}=(\boldsymbol{\alpha}_1,\boldsymbol{\alpha}_2,\cdots,\boldsymbol{\alpha}_n)$，其中 $\boldsymbol{\alpha}_1,\boldsymbol{\alpha}_2,\cdots,\boldsymbol{\alpha}_n$ 为 $\boldsymbol{A}$ 的列向量组，则

$$\boldsymbol{A}^{\mathrm{T}}\boldsymbol{A}=\boldsymbol{E}\text{ 等价于}\begin{pmatrix}\boldsymbol{\alpha}_1^{\mathrm{T}}\\\boldsymbol{\alpha}_2^{\mathrm{T}}\\\vdots\\\boldsymbol{\alpha}_n^{\mathrm{T}}\end{pmatrix}(\boldsymbol{\alpha}_1,\boldsymbol{\alpha}_2,\cdots,\boldsymbol{\alpha}_n)=\begin{pmatrix}\boldsymbol{\alpha}_1^{\mathrm{T}}\boldsymbol{\alpha}_1&\boldsymbol{\alpha}_1^{\mathrm{T}}\boldsymbol{\alpha}_2&\cdots&\boldsymbol{\alpha}_1^{\mathrm{T}}\boldsymbol{\alpha}_n\\\boldsymbol{\alpha}_2^{\mathrm{T}}\boldsymbol{\alpha}_1&\boldsymbol{\alpha}_2^{\mathrm{T}}\boldsymbol{\alpha}_2&\cdots&\boldsymbol{\alpha}_2^{\mathrm{T}}\boldsymbol{\alpha}_n\\\vdots&\vdots&\ddots&\vdots\\\boldsymbol{\alpha}_n^{\mathrm{T}}\boldsymbol{\alpha}_1&\boldsymbol{\alpha}_n^{\mathrm{T}}\boldsymbol{\alpha}_2&\cdots&\boldsymbol{\alpha}_n^{\mathrm{T}}\boldsymbol{\alpha}_n\end{pmatrix}=\boldsymbol{E},$$

即

$$\boldsymbol{\alpha}_i^{\mathrm{T}}\boldsymbol{\alpha}_j=\boldsymbol{\varepsilon}_{ij}=\begin{cases}1, & i=j,\\0, & i\neq j,\end{cases}\quad(i,\ j=1,2,\cdots,n),$$

所以 $\boldsymbol{A}$ 的列向量组 $\boldsymbol{\alpha}_1,\boldsymbol{\alpha}_2,\cdots,\boldsymbol{\alpha}_n$ 为规范正交向量组. 再由 $\boldsymbol{A}^{\mathrm{T}}\boldsymbol{A}=\boldsymbol{E}$，可得 $\boldsymbol{A}$ 的行向量组为规范正交向量组.

定义 4-7　若 $\boldsymbol{P}$ 为正交矩阵，则称线性变换 $y=\boldsymbol{P}x$ 为正交变换.

注　正交变换保持向量的内积与长度不变.

习题 4-1

1. 把向量 $\boldsymbol{\alpha}=(1,2,-2)^{\mathrm{T}}$ 单位化.

2. 求 $\boldsymbol{\alpha}$ 与 $\boldsymbol{\beta}$ 的夹角.

(1) $\boldsymbol{\alpha}=(2,1,3,2)$　$\boldsymbol{\beta}=(1,2,-2,1)$；

(2) $\boldsymbol{\alpha}=(1,2,2,3)$　$\boldsymbol{\beta}=(3,1,5,1)$.

3. 设 $\boldsymbol{\alpha}=(1,-1,-1)^{\mathrm{T}}$，$\boldsymbol{\beta}=(1,2,-1)^{\mathrm{T}}$. 求向量 $\boldsymbol{\gamma}$，使 $\boldsymbol{\gamma}$ 和 $\boldsymbol{\alpha}$ 与 $\boldsymbol{\beta}$ 都正交.

4. 设 $\boldsymbol{\alpha}_1=(1,1,-1)^{\mathrm{T}}$，$\boldsymbol{\alpha}_2=(0,4,1)^{\mathrm{T}}$，$\boldsymbol{\alpha}_3=(-2,1,1)^{\mathrm{T}}$，求一个与 $\boldsymbol{\alpha}_1,\boldsymbol{\alpha}_2,\boldsymbol{\alpha}_3$ 等价的规范正交组.

5. 设 $\boldsymbol{\alpha}_1=(1,-1,1)^{\mathrm{T}}$，求一组非零向量 $\boldsymbol{\alpha}_2,\boldsymbol{\alpha}_3$，使 $\boldsymbol{\alpha}_1,\boldsymbol{\alpha}_2,\boldsymbol{\alpha}_3$ 两两正交.

6. 设 $\boldsymbol{A}$，$\boldsymbol{B}$ 都是 n 阶正交矩阵，证明 $\boldsymbol{AB}$ 也是正交矩阵.

第二节　方阵的特征值与特征向量

【课前导读】

方阵的特征值就是方阵的特征多项式的根，而属于特征值 λ 的特征向量是齐次线性方程组 $(\lambda\boldsymbol{E}-\boldsymbol{A})\boldsymbol{X}=\boldsymbol{O}$ 的非零解.

【学习要求】

1. 理解方阵的特征值与特征向量的概念，会求方阵的特征值与特征向量.
2. 掌握方阵的特征值与特征向量的性质.

一、特征值与特征向量的概念及其求法

定义 4-8　设 $\boldsymbol{A}$ 是 n 阶方阵，$\boldsymbol{\alpha}$ 是 n 维非零向量，若存在实数 λ，使

$$\boldsymbol{A\alpha}=\lambda\boldsymbol{\alpha}, \tag{4-2}$$

则称 λ 为方阵 $\boldsymbol{A}$ 的**特征值**，$\boldsymbol{\alpha}$ 是 $\boldsymbol{A}$ 的属于特征值 λ 的**特征向量**.

一般来说，特征值和特征向量是成对出现的，若 $\boldsymbol{\alpha}$ 是 $\boldsymbol{A}$ 的属于特征值 λ 的特征向量，则 $k\boldsymbol{\alpha}(k\neq0)$ 也是 $\boldsymbol{A}$ 的属于 λ 的特征向量. 式(4-2)也可写成

$$(\lambda\boldsymbol{E}-\boldsymbol{A})\boldsymbol{\alpha}=\boldsymbol{O}, \tag{4-3}$$

这是含有 n 个未知数 n 个方程的齐次线性方程组，它有非零解的充要条件是系数行列式 $|\lambda\boldsymbol{E}-\boldsymbol{A}|=0$，即

$$\begin{vmatrix} \lambda-a_{11} & -a_{12} & \cdots & -a_{1n} \\ -a_{21} & \lambda-a_{22} & \cdots & -a_{2n} \\ \vdots & \vdots & \ddots & \vdots \\ -a_{n1} & -a_{n2} & \cdots & \lambda-a_{nn} \end{vmatrix}=0. \tag{4-4}$$

式(4-4)称为方阵 $\boldsymbol{A}$ 的**特征方程**，它是以 λ 为未知数的一元 n 次方程，称 $\boldsymbol{f}(\lambda)=|\lambda\boldsymbol{E}-\boldsymbol{A}|$ 为 $\boldsymbol{A}$ 的**特征多项式**. 我们知道一元 n 次方程在复数范围内有 n 个根(重根按重数计)，因此，n 阶方阵 $\boldsymbol{A}$ 在复数范围内有 n 个特征值.

上述内容告诉我们，方阵 $\boldsymbol{A}$ 的特征值就是 $\boldsymbol{A}$ 的特征方程的根，现设 $\lambda=\lambda_i$ 是方阵 $\boldsymbol{A}$ 的一个特征值，则由方程

$$(\lambda_i\boldsymbol{E}-\boldsymbol{A})\boldsymbol{X}=\boldsymbol{O} \tag{4-5}$$

可求得非零解 $\boldsymbol{X}=\boldsymbol{\alpha}_i$. 那么 $\boldsymbol{\alpha}_i$ 是 $\boldsymbol{A}$ 的属于特征值 λ_i 的特征向量，且 $\boldsymbol{A}$ 的属于特征值 λ_i 的特征向量全体是式(4-5)的全体非零解，即设 $\boldsymbol{\alpha}_1,\boldsymbol{\alpha}_2,\cdots,\boldsymbol{\alpha}_s$ 为式(4-5)的基础解系，则 $\boldsymbol{A}$ 的属于特征值 λ_i 的全部特征向量为 $k_1\boldsymbol{\alpha}_1+k_2\boldsymbol{\alpha}_2+\cdots+k_s\boldsymbol{\alpha}_s$(其中 $k_1,k_2,\cdots,k_s$ 不全为0).

例 3　求矩阵 $A=\begin{pmatrix}-1 & 1\\ 5 & 3\end{pmatrix}$ 的特征值和特征向量.

解　A 的特征方程为 $|\lambda E-A|=\begin{vmatrix}\lambda+1 & -1\\ -5 & \lambda-3\end{vmatrix}=(\lambda+2)(\lambda-4)=0$，故 A 的特征值为 $\lambda_1=-2$，$\lambda_2=4$.

当 $\lambda_1=-2$ 时，属于它的特征向量应满足 $\begin{cases}-x_1-x_2=0,\\ -5x_1-5x_2=0,\end{cases}$ 解得 $x_2=-x_1$，所以取一个特征向量为 $\boldsymbol{\alpha}_1=(1,-1)^{\mathrm{T}}$，而 $k_1\boldsymbol{\alpha}_1(k_1\neq0)$ 就是 A 的属于 $\lambda_1=-2$ 的全部特征向量.

当 $\lambda_2=4$ 时，属于它的特征向量应满足 $\begin{cases}5x_1-x_2=0,\\ -5x_1+x_2=0,\end{cases}$ 解得 $x_2=5x_1$，所以取一个特征向量为 $\boldsymbol{\alpha}_2=(1,5)^{\mathrm{T}}$，而 $k_2\boldsymbol{\alpha}_2(k_2\neq0)$ 就是 A 的属于 $\lambda_2=4$ 的全部特征向量.

例 4　求矩阵 $A=\begin{pmatrix}2 & 2 & -2\\ 2 & 5 & 4\\ -2 & -4 & 5\end{pmatrix}$ 的特征值和特征向量.

解　A 的特征方程为 $|\lambda E-A|=\begin{vmatrix}\lambda-2 & -2 & 2\\ -2 & \lambda-5 & 4\\ 2 & 4 & \lambda-5\end{vmatrix}=(10-\lambda)(\lambda-1)^2$，故 A 的特征值为 $\lambda_1=10$，$\lambda_2=\lambda_3=1$.

当 $\lambda_1=10$ 时，属于 λ_1 的特征向量应满足 $(10E-A)X=O$，由 $10E-A=\begin{pmatrix}8 & -2 & 2\\ -2 & 5 & 4\\ 2 & 4 & 5\end{pmatrix}\xrightarrow{r}\begin{pmatrix}1 & 0 & \frac{1}{2}\\ 0 & 1 & 1\\ 0 & 0 & 0\end{pmatrix}$ 得基础解系为 $\boldsymbol{\alpha}_1=(1,2,-2)^{\mathrm{T}}$，从而属于 λ_1 的全部特征向量为 $k_1\boldsymbol{\alpha}_1(k_1\neq0)$.

当 $\lambda_2=\lambda_3=1$ 时，属于 λ_2 的特征向量应满足 $(E-A)X=O$，由 $E-A=\begin{pmatrix}-1 & -2 & 2\\ -2 & -4 & 4\\ 2 & 4 & -4\end{pmatrix}\sim\begin{pmatrix}1 & 2 & -2\\ 0 & 0 & 0\\ 0 & 0 & 0\end{pmatrix}$ 得基础解系为 $\boldsymbol{\alpha}_2=(-2,1,0)^{\mathrm{T}}$，$\boldsymbol{\alpha}_3=(2,0,1)^{\mathrm{T}}$，从而属于 λ_2 的全部特征向量为 $k_2\boldsymbol{\alpha}_2+k_3\boldsymbol{\alpha}_3$（$k_2$，$k_3$ 不全为 0）.

例 5　已知 A 为 n 阶方程且 $A^2=A$，证明 A 的特征值只能是 0 或 1.

证明　设 λ 为 A 的一个特征值，对应的特征向量为 $\boldsymbol{\alpha}$，则有 $A\boldsymbol{\alpha}=\lambda\boldsymbol{\alpha}$，故

$$A^2\boldsymbol{\alpha}=A(A\boldsymbol{\alpha})=A(\lambda\boldsymbol{\alpha})=\lambda A\boldsymbol{\alpha}=\lambda(\lambda\boldsymbol{\alpha})=\lambda^2\boldsymbol{\alpha}.$$

又由题知，$A^2\boldsymbol{\alpha}=A\boldsymbol{\alpha}=\lambda\boldsymbol{\alpha}$，因此，$\lambda^2\boldsymbol{\alpha}-\lambda\boldsymbol{\alpha}=(\lambda^2-\lambda)\boldsymbol{\alpha}=0$.

由 $\boldsymbol{\alpha}$ 为特征向量，则 $\boldsymbol{\alpha}\neq\mathbf{0}$，故 $\lambda^2-\lambda=0$，因此 $\lambda=0$ 或 1.

二、特征值与特征向量的性质

性质 4-1　n 阶矩阵 $\boldsymbol{A}$ 与它的转置矩阵 $\boldsymbol{A}^{\mathrm{T}}$ 有相同的特征值.

证明　因为 $|\lambda\boldsymbol{E}-\boldsymbol{A}^{\mathrm{T}}|=|(\lambda\boldsymbol{E}-\boldsymbol{A})^{\mathrm{T}}|=|\lambda\boldsymbol{E}-\boldsymbol{A}|$，故 $\boldsymbol{A}^{\mathrm{T}}$ 与 $\boldsymbol{A}$ 有相同的特征多项式，因此有相同的特征值.

性质 4-2　设 n 阶矩阵 $\boldsymbol{A}=(\boldsymbol{a}_{\mathrm{ij}})$ 的特征值为 $\lambda_1,\lambda_2,\cdots,\lambda_n$，则：

(1) $\lambda_1+\lambda_2+\cdots+\lambda_n=a_{11}+a_{22}+\cdots+a_{nn}$；

(2) $\lambda_1\lambda_2\cdots\lambda_n=|A|$.

性质 4-3　若 λ 是 n 阶矩阵 $\boldsymbol{A}$ 的特征值，$\boldsymbol{\alpha}$ 为属于特征值 λ 的特征向量，则：

(1) λ^k 为 $\boldsymbol{A}^k$ 的特征值(k 为非负整数)，$\boldsymbol{\alpha}$ 为 $\boldsymbol{A}^k$ 的属于特征值 λ^k 的特征向量；

(2) $k\lambda$ 为 $k\boldsymbol{A}$ 的特征值(k 为任意常数)，$\boldsymbol{\alpha}$ 为 $k\boldsymbol{A}$ 的属于特征值 $k\lambda$ 的特征向量；

(3) 当 $\boldsymbol{A}$ 可逆时，λ^{-1}为 $\boldsymbol{A}^{-1}$的特征值，$\boldsymbol{\alpha}$ 为 $\boldsymbol{A}^{-1}$的属于特征值 λ^{-1}的特征向量；

(4) 若矩阵 $\boldsymbol{A}$ 的多项式是 $\varphi(\boldsymbol{A})=\boldsymbol{a}_m\boldsymbol{A}^m+\cdots+\boldsymbol{a}_1\boldsymbol{A}+\boldsymbol{a}_0\boldsymbol{E}$，则 $\varphi(\lambda)$ 是 $\varphi(\boldsymbol{A})$ 的特征值，$\boldsymbol{\alpha}$ 是 $\varphi(\boldsymbol{A})$ 的属于特征值 $\varphi(\lambda)$ 的特征向量.

例 6　设三阶矩阵 $\boldsymbol{A}$ 的特征值 $\lambda_1=1$，$\lambda_2=-1$，$\lambda_3=2$，求 $|\boldsymbol{A}^3-3\boldsymbol{A}+5\boldsymbol{E}|$.

解　设 $\varphi(x)=x^3-3x+5$，则 $\varphi(\boldsymbol{A})=\boldsymbol{A}^3-3\boldsymbol{A}+5\boldsymbol{E}$ 的特征值为 $\varphi(\lambda_1)=3$，$\varphi(\lambda_2)=9$，$\varphi(\lambda_3)=7$，故 $|\boldsymbol{A}^3-3\boldsymbol{A}+5\boldsymbol{E}|=3\times9\times7=189$.

性质 4-4　属于不同特征值的特征向量线性无关.

性质 4-5　设 λ_1 和 λ_2 是矩阵 $\boldsymbol{A}$ 的两个不同的特征值，$\boldsymbol{\alpha}_1,\boldsymbol{\alpha}_2,\cdots,\boldsymbol{\alpha}_s$ 和 $\boldsymbol{\beta}_1,\boldsymbol{\beta}_2,\cdots,\boldsymbol{\beta}_r$ 是分别属于特征值 λ_1 和 λ_2 的线性无关的特征向量，则 $\boldsymbol{\alpha}_1,\boldsymbol{\alpha}_2,\cdots,\boldsymbol{\alpha}_s$，$\boldsymbol{\beta}_1,\boldsymbol{\beta}_2,\cdots,\boldsymbol{\beta}_r$ 仍线性无关.

例 7　设 λ_1 和 λ_2 是矩阵 $\boldsymbol{A}$ 的两个不同的特征值. $\boldsymbol{\alpha}_1$，$\boldsymbol{\alpha}_2$ 分别是属于特征值 λ_1 和 λ_2 的特征向量，试证明 $\boldsymbol{\alpha}_1+\boldsymbol{\alpha}_2$ 不是 $\boldsymbol{A}$ 的特征向量.

证明　按题设，$\boldsymbol{A}\boldsymbol{\alpha}_1=\lambda_1\boldsymbol{\alpha}_1$，$\boldsymbol{A}\boldsymbol{\alpha}_2=\lambda_2\boldsymbol{\alpha}_2$，故 $\boldsymbol{A}(\boldsymbol{\alpha}_1+\boldsymbol{\alpha}_2)=\lambda_1\boldsymbol{\alpha}_1+\lambda_2\boldsymbol{\alpha}_2$. 用反证法，假设 $\boldsymbol{\alpha}_1+\boldsymbol{\alpha}_2$ 是 $\boldsymbol{A}$ 的属于特征值 λ 的特征向量，即

$$\boldsymbol{A}(\boldsymbol{\alpha}_1+\boldsymbol{\alpha}_2)=\lambda(\boldsymbol{\alpha}_1+\boldsymbol{\alpha}_2),$$

于是

$$\lambda_1\boldsymbol{\alpha}_1+\lambda_2\boldsymbol{\alpha}_2=\lambda(\boldsymbol{\alpha}_1+\boldsymbol{\alpha}_2),$$

故

$$(\lambda_1-\lambda)\boldsymbol{\alpha}_1+(\lambda_2-\lambda)\boldsymbol{\alpha}_2=0.$$

因 $\lambda_1\neq\lambda_2$，故 $\lambda_1-\lambda$ 和 $\lambda_2-\lambda$ 不全为0，故 $\boldsymbol{\alpha}_1,\boldsymbol{\alpha}_2$ 线性相关. 由性质4-4 知 $\boldsymbol{\alpha}_1$ 与 $\boldsymbol{\alpha}_2$ 线性无关，矛盾. 因此 $\boldsymbol{\alpha}_1+\boldsymbol{\alpha}_2$ 不是 $\boldsymbol{A}$ 的特征向量.

习题 4-2

1. 求矩阵 $\boldsymbol{A}=\begin{pmatrix}3 & -1\\ -1 & 3\end{pmatrix}$ 的特征值和特征向量.

2. 求矩阵 $A=\begin{pmatrix}-1&1&0\\-4&3&0\\1&0&2\end{pmatrix}$ 的特征值和特征向量.

3. 已知三阶矩阵 A 的特征值为 1，-2，3，求：

(1) $2A$ 的特征值；

(2) A^{-1} 的特征值.

4. 已知三阶矩阵 A 的特征值为 1，-1，2，求 $|A^*+3A-2E|$.

5. 已知 A 为 n 阶矩阵且 $A^2=A$，求 A 的特征值.

6. 设 n 阶矩阵 A，B 满足 $R(A)+R(A)<n$，证明 A 与 B 有公共的特征值和特征向量.

第三节　相似矩阵

【课前导读】

矩阵分解经常能解决很多问题，我们要考虑一种特殊的矩阵分解：$A=P\Lambda P^{-1}$，其中 Λ 为对角阵. 这种分解很有用，问题是对一般方阵，这种分解是否存在？若存在，如何求 P 和 Λ？

【学习要求】

1. 掌握相似矩阵的概念及性质.
2. 了解矩阵对角化的条件，会用可逆变换将矩阵对角化.
3. 会用正交变换将实对称矩阵对角化.

一、相似矩阵的概念及性质

定义 4-9　设 A、B 都是 n 级矩阵，若有 n 级可逆矩阵 X，使得

$$X^{-1}AX=B,$$

则称 B 是 A 的相似矩阵，或称 A 与 B 相似. 记作 $A\sim B$.

例如，

$$A=\begin{pmatrix}1&2&2\\2&1&2\\2&2&1\end{pmatrix},\ B=\begin{pmatrix}5&0&0\\0&-1&0\\0&0&-1\end{pmatrix},\ X=\begin{pmatrix}1&-1&1\\1&1&0\\1&0&1\end{pmatrix}.$$

有 $X^{-1}AX=B$，则 A 与 B 相似.

相似矩阵有以下性质.

性质 4-6　(1) $A\sim A$(反身性).

(2) 若 $A\sim B$，则 $B\sim A$(对称性).

(3) 若 $A\sim B$，$B\sim C$，则 $A\sim C$(传递性).

证明留给读者.

性质 4-7　相似矩阵的行列式的值相等.

证明　设 $A\sim B$，即存在可逆矩阵 X，使 $B=X^{-1}AX$，于是

$$|B|=|X^{-1}AX|=|X^{-1}||A||X|=|A|.$$

性质 4-8　相似矩阵有相同的特征值.

证明　设 $\boldsymbol{A}\sim\boldsymbol{B}$，即存在可逆矩阵 $\boldsymbol{X}$，使 $\boldsymbol{B}=\boldsymbol{X}^{-1}\boldsymbol{A}\boldsymbol{X}$，于是

$$|\lambda\boldsymbol{E}-\boldsymbol{B}|=|\lambda\boldsymbol{X}^{-1}\boldsymbol{E}\boldsymbol{X}-\boldsymbol{X}^{-1}\boldsymbol{A}\boldsymbol{X}|=|\boldsymbol{X}^{-1}(\lambda\boldsymbol{E}-\boldsymbol{A})\boldsymbol{X}|=|\boldsymbol{X}^{-1}||\lambda\boldsymbol{E}-\boldsymbol{A}||\boldsymbol{X}|=|\lambda\boldsymbol{E}-\boldsymbol{A}|,$$

即 $\boldsymbol{A}$ 与 $\boldsymbol{B}$ 有相同的特征多项式，从而有相同的特征值.

注　设 $\boldsymbol{A}=\begin{pmatrix}\lambda_1 & & & \\ & \lambda_2 & & \\ & & \ddots & \\ & & & \lambda_n\end{pmatrix}$，易知 $\boldsymbol{A}$ 的全部特征值为 $\lambda_1,\lambda_2,\cdots,\lambda_n$. 如果 $\boldsymbol{B}\sim\boldsymbol{A}$，则 $\lambda_1,\lambda_2,\cdots,\lambda_n$ 也是 $\boldsymbol{B}$ 的全部特征值.

性质 4-9　若 $\boldsymbol{A}\sim\boldsymbol{B}$，则 $\boldsymbol{A}^k\sim\boldsymbol{B}^k$（$k$ 为任意正整数）.

证明留给读者.

二、矩阵与对角矩阵相似的条件

若矩阵 $\boldsymbol{A}$ 能相似于一个对角矩阵，则称 $\boldsymbol{A}$ **可对角化**. 下面探讨矩阵可对角化的条件.

定理 4-3　n 阶矩阵 $\boldsymbol{A}$ 可对角化的充分必要条件是 $\boldsymbol{A}$ 有 n 个线性无关的特征向量.

证明　（充分性）设 $\boldsymbol{A}\sim\boldsymbol{\Lambda}=\begin{pmatrix}\lambda_1 & & & \\ & \lambda_2 & & \\ & & \ddots & \\ & & & \lambda_n\end{pmatrix}$，即存在可逆矩阵 $\boldsymbol{X}$，使 $\boldsymbol{X}^{-1}\boldsymbol{A}\boldsymbol{X}=\boldsymbol{\Lambda}$，故 $\boldsymbol{A}\boldsymbol{X}=\boldsymbol{\Lambda}\boldsymbol{X}$，令 $\boldsymbol{X}=(\boldsymbol{\alpha}_1\ \ \boldsymbol{\alpha}_2\ \ \cdots\ \ \boldsymbol{\alpha}_n)$，则 $\boldsymbol{\alpha}_i\neq 0$，且

$$\boldsymbol{A}(\boldsymbol{\alpha}_1\ \ \boldsymbol{\alpha}_2\ \ \cdots\ \ \boldsymbol{\alpha}_n)=\begin{pmatrix}\lambda_1 & & & \\ & \lambda_2 & & \\ & & \ddots & \\ & & & \lambda_n\end{pmatrix}(\boldsymbol{\alpha}_1\ \ \boldsymbol{\alpha}_2\ \ \cdots\ \ \boldsymbol{\alpha}_n)=(\lambda_1\boldsymbol{\alpha}_1\ \ \lambda_2\boldsymbol{\alpha}_2\ \ \cdots\ \ \lambda_n\boldsymbol{\alpha}_n),$$

于是 $\boldsymbol{A}\boldsymbol{\alpha}_i=\lambda_i\boldsymbol{\alpha}_i$，$i=1,2,\cdots,n$. 因 $\boldsymbol{X}$ 可逆，所以 $\boldsymbol{\alpha}_1,\boldsymbol{\alpha}_2,\cdots,\boldsymbol{\alpha}_n$ 是 $\boldsymbol{A}$ 的 n 个线性无关的特征向量.

（必要性）设 $\boldsymbol{\alpha}_1,\boldsymbol{\alpha}_2,\cdots,\boldsymbol{\alpha}_n$ 是 $\boldsymbol{A}$ 的线性无关的特征向量.

分别设 $\boldsymbol{A}\boldsymbol{\alpha}_i=\lambda_i\boldsymbol{\alpha}_i$，$i=1,2,\cdots,n$，于是

$$(\boldsymbol{A}\boldsymbol{\alpha}_1,\boldsymbol{A}\boldsymbol{\alpha}_2,\cdots,\boldsymbol{A}\boldsymbol{\alpha}_n)=(\lambda_1\boldsymbol{\alpha}_1\ \ \lambda_2\boldsymbol{\alpha}_2\ \ \cdots\ \ \lambda_n\boldsymbol{\alpha}_n),$$

$$\boldsymbol{A}(\boldsymbol{\alpha}_1\ \ \boldsymbol{\alpha}_2\ \ \cdots\ \ \boldsymbol{\alpha}_n)=\begin{pmatrix}\lambda_1 & & & \\ & \lambda_2 & & \\ & & \ddots & \\ & & & \lambda_n\end{pmatrix}(\boldsymbol{\alpha}_1\ \ \boldsymbol{\alpha}_2\ \ \cdots\ \ \boldsymbol{\alpha}_n),$$

令 $X=(\alpha_1\ \ \alpha_2\ \ \cdots\ \ \alpha_n)$，由 $\alpha_1,\alpha_2,\cdots,\alpha_n$ 线性无关知 X 可逆，从而 $A=X^{-1}\begin{pmatrix}\lambda_1 & & & \\ & \lambda_2 & & \\ & & \ddots & \\ & & & \lambda_n\end{pmatrix}X$，即 A 可对角化.

结合上一节性质 4-4，可得如下推论.

推论　若 n 阶矩阵 A 有 n 个不同的特征值，则 A 相似对角阵.

例 8　设 $A=\begin{pmatrix}1 & 1\\ 0 & 1\end{pmatrix}$，判断 A 是否可对角化.

解　A 的特征方程为 $|\lambda E-A|=\begin{vmatrix}\lambda-1 & -1\\ 0 & \lambda-1\end{vmatrix}=(\lambda-1)^2=0$，故 A 的特征值为 $\lambda_1=\lambda_2=1$.

当 $\lambda_1=\lambda_2=1$ 时，属于 $\lambda_1=\lambda_2=1$ 的特征向量应满足 $(E-A)X=O$，即 $0\cdot x_1-x_2=0$，故 A 只有一个线性无关的特征向量，因此不能对角化.

注　这个 A 与 E 有相同的特征值，但 A 与 E 不相似.

例 9　设 $A=\begin{pmatrix}-1 & 1\\ 5 & 3\end{pmatrix}$，判断这个 A 是否可对角化.

解　由例 3 知，A 有 2 个不同特征值 -2 和 4，故 A 可对角化. 取 $X=(\alpha_1\ \ \alpha_2)=\begin{pmatrix}1 & 1\\ -1 & 5\end{pmatrix}$，得 $X^{-1}AX=\begin{pmatrix}-2 & 0\\ 0 & 4\end{pmatrix}$.

例 10　设 $A=\begin{pmatrix}2 & 2 & -2\\ 2 & 5 & -4\\ -2 & -4 & 5\end{pmatrix}$，求矩阵 X，使 $X^{-1}AX$ 为对角阵.

解　由例 4 知 A 有三个特征值 10，1，1. 属于 10 的一个线性无关的特征向量为 $\alpha_1=(1,2,-2)^{\mathrm T}$. 属于 1 的两个线性无关的特征向量为 $\alpha_2=(-2,1,0)^{\mathrm T}$，$\alpha_3=(2,0,1)^{\mathrm T}$. 取 $X=(\alpha_1,\alpha_2,\alpha_3)=\begin{pmatrix}1 & -2 & 2\\ 2 & 1 & 0\\ -2 & 0 & 1\end{pmatrix}$，得 $X^{-1}AX=\begin{pmatrix}10 & 0 & 0\\ 0 & 1 & 0\\ 0 & 0 & 1\end{pmatrix}$.

三、实对称矩阵对角化

由前述内容可知，判断一个 n 阶矩阵 A 是否可对角化，关键在于判断这个矩阵是否有 n 个线性无关的特征向量，但这不是一件容易的事情. 而当 A 是实对称矩阵时，下面有确定的结果：实对称矩阵总可以对角化.

定理 4-4　实对称矩阵的特征值为实数.

证明　（略）.

定理 4-5　实对称矩阵的属于不同特征值的特征向量必正交.

证明　设 λ_1，λ_2 是实对称矩阵 A 的两个不同特征值，α_1，α_2 分别是属于 λ_1，λ_2 的

特征向量，即 $\boldsymbol{A\alpha}_1=\lambda_1\boldsymbol{\alpha}_1$，$\boldsymbol{A\alpha}_2=\lambda_2\boldsymbol{\alpha}_2$，又 $\boldsymbol{A}^{\mathrm{T}}=\boldsymbol{A}$，于是

$\lambda_1\boldsymbol{\alpha}_1^{\mathrm{T}}\boldsymbol{\alpha}_2=(\lambda_1\boldsymbol{\alpha}_1^{\mathrm{T}})\boldsymbol{\alpha}_2=(\lambda_1\boldsymbol{\alpha}_1)^{\mathrm{T}}\boldsymbol{\alpha}_2=(\boldsymbol{A\alpha}_1)^{\mathrm{T}}\boldsymbol{\alpha}_2=\boldsymbol{\alpha}_1^{\mathrm{T}}\boldsymbol{A}^{\mathrm{T}}\boldsymbol{\alpha}_2=\boldsymbol{\alpha}_1^{\mathrm{T}}(\boldsymbol{A\alpha}_2)=\boldsymbol{\alpha}_1^{\mathrm{T}}(\lambda_2\boldsymbol{\alpha}_2)=\lambda_2\boldsymbol{\alpha}_1^{\mathrm{T}}\boldsymbol{\alpha}_2$，故 $(\lambda_1-\lambda_2)\boldsymbol{\alpha}_1^{\mathrm{T}}\boldsymbol{\alpha}_2=0$，但 $\lambda_1\neq\lambda_2$，所以 $\boldsymbol{\alpha}_1^{\mathrm{T}}\boldsymbol{\alpha}_2=0$，即 $\boldsymbol{\alpha}_1$ 与 $\boldsymbol{\alpha}_2$ 正交.

定理 4-6 设 $\boldsymbol{A}$ 为 n 阶实对称矩阵，λ 是 $\boldsymbol{A}$ 的特征方程的 r 重根，则矩阵 $\boldsymbol{\lambda E-A}$ 的秩为 $n-r$，从而 $\boldsymbol{A}$ 的属于特征值 λ 的线性无关的特征向量恰有 r 个.

证明 （略）.

定理 4-7 设 $\boldsymbol{A}$ 为 n 阶实对称矩阵，则必存在正交矩阵 $\boldsymbol{P}$，使 $\boldsymbol{P}^{-1}\boldsymbol{AP}=\boldsymbol{\Lambda}$，其中 $\boldsymbol{\Lambda}$ 是以 $\boldsymbol{A}$ 的 n 个特征值为对角元素的对角矩阵.

证明 设 $\boldsymbol{A}$ 的互不相同的特征值为 $\lambda_1,\lambda_2,\cdots,\lambda_s$，它们的重数分别为 $r_1,r_2,\cdots,r_s$，则 $r_1+r_2+\cdots+r_s=n$.

根据定理 4-4 和定理 4-6 知，对应特征值 $\lambda_i(i=1,2,\cdots,s)$ 的线性无关的特征向量恰有 r_i 个，将它们正交化，再单位化，即得含 r_i 个向量的规范正交组，又由定理 4-5，把这些规范正交组的向量合在一起，即得含 n 个向量的规范正交组，以它们为列向量构成正交矩阵 $\boldsymbol{P}$，则 $\boldsymbol{P}^{-1}\boldsymbol{AP}=\boldsymbol{P}^{-1}P\boldsymbol{\Lambda}=\boldsymbol{\Lambda}$，且 $\boldsymbol{\Lambda}$ 的对角元素含有 r_i 个 $\lambda_i(i=1,2,\cdots,s)$，正是 $\boldsymbol{A}$ 的 n 个特征值.

根据以上定理，将实对称矩阵 $\boldsymbol{A}$ 对角化，具体步骤如下：

（1）求出 $\boldsymbol{A}$ 的全部特征值 $\lambda_1,\lambda_2,\cdots,\lambda_s$；

（2）对每一个特征值 λ_i，求出 $(\lambda_i\boldsymbol{E}-\boldsymbol{A})\boldsymbol{X}=\boldsymbol{O}$ 的基础解系，即得到属于特征值 λ_i 的线性无关的特征向量；

（3）将属于每个特征值的线性无关的特征向量正交化再单位化，然后把它们合在一起得到含 n 个向量的规范正交组；

（4）将规范正交组按列排成一个正交矩阵 $\boldsymbol{P}$，则 $\boldsymbol{P}^{-1}\boldsymbol{AP}=\boldsymbol{\Lambda}$. 其中对角阵 $\boldsymbol{\Lambda}$ 主对角线上的元素为 $\boldsymbol{A}$ 的全部特征值，且特征值次序与 $\boldsymbol{P}$ 中列向量次序对应.

例 11 设 $\boldsymbol{A}=\begin{pmatrix}2&2&-2\\2&5&-4\\-2&-4&5\end{pmatrix}$，求正交矩阵 $\boldsymbol{P}$，使 $\boldsymbol{P}^{-1}\boldsymbol{AP}$ 为对角阵.

解 由例 4 知 $\boldsymbol{A}$ 有 3 个特征值 10，1，1.

属于 10 的一个线性无关的特征向量为 $\boldsymbol{\alpha}_1=(1,2,-2)^{\mathrm{T}}$，将它单位化得 $\boldsymbol{\eta}_1=\left(\frac{1}{3},\frac{2}{3},-\frac{2}{3}\right)^{\mathrm{T}}$.

属于 1 的两个线性无关的特征向量为 $\boldsymbol{\alpha}_2=(-2,1,0)^{\mathrm{T}}$，$\boldsymbol{\alpha}_3=(2,0,1)^{\mathrm{T}}$，将它们正交化，再单位化得 $\boldsymbol{\eta}_2=\left(-\frac{2}{5}\sqrt{5},\frac{\sqrt{5}}{5},0\right)^{\mathrm{T}}$，$\boldsymbol{\eta}_3=\left(\frac{2}{15}\sqrt{5},\frac{4}{15}\sqrt{5},\frac{\sqrt{5}}{3}\right)^{\mathrm{T}}$.

令 $\boldsymbol{P}=(\boldsymbol{\eta}_1,\boldsymbol{\eta}_2,\boldsymbol{\eta}_3)=\begin{pmatrix}\frac{1}{3}&-\frac{2}{5}\sqrt{5}&\frac{2}{15}\sqrt{5}\\\frac{2}{3}&\frac{\sqrt{5}}{5}&\frac{4}{15}\sqrt{5}\\-\frac{2}{3}&0&\frac{\sqrt{5}}{3}\end{pmatrix}$，则 $\boldsymbol{P}$ 为正交阵，且 $\boldsymbol{P}^{-1}\boldsymbol{AP}=\begin{pmatrix}10&&\\&1&\\&&1\end{pmatrix}$.

例 12　设 $\boldsymbol{A}=\begin{pmatrix}2&-1\\-1&2\end{pmatrix}$，求 $\boldsymbol{A}^{20}$.

分析　由 $\boldsymbol{A}$ 为对称矩阵，故可对角化，即存在可逆阵 $\boldsymbol{P}$ 和对角阵 $\boldsymbol{\Lambda}$，使 $\boldsymbol{P}^{-1}\boldsymbol{A}\boldsymbol{P}=\boldsymbol{\Lambda}$，于是 $\boldsymbol{A}=\boldsymbol{P}\boldsymbol{\Lambda}\boldsymbol{P}^{-1}$，从而 $\boldsymbol{A}^{20}=\boldsymbol{P}\boldsymbol{\Lambda}^{20}\boldsymbol{P}^{-1}$.

解　矩阵 $\boldsymbol{A}$ 的特征方程 $|\lambda\boldsymbol{E}-\boldsymbol{A}|=\begin{vmatrix}\lambda-2&1\\1&\lambda-2\end{vmatrix}=(\lambda-1)(\lambda-3)$，故 $\boldsymbol{A}$ 的特征值为 $\lambda_1=1$，$\lambda_2=3$.

当 $\lambda_1=1$ 时，属于 1 的特征向量应满足 $(\boldsymbol{E}-\boldsymbol{A})\boldsymbol{X}=\boldsymbol{O}$，由 $\boldsymbol{E}-\boldsymbol{A}=\begin{pmatrix}-1&1\\1&-1\end{pmatrix}\xrightarrow{r}\begin{pmatrix}1&-1\\0&0\end{pmatrix}$，得 $\boldsymbol{\alpha}_1=(1,1)^{\mathrm{T}}$.

当 $\lambda_2=3$ 时，属于 3 的特征向量应满足 $(3\boldsymbol{E}-\boldsymbol{A})\boldsymbol{X}=\boldsymbol{O}$，由 $3\boldsymbol{E}-\boldsymbol{A}=\begin{pmatrix}1&1\\1&1\end{pmatrix}\xrightarrow{r}\begin{pmatrix}1&1\\0&0\end{pmatrix}$，得 $\boldsymbol{\alpha}_2=(1,-1)^{\mathrm{T}}$.

令 $\boldsymbol{P}=(\boldsymbol{\alpha}_1,\boldsymbol{\alpha}_2)=\begin{pmatrix}1&1\\1&-1\end{pmatrix}$，故 $\boldsymbol{P}^{-1}=\dfrac{1}{2}\begin{pmatrix}1&1\\1&-1\end{pmatrix}$，且 $\boldsymbol{P}^{-1}\boldsymbol{A}\boldsymbol{P}=\boldsymbol{\Lambda}=\begin{pmatrix}1&0\\0&3\end{pmatrix}$.

于是

$$\boldsymbol{A}^{20}=\boldsymbol{P}\boldsymbol{\Lambda}^{20}\boldsymbol{P}^{-1}=\frac{1}{2}\begin{pmatrix}1&1\\1&-1\end{pmatrix}\begin{pmatrix}1&0\\0&3^{20}\end{pmatrix}\begin{pmatrix}1&1\\1&-1\end{pmatrix}=\frac{1}{2}\begin{pmatrix}1+3^{20}&1-3^{20}\\1-3^{20}&1+3^{20}\end{pmatrix}.$$

例 13　已知 $\boldsymbol{A}=\begin{pmatrix}-2&0&0\\2&a&2\\3&1&1\end{pmatrix}$ 相似于 $\boldsymbol{B}=\begin{pmatrix}2&&\\&-1&\\&&b\end{pmatrix}$，求 a 和 b.

解　因为 $\boldsymbol{A}\sim\boldsymbol{B}$，故 $-2+a+1=2+(-1)+b$，即 $b=a-2$. 又 $\lambda_2=-1$ 是 $\boldsymbol{A}$ 的特征值，故 $|\boldsymbol{E}+\boldsymbol{A}|=0$，而 $|\boldsymbol{E}+\boldsymbol{A}|=-2a$，故 $a=0$，$b=-2$.

习题 4-3

1. 设有矩阵 $\boldsymbol{A}=\begin{pmatrix}3&1\\5&-1\end{pmatrix}$，$\boldsymbol{B}=\begin{pmatrix}4&0\\0&-2\end{pmatrix}$，判断 $\boldsymbol{A}$，$\boldsymbol{B}$ 是否相似.

2. 求一个与矩阵 $\boldsymbol{A}=\begin{pmatrix}1&-2&2\\-2&-2&4\\2&4&-2\end{pmatrix}$ 相似的对角矩阵.

3. 设 $\boldsymbol{A}=\begin{pmatrix}0&0&1\\1&1&a\\1&0&0\end{pmatrix}$，问 a 为何值时矩阵 $\boldsymbol{A}$ 能对角化？

4. 设 $\boldsymbol{A}=\begin{pmatrix}1&0&1\\0&1&1\\0&1&1\end{pmatrix}$，求 $\boldsymbol{A}^{100}$.

5. 已知 $\boldsymbol{\alpha}=(1,1,-1)^{\mathrm{T}}$ 是矩阵 $\boldsymbol{A}=\begin{pmatrix}2 & -1 & 2\\5 & a & 3\\-1 & b & -2\end{pmatrix}$ 的一个特征向量.

(1) 求 a，b 及 $\boldsymbol{\alpha}$ 属于的特征值.

(2) $\boldsymbol{A}$ 能否相似对角化？并说明理由.

6. 设 $\boldsymbol{A}=\begin{pmatrix}2 & 1 & 1\\1 & 2 & 1\\1 & 1 & 2\end{pmatrix}$，求正交矩阵 $\boldsymbol{P}$，使 $\boldsymbol{P}^{-1}\boldsymbol{AP}$ 成对角矩阵.

7. 设 $\boldsymbol{A}$，$\boldsymbol{B}$ 都是 n 阶矩阵，且 $\boldsymbol{A}$ 可逆，求证：$\boldsymbol{AB}$ 与 $\boldsymbol{BA}$ 相似.

第四节　二次型

【课前导读】

从代数学的观点来看，解析几何中化曲线的一般方程为标准方程的过程，就是通过变量间可逆的线性替换把一个二次齐次多项式化简为只含有平方项的过程. 这样的问题在许多实际问题或理论问题中常常会遇到.

【学习要求】

1. 掌握二次型及其矩阵的概念，了解合同矩阵的概念及性质.
2. 会用配方法将二次型化为标准形.
3. 会用正交变换将实二次型化为标准形.

已知平面 R^2 上一条曲线的方程为 $3x^2+3y^2+4xy=1$，为了求曲线上到原点的距离最长和最短的点，可以选择适当的坐标旋转变换

$$\begin{cases}x=x'\cos\theta-y'\sin\theta,\\ y=x'\sin\theta+y'\cos\theta,\end{cases}\quad \theta=\frac{\pi}{4},$$

将曲线方程化为标准方程：$x'^2+5y'^2=1$. 显然，这是一条椭圆曲线，从而曲线上到原点的距离最长和最短的点分别可取 $(\pm1,0)$ 和 $\left(0,\pm\frac{1}{5}\right)$.

为此我们把含两个变量的二次齐次多项式推广到含 n 个变量的二次齐次多项式，引入 n 元二次型的概念.

一、二次型及其矩阵表示

定义 4-10　含有 n 个变量 $x_1,x_2,\cdots,x_n$ 的二次齐次多项式

$$\begin{aligned}f(x_1,x_2,\cdots,x_n)=a_{11}x_1^2+2a_{12}x_1x_2+\cdots+2a_{1n}x_1x_n+\\ a_{22}x_2^2+\cdots+2a_{2n}x_2x_n+\\ \cdots\\ +a_{nn}x_n^2\end{aligned}\qquad(4-6)$$

称为 n 元二次型，当 a_{ij} 为复数时，f 称为**复二次型**；当 a_{ij} 为实数时，f 称为**实二次型**.

本章研究的二次型都是实二次型. 例如 $f(x_1,x_2)=x_1^2-x_1x_2+2x_2^2$，$f(x_1,x_2,x_3)=x_1x_2+x_1x_3+x_2x_3$ 都是实二次型.

定义 4-11　二次型 $f(x_1,x_2,x_n)=d_1x_1^2+d_2x_2^2+\cdots+d_nx_n^2$（其中 $d_1,d_2,\cdots,d_n$ 为实数）称为**标准形**. 如果 $d_1,d_2,\cdots,d_n$ 只取-1、0、1，则称该二次型为**规范型**.

在式(4-6)中，令 $a_{ji}=a_{ij}(j>i)$，于是式(4-6)可以写成

$$\begin{aligned}f(x_1,x_2,\cdots,x_n)=&a_{11}x_1^2+a_{12}x_1x_2+\cdots a_{1n}x_1x_n\\&+a_{21}x_2x_1+a_{22}x_2^2+\cdots+a_{2n}x_2x_n\\&+\cdots+a_{n1}x_nx_1+a_{n2}x_nx_2+\cdots+a_{nn}x_n^2.\end{aligned}\tag{4-7}$$

令

$$\boldsymbol{X}=(x_1,x_2,\cdots,x_n)^{\mathrm{T}},\ \boldsymbol{A}=\begin{pmatrix}a_{11}&a_{12}&\cdots&a_{1n}\\a_{21}&a_{22}&\cdots&a_{2n}\\\vdots&\vdots&\ddots&\vdots\\a_{n1}&a_{n2}&\cdots&a_{nn}\end{pmatrix},$$

则 n 元二次型用矩阵可以表示为

$$f(x_1,x_2,\cdots,x_n)=\boldsymbol{X}^{\mathrm{T}}\boldsymbol{A}\boldsymbol{X},\tag{4-8}$$

也可以简记为 $f(\boldsymbol{X})=\boldsymbol{X}^{\mathrm{T}}\boldsymbol{A}\boldsymbol{X}$. 值得注意的是，这里 $\boldsymbol{A}$ 是实对称矩阵.

另外，式(4-7)可以缩写为 $f(x_1,x_2,\cdots,x_n)=\sum\limits_{i=1}^{n}\sum\limits_{j=1}^{n}a_{ij}x_ix_j$.

例 14　将二次型 $f(x_1,x_2,x_3)=x_1^2-2x_1x_2+4x_1x_3-x_2^2+5x_3^2$ 化为矩阵表达形式.

解　二次型的矩阵为 $\boldsymbol{A}=\begin{pmatrix}1&-1&2\\-1&-1&0\\2&0&5\end{pmatrix}$，令 $\boldsymbol{X}=(x_1,x_2,x_3)^{\mathrm{T}}$，则 $f(x_1,x_2,x_3)=\boldsymbol{X}^{\mathrm{T}}\boldsymbol{A}\boldsymbol{X}$.

任意一个二次型都唯一地对应了一个对称矩阵；反过来，任意一个对称矩阵也唯一地对应了一个二次型，这样，二次型与对称矩阵之间存在一一对应关系，因此我们把对称矩阵 $\boldsymbol{A}$ 称作二次型 $f=\boldsymbol{X}^{\mathrm{T}}\boldsymbol{A}\boldsymbol{X}$ 的矩阵，把 $\boldsymbol{A}$ 的秩称作二次型 f 的秩. 显然，标准形的矩阵是对角矩阵.

定义 4-12　关系式 $\begin{cases}x_1=c_{11}y_1+c_{12}y_2+\cdots+c_{1n}y_n,\\x_2=c_{21}y_1+c_{22}y_2+\cdots+c_{2n}y_n,\\\qquad\vdots\\x_n=c_{n1}y_1+c_{n2}y_2+\cdots+c_{nn}y_n\end{cases}$ 称为由变量 $x_1,x_2,\cdots,x_n$ 到变量 $y_1,y_2,\cdots,y_n$ 的线性替换，称 $\boldsymbol{C}=\begin{pmatrix}c_{11}&c_{12}&\cdots&c_{1n}\\c_{21}&c_{22}&\cdots&c_{2n}\\\vdots&\vdots&\ddots&\vdots\\c_{n1}&c_{n2}&\cdots&c_{nn}\end{pmatrix}$ 为线性替换矩阵，若 $\boldsymbol{C}$ 可逆，称线性替换为可逆线性替换.

如果记 $\boldsymbol{X}=(x_1,x_2,\cdots,x_n)^{\mathrm{T}}$，$\boldsymbol{Y}=(y_1,y_2,\cdots,y_n)^{\mathrm{T}}$，线性替换可逆矩阵表示为 $\boldsymbol{X}=\boldsymbol{C}\boldsymbol{Y}$.

对于二次型$\boldsymbol{f}(x_1,x_2,\cdots,x_n)=\boldsymbol{X}^{\mathrm{T}}\boldsymbol{AX}$，作可逆线性替换$\boldsymbol{X}=\boldsymbol{CY}$，得到

$$\boldsymbol{g}(y_1,y_2,\cdots,y_n)=(\boldsymbol{CY})^{\mathrm{T}}\boldsymbol{A}(\boldsymbol{CY})=\boldsymbol{Y}^{\mathrm{T}}(\boldsymbol{C}^{\mathrm{T}}\boldsymbol{AC})\boldsymbol{Y}.$$

定义 4-13　设$\boldsymbol{A}$、$\boldsymbol{B}$为两个n阶矩阵，若存在可逆矩阵$\boldsymbol{C}$，使$\boldsymbol{B}=\boldsymbol{C}^{\mathrm{T}}\boldsymbol{AC}$，则称$\boldsymbol{A}$与$\boldsymbol{B}$合同.

显然$\boldsymbol{R}(\boldsymbol{A})=\boldsymbol{R}(\boldsymbol{B})$，若$\boldsymbol{A}$对称，不难得到$\boldsymbol{B}$也对称. 这样，二次型经过可逆的线性替换化为新的二次型，且两个二次型的矩阵是合同关系.

合同是矩阵间的一种关系，满足以下性质.

(1) 反身性：$\boldsymbol{A}$与$\boldsymbol{A}$合同.

(2) 对称性：若$\boldsymbol{A}$与$\boldsymbol{B}$合同，则$\boldsymbol{B}$与$\boldsymbol{A}$合同.

(3) 传递性：若$\boldsymbol{A}$与$\boldsymbol{B}$合同，$\boldsymbol{B}$与$\boldsymbol{C}$合同，则$\boldsymbol{A}$与$\boldsymbol{C}$合同.

其中$\boldsymbol{A}$、$\boldsymbol{B}$、$\boldsymbol{C}$都是n阶矩阵. 证明留给读者.

二、化二次型为标准形

定理 4-8　任意一个n元二次型$f(x_1,x_2,\cdots,x_n)=\sum\limits_{i=1}^{n}\sum\limits_{j=1}^{n}a_{ij}x_ix_j$一定可以经过可逆的线性替换$\boldsymbol{X}=\boldsymbol{CY}$化为标准形$g(y_1,y_2,\cdots,y_n)=d_1y_1^2+d_2y_2^2+\cdots+d_ny_n^2$.

证明　(略).

定理 4-8′　任意一个n阶实对称矩阵一定合同于一个对角矩阵.

证明　(略).

例 15　化二次型$f(x_1,x_2,x_3)=x_1^2+2x_1x_2+2x_2^2+4x_2x_3+4x_3^2$为标准形.

解　$f(x_1,x_2,x_3)=(x_1+x_2)^2+x_2^2+4x_2x_3+4x_3^2$，

令

$$\begin{cases}y_1=x_1+x_2,\\ y_2=x_2,\\ y_3=x_3,\end{cases}$$

即

$$\begin{cases}x_1=y_1-y_2,\\ x_2=y_2,\\ x_3=y_3,\end{cases}\tag{4-9}$$

得

$$f=y_1^2+y_2^2+4y_2y_3+4y_3^2=6y_1^2+(y_2+2y_3)^2.$$

令

$$\begin{cases}z_1=y_1,\\ z_2=y_2+2y_3,\\ z_3=y_3.\end{cases}$$

即

$$\begin{cases} y_1=z_1, \\ y_2=z_2-2z_3, \\ y_3=z_3, \end{cases} \tag{4-10}$$

得 $f=z_1^2+z_2^2$.

例 16　作一个可逆线性替换 $\boldsymbol{X}=\boldsymbol{C}\boldsymbol{Y}$ 将二次型

$$f(x_1,x_2,x_3)=x_1^2+2x_1x_2+2x_2^2+4x_2x_3+4x_3^2$$

化为标准形.

解　由例 14 知，令

$$\boldsymbol{C}_1=\begin{pmatrix} 1 & -1 & 0 \\ 0 & 1 & 0 \\ 0 & 0 & 1 \end{pmatrix},\ \boldsymbol{X}=(x_1,x_2,x_3)^{\mathrm{T}},\ \boldsymbol{Y}=(y_1,y_2,y_3)^{\mathrm{T}},$$

式(4-9)即

$$\boldsymbol{X}=\boldsymbol{C}_1\boldsymbol{Y},$$

令

$$\boldsymbol{C}_2=\begin{pmatrix} 1 & 0 & 0 \\ 0 & 1 & -2 \\ 0 & 0 & 1 \end{pmatrix},\ \boldsymbol{Z}=(z_1,z_2,z_3)^{\mathrm{T}},$$

式(4-9)即

$$\boldsymbol{Y}=\boldsymbol{C}_2\boldsymbol{Z},$$

于是 $\boldsymbol{X}=\boldsymbol{C}_1(\boldsymbol{C}_2\boldsymbol{Z})=(\boldsymbol{C}_1\boldsymbol{C}_2)\boldsymbol{Z}$，再令 $\boldsymbol{C}=\boldsymbol{C}_1\boldsymbol{C}_2$，即得可逆线性替换 $\boldsymbol{X}=\boldsymbol{C}\boldsymbol{Y}$.

例 17　用可逆线性替换 $\boldsymbol{X}=\boldsymbol{C}\boldsymbol{Y}$ 化二次型 $f(x_1,x_2,x_3)=2x_1x_2-6x_2x_3+2x_1x_3$ 为标准形.

解　令

$$\begin{cases} x_1=y_1+y_2, \\ x_2=y_1-y_2, \\ x_3=y_3, \end{cases}$$

则

$$f=2(y_1^2-y_2^2)-6(y_1-y_2)y_3+2(y_1+y_2)y_3=2(y_1-y_3)^2-2y_2^2+8y_2y_3-2y_3^2.$$

令

$$\begin{cases} z_1=y_1-y_3, \\ z_2=y_2, \\ z_3=y_3, \end{cases}$$

即令

$$\begin{cases} y_1=z_1+z_3, \\ y_2=z_2, \\ y_3=z_3, \end{cases}$$

则 $f=2z_1^2-2z_2^2+8z_2z_3-2z_3^2=2z_1^2-2(z_2-2z_3)^2+6z_3^2$.

令

$$\begin{cases} w_1 = z_1, \\ w_2 = z_2 - 2z_3, \\ w_3 = z_3, \end{cases}$$

即

$$\begin{cases} z_1 = w_1, \\ z_2 = w_2 + 2w_3, \\ z_3 = w_3, \end{cases}$$

则 $f = 2w_1^2 - 2w_2^2 + 6w_3^2$，

其中 $C = \begin{pmatrix} 1 & 1 & 0 \\ 1 & -1 & 0 \\ 0 & 0 & 1 \end{pmatrix}\begin{pmatrix} 1 & 0 & 1 \\ 0 & 1 & 0 \\ 0 & 0 & 1 \end{pmatrix}\begin{pmatrix} 1 & 0 & 0 \\ 0 & 1 & 2 \\ 0 & 0 & 1 \end{pmatrix} = \begin{pmatrix} 1 & 1 & 3 \\ 1 & -1 & -1 \\ 0 & 0 & 1 \end{pmatrix}$.

定理 4-9　任意一个 n 元二次型 $f(x_1, x_2, \cdots, x_n) = \sum_{i=1}^{n}\sum_{j=1}^{n} a_{ij}x_ix_j$ 一定可以经过正交变换 $\boldsymbol{X} = \boldsymbol{PY}$ 化为标准形 $g(y_1, y_2, \cdots, y_n) = \lambda_1 y_1^2 + \lambda_2 y_2^2 + \cdots + \lambda_n y_n^2$，其中 $\lambda_1, \lambda_2, \cdots, \lambda_n$ 是 f 的矩阵 $\boldsymbol{A} = (a_{ij})$ 的全部特征值.

证明　(略).

定理 4-9′　设 $\boldsymbol{A}$ 是 n 阶实对称矩阵，一定存在正交矩阵 $\boldsymbol{P}$，使得

$$\boldsymbol{P}^{-1}\boldsymbol{AP} = \begin{pmatrix} \lambda_1 & & & \\ & \lambda_2 & & \\ & & \ddots & \\ & & & \lambda_n \end{pmatrix},$$

其中 $\lambda_1, \lambda_2, \cdots, \lambda_n$ 是 $\boldsymbol{A}$ 的全部特征值.

证明　(略).

例 18　作一个正交变换 $\boldsymbol{X} = \boldsymbol{PY}$，把二次型

$$f(x_1, x_2, x_3) = 2x_1^2 + 4x_1x_2 - 4x_1x_3 + 5x_2^2 - 8x_2x_3 + 5x_3^2$$

化为标准形.

解　二次型 f 的矩阵为 $\boldsymbol{A} = \begin{pmatrix} 2 & 2 & -2 \\ 2 & 5 & -4 \\ -2 & -4 & 5 \end{pmatrix}$，由例 17 知，有正交阵

$$\boldsymbol{P} = \begin{pmatrix} \frac{1}{3} & -\frac{2}{5}\sqrt{5} & \frac{2}{15}\sqrt{5} \\ \frac{2}{3} & \frac{\sqrt{5}}{5} & \frac{4}{15}\sqrt{5} \\ -\frac{2}{3} & 0 & \frac{\sqrt{5}}{3} \end{pmatrix},$$

使得 $P^{-1}AP=\begin{pmatrix}10 & & \\ & 1 & \\ & & 1\end{pmatrix}$，于是有正交变换 $X=PY$，把二次型 f 化为标准形 $f=10y_1^2+y_2^2+y_3^2$.

习题4-4

1. 写出二次型 $f(X)=X^{T}\begin{pmatrix}1 & 2 & 3\\ 4 & 5 & 6\\ 7 & 8 & 9\end{pmatrix}X$ 的矩阵.

2. 二次型 $f(x_1,x_2,x_3)=x_1^2+x_2^2+ax_3^2+4x_1x_2+6x_2x_3$ 的秩为2，求 a 的值.

3. 用正交变换 $X=PY$ 将二次型

$$f(x_1,x_2,x_3)=17x_1^2+14x_2^2+14x_3^2-4x_1x_2-4x_1x_3-8x_2x_3$$

化为标准形.

4. 用配方法化二次型 $f(x_1,x_2,x_3)=4x_2^2-3x_3^2+4x_1x_2-4x_1x_3+8x_2x_3$ 为标准形.

5. 用一个可逆的线性替换 $X=CY$ 化二次型 $f(x_1,x_2,x_3)=-4x_1x_2+2x_1x_3+2x_2x_3$ 为标准形.

第五节　正定二次型和正定矩阵

【课前导读】

二次型 $f(X)=X^{T}AX$ 总可以经过可逆的线性替换化为标准形，但是标准形并不是唯一确定的. 例如例17中的二次型

$$f(x_1,x_2,x_3)=2x_1x_2-6x_2x_3+2x_1x_3,$$

如果令

$$\begin{pmatrix}x_1\\ x_2\\ x_3\end{pmatrix}=\begin{pmatrix}1 & -\frac{1}{2} & 1\\ 1 & \frac{1}{2} & -\frac{1}{3}\\ 0 & 0 & \frac{1}{3}\end{pmatrix}\begin{pmatrix}y_1\\ y_2\\ y_3\end{pmatrix},$$

就得到另一个标准形

$$f(X)=g(y_1,y_2,y_3)=y_1^2-\frac{1}{2}y_2^2+\frac{2}{3}y_3^2.$$

与例17中得到的标准形进行比较后我们发现，虽然用不同的可逆线性替换，二次型的标准形不同，但在不同的标准形中，正系数的个数相同，负系数的个数也相同. 这并不是偶然现象，这一节我们将对此做一般的讨论.

【学习要求】

1. 了解惯性定理.
2. 理解正定二次型和正定矩阵的概念.
3. 掌握判别正定矩阵的几种方法.

定理 4-10 任意一个 n 元二次型 $f(x_1,x_2,\cdots,x_n)=\sum_{i=1}^{n}\sum_{j=1}^{n}a_{ij}x_ix_j$ 一定可以经过可逆的线性替换化为规范型 $g(y_1,y_2,\cdots,y_n)=y_1^2+\cdots+y_p^2-y_{p+1}^2-\cdots-y_r^2$，且规范型是唯一的. 这个定理称作**惯性定理**.

证明 （略）.

定义 4-14 二次型的规范型中，正的平方项的个数 p 称作二次型的正惯性指数，负的平方项个数称作负惯性指数. 正惯性指数与负惯性指数的差称作符号差.

惯性定理表明：可逆的线性替换不会改变二次型的正惯性指数和负惯性指数，也就是不会改变二次型的秩和符号差.

定义 4-15 设有二次型 $f(x_1,x_2,\cdots,x_n)=\sum_{i=1}^{n}\sum_{j=1}^{n}a_{ij}x_ix_j=\boldsymbol{X}^{\mathrm{T}}\boldsymbol{A}\boldsymbol{X}(\boldsymbol{A}^{\mathrm{T}}=\boldsymbol{A})$，若对于任意一组不全为 0 的实数 $c_1,c_2,\cdots,c_n$，都有 $f(c_1,c_2,\cdots,c_n)>0$，则称二次型 $f(x_1,x_2,\cdots,x_n)$ 为**正定二次型**，称二次型的矩阵 $\boldsymbol{A}$ 为**正定矩阵**. 这里值得注意的是正定矩阵都是实对称矩阵.

例如 $f(x_1,x_2,\cdots,x_n)=x_1^2+x_2^2+\cdots+x_n^2$ 是正定二次型，请读者自证.

这个例子也告诉我们 E 是正定矩阵.

定理 4-11 二次型 $f(x_1,x_2,\cdots,x_n)=d_1x_1^2+d_2x_2^2+\cdots+d_nx_n^2$ 为正定二次型的充要条件是 $d_i>0$，$i=1,2,\cdots,n$.

证明 若 $d_i>0$，$i=1,2,\cdots,n$，任取一组不全为 0 的数 $c_1,c_2,\cdots,c_n$，有 $f(c_1,c_2,\cdots,c_n)=d_1c_1^2+d_2c_2^2+\cdots+d_nc_n^2>0$，故 f 为正定二次型. 反之，若 f 为正定二次型，对任意的 i，分别取 $(c_1,\cdots,c_{i-1},c_i,c_{i+1},\cdots,c_n)=(0,\cdots,0,1,0,\cdots,0)$，于是 $d_i=f(c_1,\cdots,c_{i-1},c_i,c_{i+1},\cdots,c_n)>0$，$i=1,2,\cdots,n$.

定理 4-11′ 对角矩阵 $\begin{pmatrix} d_1 & & & \\ & d_2 & & \\ & & \ddots & \\ & & & d_n \end{pmatrix}$ 正定的充分必要条件是 $d_i>0$，$i=1,2,\cdots,n$.

证明 （略）.

定理 4-12 可逆的线性替换不改变二次型的正定性.

证明 设 $f(x_1,x_2,\cdots,x_n)$ 经过可逆线性替换 $\boldsymbol{X}=\boldsymbol{C}\boldsymbol{Y}$ 化成二次型 $g(y_1,y_2,\cdots,y_n)$. 由于可逆线性替换的逆替换仍可逆，故只需证 f 正定时 g 正定. 任取 $(k_1,k_2,\cdots,k_n)^{\mathrm{T}}\neq 0$，下证 $g(k_1,k_2,\cdots,k_n)>0$.

事实上，由 $\boldsymbol{X}=\boldsymbol{C}\boldsymbol{Y}$ 得

$$(c_1,c_2,\cdots,c_n)=\boldsymbol{C}(k_1,k_2,\cdots,k_n)^{\mathrm{T}}\neq 0,$$

又 f 正定，故

$$g(k_1,k_2,\cdots,k_n)=f(c_1,c_2,\cdots,c_n)>0.$$

定理 4-12′ 设 $\boldsymbol{A}$ 为正定矩阵，若 $\boldsymbol{A}$ 与 $\boldsymbol{B}$ 合同，则 $\boldsymbol{B}$ 也是正定矩阵.

证明 （略）.

定理 4-13　对称矩阵 $\boldsymbol{A}$ 正定的充分必要条件是它的特征值全大于零.

证明　由于 $\boldsymbol{A}$ 为对称矩阵，故存在正交矩阵 $\boldsymbol{P}$ 使 $\boldsymbol{P}^{\mathrm{T}}\boldsymbol{A}\boldsymbol{P}=\begin{pmatrix}\lambda_1 & & & \\ & \lambda_2 & & \\ & & \ddots & \\ & & & \lambda_n\end{pmatrix}$，其中 $\lambda_1,\lambda_2,\cdots,\lambda_n$ 为 $\boldsymbol{A}$ 的全部特征值，则由定理 4-11′及定理 4-12′立得.

定理 4-14　$\boldsymbol{A}$ 为正定矩阵的充分必要条件是 $\boldsymbol{A}$ 的正惯性指数 p 为 n.

证明　由定理 4-11′及定理 4-12′可得.

定理 4-15　$\boldsymbol{A}$ 为正定矩阵的充分必要条件是存在可逆矩阵 $\boldsymbol{C}$，使得 $\boldsymbol{A}=\boldsymbol{C}^{\mathrm{T}}\boldsymbol{C}$，即 $\boldsymbol{A}$ 合同于 $\boldsymbol{E}$.

证明　由定理 4-14 可得.

推论　若 $\boldsymbol{A}$ 为正定矩阵，则 $|\boldsymbol{A}|>0$.

证明　由定理 4-15，存在可逆矩阵 $\boldsymbol{C}$，使得 $\boldsymbol{A}=\boldsymbol{C}^{\mathrm{T}}\boldsymbol{C}$，因而 $|\boldsymbol{A}|=|\boldsymbol{C}^{\mathrm{T}}\boldsymbol{C}|=|\boldsymbol{C}|^2>0$.

定理 4-16　n 阶对称矩阵 $\boldsymbol{A}$ 为正定矩阵的充分必要条件是 $\boldsymbol{A}$ 的各阶顺序主子式全大于零，即 $a_{11}>0$，$\begin{vmatrix}a_{11} & a_{12}\\ a_{21} & a_{22}\end{vmatrix}>0$，$\cdots$，$\begin{vmatrix}a_{11} & \cdots & a_{1n}\\ \vdots & \ddots & \vdots\\ a_{n1} & \cdots & a_{nn}\end{vmatrix}>0$.

证明　（略）.

例 19　用顺序主子式判定 $\boldsymbol{A}=\begin{pmatrix}1 & 1 & 0\\ 1 & 3 & 1\\ 0 & 1 & 2\end{pmatrix}$是否正定.

解　显然，$\boldsymbol{A}$ 为实对称矩阵，且一阶顺序主子式大于 0，又 $\begin{vmatrix}1 & 1\\ 1 & 3\end{vmatrix}=2>0$，

$\begin{vmatrix}1 & 1 & 0\\ 1 & 3 & 1\\ 0 & 1 & 2\end{vmatrix}=\begin{vmatrix}1 & 1 & 0\\ 0 & 2 & 1\\ 0 & 1 & 2\end{vmatrix}=3>0$，即 $\boldsymbol{A}$ 的各阶顺序主子式全大于 0，故 $\boldsymbol{A}$ 为正定矩阵.

例 20　用标准形判定 $\boldsymbol{A}=\begin{pmatrix}1 & 1 & -1\\ 1 & 3 & -1\\ -1 & -1 & 3\end{pmatrix}$是否正定.

解　显然，$\boldsymbol{A}$ 为实对称矩阵，用合同变换法化成标准形

$$\boldsymbol{A}=\begin{pmatrix}1 & 1 & -1\\ 1 & 3 & -1\\ -1 & -1 & 3\end{pmatrix}\xrightarrow[c_3+c_1]{c_2-c_1}\begin{pmatrix}1 & 0 & 0\\ 1 & 2 & 0\\ -1 & 0 & 2\end{pmatrix}\xrightarrow[r_3+r_1]{r_2-r_1}\begin{pmatrix}1 & 0 & 0\\ 0 & 2 & 0\\ 0 & 0 & 2\end{pmatrix}.$$

对角线元素全大于 0，故 $\boldsymbol{A}$ 的正惯性指数为 3，故 $\boldsymbol{A}$ 为正定矩阵.

例 21　用特征值判定 $\boldsymbol{A}=\begin{pmatrix}2 & 1 & 1\\ 1 & 2 & 1\\ 1 & 1 & 2\end{pmatrix}$是否正定.

解　显然，$\boldsymbol{A}$ 为实对称矩阵，又

$$|\lambda \boldsymbol{E}-\boldsymbol{A}|=\begin{vmatrix}\lambda-2 & -1 & -1\\ -1 & \lambda-2 & -1\\ -1 & -1 & \lambda-2\end{vmatrix}=(\lambda-4)(\lambda-1)^2,$$

$\boldsymbol{A}$ 的特征值为 $\lambda_1=4$，$\lambda_2=\lambda_3=1$，全大于0，故 $\boldsymbol{A}$ 为正定矩阵.

习题 4-5

1. 判断二次型 $f(x_1,x_2,x_3)=-2x_1^2-6x_2^2-4x_3^2+2x_1x_2+2x_1x_3$ 的正定性.
2. 设 $f(x_1,x_2,x_3)=x_1^2+x_2^2+2x_3^2+2ax_1x_2+2x_1x_3+2x_2x_3$ 为正定二次型，求 a 的范围.
3. 已知 $\begin{pmatrix}2-a & 1 & 0\\ 1 & 1 & 0\\ 0 & 0 & a+3\end{pmatrix}$ 是正定矩阵，求 a 的范围.
4. 求证：若 $\boldsymbol{A}$ 为正定矩阵，则 $\boldsymbol{A}^{-1}$ 也是正定矩阵.
5. 设对称矩阵 $\boldsymbol{A}$ 为正定矩阵，求证：存在可逆矩阵 $\boldsymbol{C}$，使 $\boldsymbol{A}=\boldsymbol{C}^{\mathrm{T}}\boldsymbol{C}$.

第六节　应用实例

【课前导读】

在实际问题中，我们常常会遇到这样的最优化问题：求 $f(x,y)$ 在条件 $g(x,y)=0$ 下的极值. 这种需要满足约束条件的最优化问题称为**约束最优化问题**. 本节主要考虑以下问题：在约束条件 $\boldsymbol{X}^{\mathrm{T}}\boldsymbol{X}=1$ 下求 $f(\boldsymbol{X})=\boldsymbol{X}^{\mathrm{T}}\boldsymbol{A}\boldsymbol{X}$ 的最值.

【学习要求】

1. 了解约束最优化问题.
2. 掌握在约束条件 $\boldsymbol{X}^{\mathrm{T}}\boldsymbol{X}=1$ 下求 $f(\boldsymbol{X})=\boldsymbol{X}^{\mathrm{T}}\boldsymbol{A}\boldsymbol{X}$ 的最值的方法.

求二次型 $f(\boldsymbol{X})=\boldsymbol{X}^{\mathrm{T}}\boldsymbol{A}\boldsymbol{X}(\boldsymbol{A}^{\mathrm{T}}=\boldsymbol{A})$ 对于指定集合中 $\boldsymbol{X}$ 的最大值或最小值，是工程学家、经济学家、科学家和数学家常常会遇到的问题，其中让 $\boldsymbol{X}$ 取遍全体单位向量是一个典型的约束最优化问题.

R^n 的单位向量 $\boldsymbol{X}$ 可以表示为 $\|\boldsymbol{X}\|=1$ 或 $\boldsymbol{X}^{\mathrm{T}}\boldsymbol{X}=1$ 或 $x_1^2+x_2^2+\cdots+x_n^2=1$. 如果二次型 f 不含交叉乘积项(即标准形)，容易求出 f 在 $\boldsymbol{X}^{\mathrm{T}}\boldsymbol{X}=1$ 约束条件下的最大值或最小值.

例 22　求 $f(x_1,x_2,x_3)=3x_1^2+4x_2^2+9x_3^2$ 在约束条件 $x_1^2+x_2^2+x_3^2=1$ 下的最大值和最小值.

解　由于 x_1^2 和 x_2^2 非负，注意到 $3x_1^2\leqslant 9x_1^2$，$4x_2^2\leqslant 9x_2^2$，于是 $x_1^2+x_2^2+x_3^2=1$ 时，$f(x_1,x_2,x_3)=3x_1^2+4x_2^2+9x_3^2\leqslant 9x_1^2+9x_2^2+9x_3^2=9$，且当 $\boldsymbol{X}=(0,0,1)$ 时 f 有最大值 9.

同样，由 $4x_2^2\geqslant 3x_1^2$，$9x_3^2\geqslant 3x_1^2$，于是 $x_1^2+x_2^2+x_3^2=1$ 时，$f(x_1,x_2,x_3)=3x_1^2+4x_2^2+9x_3^2\geqslant 3x_1^2+3x_2^2+3x_3^2=3$，且当 $\boldsymbol{X}=(1,0,0)$ 时 f 有最小值 3.

值得注意的是，9 和 3 恰好分别是例 22 中二次型的矩阵的最大和最小特征，这不是偶然的，实际上这个结论对任意二次型都成立.

可以证明：在约束条件 $X^TX=1$ 下，二次型 $f(X)=X^TAX$ 的所有可能的取值都构成实数轴上的一个闭区间，分别以 m 和 M 记这个区间的左、右端点，即

$$m=\min\{f(X)\mid X^TX=1\},\ M=\{f(X)\mid X^TX=1\}.\tag{4-11}$$

定理 4-17　设 A 是实对称矩阵，定义 m 和 M，如式(4-11)所示，则 M 是 A 的最大特征值，m 是 A 的最小特征值. 当 X 是 A 的属于特征值 M 的单位特征向量时，$X^TAX=M$；当 X 是 A 的属于特征值 m 的单位特征向量时，$X^TAX=m$.

证明　(略).

例 23　求二次型 $f(x_1,x_2,x_3)=3x_1^2+4x_1x_2+2x_1x_3+3x_2^2+2x_2x_3+4x_3^2$ 在约束条件 $x_1^2+x_2^2+x_3^2=1$ 下的最大值 M，并求相应的 x_1,x_2,x_3 的值.

解　二次型 f 的矩阵 $A=\begin{pmatrix}3&2&1\\2&3&1\\1&1&4\end{pmatrix}$ 的特征多项式

$$|\lambda E-A|=\begin{vmatrix}\lambda-3&-2&-1\\-2&\lambda-3&-1\\-1&-1&\lambda-4\end{vmatrix}=(\lambda-1)(\lambda-3)(\lambda-6),$$

故 A 的最大特征值为 6，由定理 1 得 $M=6$.

通过解 $(6E-A)X=O$ 求得一个特征向量 $(1,1,1)^T$，将其单位化得 $(x_1,x_2,x_3)^T=\left(\frac{1}{\sqrt{3}},\frac{1}{\sqrt{3}},\frac{1}{\sqrt{3}}\right)^T$.

例 24　某地计划修建公路的长度为 x，创建工业园区的面积为 y，假设收益函数为 $f(x,y)=xy$，受所能提供的资源(包括资金、设备、劳动力等)的限制，x 和 y 需要满足约束条件 $4x^2+9y^2\leqslant 36$，求使 $f(x,y)$ 达到最大值的计划数 x 和 y.

分析　不难理解，这里的约束条件 $4x^2+9y^2\leqslant 36$ 可以限制在方程 $4x^2+9y^2=36$ 上.

解　由于约束方程 $4x^2+9y^2=36$ 刻画的不是坐标平面上单位向量的集合，下面作变量替换，将约束方程写为 $\left(\frac{x}{3}\right)^2+\left(\frac{y}{2}\right)^2=1$，再令 $x_1=\frac{x}{3}$，$x_2=\frac{y}{2}$，即 $x=3x_1$，$y=2x_2$，则约束方程改写为 $x_1^2+x_2^2=1$；收益函数变为 $f(3x_1,2x_2)=(3x_1)(2x_2)=6x_1x_2$.

现在的问题转化为求 $g(x_1,x_2)=6x_1x_2$ 在 $x_1^2+x_2^2=1$ 下的最大值，设二次型 g 的矩阵为 $A=\begin{pmatrix}0&3\\3&0\end{pmatrix}$，特征多项式 $g(\lambda)=|\lambda E-A|=\begin{vmatrix}\lambda&-3\\-3&\lambda\end{vmatrix}=\lambda^2-9$，故 A 的特征值为 ± 3，属于特征值 3 的特征向量为 $\left(\frac{1}{\sqrt{2}},\frac{1}{\sqrt{2}}\right)^T$. 因此，当 $x_1=\frac{1}{\sqrt{2}}$，$x_2=\frac{1}{\sqrt{2}}$ 时 $g(x_1,x_2)$ 有最大值 3，即 $x=3x_1=\frac{3}{\sqrt{2}}\approx 2.12$，$y=2x_2=\sqrt{2}\approx 1.41$ 时，收益函数 $f(x,y)$ 取得最大值 3.

习题 4-6

1. 设 $Q(x)=3x_1^2+3x_2^2+2x_1x_2$，求 $Q(x)$ 在约束条件 $x_1^2+x_2^2=1$ 下的最大值，并求相应的

x_1、x_2 的值.

2. 假设消费者仅能选择两种商品，其价格(都由市场决定)分别为 P_{x0} 和 P_{y0}，效用函数为 $U=U(x,y)$(其中 x、y 分别是购买这两种商品的个数). 如果消费者的购买力是常数 B，那么消费者效用最大化问题可归结为求 $U=U(x,y)$ 在约束条件 $xP_{x0}+yP_{y0}=B$ 下的最大值问题. 设 $U=(x+2)(y+1)$，$P_{x0}=4$，$P_{y0}=6$，$B=130$，求上述问题的解.

本章内容小结

一、本章知识点网络图

本章知识点网络图如图 4-1 所示.

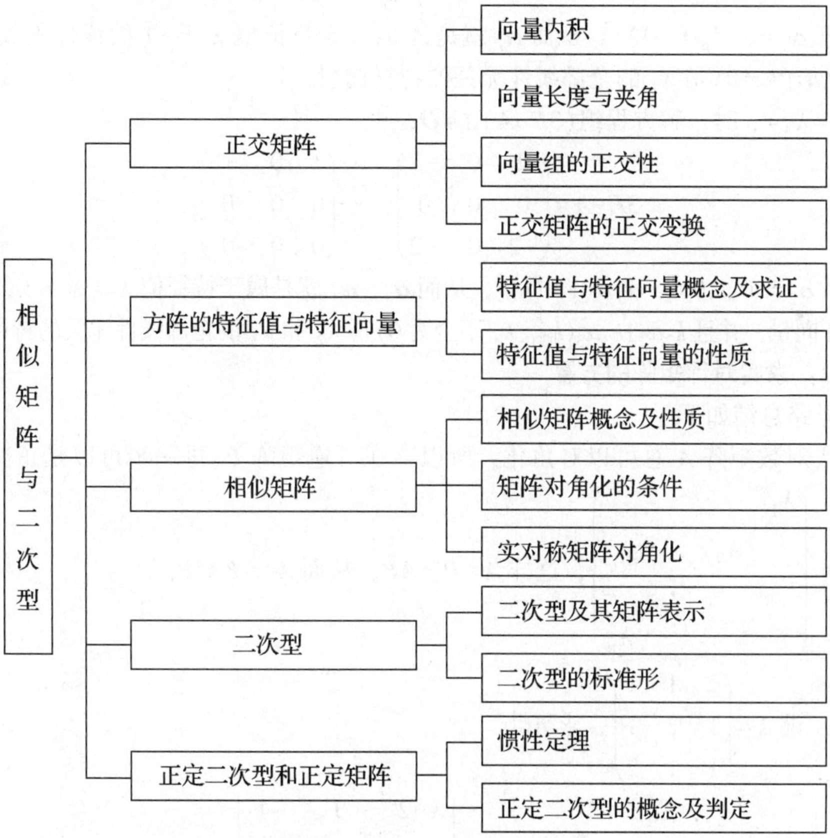

图 4-1　第四章知识点网络图

二、本章题型总结与分析

题型 1：求矩阵的特征值与特征向量

解题思路总结如下.

对于给定的矩阵 $\boldsymbol{A}$，先解特征方程 $|\lambda\boldsymbol{E}-\boldsymbol{A}|=0$，求出全部特征值. 对每个特征值 λ_i，

求出齐次线性方程组$(\lambda_i \boldsymbol{E}-\boldsymbol{A})\boldsymbol{x}=0$的基础解系. 它们是$\boldsymbol{A}$的属于特征值$\lambda_i$的最大个数的线性无关的特征向量.

例 25　求矩阵$\boldsymbol{A}=\begin{pmatrix}1&0&2\\0&3&0\\2&0&1\end{pmatrix}$的特征值和特征向量.

解　矩阵$\boldsymbol{A}$的特征方程为$|\lambda\boldsymbol{E}-\boldsymbol{A}|=\begin{vmatrix}\lambda-1&0&-2\\0&\lambda-3&0\\-2&0&\lambda-1\end{vmatrix}=(\lambda-3)^2(\lambda+1)=0$，所以$\boldsymbol{A}$的全部特征值为$\lambda_1=-1$，$\lambda_2=\lambda_3=3$.

当$\lambda_1=-1$时，解方程组$(-\boldsymbol{E}-\boldsymbol{A})\boldsymbol{X}=\boldsymbol{O}$，由

$$-\boldsymbol{E}-\boldsymbol{A}=\begin{pmatrix}-2&0&-2\\0&-4&0\\-2&0&-2\end{pmatrix}\xrightarrow{r}\begin{pmatrix}1&0&1\\0&1&0\\0&0&0\end{pmatrix}$$

得基础解系$\boldsymbol{\alpha}_1=(-1,0,-1)^{\mathrm{T}}$，从而$\boldsymbol{\alpha}_1$就是$\boldsymbol{A}$的属于特征值$\lambda_1=-1$的线性无关的特征向量，并且$k\boldsymbol{\alpha}_1(k\neq0)$是$\lambda_1$的全部线性无关的特征向量.

当$\lambda_2=\lambda_3=3$时，解方程组$(3\boldsymbol{E}-\boldsymbol{A})\boldsymbol{X}=\boldsymbol{O}$，由

$$3\boldsymbol{E}-\boldsymbol{A}=\begin{pmatrix}2&0&-2\\0&0&0\\-2&0&-2\end{pmatrix}\xrightarrow{r}\begin{pmatrix}1&0&-1\\0&0&0\\0&0&0\end{pmatrix}$$

得基础解系$\boldsymbol{\alpha}_2=(0,1,0)^{\mathrm{T}}$，$\boldsymbol{\alpha}_3=(1,0,1)^{\mathrm{T}}$，从而$\boldsymbol{\alpha}_2$，$\boldsymbol{\alpha}_3$就是属于特征值$\lambda_2=\lambda_3=3$的两个线性无关的特征向量，并且$k_2\boldsymbol{\alpha}_2+k_3\boldsymbol{\alpha}_3(k_2$，$k_3$不全为0)是$\lambda_2$和$\lambda_3$的全部线性无关的特征向量.

题型 2：求实对称矩阵的方幂

解题思路总结如下.

因为实对数矩阵$\boldsymbol{A}$总可以对角化，所以存在可逆矩阵$\boldsymbol{P}$(进一步可以是正交矩阵)使

$\boldsymbol{P}^{-1}\boldsymbol{AP}=\boldsymbol{\Lambda}=\begin{pmatrix}\lambda_1&&&\\&\lambda_2&&\\&&\ddots&\\&&&\lambda_n\end{pmatrix}$，这样$\boldsymbol{A}=\boldsymbol{P}^{-1}\boldsymbol{\Lambda P}$，从而$\boldsymbol{A}^n=\boldsymbol{P\Lambda}^n\boldsymbol{P}^{-1}$.

例 26　设$\boldsymbol{A}=\begin{pmatrix}2&1&1\\1&2&1\\1&1&2\end{pmatrix}$，求$\boldsymbol{A}^{10}$.

解　矩阵$\boldsymbol{A}$的特征方程为$|\lambda\boldsymbol{E}-\boldsymbol{A}|=\begin{vmatrix}\lambda-2&-1&-1\\-1&\lambda-2&-1\\-1&-1&\lambda-2\end{vmatrix}=(\lambda-4)(\lambda-1)^2=0$，所以$\boldsymbol{A}$的全部特征值为$\lambda_1=4$，$\lambda^2=\lambda_3=1$，当$\lambda_1=4$时，解方程组$(4\boldsymbol{E}-\boldsymbol{A})\boldsymbol{X}=\boldsymbol{O}$.

由$4\boldsymbol{E}-\boldsymbol{A}=\begin{pmatrix}2&-1&-1\\-1&2&-1\\-1&-1&2\end{pmatrix}\xrightarrow{r}\begin{pmatrix}1&0&-1\\0&1&-1\\0&0&0\end{pmatrix}$得基础解系$\boldsymbol{\alpha}_1=(1,1,1)^{\mathrm{T}}$，即为$\lambda_1$的一个线性无关的特征向量.

当 $\lambda_2=\lambda_3=1$ 时，解方程组 $(\boldsymbol{E}-\boldsymbol{A})\boldsymbol{X}=\boldsymbol{O}$.

由 $\boldsymbol{E}-\boldsymbol{A}=\begin{pmatrix}-1&-1&-1\\-1&-1&-1\\-1&-1&-1\end{pmatrix}\xrightarrow{r}\begin{pmatrix}1&1&1\\0&0&0\\0&0&0\end{pmatrix}$ 得基础解系 $\boldsymbol{\alpha}_2=(-1,1,0)^{\mathrm{T}}$，$\boldsymbol{\alpha}_3=(-1,0,1)^{\mathrm{T}}$，即为 λ_2 的两个线性无关的特征向量.

令 $\boldsymbol{P}=(\boldsymbol{\alpha}_1,\boldsymbol{\alpha}_2,\boldsymbol{\alpha}_3)=\begin{pmatrix}1&-1&-1\\1&1&0\\1&0&1\end{pmatrix}$，则 $\boldsymbol{P}^{-1}\boldsymbol{A}\boldsymbol{P}=\boldsymbol{\Lambda}=\begin{pmatrix}4&&\\&1&\\&&1\end{pmatrix}$，故 $\boldsymbol{A}=\boldsymbol{P}\boldsymbol{\Lambda}\boldsymbol{P}^{-1}$，从而

$$\boldsymbol{A}^{10}=\boldsymbol{P}\boldsymbol{\Lambda}^{10}\boldsymbol{P}^{-1}=\begin{pmatrix}1&-1&-1\\1&1&0\\1&0&1\end{pmatrix}\begin{pmatrix}4&&\\&1&\\&&1\end{pmatrix}\begin{pmatrix}1&-1&-1\\1&1&0\\1&0&1\end{pmatrix}^{-1}=\frac{1}{3}\begin{pmatrix}4^{10}+2&4^{10}-1&4^{10}-1\\4^{10}-1&4^{10}+2&4^{10}-1\\4^{10}-1&4^{10}-1&4^{10}+2\end{pmatrix}.$$

注 这里是将 $\boldsymbol{\alpha}_1,\boldsymbol{\alpha}_2,\boldsymbol{\alpha}_3$ 进一步单位正交化得 $\boldsymbol{\eta}_1,\boldsymbol{\eta}_2,\boldsymbol{\eta}_3$，令 $\boldsymbol{P}=(\eta_1,\eta_2,\eta_3)$，就是正交矩阵. 此时 $\boldsymbol{P}^{-1}=\boldsymbol{P}^{\mathrm{T}}$ 便于计算.

题型 3：用配方法化二次型为标准形

解题思路总结如下.

分两种情形讨论. 情形一，二次型含有平方项 $a_{ii}x_i^2$，把二次型中含 x_i 的项归并起来，再配方，然后换元，这样一步步变化，直至只含平方项. 情形二，二次型不含平方项，找一个交叉项，比如 $a_{12}x_1x_2$，先进行可逆变换 $\begin{cases}y_1=x_1+x_2,\\y_2=x_1-x_2,\\y_3=x_3,\\\cdots\cdots\cdots\\y_n=x_n,\end{cases}$ 这样新二次型将含有平方项，归结为情形一.

例 27 求一可逆线性变换化二次型 $f(x_1,x_2,x_3)=2x_1x_2+2x_1x_3-4x_2x_3$ 为标准形.

解 二次型不含平方项，令 $\begin{cases}x_1=y_1+y_2,\\x_2=y_1-y_2,\\x_3=y_3,\end{cases}$ 得

$$\begin{aligned}f&=2(y_1+y_2)(y_1-y_2)+2(y_1+y_2)y_3-4(y_1-y_2)y_3\\&=2y_1^2-2y_2^2-2y_1y_3+6y_2y_3\\&=2\left(y_1-\frac{1}{2}y_3\right)^2-2y_2^2+6y_2y_3-\frac{1}{2}y_3^2,\end{aligned}$$

令

$$\begin{cases}z_1=y_1-\dfrac{1}{2}y_3,\\z_2=y_2,\\z_3=y_3,\end{cases}$$

即令

$$\begin{cases}y_1=z_1+\frac{1}{2}z_3,\\ y_2=z_2,\\ y_3=z_3,\end{cases}$$

得

$$f=2z_1^2-2z_2^2+6z_2z_3-\frac{1}{2}z_3^2=2z_1^2-2\left(z_2-\frac{3}{2}z_3\right)^2+4z_3^2.$$

令

$$\begin{cases}w_1=z_1,\\ w_2=z_2-\frac{3}{2}z_3,\\ w_3=z_3,\end{cases}$$

即令

$$\begin{cases}z_1=w_1,\\ z_2=w_2+\frac{3}{2}w_3,\\ z_3=w_3,\end{cases}$$

得

$$f=2w_1^2-2w_2^2+4w_3^2.$$

令

$$C=\begin{pmatrix}1&1&0\\1&-1&0\\0&0&1\end{pmatrix}\begin{pmatrix}1&0&\frac{1}{2}\\0&1&0\\0&0&1\end{pmatrix}\begin{pmatrix}1&0&0\\0&1&\frac{3}{3}\\0&0&1\end{pmatrix}=\begin{pmatrix}1&1&2\\1&-1&-1\\0&0&1\end{pmatrix},$$

则

$$\begin{cases}x_1=w_1+w_2+w_3,\\ x_1=w_1-w_2-w_3,\\ x_3=w_3\end{cases}$$

为所求的可逆变换.

题型 4：正定矩阵的判定

解题思路总结如下.

先看 n 阶矩阵 $\boldsymbol{A}$ 是否为实对称矩阵，若是，再看是否满足以下几点之一.（1）顺序主子式全大于 0；（2）特征值全大于 0；（3）合同于单位矩阵 $\boldsymbol{E}$；（4）正惯性指数为 n；（5）$\boldsymbol{X}^{\mathrm{T}}\boldsymbol{A}\boldsymbol{X}$是正定二次型.

例 28 判定 $\boldsymbol{A}=\begin{pmatrix}1 & \frac{1}{2} & \frac{1}{2}\\ \frac{1}{2} & 1 & \frac{1}{2}\\ \frac{1}{2} & \frac{1}{2} & 1\end{pmatrix}$是否为正定矩阵.

方法一 $\boldsymbol{A}$ 的顺序主子式为 $1>0$，又 $\begin{vmatrix}1 & \frac{1}{2}\\ \frac{1}{2} & 1\end{vmatrix}=\frac{3}{4}>0$，$\begin{vmatrix}1 & \frac{1}{2} & \frac{1}{2}\\ \frac{1}{2} & 1 & \frac{1}{2}\\ \frac{1}{2} & \frac{1}{2} & 1\end{vmatrix}=\frac{1}{2}>0$，故 $\boldsymbol{A}$ 为正定矩阵.

方法二 $\boldsymbol{A}$ 的特征方程为

$$|\lambda\boldsymbol{E}-\boldsymbol{A}|=\begin{vmatrix}\lambda-1 & -\frac{1}{2} & -\frac{1}{2}\\ -\frac{1}{2} & \lambda-1 & -\frac{1}{2}\\ -\frac{1}{2} & -\frac{1}{2} & \lambda-1\end{vmatrix}=(\lambda-2)\left(\lambda-\frac{1}{2}\right)^2,$$

可得 $\boldsymbol{A}$ 的全部特征值均大于 0，故 $\boldsymbol{A}$ 为正定矩阵.

方法三 对 $\boldsymbol{A}$ 进行合同变换，有

$$\boldsymbol{A}=\begin{pmatrix}1 & \frac{1}{2} & \frac{1}{2}\\ \frac{1}{2} & 1 & \frac{1}{2}\\ \frac{1}{2} & \frac{1}{2} & 1\end{pmatrix}\xrightarrow[c_2-\frac{1}{2}c_1]{r_2-\frac{1}{2}r_1}\begin{pmatrix}1 & 0 & \frac{1}{2}\\ 0 & \frac{3}{4} & \frac{1}{4}\\ \frac{1}{2} & \frac{1}{4} & 11\end{pmatrix}\xrightarrow[c_3-\frac{1}{2}c_1]{r_3-\frac{1}{2}r_1}\begin{pmatrix}1 & 0 & 0\\ 0 & \frac{3}{4} & \frac{1}{4}\\ 0 & \frac{1}{4} & \frac{3}{4}\end{pmatrix}\xrightarrow[c_3-\frac{1}{3}c_2]{r_3-\frac{1}{3}r_2}\begin{pmatrix}1 & 0 & 0\\ 0 & \frac{3}{4} & 0\\ 0 & 0 & \frac{2}{3}\end{pmatrix}.$$

可得 $\boldsymbol{A}$ 的正惯性指数为 3，故 $\boldsymbol{A}$ 为正定矩阵.

总习题四(A)

一、选择题

1. 设 $\lambda=2$ 是非奇异矩阵 $\boldsymbol{A}$ 的一个特征值，则矩阵$\left(\frac{1}{3}\boldsymbol{A}^2\right)^{-1}$有一特征值等于(　　).

A. $\frac{4}{3}$　　B. $\frac{3}{4}$　　C. $\frac{1}{2}$　　D. $\frac{1}{4}$

2. 设 $\boldsymbol{A}$、$\boldsymbol{B}$ 为 n 阶矩阵，且 $\boldsymbol{A}$ 与 $\boldsymbol{B}$ 相似，$\boldsymbol{E}$ 为 n 阶单位矩阵，则(　　).

A. $\lambda\boldsymbol{E}-\boldsymbol{A}=\lambda\boldsymbol{E}-\boldsymbol{B}$　　B. $\boldsymbol{A}$ 与 $\boldsymbol{B}$ 有相同的特征值和特征向量

C. $\boldsymbol{A}$ 与 $\boldsymbol{B}$ 都相似于一个对角阵　　　　D. 对任意常数 t，$t\boldsymbol{E}-\boldsymbol{A}$ 与 $t\boldsymbol{E}-\boldsymbol{B}$ 相似

3. 设 $\boldsymbol{A}$ 为正交矩阵，且 $|\boldsymbol{A}|=-1$，则必有 $\boldsymbol{A}^*=$(　　).

A. $\boldsymbol{A}^{\mathrm{T}}$　　B. $-\boldsymbol{A}^{\mathrm{T}}$　　C. A　　D. $-\boldsymbol{A}$

二、填空题

1. 已知三阶矩阵 $\boldsymbol{A}$ 的特征值为 1，-1，2，则矩阵 $\boldsymbol{B}=2\boldsymbol{A}+\boldsymbol{E}$ 的特征值为____________.

2. 设 $\boldsymbol{A}$ 为二阶矩阵，$\boldsymbol{\alpha}_1,\boldsymbol{\alpha}_2$ 为线性无关的二维列向量，$\boldsymbol{A\alpha}_1=\boldsymbol{\alpha}_1$，$\boldsymbol{A\alpha}_2=2\boldsymbol{\alpha}_1-\boldsymbol{\alpha}_2$，则 $\boldsymbol{A}$ 的特征值为____________.

3. 已知实二次型 $f(x_1,x_2,x_3)=a(x_1^2+x_2^2+x_3^2)+4x_1x_2+4x_1x_3+4x_2x_3$ 经正交变换可化为标准形 $f=6y_1^2$，则 $a=$____________.

4. 若 $\boldsymbol{A}=\begin{pmatrix}1 & 1 & 0\\ 1 & k^2+1 & 0\\ 0 & 0 & k+1\end{pmatrix}$ 是正定矩阵，则 k 应满足____________.

三、解答题

1. 设矩阵 $\boldsymbol{A}=(a_{ij})_{3\times3}$ 的特征值为 1，2，3，$\boldsymbol{A}^*$ 是 $\boldsymbol{A}$ 的伴随矩阵，$\boldsymbol{A}_{ij}$ 是 a_{ij} 的代数余子式(i，$j=1,2,3$)，求：

(1) $|\boldsymbol{A}|$；　(2) $\boldsymbol{A}^*$ 的特征值；　(3) $\boldsymbol{A}_{11}+\boldsymbol{A}_{22}+\boldsymbol{A}_{33}$.

2. 设 ξ 为 $n(n>1)$ 维单位列向量，$\boldsymbol{A}=\boldsymbol{\xi\xi}^{\mathrm{T}}$，求证：

(1) $\boldsymbol{A\xi}=\boldsymbol{\xi}$，$\boldsymbol{A}^2=\boldsymbol{A}$；　(2) $\boldsymbol{A}$ 的秩为 1，$\boldsymbol{A}-\boldsymbol{E}$ 的秩为 $n-1$.

3. 设 $\boldsymbol{A}$ 是 n 阶正定矩阵，$\boldsymbol{E}$ 是 n 阶单位矩阵，求证：$|\boldsymbol{E}+\boldsymbol{A}|>1$.

总习题四(B)

一、选择题

1. 设 $\boldsymbol{A}=\begin{pmatrix}2 & -1 & -1\\ -1 & 2 & -1\\ -1 & -1 & 2\end{pmatrix}$，$\boldsymbol{B}=\begin{pmatrix}1 & & \\ & 1 & \\ & & 0\end{pmatrix}$，则 $\boldsymbol{A}$ 与 $\boldsymbol{B}$(　　).

A. 合同且相似　　　　B. 合同但不相似

C. 不合同但相似　　　　D. 既不合同，也不相似

2. 设三阶矩阵 $\boldsymbol{A}$ 有 3 个线性无关的特征向量，$\lambda=3$ 是 $\boldsymbol{A}$ 的二重特征值，则 $\boldsymbol{A}-3\boldsymbol{E}$ 的秩是(　　).

A. 1　　B. 2　　C. 3　　D. 无法确定的

二、填空题

1. 设三阶矩阵 $\boldsymbol{A}$ 有可逆矩阵 $\boldsymbol{P}$ 使得 $\boldsymbol{P}^{-1}\boldsymbol{AP}=\begin{pmatrix}1 & & \\ & 2 & \\ & & 3\end{pmatrix}$，$\boldsymbol{A}^*$ 为 $\boldsymbol{A}$ 的伴随矩阵，则 $\boldsymbol{P}^{-1}\boldsymbol{A}^*\boldsymbol{P}=$____________.

2. 二次型 $f(x_1,x_2,x_3)=(x_1-x_2)^2+(x_2-x_3)^2+(x_3-x_1)^2$ 的秩为____________.

3. 设$\boldsymbol{\alpha}$是三维列向量，$\boldsymbol{\alpha}'$是$\boldsymbol{\alpha}$的转置矩阵，若$\boldsymbol{\alpha}\boldsymbol{\alpha}'=\begin{pmatrix}1&-1&1\\-1&1&-1\\1&-1&1\end{pmatrix}$，则$\boldsymbol{\alpha}'\boldsymbol{\alpha}=$________.

三、解答题

1. 已知实二次型$f(x_1,x_2,x_3)=2x_1x_2+2x_1x_3+2x_2x_3$.

(1) 求正交变换$\boldsymbol{x}=\boldsymbol{P}\boldsymbol{y}$，使二次型化为标准形.

(2) 求该二次型在$\|x_1\|^2=x_1^2+x_2^2+x_3^2=1$时的最小值.

2. 设$\boldsymbol{A}=\begin{pmatrix}1&-1&1\\2&4&-2\\-3&-3&a\end{pmatrix}$，$\boldsymbol{B}=\begin{pmatrix}2&0&0\\0&2&0\\0&0&b\end{pmatrix}$，且$\boldsymbol{A}$与$\boldsymbol{B}$相似.

(1) 求a和b.

(2) 求可逆阵$\boldsymbol{P}$，使$\boldsymbol{P}^{-1}\boldsymbol{A}\boldsymbol{P}=\boldsymbol{B}$.

3. 已知$\boldsymbol{A}$为三阶实对称矩阵，且$\boldsymbol{A}^2+2\boldsymbol{A}=0$，$\boldsymbol{A}$的秩为2.

(1) 求$\boldsymbol{A}$的特征值.

(2) 当k为何值时，$\boldsymbol{A}+k\boldsymbol{E}$为正定矩阵.

4. 设$\boldsymbol{A}$是$m\times n$实矩阵，$\boldsymbol{E}$为n阶单位矩阵，已知矩阵$\boldsymbol{B}=\lambda\boldsymbol{E}+\boldsymbol{A}'\boldsymbol{A}$，求证：当$\lambda>0$时$\boldsymbol{B}$为正定矩阵.

5. 已知三阶正交矩阵$\boldsymbol{A}$的行列式为1，求证：$\boldsymbol{A}$的特征多项式$f(\lambda)=\lambda^3-a\lambda^2+a\lambda-1$，其中$a$为实数，且$-1\leqslant a\leqslant 3$.

第五章　线性空间与线性变换

线性空间是向量空间的推广，在第三章中已经介绍过向量和向量空间 $\mathbf{R}^n$，本章将这些概念推广，使向量和向量空间的概念更具一般性. 线性变换反映线性空间中元素间的线性联系，是线性代数的研究对象之一，其理论成果已经广泛应用于自然科学和工程科技领域.

本章首先给出一般线性空间的概念与性质、基变换与坐标变换；其次，介绍线性空间上的一种重要的对应关系——线性变换和线性变换的矩阵表示；最后，给出线性空间与线性变换在密码学、计算机图形学中平面图形变换等实践问题的应用实例，充分展现线性代数的应用价值.

第一节　线性空间

【课前导读】

线性空间是以向量空间 $\mathbf{R}^n$ 为具体特例模型进行抽象推广而产生的一般性概念，在前面学习向量内容时，我们给出了向量空间 $\mathbf{R}^n$ 的定义，从抽象的视角，实际上向量空间是一个定义了两种运算，并满足一定运算法则的集合. 若将概念推广，就得到一般线性空间的概念.

【学习要求】

1. 了解线性空间子空间的概念.
2. 理解线性空间的概念，并应用概念判断一个集合是否构成某个线性空间.
3. 掌握线性空间性质.

一、线性空间的概念

在诸如所有 n 维实向量构成的集合 $\mathbf{R}^n$ 等集合中，线性运算是研究向量性质的基本工具，它能从线性相关性和线性结构的角度研究向量、向量组之间的关系，这在线性代数课程中已得到充分展示. 对于更加一般的元素构成的集合，也可同样在其中引入“线性运算”，进行集合性质和结构的研究. 通常具有某些运算工具的集合称为“空间”.

定义 5-1　设 V 是一个以 $\boldsymbol{\alpha},\boldsymbol{\beta},\boldsymbol{\gamma}\cdots$ 为元素的非空集合，$\mathbf{R}$ 是一个实数域，在 V 中定义两种运算，一种是加法运算：$\forall\,\boldsymbol{\alpha},\boldsymbol{\beta}\in V$，都有唯一的元素 $\boldsymbol{\gamma}\in V$ 与之对应，使得 $\boldsymbol{\gamma}=\boldsymbol{\alpha}+\boldsymbol{\beta}\in V$；另一种是数乘运算：$\forall\,\lambda\in\mathbf{R}$ 总有唯一元素 $\boldsymbol{\delta}\in V$ 与之对应，使得 $\boldsymbol{\delta}=\lambda\boldsymbol{\alpha}\in V$. 若上述两种运算满足以下 8 条运算规律，$V$ 就称为数域 $\mathbf{R}$ 上的**线性空间**(或**向量空间**).

设 $\boldsymbol{\alpha},\boldsymbol{\beta},\boldsymbol{\gamma}\in V$；$\lambda,\mu\in\mathbf{R}$，满足以下关系：

(1) $\boldsymbol{\alpha}+\boldsymbol{\beta}=\boldsymbol{\beta}+\boldsymbol{\alpha}$;

(2) $(\boldsymbol{\alpha}+\boldsymbol{\beta})+\boldsymbol{\gamma}=\boldsymbol{\alpha}+(\boldsymbol{\beta}+\boldsymbol{\gamma})$；

(3) 在 V 中存在零元素 $\mathbf{0}$，对任何 $\boldsymbol{\alpha}\in V$，都有 $\boldsymbol{\alpha}+\mathbf{0}=\boldsymbol{\alpha}$；

(4) 对任何 $\boldsymbol{\alpha}\in V$，都有 $\boldsymbol{\alpha}$ 的负元素 $\boldsymbol{\beta}\in V$，使得 $\boldsymbol{\alpha}+\boldsymbol{\beta}=\mathbf{0}$；

(5) $1\boldsymbol{\alpha}=\boldsymbol{\alpha}$；

(6) $\lambda(\mu\boldsymbol{\alpha})=(\lambda\mu)\boldsymbol{\alpha}$；

(7) $(\lambda+\mu)\boldsymbol{\alpha}=\lambda\boldsymbol{\alpha}+\mu\boldsymbol{\alpha}$；

(8) $\lambda(\boldsymbol{\alpha}+\boldsymbol{\beta})=\lambda\boldsymbol{\alpha}+\lambda\boldsymbol{\beta}$.

注 (1) 数域是指对加减乘除四则运算封闭的数集，如有理数集、实数集和复数集等.

(2) 任何线性空间必含有零元素 $\mathbf{0}$，只含有零元素 $\mathbf{0}$ 的线性空间称为零空间，记为 $\{\mathbf{0}\}$.

(3) 一个集合是否构成一个线性空间，主要是看所引入的线性运算是否具有封闭性.

例 1 记 $P[x]_n$ 为次数不超过 n 次多项式全体，即

$$P[x]_n=\{p(x)=a_nx^n+a_{n-1}x^{n-1}+\cdots+a_1x^1+a_0 \mid a_n,a_{n-1},\cdots,a_0\in\mathbf{R}\},$$

验证关于通常的多项式加法、数乘多项式的乘法构成线性空间.

证明 首先，通常的多项式加法、数乘多项式的乘法两种运算满足线性运算规律. 其次，验证 $P[x]_n$ 对多项式的加法、数乘是封闭的. 设 $P[x]_n$ 中任意两个多项式 $p(x)=a_nx^n+a_{n-1}x^{n-1}+\cdots+a_1x^1+a_0$，$r(x)=b_nx^n+b_{n-1}x^{n-1}+\cdots+b_1x^1+b_0$ 和任意实数 λ，则

(1) $$\begin{aligned}p(x)+r(x)&=(a_nx^n+a_{n-1}x^{n-1}+\cdots+a_1x^1+a_0)+(b_nx^n+b_{n-1}x^{n-1}+\cdots+b_1x^1+b_0)\\&=(a_n+b_n)x^n+(a_{n-1}+b_{n-1})x^{n-1}+\cdots+(a_1+b_1)x^1+(a_0+b_0)\in P[x]_n;\end{aligned}$$

(2) $$\begin{aligned}\lambda p(x)&=\lambda(a_nx^n+a_{n-1}x^{n-1}+\cdots+a_1x^1+a_0)\\&=(\lambda a_n)x^n+(\lambda a_{n-1})x^{n-1}+\cdots+(\lambda a_1)x^1+(\lambda a_0)\in P[x]_n,\end{aligned}$$

故 $P[x]_n$ 构成了一个线性空间.

例 2 实数域 $\mathbf{R}$ 上的 $m\times n$ 阶矩阵的全体所构成的集合 $M=\{\mathbf{R}^{m\times n}=(a_{ij})_{m\times n}\}$，$1\leqslant i\leqslant m$，$1\leqslant j\leqslant n$，按 $m\times n$ 阶矩阵的线性运算，判断 M 是否构成数域 $\mathbf{R}$ 上的线性空间.

证明 首先，显然集合 M 是非空的；其次，通常的矩阵加法和数乘运算满足线性运算规律；再次，对通常的矩阵加法和数乘运算是封闭的.
故 M 是构成数域 $\mathbf{R}$ 上的线性空间.

例 3 n 个有序实数组的数组的全体

$$S^n=\{\boldsymbol{x}=(x_1,x_2,\cdots,x_n)^{\mathrm{T}} \mid x_1,x_2,\cdots,x_n\in\mathbf{R}\}.$$

证明：S^n 对于通常的有序数组的加法及如下定义的数乘 $\lambda\circ(x_1,x_2,\cdots,x_n)^{\mathrm{T}}=(0,0,\cdots,0)$，$\lambda\in\mathbf{R}$，$\boldsymbol{x}\in S^n$ 不构成线性空间.

证明 可以验证 S^n 对线性运算封闭，但是 $1\circ\boldsymbol{x}=\mathbf{0}\neq\boldsymbol{x}$，不满足第 5 条运算规律，故所定义的运算不是线性运算，S^n 不构成线性空间.

从以上例题可以看出，如果一个集合定义的加法和数乘运算是线性运算，只要集合对所定义的运算是封闭的，则构成的集合就构成线性空间. 如果一个集合定义加法和数乘运算(不是通常所定义的实数加法和乘法运算)，此时要判断集合是否为线性空间，必须验证：第一，集合所定义的运算是否封闭；第二，定义中的 8 条规律是否满足.

二、线性空间的性质

定理 5-1　设 V 是实数域 $\mathbf{R}$ 上的一个线性空间，则：

（1）V 中的零元素是唯一的；

（2）V 中的任一元素的负元素是唯一的；$\forall \boldsymbol{\alpha} \in V$，用 $-\boldsymbol{\alpha}$ 表示 $\boldsymbol{\alpha}$ 的负元素；

（3）$0\boldsymbol{\alpha}=\mathbf{0}$；$(-1)\boldsymbol{\alpha}=-\boldsymbol{\alpha}$；$\lambda\mathbf{0}=\mathbf{0}$；

（4）若 $\lambda\boldsymbol{\alpha}=\mathbf{0}$，则 $\lambda=0$ 或 $\boldsymbol{\alpha}=\mathbf{0}$.

证明　（略）.

三、线性空间的子空间

当一个集合包含一些特殊类型的元素时，研究其局部的性质是必不可少的，这是对整体性质研究的一个补充，至少可以将整个集合分解成一些特殊的子集. 对于线性空间，那些保持着原有的线性运算封闭性的子集有重要的意义. 在许多问题中，我们研究的线性空间往往由更大的线性空间的一个适当大小的子集构成.

定义 5-2　设 V 是实数域 $\mathbf{R}$ 上的一个线性空间，L 是 V 的一个非空子集，如果 L 对于 V 中所定义的加法和数乘运算也构成一个线性空间，则称 L 是 V 的子空间.

定理 5-2　线性空间 V 的非空子集 L 构成子空间的充分必要条件是 L 对于 V 的线性运算是封闭的，即

（1）若 $\boldsymbol{\alpha},\boldsymbol{\beta} \in L$，则 $\boldsymbol{\alpha}+\boldsymbol{\beta} \in L$；（2）$\boldsymbol{\alpha} \in L$，$k \in \mathbf{R}$，则 $k\boldsymbol{\alpha} \in L$.

例 4　证明集合 $V=\{(y_1,y_2,y_3) \mid y_i \in \mathbf{R},\ y_1+y_2+y_3=0\}$ 是 $\mathbf{R}^3$ 的子空间.

证明　（1）令 $\boldsymbol{\alpha}=(x_1,x_2,x_3) \in V$，$\boldsymbol{\beta}=(y_1,y_2,y_3) \in V$，由于

$$x_1+x_2+x_3=0,\ y_1+y_2+y_3=0,\ x_1+y_1+x_2+y_2+x_3+y_3=0,$$

所以 $\boldsymbol{\alpha}+\boldsymbol{\beta} \in V$.

（2）对任意 $\boldsymbol{\alpha}=(x_1,x_2,x_3) \in V$，$k \in \mathbf{R}$，由于 $k\boldsymbol{\alpha}=k(x_1+x_2+x_3)=\mathbf{0} \in V$，由定理 5-2 知，集合 $V=\{(y_1,y_2,y_3) \mid y_i \in \mathbf{R},\ y_1+y_2+y_3=0\}$ 是 $\mathbf{R}^3$ 的子空间.

习题 5-1

1. 判断 $\mathbf{P}^n$ 中的子集 $S=\{\boldsymbol{x} \mid \boldsymbol{A}x=\mathbf{0}\}$（其中 $\boldsymbol{A}$ 为 $\mathbf{P}$ 上的 $m \times n$ 阶矩阵）是否构成数域 $\mathbf{P}$ 上的线性空间.

2. 数域 $\mathbf{P}$ 上的 n 维（行或列，以后若不加声明均指列）向量空间为 $\mathbf{P}^n$，请问 $\mathbf{P}^n$ 按 n 维向量的线性运算是否构成线性空间？

3. 有区间 $[a,b]$ 上的实值连续函数的集合 $C[a,b]$，按函数的线性运算，$C[a,b]$ 是否构成数域 $\mathbf{R}$ 上的线性空间.

4. 设 $\mathbf{P}^n$ 中子集 $V=\{\boldsymbol{x} \mid \boldsymbol{A}\boldsymbol{x}=\boldsymbol{b} \neq \mathbf{0}\}$，其中 $\boldsymbol{A} \in \mathbf{P}^{m \times n}$，$b \in \mathbf{P}^m$，求证：$V$ 是否构成线性空间.

5. 正实数的全体记作 $\mathbf{R}^+$，在其中定义加法和数乘两种运算为

$$\boldsymbol{a}\oplus\boldsymbol{b}=\boldsymbol{ab}(\boldsymbol{a},\ \boldsymbol{b}\in\mathbf{R}^+),\ \lambda\circ\boldsymbol{a}=\boldsymbol{a}^{\lambda}(\lambda\in\mathbf{R},\ \boldsymbol{a}\in\mathbf{R}^+).$$

求证：$\mathbf{R}^+$对上述加法和数乘运算构成线性空间.

6. 设 $V=\{x\in\mathbf{R}\mid x>0\}$，定义 V 中的加法$\oplus$和数乘$\otimes$为 $x+y=xy$，$\lambda\otimes x=x^{\lambda}$，$x$，$y\in V$，$\lambda\in\mathbf{R}$，其中 V 中零元素为 1，x 的负元素为$\dfrac{1}{x}$. 求证：V 为 $\mathbf{R}$ 上的线性空间.

7. 求证：函数集合 $M=\{f(x)\in C[a,b]\mid f(a)=0\}$是线性空间 $C[a,b]$的子空间.

第二节　线性空间的基、维数与坐标

【课前导读】

由于线性空间是向量空间 $\mathbf{R}^n$ 的推广，因此可按照类似于 $\mathbf{R}^n$ 的情形定义向量空间的线性相关、线性无关、极大线性无关组、等价等概念，并可将 $\mathbf{R}^n$ 中的向量与上述概念相关的性质、结论平移到线性空间中，对于一般的线性空间中的元素仍然适用. 在此不再赘述，我们将直接引用这些概念和性质. 本节重点讨论线性空间中的基、维数、坐标及其相关性.

【学习要求】

1. 了解无限维线性空间的概念.
2. 理解有限线性空间的基、维数与坐标的概念.
3. 掌握线性空间的基、维数与坐标的求解方法.

已知在 $\mathbf{R}^n$ 中线性无关的向量组最多由 n 个向量组成，而任意 $n+1$ 个向量都是线性相关的. 那么在线性空间 V 中最多有多少个线性无关向量？

定义 5-3　在线性空间 V 中，若存在 n 个元素 $\boldsymbol{\alpha}_1,\boldsymbol{\alpha}_2,\cdots,\boldsymbol{\alpha}_n$，满足：

(1) $\boldsymbol{\alpha}_1,\boldsymbol{\alpha}_2,\cdots,\boldsymbol{\alpha}_n$ 线性无关；

(2) V 中任意一个元素 $\boldsymbol{\alpha}$ 总可以由 $\boldsymbol{\alpha}_1,\boldsymbol{\alpha}_2,\cdots,\boldsymbol{\alpha}_n$ 线性表示，

则称 $\boldsymbol{\alpha}_1,\boldsymbol{\alpha}_2,\cdots,\boldsymbol{\alpha}_n$ 为线性空间 V 的一个**基**，n 称为线性空间 V 的维数，记为 $\mathrm{div}V=n$. 维数为 n 的线性空间称为 **n 维线性空间**，记作 V_n；并称 V_n 为**有限维线性空间**，否则，称 V 为**无限维线性空间**. 特别地，规定零向量构成的空间$\{\mathbf{0}\}$的**维数为零**.

注　关于线性空间的基与维数，有：

(1) n 维线性空间 V 中任意一个元素 $\boldsymbol{\alpha}$ 由基 $\boldsymbol{\alpha}_1,\boldsymbol{\alpha}_2,\cdots,\boldsymbol{\alpha}_n$ 表示是唯一的；

(2) 线性空间的基(只要存在)并不一定是唯一的；

(3) 有限维线性空间的维数是固定的.

定义 5-4　设 $\boldsymbol{\alpha}_1,\boldsymbol{\alpha}_2,\cdots,\boldsymbol{\alpha}_n$ 是线性空间 V_n 的一个基，对于任意 $\boldsymbol{\alpha}\in V_n$，有且仅有一组有序数组 $x_1,x_2,\cdots,x_n$，使得 $\boldsymbol{\alpha}=x_1\boldsymbol{\alpha}_1+x_2\boldsymbol{\alpha}_2+\cdots+x_n\boldsymbol{\alpha}_n$，则有序数组 $x_1,x_2,\cdots,x_n$ 为元素 $\boldsymbol{\alpha}$ 在**基 $\boldsymbol{\alpha}_1,\boldsymbol{\alpha}_2,\cdots,\boldsymbol{\alpha}_n$ 下的坐标**，并记作 $\boldsymbol{\alpha}=(x_1,x_2,\cdots,x_n)^{\mathrm{T}}$.

定理 5-3　n 维线性空间 V_n 中任意 n 个线性无关向量都是 V_n 的基.

例 5 证明 $\boldsymbol{\alpha}_1=(0,1,-1,2)^{\mathrm{T}}$，$\boldsymbol{\alpha}_2=(-1,-1,2,1)^{\mathrm{T}}$，$\boldsymbol{\alpha}_3=(-1,0,-1,1)^{\mathrm{T}}$，$\boldsymbol{\alpha}_4=(2,2,0,0)^{\mathrm{T}}$ 是 $\mathbf{R}^4$ 的一个基.

证明 由于矩阵 $\boldsymbol{A}=(\boldsymbol{\alpha}_1,\boldsymbol{\alpha}_2,\boldsymbol{\alpha}_3,\boldsymbol{\alpha}_4)$ 的行列式为

$$|\boldsymbol{A}|=\begin{vmatrix}0&-1&-1&2\\1&-1&0&2\\-1&2&-1&0\\2&1&1&0\end{vmatrix}=4\neq0,$$

所以 $\boldsymbol{\alpha}_1,\boldsymbol{\alpha}_2,\boldsymbol{\alpha}_3,\boldsymbol{\alpha}_4$ 线性无关，故 $\boldsymbol{\alpha}_1,\boldsymbol{\alpha}_2,\boldsymbol{\alpha}_3,\boldsymbol{\alpha}_4$ 是 $\mathbf{R}^4$ 的一个基.

例 6 证明 $\boldsymbol{\alpha}_1=(-2,4,1)^{\mathrm{T}}$，$\boldsymbol{\alpha}_2=(-1,3,5)^{\mathrm{T}}$，$\boldsymbol{\alpha}_3=(2,-3,1)^{\mathrm{T}}$ 是 $\mathbf{R}^3$ 的一个基，并求向量 $\boldsymbol{\beta}=(1,1,3)$ 在此基下的坐标.

解 令矩阵 $\boldsymbol{A}=(\boldsymbol{\alpha}_1,\boldsymbol{\alpha}_2,\boldsymbol{\alpha}_3)$，若证明 $\boldsymbol{\alpha}_1,\boldsymbol{\alpha}_2,\boldsymbol{\alpha}_3$ 是 $\mathbf{R}^3$ 的一个基，只要证明 $\boldsymbol{A}$ 能够化为单位矩阵 $\boldsymbol{E}$(或者证明 $|\boldsymbol{A}|\neq0$) 即可. 容易验证这两个假设都成立，故可以令 $\boldsymbol{\beta}=x_1\boldsymbol{\alpha}_1+x_2\boldsymbol{\alpha}_2+x_3\boldsymbol{\alpha}_3$，即

$$\begin{pmatrix}1\\1\\3\end{pmatrix}=x_1\begin{pmatrix}-2\\4\\1\end{pmatrix}+x_2\begin{pmatrix}-1\\3\\5\end{pmatrix}+x_3\begin{pmatrix}2\\-3\\1\end{pmatrix}=\begin{pmatrix}-2x_1-x_2+2x_3\\4x_1+3x_2-3x_3\\x_1+5x_2+x_3\end{pmatrix},$$

由此得到以下线性方程组

$$\begin{cases}-2x_1-x_2+2x_3=1,\\4x_1+3x_2-3x_3=1,\\x_1+5x_2+x_3=3,\end{cases}$$

解得 $x_1=4$，$x_2=-1$，$x_3=4$，故 $\boldsymbol{\beta}$ 在基 $\boldsymbol{\alpha}_1,\boldsymbol{\alpha}_2,\boldsymbol{\alpha}_3$ 下的坐标是 $(4,-1,4)^{\mathrm{T}}$.

另解 对 $(\boldsymbol{A},\boldsymbol{\beta})$ 进行初等变换，当 $\boldsymbol{A}$ 化为单位矩阵 $\boldsymbol{E}$ 时，说明 $\boldsymbol{\alpha}_1,\boldsymbol{\alpha}_2,\boldsymbol{\alpha}_3$ 是 $\mathbf{R}^3$ 的一个基，利用 $x=\boldsymbol{A}^{-1}\boldsymbol{\beta}$，就能得到 $\boldsymbol{\beta}$ 在基 $\boldsymbol{\alpha}_1,\boldsymbol{\alpha}_2,\boldsymbol{\alpha}_3$ 下的坐标. 因为

$$(\boldsymbol{A},\boldsymbol{\beta})=\begin{pmatrix}-2&-1&2&1\\4&3&-3&1\\1&5&1&3\end{pmatrix}\xrightarrow{\text{行变换}}\begin{pmatrix}1&0&0&4\\0&1&0&-1\\0&0&1&4\end{pmatrix},$$

故 $\boldsymbol{\beta}$ 在基 $\boldsymbol{\alpha}_1,\boldsymbol{\alpha}_2,\boldsymbol{\alpha}_3$ 下的坐标是 $(4,-1,4)^{\mathrm{T}}$.

例 7 设 $\mathbf{R}^{2\times2}$ 是二阶实矩阵的全体，对于矩阵加法与矩阵数乘运算构成实数域上 $\mathbf{R}$ 的线性空间，求 $\mathbf{R}^{2\times2}$ 的一组基、维数和坐标.

解 考虑 $\mathbf{R}^{2\times2}$ 中的矩阵

$$\boldsymbol{E}_{11}=\begin{pmatrix}1&0\\0&0\end{pmatrix},\ \boldsymbol{E}_{12}=\begin{pmatrix}0&1\\0&0\end{pmatrix},\ \boldsymbol{E}_{21}=\begin{pmatrix}0&0\\1&0\end{pmatrix},\ \boldsymbol{E}_{22}=\begin{pmatrix}0&0\\0&1\end{pmatrix},$$

于是(1) $\boldsymbol{E}_{11},\boldsymbol{E}_{12},\boldsymbol{E}_{21},\boldsymbol{E}_{22}$ 线性无关.

(2) 对于 $\mathbf{R}^{2\times2}$ 中的任意一向量 $\boldsymbol{A}=\begin{pmatrix}a&b\\c&d\end{pmatrix}$，显然有 $\boldsymbol{A}=a\boldsymbol{E}_{11}+b\boldsymbol{E}_{12}+c\boldsymbol{E}_{21}+d\boldsymbol{E}_{22}$. 故由定义 5-3 知 $\boldsymbol{E}_{11},\boldsymbol{E}_{12},\boldsymbol{E}_{21},\boldsymbol{E}_{22}$ 为 $\mathbf{R}^{2\times2}$ 的一组基，因此 $\dim\mathbf{R}^{2\times2}=4$，显然，任意一向量 $\boldsymbol{A}=\begin{pmatrix}a&b\\c&d\end{pmatrix}$，在基 $\boldsymbol{E}_{11},\boldsymbol{E}_{12},\boldsymbol{E}_{21},\boldsymbol{E}_{22}$ 下的坐标为 $(a,b,c,d)^{\mathrm{T}}$.

例 8　试证 $\boldsymbol{A}_1=\begin{pmatrix}1&0\\0&0\end{pmatrix}$，$\boldsymbol{A}_2=\begin{pmatrix}1&1\\0&0\end{pmatrix}$，$\boldsymbol{A}_3=\begin{pmatrix}1&1\\1&0\end{pmatrix}$，$\boldsymbol{A}_4=\begin{pmatrix}1&1\\1&1\end{pmatrix}$为线性空间 $\mathbf{R}^{2\times2}$ 中的一组基，并求矩阵 $\boldsymbol{B}=\begin{pmatrix}2&1\\0&2\end{pmatrix}$在这组基下的坐标.

证明　设 $k_1\boldsymbol{A}_1+k_2\boldsymbol{A}_2+k_3\boldsymbol{A}_3+k_4\boldsymbol{A}_4=\boldsymbol{0}$，则 $\begin{pmatrix}k_1+k_2+k_3+k_4 & k_2+k_3+k_4\\ k_3+k_4 & k_4\end{pmatrix}=\begin{pmatrix}0&0\\0&0\end{pmatrix}$. 由此可得，$k_1=k_2=k_3=k_4=0$. 因此，$\boldsymbol{A}_1,\boldsymbol{A}_2,\boldsymbol{A}_3,\boldsymbol{A}_4$ 线性无关.

对于 $\mathbf{R}^{2\times2}$ 中的任意矩阵 $\boldsymbol{A}=\begin{pmatrix}a&b\\c&d\end{pmatrix}$，总有

$$\boldsymbol{A}=(a-b)\boldsymbol{A}_1+(b-c)\boldsymbol{A}_2+(c-d)\boldsymbol{A}_3+d\boldsymbol{A}_4.$$

因此，$\boldsymbol{A}_1,\boldsymbol{A}_2,\boldsymbol{A}_3,\boldsymbol{A}_4$ 为 $\mathbf{R}^{2\times2}$ 中的一组基，并且矩阵 $\boldsymbol{B}=\begin{pmatrix}2&1\\0&2\end{pmatrix}$在这组基下的坐标为 $(1,1,-2,2)^{\mathrm{T}}$.

另解　若令 $k_1\boldsymbol{A}_1+k_2\boldsymbol{A}_2+k_3\boldsymbol{A}_3+k_4\boldsymbol{A}_4=\begin{pmatrix}2&1\\0&2\end{pmatrix}$，可得

$$\begin{cases}k_1+k_2+k_3+k_4=2,\\ k_2+k_3+k_4=1,\\ k_3+k_4=0,\\ k_4=2,\end{cases}$$

解之即得 $k_1=1$，$k_2=1$，$k_3=-2$，$k_4=2$，从而矩阵 $\boldsymbol{B}=\begin{pmatrix}2&1\\0&2\end{pmatrix}$在基 $\boldsymbol{A}_1,\boldsymbol{A}_2,\boldsymbol{A}_3,\boldsymbol{A}_4$ 下的坐标为 $(1,1,-2,2)^{\mathrm{T}}$.

习题 5-2

1. 求线性空间 $P[x]_4$ 中的一个基.

2. 求 $\mathbf{R}^3$ 中向量 $\boldsymbol{\alpha}=(3,7,1)^{\mathrm{T}}$ 在基 $\boldsymbol{\alpha}_1=(1,3,5)^{\mathrm{T}}$，$\boldsymbol{\alpha}_2=(6,3,2)^{\mathrm{T}}$，$\boldsymbol{\alpha}_3=(3,1,0)^{\mathrm{T}}$ 下的坐标.

3. 证明单位向量组 $\boldsymbol{\varepsilon}_1=(1,0,0,\cdots,0)^{\mathrm{T}}$，$\boldsymbol{\varepsilon}_2=(0,1,0,\cdots,0)^{\mathrm{T}}$，…，$\boldsymbol{\varepsilon}_n=(0,0,0,\cdots,1)^{\mathrm{T}}$ 是 n 维空间的一个基.

4. 证明 $\boldsymbol{\alpha}_1=(1,1,1)^{\mathrm{T}}$，$\boldsymbol{\alpha}_2=(1,2,3)^{\mathrm{T}}$，$\boldsymbol{\alpha}_3=(1,4,0)^{\mathrm{T}}$ 是向量空间 $\mathbf{R}^3$ 中的一组基，并分别求向量 $\boldsymbol{\beta}_1=(2,3,5)^{\mathrm{T}}$，$\boldsymbol{\beta}_2=(1,4,1)^{\mathrm{T}}$ 在基 $\boldsymbol{\alpha}_1,\boldsymbol{\alpha}_2,\boldsymbol{\alpha}_3$ 下的坐标.

5. 设 $\boldsymbol{\alpha}_1=(1,1,2,3)^{\mathrm{T}}$，$\boldsymbol{\alpha}_2=(-1,1,-4,-5)^{\mathrm{T}}$，$\boldsymbol{\alpha}_3=(1,-3,6,7)^{\mathrm{T}}$，求 $L(\boldsymbol{\alpha}_1,\boldsymbol{\alpha}_2,\boldsymbol{\alpha}_3)$ 的一个基和维数.

6. 求出齐次线性方程组 $\begin{cases}x_1+2x_2+2x_3+x_4=0,\\ 2x_1+x_2-2x_3-2x_4=0,\\ x_1-x_2-4x_3-3x_4=0\end{cases}$ 的解空间的维数和一组基.

第三节　基变换与坐标变换

【课前导读】

在某些应用中，问题最初可能用基$\boldsymbol{\alpha}_1,\boldsymbol{\alpha}_2,\cdots,\boldsymbol{\alpha}_n$来描述，在解答过程中可能要将$\boldsymbol{\alpha}_1,\boldsymbol{\alpha}_2,\cdots,\boldsymbol{\alpha}_n$转化为新的基$\boldsymbol{\beta}_1,\boldsymbol{\beta}_2,\cdots,\boldsymbol{\beta}_n$. 这样每个向量就指派了一个在基$\boldsymbol{\beta}_1,\boldsymbol{\beta}_2,\cdots,\boldsymbol{\beta}_n$下的新坐标. 本节将讨论$V_n$中两个非自然基之间的变换公式与同一向量在不同基下的坐标变换关系.

【学习要求】

1. 了解坐标变换的几何意义.
2. 理解基变换与坐标变换的概念.
3. 掌握过渡矩阵、坐标变换公式求解方法.

一、基变换与过渡矩阵

定义 5-5　设$\boldsymbol{\alpha}_1,\boldsymbol{\alpha}_2,\cdots,\boldsymbol{\alpha}_n$和$\boldsymbol{\beta}_1,\boldsymbol{\beta}_2,\cdots,\boldsymbol{\beta}_n$是线性空间的两组基，且有

$$\begin{cases}\boldsymbol{\beta}_1=p_{11}\boldsymbol{\alpha}_1+p_{21}\boldsymbol{\alpha}_2+\cdots+p_{n1}\boldsymbol{\alpha}_n,\\ \boldsymbol{\beta}_2=p_{12}\boldsymbol{\alpha}_1+p_{22}\boldsymbol{\alpha}_2+\cdots+p_{n2}\boldsymbol{\alpha}_n,\\ \qquad\vdots\\ \boldsymbol{\beta}_n=p_{1n}\boldsymbol{\alpha}_1+p_{2n}\boldsymbol{\alpha}_2+\cdots+p_{nn}\boldsymbol{\alpha}_n.\end{cases}\tag{5-1}$$

令矩阵

$$\boldsymbol{P}=(p_{ij})_{n\times n}=\begin{pmatrix}p_{11}&p_{12}&\cdots&p_{1n}\\p_{21}&p_{22}&\cdots&p_{2n}\\\vdots&\vdots&\ddots&\vdots\\p_{n1}&p_{n2}&\cdots&p_{nn}\end{pmatrix},\tag{5-2}$$

则式(5-1)可以表示为

$$(\boldsymbol{\beta}_1,\boldsymbol{\beta}_2,\cdots,\boldsymbol{\beta}_n)=(\boldsymbol{\alpha}_1,\boldsymbol{\alpha}_2,\cdots,\boldsymbol{\alpha}_n)\boldsymbol{P},\tag{5-3}$$

称式(5-1)或式(5-3)为**基变换公式**. 矩阵$\boldsymbol{P}$称为由基$\boldsymbol{\alpha}_1,\boldsymbol{\alpha}_2,\cdots,\boldsymbol{\alpha}_n$到基$\boldsymbol{\beta}_1,\boldsymbol{\beta}_2,\cdots,\boldsymbol{\beta}_n$的**过渡矩阵**.

注　过渡矩阵$\boldsymbol{P}$是可逆矩阵，因为$\boldsymbol{\beta}_1,\boldsymbol{\beta}_2,\cdots,\boldsymbol{\beta}_n$是线性无关的.

定理 5-4　线性空间基之间的过渡矩阵是可逆的.

推论　设$\boldsymbol{P}$为基$\boldsymbol{\alpha}_1,\boldsymbol{\alpha}_2,\cdots,\boldsymbol{\alpha}_n$到基$\boldsymbol{\beta}_1,\boldsymbol{\beta}_2,\cdots,\boldsymbol{\beta}_n$的过渡矩阵，则基$\boldsymbol{\beta}_1,\boldsymbol{\beta}_2,\cdots,\boldsymbol{\beta}_n$到基$\boldsymbol{\alpha}_1,\boldsymbol{\alpha}_2,\cdots,\boldsymbol{\alpha}_n$的过渡矩阵为$\boldsymbol{P}^{-1}$.

例 9　在$\mathbf{R}^3$中两个基$\boldsymbol{\alpha}_1,\boldsymbol{\alpha}_2,\boldsymbol{\alpha}_3$和$\boldsymbol{\beta}_1,\boldsymbol{\beta}_2,\boldsymbol{\beta}_3$的关系为

$$\boldsymbol{\beta}_1=\boldsymbol{\alpha}_1+\boldsymbol{\alpha}_2,\ \boldsymbol{\beta}_2=\boldsymbol{\alpha}_2+\boldsymbol{\alpha}_3,\ \boldsymbol{\beta}_3=\boldsymbol{\alpha}_1+\boldsymbol{\alpha}_3.$$

求基$\boldsymbol{\alpha}_1,\boldsymbol{\alpha}_2,\boldsymbol{\alpha}_3$到基$\boldsymbol{\beta}_1,\boldsymbol{\beta}_2,\boldsymbol{\beta}_3$的过渡矩阵.

解　由于

$$\begin{cases}\boldsymbol{\beta}_1=\boldsymbol{\alpha}_1+\boldsymbol{\alpha}_2+0\boldsymbol{\alpha}_3,\\ \boldsymbol{\beta}_2=0\boldsymbol{\alpha}_1+\boldsymbol{\alpha}_2+0\boldsymbol{\alpha}_3,\\ \boldsymbol{\beta}_3=\boldsymbol{\alpha}_1+0\boldsymbol{\alpha}_2+\boldsymbol{\alpha}_3,\end{cases}$$

所以

$$(\boldsymbol{\beta}_1,\boldsymbol{\beta}_2,\boldsymbol{\beta}_3)=(\boldsymbol{\alpha}_1,\boldsymbol{\alpha}_2,\boldsymbol{\alpha}_3)\begin{pmatrix}1&0&1\\1&1&0\\0&1&1\end{pmatrix},$$

故，由基 $\boldsymbol{\alpha}_1,\boldsymbol{\alpha}_2,\boldsymbol{\alpha}_3$ 到基 $\boldsymbol{\beta}_1,\boldsymbol{\beta}_2,\boldsymbol{\beta}_3$ 的过渡矩阵 $\boldsymbol{P}=\begin{pmatrix}1&0&1\\1&1&0\\0&1&1\end{pmatrix}$.

例 10　在线性空间 $\mathbf{R}^3$ 中，求由基 $\boldsymbol{\alpha}_1=\begin{pmatrix}-2\\1\\3\end{pmatrix}$，$\boldsymbol{\alpha}_2=\begin{pmatrix}-1\\0\\1\end{pmatrix}$，$\boldsymbol{\alpha}_3=\begin{pmatrix}-2\\-5\\-1\end{pmatrix}$ 到基 $\boldsymbol{\beta}_1=\begin{pmatrix}1\\0\\0\end{pmatrix}$，$\boldsymbol{\beta}_2=\begin{pmatrix}0\\1\\0\end{pmatrix}$，$\boldsymbol{\beta}_3=\begin{pmatrix}0\\0\\1\end{pmatrix}$ 的基变换公式.

解　由基 $\boldsymbol{\beta}_1,\boldsymbol{\beta}_2,\cdots,\boldsymbol{\beta}_n$ 到基 $\boldsymbol{\alpha}_1,\boldsymbol{\alpha}_2,\cdots,\boldsymbol{\alpha}_n$ 的变换公式为

$$(\boldsymbol{\alpha}_1,\boldsymbol{\alpha}_2,\cdots,\boldsymbol{\alpha}_n)=(\boldsymbol{\beta}_1,\boldsymbol{\beta}_2,\cdots,\boldsymbol{\beta}_n)\boldsymbol{P},$$

则

$$\boldsymbol{\alpha}_1=\begin{pmatrix}-2\\1\\3\end{pmatrix}=p_{11}\boldsymbol{\beta}_1+p_{21}\boldsymbol{\beta}_2+p_{31}\boldsymbol{\beta}_3=p_{11}\begin{pmatrix}1\\0\\0\end{pmatrix}+p_{21}\begin{pmatrix}0\\1\\0\end{pmatrix}+p_{31}\begin{pmatrix}0\\0\\1\end{pmatrix}=\begin{pmatrix}p_{11}\\p_{21}\\p_{31}\end{pmatrix},$$

类似可以得到 $\begin{pmatrix}p_{12}\\p_{22}\\p_{32}\end{pmatrix}$ 和 $\begin{pmatrix}p_{13}\\p_{23}\\p_{33}\end{pmatrix}$，故得到 $\boldsymbol{P}=\begin{pmatrix}-2&-1&-2\\1&0&-5\\3&1&-1\end{pmatrix}$，由此可求得

$$\boldsymbol{P}^{-1}=\begin{pmatrix}\frac{5}{2}&-\frac{3}{2}&\frac{5}{2}\\-7&4&-6\\\frac{1}{2}&-\frac{1}{2}&\frac{1}{2}\end{pmatrix},$$

故，由基 $\boldsymbol{\alpha}_1,\boldsymbol{\alpha}_2,\boldsymbol{\alpha}_3$ 到基 $\boldsymbol{\beta}_1,\boldsymbol{\beta}_2,\boldsymbol{\beta}_3$ 的变换公式为 $(\boldsymbol{\beta}_1,\boldsymbol{\beta}_2,\boldsymbol{\beta}_3)=(\boldsymbol{\alpha}_1,\boldsymbol{\alpha}_2,\boldsymbol{\alpha}_3)\boldsymbol{P}^{-1}$.

二、坐标变换公式

定理 5-5　设 $\boldsymbol{V}_n$ 中元素 $\boldsymbol{\alpha}$ 在基 $\boldsymbol{\alpha}_1,\boldsymbol{\alpha}_2,\cdots,\boldsymbol{\alpha}_n$ 下的坐标为 $(x_1,x_2,\cdots,x_n)^{\mathrm{T}}$，在基 $\boldsymbol{\beta}_1,\boldsymbol{\beta}_2,\cdots,\boldsymbol{\beta}_n$ 下的坐标为 $(y_1,y_2,\cdots,y_n)^{\mathrm{T}}$，若两个基满足关系式

$$(\boldsymbol{\beta}_1,\boldsymbol{\beta}_2,\cdots,\boldsymbol{\beta}_n)=(\boldsymbol{\alpha}_1,\boldsymbol{\alpha}_2,\cdots,\boldsymbol{\alpha}_n)\boldsymbol{P},\tag{5-4}$$

则有坐标变换公式

$$\begin{pmatrix}x_1\\x_2\\\vdots\\x_n\end{pmatrix}=\boldsymbol{P}\begin{pmatrix}y_1\\y_2\\\vdots\\y_n\end{pmatrix}\quad 或 \quad \begin{pmatrix}y_1\\y_2\\\vdots\\y_n\end{pmatrix}=\boldsymbol{P}^{-1}\begin{pmatrix}x_1\\x_2\\\vdots\\x_n\end{pmatrix}. \tag{5-5}$$

例 11 在例 9 的条件下求向量 $\boldsymbol{\gamma}=(4,12,6)^{\mathrm{T}}$ 在基 $\boldsymbol{\alpha}_1,\boldsymbol{\alpha}_2,\boldsymbol{\alpha}_3$ 下的坐标 $(x_1,x_2,x_3)^{\mathrm{T}}$.

解 因为向量 $\boldsymbol{\gamma}=(4,12,6)^{\mathrm{T}}$ 基 $\boldsymbol{\beta}_1,\boldsymbol{\beta}_2,\boldsymbol{\beta}_3$ 下的坐标为 $(4,12,6)^{\mathrm{T}}$，由坐标变换公式有

$$\begin{pmatrix}x_1\\x_2\\x_3\end{pmatrix}=\boldsymbol{P}^{-1}\begin{pmatrix}4\\12\\6\end{pmatrix}=\begin{pmatrix}\frac{5}{2}&-\frac{3}{2}&\frac{5}{2}\\-7&4&-6\\\frac{1}{2}&-\frac{1}{2}&\frac{1}{2}\end{pmatrix}\begin{pmatrix}4\\12\\6\end{pmatrix}=\begin{pmatrix}7\\-16\\-1\end{pmatrix}.$$

例 12 在 $\mathbf{R}^3$ 中有两个基 $\boldsymbol{\alpha}_1,\boldsymbol{\alpha}_2,\boldsymbol{\alpha}_3$ 和 $\boldsymbol{\beta}_1,\boldsymbol{\beta}_2,\boldsymbol{\beta}_3$. 其中，$\boldsymbol{\alpha}_1=\begin{pmatrix}1\\2\\1\end{pmatrix}$，$\boldsymbol{\alpha}_2=\begin{pmatrix}2\\3\\3\end{pmatrix}$，$\boldsymbol{\alpha}_3=\begin{pmatrix}3\\7\\-2\end{pmatrix}$；$\boldsymbol{\beta}_1=\begin{pmatrix}3\\1\\4\end{pmatrix}$，$\boldsymbol{\beta}_2=\begin{pmatrix}5\\2\\1\end{pmatrix}$，$\boldsymbol{\beta}_3=\begin{pmatrix}1\\1\\-6\end{pmatrix}$. 试求坐标变换公式.

解 记 $\boldsymbol{A}=(\boldsymbol{\alpha}_1,\boldsymbol{\alpha}_2,\boldsymbol{\alpha}_3)$，$\boldsymbol{B}=(\boldsymbol{\beta}_1,\boldsymbol{\beta}_2,\boldsymbol{\beta}_3)$. 于是，$(\boldsymbol{\beta}_1,\boldsymbol{\beta}_2,\boldsymbol{\beta}_3)=(\boldsymbol{\alpha}_1,\boldsymbol{\alpha}_2,\boldsymbol{\alpha}_3)\boldsymbol{A}^{-1}\boldsymbol{B}$，即从基 $\boldsymbol{\alpha}_1,\boldsymbol{\alpha}_2,\boldsymbol{\alpha}_3$ 到基 $\boldsymbol{\beta}_1,\boldsymbol{\beta}_2,\boldsymbol{\beta}_3$ 的过渡矩阵为 $\boldsymbol{A}^{-1}\boldsymbol{B}$.

由定理 5-5 得 $\begin{pmatrix}y_1\\y_2\\\vdots\\y_n\end{pmatrix}=\boldsymbol{B}^{-1}\boldsymbol{A}\begin{pmatrix}x_1\\x_2\\\vdots\\x_n\end{pmatrix}$.

用矩阵的初等变换求 $\boldsymbol{B}^{-1}\boldsymbol{A}$.

$$(\boldsymbol{B},\boldsymbol{A})=\begin{pmatrix}3&5&1&1&2&3\\1&2&1&2&3&7\\4&1&-6&1&3&-2\end{pmatrix}\xrightarrow{r_1\leftrightarrow r_2}\begin{pmatrix}1&2&1&2&3&7\\3&5&1&1&2&3\\4&1&-6&1&3&-2\end{pmatrix}\xrightarrow[r_3-4r_1]{r_2-3r_1}$$

$$\begin{pmatrix}1&2&1&2&3&7\\0&-1&-2&-5&-7&-18\\0&-7&-10&-7&-9&-30\end{pmatrix}\xrightarrow[\substack{r_3-7r_2\\r_2\times(-1)}]{r_1+2r_2}\begin{pmatrix}1&0&-3&-8&-11&-29\\0&1&2&5&7&18\\0&0&4&28&40&96\end{pmatrix}$$

$$\xrightarrow[\substack{r_1+3r_3\\r_2-2r_1}]{r_3\div 4}\begin{pmatrix}1&0&0&13&19&43\\0&1&0&-9&-13&-30\\0&0&1&7&10&24\end{pmatrix},$$

于是所求坐标变换公式为 $\begin{pmatrix}y_1\\y_2\\y_3\end{pmatrix}=\begin{pmatrix}13&19&43\\-9&-13&-30\\7&10&24\end{pmatrix}\cdot\begin{pmatrix}x_1\\x_2\\x_3\end{pmatrix}$.

习题 5-3

1. 已知 $\mathbf{R}^2$ 的两组基 $\boldsymbol{\alpha}_1=\begin{pmatrix}-9\\1\end{pmatrix}$，$\boldsymbol{\alpha}_2=\begin{pmatrix}-5\\-1\end{pmatrix}$ 和 $\boldsymbol{\beta}_1=\begin{pmatrix}1\\-4\end{pmatrix}$，$\boldsymbol{\beta}_2=\begin{pmatrix}3\\-5\end{pmatrix}$，试求基 $\boldsymbol{\alpha}_1,\boldsymbol{\alpha}_2$ 到基 $\boldsymbol{\beta}_1,\boldsymbol{\beta}_2$ 的过渡矩阵.

2. 在 $\mathbf{R}^3$ 中求向量 $\boldsymbol{\alpha}=(7,3,1)^{\mathrm{T}}$ 在基 $\boldsymbol{\alpha}_1=(1,3,5)^{\mathrm{T}}$，$\boldsymbol{\alpha}_2=(6,3,2)^{\mathrm{T}}$，$\boldsymbol{\alpha}_3=(3,1,0)^{\mathrm{T}}$ 下的坐标.

3. 在 $\mathbf{R}^4$ 中，求由基 $\boldsymbol{\varepsilon}_1=(1,0,0,0)$，$\boldsymbol{\varepsilon}_2=(0,1,0,0)$，$\boldsymbol{\varepsilon}_3=(0,0,1,0)$，$\boldsymbol{\varepsilon}_4=(0,0,0,1)$ 到基 $\boldsymbol{\beta}_1=(2,1,-1,1)$，$\boldsymbol{\beta}_2=(0,3,1,0)$，$\boldsymbol{\beta}_3=(5,3,2,1)$，$\boldsymbol{\beta}_4=(6,6,1,3)$ 的过渡矩阵，并求向量 $\boldsymbol{\xi}=(x_1,x_2,x_3,x_4)$ 在基 $\boldsymbol{\beta}_1,\boldsymbol{\beta}_2,\boldsymbol{\beta}_3,\boldsymbol{\beta}_4$ 下的坐标.

4. 设线性空间中的两个基 $\boldsymbol{\alpha}_1=(1,0)^{\mathrm{T}}$，$\boldsymbol{\alpha}_2=(0,1)^{\mathrm{T}}$ 及 $\boldsymbol{\beta}_1=(1,1)^{\mathrm{T}}$，$\boldsymbol{\beta}_2=\left(1,-\dfrac{1}{2}\right)^{\mathrm{T}}$，又 $\boldsymbol{\alpha}=-\dfrac{1}{2}\boldsymbol{\alpha}_1+\boldsymbol{\alpha}_2$，求 $\boldsymbol{\alpha}$ 在 $\boldsymbol{\beta}_1,\boldsymbol{\beta}_2$ 下的坐标.

5. 求证：线性空间基之间的过渡矩阵是可逆的.

第四节　线性变换

【课前导读】

线性变换是线性空间映入自身的一种特殊的映射，它保持了线性空间的加法和数乘运算的对应关系，它是线性代数的一个重要的内容，本节主要讨论线性变换的概念、线性变换的性质、线性变换与矩阵的关系.

【学习要求】

1. 了解线性变换的性质.
2. 理解线性变换的概念、理解线性变换的矩阵表示.
3. 掌握线性变换概念，并利用定义判别是否是线性变换.
4. 掌握线性变换在不同基下的矩阵之间的关系及其求解方法.

在中学时期我们曾学过集合到集合的映射概念，设有两个非空集合 V，U，对于 V 中任一元素 $\boldsymbol{\alpha}$，按照一定的规则，总能在 U 中找到一个确定的元素 $\boldsymbol{\beta}$ 和它对应，则这个对应规则称为从集合 V 到集合 U 的**映射**(或**变换**)，记作 $\boldsymbol{\beta}=T(\boldsymbol{\alpha})$ 或者 $\boldsymbol{\beta}=T\boldsymbol{\alpha}(\boldsymbol{\alpha}\in V)$.

$\boldsymbol{\alpha}\in V$，$\boldsymbol{\beta}=T(\boldsymbol{\alpha})$，它的含义是变换(对应法则) T 把元素 $\boldsymbol{\alpha}$ 变为 $\boldsymbol{\beta}$，其中 $\boldsymbol{\beta}$ 为 $\boldsymbol{\alpha}$ 在 T 下的像，$\boldsymbol{\alpha}$ 为 $\boldsymbol{\beta}$ 在 T 下的**原像**(或叫作**源**).

从上面的集合映射定义可以看出，变换实际上是函数概念的推广. 线性空间 V 中元素之间的联系可以用 V 到自身的映射来表示. 线性空间 V 到自身的映射称为变换，而线性变换是线性空间中最简单、最基本的一个变换.

一、线性变换的概念与性质

定义 5-6　设 V_n，U_m 分别是实数域 $\mathbf{R}$ 上的 n 维和 m 维线性空间，如果映射(变换)T：$V_n \to U_m$ 满足：

(1) 任意给定 $\boldsymbol{\alpha}_1$，$\boldsymbol{\alpha}_2 \in V$，有 $T(\boldsymbol{\alpha}_1+\boldsymbol{\alpha}_2)=T(\boldsymbol{\alpha}_1)+T(\boldsymbol{\alpha}_2)$；

(2) 任意给定 $\boldsymbol{\alpha}_1$，$\lambda \in \mathbf{R}$，都有 $T(\lambda\boldsymbol{\alpha}_1)=\lambda T(\boldsymbol{\alpha}_1)$.

那么，称 T 为从设 V_n 到 U_m 的**线性变换**.

注　(1) 线性变换就是保持线性组合对应的变换.

(2) 特别地，在定义 5-6 中取 $V_n=U_m$，那么 T 是从线性空间 V_n 到其自身的线性变换，称为线性空间 V_n 中的线性变换.

(3) 一般用大写斜体字母表示线性变换，如 $T,A,B\cdots$

例如，在前一节讨论的坐标变换公式，以及第四章讨论的正交变换就是一个线性变换.

再如，设 V 是实数域 $\mathbf{R}$ 上的一个线性空间，对任意 $\boldsymbol{\alpha} \in V$，$\lambda \in \mathbf{R}$，定义如下的 $V \to V$ 的 3 种特殊的线性变换.

(1) 对任意 $\boldsymbol{\alpha} \in V$，$T(\boldsymbol{\alpha})=\boldsymbol{\alpha}$，称为 T **恒等变换**.

(2) 对任意 $\boldsymbol{\alpha} \in V$，$T(\boldsymbol{\alpha})=0$，称为 T **零变换**.

(3) 对任意 $\boldsymbol{\alpha} \in V$，$\lambda \in \mathbf{R}$，$T(\lambda\boldsymbol{\alpha})=\lambda T(\boldsymbol{\alpha})$，称为 T **数乘变换**.

例 13　在 $\mathbf{R}^{m\times n}$ 中，$T(\boldsymbol{X})=\boldsymbol{BXC}$，其中 $\boldsymbol{B}$，$\boldsymbol{C} \in \mathbf{R}^{m\times n}$ 是两个固定的矩阵，证明 T 是线性变换.

证明　任取 $\boldsymbol{X}$，$\boldsymbol{Y} \in \mathbf{R}^{m\times n}$，$\lambda \in \mathbf{R}$，有

(1) $T(\boldsymbol{X}+\boldsymbol{Y})=\boldsymbol{B}(\boldsymbol{X}+\boldsymbol{Y})\boldsymbol{C}=\boldsymbol{BXC}+\boldsymbol{BYC}=T(\boldsymbol{X})+T(\boldsymbol{Y})$；

(2) $T(\lambda\boldsymbol{X})=\boldsymbol{B}(\lambda\boldsymbol{X})\boldsymbol{C}=\lambda\boldsymbol{B}(\boldsymbol{X})\boldsymbol{C}=\lambda T(\boldsymbol{X})$.

由(1)和(2)知 T 是线性变换.

例 14　定义在闭区间上的全体连续函数组成实数域 $\mathbf{R}$ 上的一个线性空间 V，在这个空间中定义变换 $T(f(x))=\int_a^x f(t)\,\mathrm{d}t$，证明 T 是线性变换.

证明　设 $f(x) \in V$，$g(x) \in V$，$\lambda \in \mathbf{R}$，则有

$$T[f(x)+g(x)]=\int_a^x [f(t)+g(t)]\,\mathrm{d}t=\int_a^x f(t)\,\mathrm{d}t+\int_a^x g(t)\,\mathrm{d}t=T[f(x)]+T[g(x)],$$

$$T[\lambda f(x)]=\int_a^x \lambda f(t)\,\mathrm{d}t=\lambda\int_a^x f(t)\,\mathrm{d}t=\lambda T[f(x)].$$

由定义 5-6，知 T 是线性变换.

例 15　在线性空间 $P[x]_3$ 中，任取 $p(x)=a_3x^3+a_2x^2+a_1x^1+a_0$，$r(x)=b_3x^3+b_2x^2+b_1x^1+b_0$，如果 $T(P(x))=a_0$，判断 T 是否为线性变换.

解　是线性变换. 因为

$$T(p(x)+r(x))=a_0+b_0=T(p(x))+T(r(x)),$$

$$T(\lambda p(x))=\lambda a_0=\lambda T(p(x)).$$

所以，T 是线性变换.

例 16　设有 n 阶矩阵 $\boldsymbol{A}=\begin{pmatrix} a_{11} & a_{12} & \cdots & a_{1n} \\ a_{21} & a_{22} & \cdots & a_{2n} \\ \vdots & \vdots & \ddots & \vdots \\ a_{n1} & a_{n1} & \cdots & a_{nn} \end{pmatrix}=(\boldsymbol{\alpha}_1,\boldsymbol{\alpha}_2,\cdots,\boldsymbol{\alpha}_n)$，$\boldsymbol{\alpha}_i=\begin{pmatrix} a_{1i} \\ a_{2i} \\ \vdots \\ a_{ni} \end{pmatrix}$，定义 $\mathbf{R}^n$ 中的变换为 $T(\boldsymbol{x})=\boldsymbol{A}\boldsymbol{x}$，$\boldsymbol{x}\in\mathbf{R}^n$，证明 T 是线性变换.

证明　设 $\boldsymbol{\alpha},\boldsymbol{\beta}\in\mathbf{R}^n$，则

$$T(\boldsymbol{\alpha}+\boldsymbol{\beta})=\boldsymbol{A}(\boldsymbol{\alpha}+\boldsymbol{\beta})=\boldsymbol{A}\boldsymbol{\alpha}+\boldsymbol{A}\boldsymbol{\beta}=T(\boldsymbol{\alpha})+T(\boldsymbol{\beta});$$

$$T(\lambda\boldsymbol{\alpha})=\boldsymbol{A}(\lambda\boldsymbol{\alpha})=\lambda\boldsymbol{A}\boldsymbol{\alpha}=\lambda T(\boldsymbol{\alpha}).$$

由定义 5-6 知，T 是线性变换.

二、线性变换的性质

定理 5-6　设 T 是线性空间 V_n 上的线性变换，则 T 具有如下性质：

(1) $T(\mathbf{0})=\mathbf{0}$;

(2) $T(-\boldsymbol{\alpha})=-T(\boldsymbol{\alpha})$;

(3) $T\left(\sum\limits_{i=1}^{k}\lambda_i\boldsymbol{\alpha}_i\right)=\sum\limits_{i=1}^{k}\lambda_i T(\boldsymbol{\alpha}_i)$;

(4) 若 $\boldsymbol{\alpha}_1,\boldsymbol{\alpha}_2,\cdots,\boldsymbol{\alpha}_s$ 线性相关，则 $T(\boldsymbol{\alpha}_1),T(\boldsymbol{\alpha}_2),\cdots,T(\boldsymbol{\alpha}_s)$ 也是线性相关.

证明　由定义 5-6 可知，定理 5-6 的(1)~(3)成立，下面我们证明定理 5-6 的(4).

若 $\boldsymbol{\alpha}_1,\boldsymbol{\alpha}_2,\cdots,\boldsymbol{\alpha}_s$ 线性相关，即存在一组不全为零的数 $\lambda_1,\lambda_2,\cdots,\lambda_s$，使得

$$\lambda_1\boldsymbol{\alpha}_1+\lambda_2\boldsymbol{\alpha}_2+\cdots+\lambda_s\boldsymbol{\alpha}_s=\mathbf{0},$$

于是

$$T(\lambda_1\boldsymbol{\alpha}_1+\lambda_2\boldsymbol{\alpha}_2+\cdots+\lambda_s\boldsymbol{\alpha}_s)=T(\mathbf{0}),$$

即

$$\lambda_1T(\boldsymbol{\alpha}_1)+\lambda_2T(\boldsymbol{\alpha}_2)+\cdots+\lambda_sT(\boldsymbol{\alpha}_s)=\mathbf{0}.$$

而 $\lambda_1,\lambda_2,\cdots,\lambda_s$ 不全为零，因此 $T(\boldsymbol{\alpha}_1),T(\boldsymbol{\alpha}_2),\cdots,T(\boldsymbol{\alpha}_s)$ 线性相关.

三、线性变换的矩阵表示

定义 5-7　设 T 是线性空间 V_n 中的线性变换，在 V_n 中取定一个基 $\boldsymbol{\alpha}_1,\boldsymbol{\alpha}_2,\cdots,\boldsymbol{\alpha}_n$，若基在变换 T 下的像 $T(\boldsymbol{\alpha}_1),T(\boldsymbol{\alpha}_2),\cdots,T(\boldsymbol{\alpha}_n)$ 可用基 $\boldsymbol{\alpha}_1,\boldsymbol{\alpha}_2,\cdots,\boldsymbol{\alpha}_n$ 线性表示，即

$$\begin{cases} T(\boldsymbol{\alpha}_1)=a_{11}\boldsymbol{\alpha}_1+a_{21}\boldsymbol{\alpha}_2+\cdots+a_{n1}\boldsymbol{\alpha}_n, \\ T(\boldsymbol{\alpha}_2)=a_{12}\boldsymbol{\alpha}_1+a_{22}\boldsymbol{\alpha}_2+\cdots+a_{n2}\boldsymbol{\alpha}_n, \\ \cdots\cdots\cdots \\ T(\boldsymbol{\alpha}_n)=a_{1n}\boldsymbol{\alpha}_1+a_{2n}\boldsymbol{\alpha}_2+\cdots+a_{nn}\boldsymbol{\alpha}_n, \end{cases} \tag{5-6}$$

记作 $T(\boldsymbol{\alpha}_1,\boldsymbol{\alpha}_2,\cdots,\boldsymbol{\alpha}_n)=(T(\boldsymbol{\alpha}_1),T(\boldsymbol{\alpha}_2),\cdots,T(\boldsymbol{\alpha}_n))$，将其表示成矩阵形式为

$$(T(\boldsymbol{\alpha}_1),T(\boldsymbol{\alpha}_2),\cdots,T(\boldsymbol{\alpha}_n))=(\boldsymbol{\alpha}_1,\boldsymbol{\alpha}_2,\cdots,\boldsymbol{\alpha}_n)\boldsymbol{A}. \tag{5-7}$$

其中 $\boldsymbol{A}=\begin{pmatrix} a_{11} & a_{12} & \cdots & a_{1n} \\ a_{21} & a_{22} & \cdots & a_{2n} \\ \vdots & \vdots & \ddots & \vdots \\ a_{n1} & a_{n2} & \cdots & a_{nn} \end{pmatrix}$，称矩阵 $\boldsymbol{A}=(a_{ij})_{n\times n}$ 为线性变换 T 在基 $\boldsymbol{\alpha}_1,\boldsymbol{\alpha}_2,\cdots,\boldsymbol{\alpha}_n$ 下的矩阵.

显然，线性变换 T 与 n 阶方阵 $\boldsymbol{A}$ 之间是一一对应的，即对于给定的线性变换 T，$\boldsymbol{A}$ 的第 j 列是 $T(\boldsymbol{\alpha}_j)$ 在基 $\boldsymbol{\alpha}_1,\boldsymbol{\alpha}_2,\cdots,\boldsymbol{\alpha}_n$ 下的坐标，由于坐标唯一，进而确定了矩阵的唯一性；反之，若给定矩阵 $\boldsymbol{A}$，由式(5-7)知，基的像 $T(\boldsymbol{\alpha}_1),T(\boldsymbol{\alpha}_2),\cdots,T(\boldsymbol{\alpha}_n)$ 被完全确定，进而就唯一确定了一个变换 T. 根据变换 T 保持线性关系的特性，下面来推导变换 T 必须满足的关系.

V_n 中任意元素记为 $\boldsymbol{\alpha}=\sum\limits_{i=1}^{n}x_i\boldsymbol{\alpha}_i$，$T\boldsymbol{\alpha}=\sum\limits_{i=1}^{n}x_i'\boldsymbol{\alpha}_i$ 有

$$T(\boldsymbol{\alpha})=T\left(\sum_{i=1}^{n}x_i\boldsymbol{\alpha}_i\right)=\sum_{i=1}^{n}x_iT(\boldsymbol{\alpha}_i)=(T(\boldsymbol{\alpha}_1),T(\boldsymbol{\alpha}_2),\cdots,T(\boldsymbol{\alpha}_n))\begin{pmatrix} x_1 \\ x_2 \\ \vdots \\ x_n \end{pmatrix} \tag{5-8}$$

$$=(\boldsymbol{\alpha}_1,\boldsymbol{\alpha}_2,\cdots,\boldsymbol{\alpha}_n)\boldsymbol{A}\begin{pmatrix} x_1 \\ x_2 \\ \vdots \\ x_n \end{pmatrix}.$$

即

$$T\left((\boldsymbol{\alpha}_1,\boldsymbol{\alpha}_2,\cdots,\boldsymbol{\alpha}_n)\begin{pmatrix} x_1 \\ x_2 \\ \vdots \\ x_n \end{pmatrix}\right)=(\boldsymbol{\alpha}_1,\boldsymbol{\alpha}_2,\cdots,\boldsymbol{\alpha}_n)\boldsymbol{A}\begin{pmatrix} x_1 \\ x_2 \\ \vdots \\ x_n \end{pmatrix}. \tag{5-9}$$

式(5-9)唯一确定了一个矩阵 $\boldsymbol{A}$ 表示的线性变换 T. 由此确立了矩阵与线性变换之间的对应关系，把线性变换运算归到矩阵运算范畴.

定理 5-7　设线性变换 T 在基 $\boldsymbol{\alpha}_1,\boldsymbol{\alpha}_2,\cdots,\boldsymbol{\alpha}_n$ 下的矩阵是 $\boldsymbol{A}$，$\boldsymbol{\alpha}$ 与 $T(\boldsymbol{\alpha})$ 在基 $\boldsymbol{\alpha}_1,\boldsymbol{\alpha}_2,\cdots,\boldsymbol{\alpha}_n$ 下的坐标分别为 $\begin{pmatrix} x_1 \\ x_2 \\ \vdots \\ x_n \end{pmatrix}$ 和 $\begin{pmatrix} x_1' \\ x_2' \\ \vdots \\ x_n' \end{pmatrix}$，则有 $\begin{pmatrix} x_1' \\ x_2' \\ \vdots \\ x_n' \end{pmatrix}=\boldsymbol{A}.\begin{pmatrix} x_1 \\ x_2 \\ \vdots \\ x_n \end{pmatrix}$，按坐标表示，有 $T(\boldsymbol{\alpha})=\boldsymbol{A\alpha}$.

证明　因为 $T(\boldsymbol{\alpha})=\sum\limits_{i=1}^{n}x_i'\boldsymbol{\alpha}_i=(\boldsymbol{\alpha}_1,\boldsymbol{\alpha}_2,\cdots,\boldsymbol{\alpha}_n)\begin{pmatrix} x_1' \\ x_2' \\ \vdots \\ x_n' \end{pmatrix}$，

由式(5-8)知 $T(\boldsymbol{\alpha})=(\boldsymbol{\alpha}_1,\boldsymbol{\alpha}_2,\cdots,\boldsymbol{\alpha}_n)\boldsymbol{A}\begin{pmatrix}x_1\\x_2\\\vdots\\x_n\end{pmatrix}$. 比较两式，结论成立.

例 17　设 $\mathbf{R}^3$ 的线性变换 T 在标准基 $\boldsymbol{e}_1,\boldsymbol{e}_2,\boldsymbol{e}_3$ 下的像分别为 $T(\boldsymbol{e}_1)=(1,1,2)^{\mathrm{T}}$，$T(\boldsymbol{e}_2)=(0,1,1)^{\mathrm{T}}$，$T(\boldsymbol{e}_3)=(0,1,0)^{\mathrm{T}}$，求 T 在标准基 $\boldsymbol{e}_1,\boldsymbol{e}_2,\boldsymbol{e}_3$ 下的矩阵.

解　由定义 5-7 知，线性变换 T 与 n 阶方阵 $\boldsymbol{A}$ 之间是一一对应的，即对于给定的线性变换 T，$\boldsymbol{A}$ 的第 j 列是 $T(\boldsymbol{e}_j)$ 在基 $\boldsymbol{e}_1,\boldsymbol{e}_2,\boldsymbol{e}_3$ 下的坐标，所以

$$\boldsymbol{A}=(T(\boldsymbol{e}_1),T(\boldsymbol{e}_2),T(\boldsymbol{e}_3))=\begin{pmatrix}1&0&0\\1&1&1\\2&1&0\end{pmatrix}.$$

例 18　设在四维线性空间 $P[x]_4$ 上定义线性变换 T 如下：任意 $f(x)\in P[x]_4$，$Tf(x)=f'(x)-f(x)$，求 T 在基 $1,x,x^2,x^3$ 下的矩阵 $\boldsymbol{A}$.

解　由

$$T(1)=1'-1=-1=(1,x,x^2,x^3)\begin{pmatrix}-1\\0\\0\\0\end{pmatrix},$$

$$T(x)=x'-x=1-x=(1,x,x^2,x^3)\begin{pmatrix}1\\-1\\0\\0\end{pmatrix},$$

$$T(x^2)=(x^2)'-x^2=2x-x^2=(1,x,x^2,x^3)\begin{pmatrix}0\\2\\-1\\0\end{pmatrix},$$

$$T(x^3)=(x^3)'-x^3=3x^2-x^3=(1,x,x^2,x^3)\begin{pmatrix}0\\0\\3\\-1\end{pmatrix},$$

所以，T 在基 $1,x,x^2,x^3$ 下的矩阵 $\boldsymbol{A}$ 为

$$\boldsymbol{A}=\begin{pmatrix}-1&1&0&0\\0&-1&2&0\\0&0&-1&3\\0&0&0&-1\end{pmatrix}.$$

例 19　设 $\mathbf{R}^3$ 的线性变换 T 定义为 $T\begin{pmatrix}x_1\\x_2\\x_3\end{pmatrix}=\begin{pmatrix}2x_1-x_2\\x_2+x_3\\2x_1\end{pmatrix}$，分别求 T 在自然基 $\boldsymbol{e}_1=(1,0,$

$0)^{\mathrm{T}}$，$\boldsymbol{e}_2=(0,1,0)^{\mathrm{T}}$，$\boldsymbol{e}_3=(0,0,1)^{\mathrm{T}}$ 和基 $\boldsymbol{\alpha}_1=(1,0,0)^{\mathrm{T}}$，$\boldsymbol{\alpha}_2=(1,1,0)^{\mathrm{T}}$，$\boldsymbol{\alpha}_3=(1,1,1)^{\mathrm{T}}$ 下的矩阵.

解　由

$$T(\boldsymbol{e}_1)=T\begin{pmatrix}1\\0\\0\end{pmatrix}=\begin{pmatrix}2\\0\\2\end{pmatrix}=2\boldsymbol{e}_1+0\boldsymbol{e}_2+2\boldsymbol{e}_3=(\boldsymbol{e}_1,\boldsymbol{e}_2,\boldsymbol{e}_3)\begin{pmatrix}2\\0\\2\end{pmatrix},$$

$$T(\boldsymbol{e}_2)=T\begin{pmatrix}0\\1\\0\end{pmatrix}=\begin{pmatrix}-1\\1\\0\end{pmatrix}=-\boldsymbol{e}_1+\boldsymbol{e}_2+0\boldsymbol{e}_3=(\boldsymbol{e}_1,\boldsymbol{e}_2,\boldsymbol{e}_3)\begin{pmatrix}-1\\1\\0\end{pmatrix},$$

$$T(\boldsymbol{e}_3)=T\begin{pmatrix}0\\0\\1\end{pmatrix}=\begin{pmatrix}0\\1\\0\end{pmatrix}=0\boldsymbol{e}_1+\boldsymbol{e}_2+0\boldsymbol{e}_3=(\boldsymbol{e}_1,\boldsymbol{e}_2,\boldsymbol{e}_3)\begin{pmatrix}0\\1\\0\end{pmatrix},$$

可以得到

$$T(\boldsymbol{e}_1,\boldsymbol{e}_2,\boldsymbol{e}_3)=(\boldsymbol{e}_1,\boldsymbol{e}_2,\boldsymbol{e}_3)\begin{pmatrix}2&-1&0\\0&1&1\\2&0&0\end{pmatrix},$$

所以，T 在自然基 $\boldsymbol{e}_1,\boldsymbol{e}_2,\boldsymbol{e}_3$ 下的矩阵为

$$\boldsymbol{A}=\begin{pmatrix}2&-1&0\\0&1&1\\2&0&0\end{pmatrix}.$$

由

$$T(\boldsymbol{\alpha}_1)=T\begin{pmatrix}1\\0\\0\end{pmatrix}=\begin{pmatrix}2\\0\\2\end{pmatrix}=2\boldsymbol{\alpha}_1-2\boldsymbol{\alpha}_2+2\boldsymbol{\alpha}_3=(\boldsymbol{\alpha}_1,\boldsymbol{\alpha}_2,\boldsymbol{\alpha}_3)\begin{pmatrix}2\\-2\\2\end{pmatrix},$$

$$T(\boldsymbol{\alpha}_2)=T\begin{pmatrix}1\\1\\0\end{pmatrix}=\begin{pmatrix}1\\1\\2\end{pmatrix}=0\boldsymbol{\alpha}_1-\boldsymbol{\alpha}_2+2\boldsymbol{\alpha}_3=(\boldsymbol{\alpha}_1,\boldsymbol{\alpha}_2,\boldsymbol{\alpha}_3)\begin{pmatrix}0\\-1\\2\end{pmatrix},$$

$$T(\boldsymbol{\alpha}_3)=T\begin{pmatrix}1\\1\\1\end{pmatrix}=\begin{pmatrix}1\\2\\2\end{pmatrix}=-\boldsymbol{\alpha}_1+0\boldsymbol{\alpha}_2+2\boldsymbol{\alpha}_3=(\boldsymbol{\alpha}_1,\boldsymbol{\alpha}_2,\boldsymbol{\alpha}_3)\begin{pmatrix}-1\\0\\2\end{pmatrix},$$

可以得到

$$T(\boldsymbol{\alpha}_1,\boldsymbol{\alpha}_2,\boldsymbol{\alpha}_3)=(\boldsymbol{\alpha}_1,\boldsymbol{\alpha}_2,\boldsymbol{\alpha}_3)\begin{pmatrix}2&0&-1\\-2&-1&0\\2&2&2\end{pmatrix},$$

所以，T 在自然基 $\boldsymbol{\alpha}_1,\boldsymbol{\alpha}_2,\boldsymbol{\alpha}_3$ 下的矩阵为

$$\boldsymbol{A}=\begin{pmatrix}2&0&-1\\-2&-1&0\\2&2&2\end{pmatrix}.$$

从例 19 可以看出，同一个线性变换对不同的基，在一般情况下矩阵是不同的，并且这两个不同矩阵存在一定的关系，由此得到下面的定理.

定理 5-8　设线性空间 V_n 中取两个基 $\boldsymbol{\alpha}_1,\boldsymbol{\alpha}_2,\cdots,\boldsymbol{\alpha}_n$，$\boldsymbol{\beta}_1,\boldsymbol{\beta}_2,\cdots,\boldsymbol{\beta}_n$. 由基 $\boldsymbol{\alpha}_1,\boldsymbol{\alpha}_2,\cdots,\boldsymbol{\alpha}_n$ 到基 $\boldsymbol{\beta}_1,\boldsymbol{\beta}_2,\cdots,\boldsymbol{\beta}_n$ 的过渡矩阵 $\boldsymbol{P}$，V_n 中的线性变换 T 在这两个基下的矩阵分别为 $\boldsymbol{A}$，$\boldsymbol{B}$，则 $\boldsymbol{B}=\boldsymbol{P}^{-1}\boldsymbol{A}\boldsymbol{P}$.

例 20　在四维空间 $P[x]_4$ 中，设线性变换 T 在基 $1,x,x^2,x^3$ 下的矩阵为 $\boldsymbol{A}=\begin{pmatrix}-1&1&0&0\\0&-1&2&0\\0&0&-1&3\\0&0&0&-1\end{pmatrix}$，求在基 $1,1+x,x+x^2,x^2+x^3$ 下的矩阵 $\boldsymbol{B}$.

解　因为

$$(1,1+x,x+x^2,x^2+x^3)=(1,x,x^2,x^3)\begin{pmatrix}1&1&0&0\\0&1&1&0\\0&0&1&1\\0&0&0&1\end{pmatrix},$$

所以，从基 $1,x,x^2,x^3$ 到基 $1,1+x,x+x^2,x^2+x^3$ 下的过渡矩阵为

$$\boldsymbol{P}=\begin{pmatrix}1&1&0&0\\0&1&1&0\\0&0&1&1\\0&0&0&1\end{pmatrix},$$

又

$$\boldsymbol{P}^{-1}=\begin{pmatrix}1&-1&1&-1\\0&1&-1&1\\0&0&1&-1\\0&0&0&1\end{pmatrix},$$

故

$$\boldsymbol{B}=\boldsymbol{P}^{-1}\boldsymbol{A}\boldsymbol{P}=\begin{pmatrix}-1&1&-1&1\\0&-1&2&-1\\0&0&-1&3\\0&0&0&-1\end{pmatrix}.$$

习题 5-4

1. 证明在线性空间 $P[x]_n$ 中，求导数是一个线性变换.
2. 在 $P[x]$ 中，$T(f(x))=f(x+1)$，证明 T 是线性变换.
3. 设 V_2 中的线性变换 T 在基 $\boldsymbol{\alpha}_1,\boldsymbol{\alpha}_2$ 下的矩阵为 $\boldsymbol{A}=\begin{pmatrix}a_{11}&a_{12}\\a_{21}&a_{22}\end{pmatrix}$，求 T 在 $\boldsymbol{\alpha}_2,\boldsymbol{\alpha}_1$ 下的矩阵.

4. $P[x]_3$ 中，取基 $f_1=x^3$，$f_2=x^2$，$f_3=x$，$f_4=1$，求微分运算 D 下的矩阵.

5. 在 $\mathbf{R}^3$ 中，T 表示将向量投影到 xoy 平面的线性变换，即 $T(x\boldsymbol{i}+y\boldsymbol{j}+z\boldsymbol{k})=x\boldsymbol{i}+y\boldsymbol{j}$.

(1) 若取基 $\boldsymbol{i},\boldsymbol{j},\boldsymbol{k}$，求 T 下的矩阵.

(2) 取基为 $\boldsymbol{\alpha}=\boldsymbol{i}$，$\boldsymbol{\beta}=\boldsymbol{j}$，$\boldsymbol{\gamma}=\boldsymbol{i}+\boldsymbol{j}+\boldsymbol{k}$，求 T 下的矩阵.

第五节　应用实例

【课前导读】

线性变换是线性空间一种最简单同时也是最重要的变换，它在科学研究和工程技术等许多实际问题中起着重要的作用，它为矩阵理论发展提供了“直观”的背景. 本节主要通过介绍线性变换与密码学、计算机图形学、经济管理等相关的实际问题，为读者提供和展现线性变换的实际应用价值.

【学习要求】

1. 了解几何变换、计算机图形学和密码学的基本常识.
2. 理解几何变换与线性变换的关系.
3. 掌握如何把实际问题转化为线性变换问题.

一、密码问题

密码法是信息编码与解码的技巧，其中一种是使用矩阵的方法. 具体步骤如下.

步骤 1：在不同字母与不同数字之间建立起一一对应关系，注意这个对应关系可以根据不同情况进行设计，例如，可以按照如下关系建立一一对应关系.

$$\begin{array}{cccccc} a & b & c & x & y & z \\ \updownarrow, & \updownarrow, & \updownarrow \cdots\cdots & \updownarrow, & \updownarrow, & \updownarrow \\ 1 & 2 & 3 & 24 & 25 & 26 \end{array}$$

步骤 2：将要发送的信息用上述代码以向量的形式表示.

步骤 3：任意给出一个可逆矩阵，在这个矩阵的基础上定义一个线性变换.

步骤 4：按照这个变化发送信息，接收到信息后，利用逆矩阵恢复原来的信息.

例 21　按上述规则，拟准备发送 action 这一信息，简述具体做法.

解　步骤 1：使用上述代码，这个信息的代码应该是 1,3,20,9,15,14.

步骤 2：将上述代码用向量表示，即 $[1,3,20]^{\mathrm{T}}$，$[9,15,14]^{\mathrm{T}}$.

步骤 3：在线性空间 $\mathbf{R}^3$ 中定义一个线性变换，T：$\mathbf{R}^3\to\mathbf{R}^3$，有 $T(\boldsymbol{x})=\boldsymbol{A}\boldsymbol{x}$，其中矩阵 $\boldsymbol{A}=\begin{pmatrix}1&2&3\\1&1&2\\0&1&2\end{pmatrix}$ 是任选的一个可逆矩阵. 按照这个变换得到

$$T\begin{pmatrix}1\\3\\20\end{pmatrix}=\begin{pmatrix}67\\44\\43\end{pmatrix},\ T\begin{pmatrix}9\\15\\14\end{pmatrix}=\begin{pmatrix}81\\52\\43\end{pmatrix}.$$

步骤 4：按照上述规则发出的信息(密码)为 67,44,43,81,52,43.

然后利用逆矩阵恢复所传信息.

$$A^{-1}\begin{pmatrix}67\\44\\43\end{pmatrix}=\begin{pmatrix}0&1&-1\\2&-2&-1\\-1&1&1\end{pmatrix}\begin{pmatrix}67\\44\\43\end{pmatrix}=\begin{pmatrix}1\\3\\20\end{pmatrix},$$

$$A^{-1}\begin{pmatrix}81\\52\\43\end{pmatrix}=\begin{pmatrix}0&1&-1\\2&-2&-1\\-1&1&1\end{pmatrix}\begin{pmatrix}81\\52\\43\end{pmatrix}=\begin{pmatrix}9\\15\\14\end{pmatrix},$$

故得所传信息为 1,3,20,9,15,14，即 action.

二、平面图形变换

在计算机图形显示过程中，有时需要根据用户需求对图形指定部分的形状、尺寸大小及显示方向进行修改，以达到改变整个图形的目的. 这就涉及对图形进行旋转、伸缩、投影和平移等基本的几何变换. 这些都是计算机图形学中最容易理解的例子，很多像遥感、医学图像处理、卫星云图等都是计算机图形学的一部分.

在直角坐标平面 xoy 内，将每个点的横坐标变为原来的 k_1 倍，纵坐标变为原来的 k_2 倍(其中 k_1，k_2 均为非零常数)的变换称为伸缩变换，k_1，k_2 为拉伸系数，由中学几何知识可以知道，实际上这样的几何变换是把图形上任意一点 $P(x,y)$ 映射成点 $P'(x',y')$，其中 $\begin{cases}x'=k_1x,\\y'=k_2y,\end{cases}$因此有$\begin{pmatrix}x'\\y'\end{pmatrix}=\begin{pmatrix}k_1&0\\0&k_2\end{pmatrix}\begin{pmatrix}x\\y\end{pmatrix}$，该式给出了 $\mathbf{R}^2$ 上线性变换 T 的矩阵为 $\boldsymbol{A}=\begin{pmatrix}k_1&0\\0&k_2\end{pmatrix}$.

例 22 将一个几何图形横坐标 x 放大到原来的 2 倍，纵坐标 y 保持不变，对图形沿 x 轴方向的伸缩变换，请用线性变换表示.

解 根据要求，当 $\boldsymbol{A}=\begin{pmatrix}2&0\\0&1\end{pmatrix}$时，线性变换 T 为 $T\begin{pmatrix}x\\y\end{pmatrix}=\boldsymbol{A}\begin{pmatrix}x\\y\end{pmatrix}=\begin{pmatrix}2x\\y\end{pmatrix}$，其变换如图 5-1 所示.

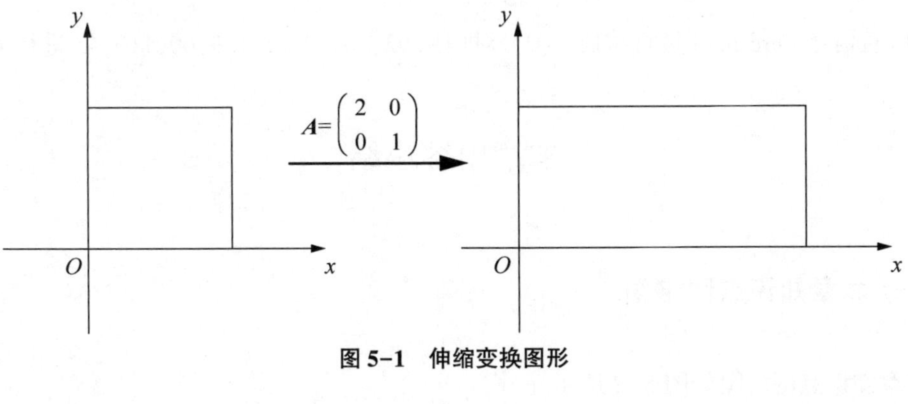

图 5-1 伸缩变换图形

如果 k_1 或 k_2 是负数，那么由$\begin{pmatrix} x' \\ y' \end{pmatrix}=\begin{pmatrix} k_1 & 0 \\ 0 & k_2 \end{pmatrix}\begin{pmatrix} x \\ y \end{pmatrix}$所给出的线性变换可以看作一个反射变换与一个伸缩变换的复合变换.

例如，$\boldsymbol{A}=\begin{pmatrix} -2 & 0 \\ 0 & 1 \end{pmatrix}=\begin{pmatrix} 2 & 0 \\ 0 & 1 \end{pmatrix}\begin{pmatrix} -1 & 0 \\ 0 & 1 \end{pmatrix}$，故矩阵为 $\boldsymbol{A}$ 的线性变换 T 是矩阵的 $\boldsymbol{A}_1=\begin{pmatrix} 2 & 0 \\ 0 & 1 \end{pmatrix}$的线性变换 T_1 和矩阵 $\boldsymbol{A}_2=\begin{pmatrix} -1 & 0 \\ 0 & 1 \end{pmatrix}$的线性变换 T_2 的乘积. 这个变换的几何意义就是关于 y 轴的反射变换与横坐标放大到 2 倍的伸缩变换的复合变换.

习题 5-5

1. 设有线性变换 $\boldsymbol{y}=\boldsymbol{A}\boldsymbol{x}$，其中 $\boldsymbol{A}=\begin{pmatrix} 1 & 2 \\ 0 & 1 \end{pmatrix}$，$\boldsymbol{x}=\begin{pmatrix} 1 \\ 1 \end{pmatrix}$，试求出向量 $\boldsymbol{y}$，并指出该变化的几何意义.

2. 设 $\boldsymbol{A}=\begin{pmatrix} 1 & 0 & 0 \\ 0 & 1 & 0 \\ 0 & 0 & 0 \end{pmatrix}$为三维空间中的一向量，试讨论矩阵变换 $\boldsymbol{x}\to\boldsymbol{A}\boldsymbol{x}$ 的几何意义.

3. 设 $\boldsymbol{A}=\begin{pmatrix} 1 & 3 \\ 0 & 1 \end{pmatrix}$，变换 T：$\mathbf{R}^2\to\mathbf{R}^2$，定义 $T(\boldsymbol{x})=\boldsymbol{A}\boldsymbol{x}$，称为剪切变换. 由 4 个点 $O(0,0)$、$A(0,2)$、$B(2,2)$、$C(2,0)$构成的正方形，在矩阵 $\boldsymbol{A}$ 下的变换是什么图形？

4. 设 $\boldsymbol{A}=\begin{pmatrix} \cos\theta & -\sin\theta \\ \sin\theta & \cos\theta \end{pmatrix}$，$\boldsymbol{x}$ 为平面上一向量，讨论线性变换 $\boldsymbol{y}=\boldsymbol{A}\boldsymbol{x}$ 的几何意义.

5. 利用例 21 的代码与矩阵 $\boldsymbol{A}=\begin{pmatrix} 5 & 3 \\ 2 & 1 \end{pmatrix}$完成以下任务.

(1)对信息 word hard 进行编码.（2）对信息 93,36,60,21,159,60,110,43 进行解码.

本章内容小结

一、本章知识点网络图

本章知识点网络图如图 5-2 所示.

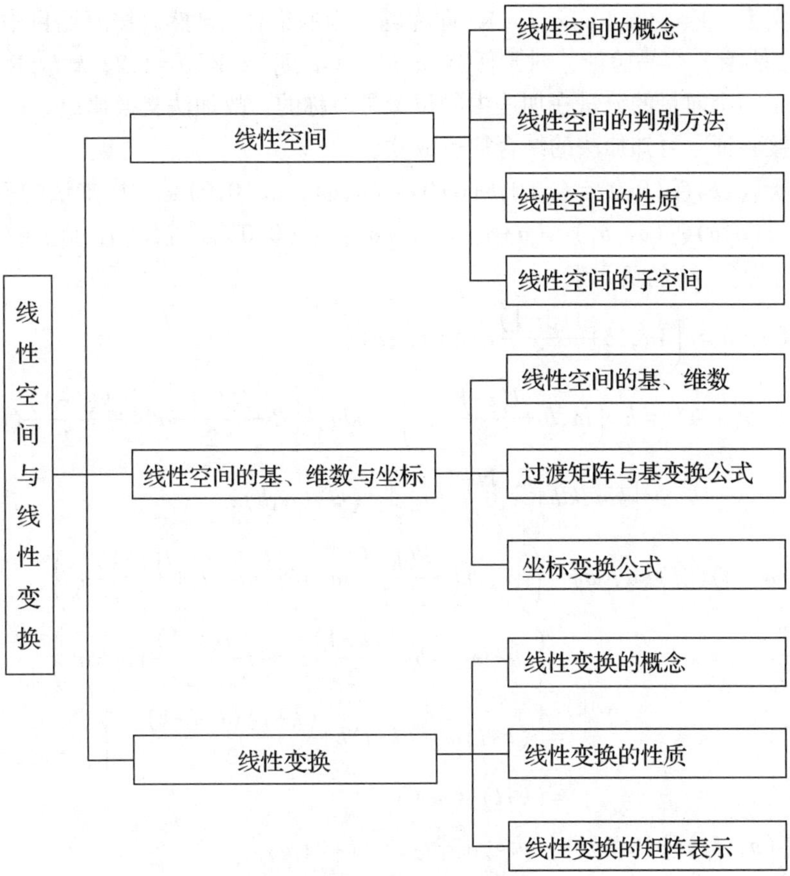

图 5-2　第五章知识点网络图

二、本章题型总结与分析

题型 1：线性空间的判别

解题思路总结如下.

(1) 检验一个集合是否构成线性空间，如果定义的加法和乘法运算是通常意义下的实数加法和乘法运算，只需检验运算封闭性. 如果不是通常意义下的加法和乘法运算，除了检验封闭性外，还要检验 8 条性质.

(2) 验证数域 $\mathbf{R}$ 上线性空间 V 的非空子集 L 是否为子空间. 按照定理 5-2 验证即可. 线性空间 V 的非空子集 L 构成子空间的充分必要条件是 L 对于 V 的线性运算是封闭的. 即 1) 若 $\boldsymbol{\alpha},\boldsymbol{\beta}\in L$，则 $\boldsymbol{\alpha}+\boldsymbol{\beta}\in L$；2) $\boldsymbol{\alpha}\in L$，$k\in\mathbf{R}$，则 $k\boldsymbol{\alpha}\in L$.

例 23　全体实数的二元数列，对于如下线性运算

$$(a_1,b_1)\oplus(a_2,b_2)=(a_1+a_2,b_1+b_2+a_1a_2),$$

$$k\circ(a_1,b_1)=\left(ka_1,kb_1+\frac{k(k-1)}{2}a_1^2\right)$$

是否构成实数域上的线性空间.

解　事实上，$V=\{(a,b)\mid a,b\in\mathbf{R}\}$即为题目中的集合. 显然，按照题目中给出的加法和数量乘法都封闭. 容易验证，对于任意(a,b)，$(a_i,b_i)\in V$，$i=1,2$；$k,l\in\mathbf{R}$，有

（1）由于两个向量的分量在加法中的位置是对称的，故加法交换律成立；

（2）直接验证，可知加法的结合律也成立；

（3）由于$(a,b)\oplus(0,0)=(a+0,b+0+0)=(a,b)$，故$(0,0)$是$V$中加法的零元素；

（4）如果$(a,b)\oplus(a_1,b_1)=(a+a_1,b+b_1+aa_1)=(0,0)$，则有$(a_1,b_1)=(-a,a^2-b)$，即$(-a,a^2-b)$为$(a,b)$的负元素；

（5）$1\circ(a,\ b)=\left(1a,1b+\dfrac{1(1-1)}{2}a^2\right)=(a,b)$；

（6）$$k\circ(l\circ(a,b))=k\circ\left(la,lb+\frac{l(l-1)}{2}a^2\right)=\left(kla,k\left[lb+\frac{l(l-1)}{2}a^2\right]+\frac{k(k-1)}{2}(la)^2\right)$$
$$=\left(kla,klb+\frac{kl(kl-1)}{2}a^2\right)=(kl\circ(a,b)；$$

（7）$$k\circ(a,\ b)\oplus l\circ(a,\ b)=\left(ka,\ kb+\frac{k(k-1)}{2}a^2\right)\oplus\left(la,\ lb+\frac{l(l-1)}{2}a^2\right)$$
$$=\left(ka+la,\ kb+\frac{k(k-1)}{2}a^2+lb+\frac{l(l-1)}{2}a^2+kla^2\right)$$
$$=\left[(k+l)a,\ (k+l)b+\frac{(k+1)(k+l-1)}{2}a^2\right]$$
$$=(k+l)\circ(a,b)；$$

（8）$$k\circ[(a_1,b_1)\oplus(a_2,b_2)]=k\circ(a_1+a_2,b_1+b_2+a_1a_2)$$
$$=\left[k(a_1+a_2),k(b_1+b_2+a_1a_2)+\frac{k(k-1)}{2}(a_1+a_2)^2\right],$$

而

$$k\circ(a_1,b_1)\oplus k\circ(a_2,b_2)=\left(ka_1,kb_1+\frac{k(k-1)}{2}a_1^2\right)\oplus\left(ka_2,kb_2+\frac{k(k-1)}{2}a_2^2\right)$$
$$=\left(ka_1+ka_2,kb_1+\frac{k(k-1)}{2}a_1^2+kb_2+\frac{k(k-1)}{2}a_2^2+k^2a_1a_2\right)$$
$$=\left[k(a_1+a_2),k(b_1+b_2+a_1a_2)+\frac{k(k-1)}{2}(a_1+a_2)^2\right],$$

即$k\circ[(a_1,b_1)\oplus(a_2,b_2)]=k\circ(a_1,b_1)\oplus k\circ(a_2,b_2)$.

于是，这两种运算满足线性空间定义的1～8条，所以V构成实数域上的一个线性空间.

类似地可以证明下列问题.

（1）验证正弦函数的集合$S[x]=\{s=A\sin(x+B)\mid A,\ B\in\mathbf{R}\}$对于通常的函数加法和数乘函数的乘法构成线性空间.

（2）判断集合$W=\left\{\boldsymbol{A}=(a_{ij})_{2\times2}\ \middle|\ \sum\limits_{i=1}^{2}\sum\limits_{j=1}^{2}a_{ij}=0\right\}$是否为$\mathbf{R}^{2\times2}$的子空间.

题型2：求基和维数

解题思路总结如下.

（1）利用基的定义判别基和维数.

（2）将向量空间的基转化为通过齐次线性方程组求基础解系.

例 24 求 $P[x]_3$ 的子空间 $W=\{f(x)=a_0+a_1x+a_2x^2+a_3x^3 \mid a_0+a_1+a_2=0,\ a_1+a_2+a_3=0\}$ 的基和维数.

解 W 中任一多项式 $f(x)$ 的系数满足齐次方程组

$$\begin{cases} a_0+a_1+a_2=0, \\ a_1+a_2+a_3=0, \end{cases}$$

其通解为

$$\begin{cases} a_0=k_2, \\ a_1=-k_1-k_2, \\ a_2=k_1, \\ a_3=k_2, \end{cases} (k_1,k_2\in\mathbf{R}),$$

则 $f(x)=k_2+(-k_1-k_2)x+k_1x^2+k_2x^3=k_1(-x+x^2)+k_2(1-x+x^3)$.

令 $f_1(x)=-x+x^2$，$f_2(x)=1-x+x^3$，则 $f_1(x),f_2(x)\in W$ 且线性无关，

故 $f_1(x),f_2(x)$ 是 W 的一组基，其维数是 2.

题型 3：求过渡矩阵、基与坐标

解题思路总结如下.

（1）求过渡矩阵的方法：①定义法；②初等变换法；③利用坐标变换公式求过渡矩阵；④中介法，即取线性空间一组标准基作为中介，求出所给两组基之间的过渡矩阵.

（2）求线性空间的基的常用方法：①找出一组结构最简单的元素，使得线性空间 V 中任意元素能写成它们的线性组合，若证明它们线性无关，则就是一组基；②n 维线性空间 $\mathbf{R}^n$ 的一组向量 $\boldsymbol{\alpha}_i=(a_{i1},a_{i2},\cdots,a_{in})$ 为 $\mathbf{R}^n$ 的一组基的充要条件是行列式 $|(a_{ij})_{m\times n}|\neq 0$；③先求出线性空间 V 的维数 n，然后找出 n 个元素，证明它们线性无关；如果维数不便求出，先找出一组元素，使得 V 中任意一个元素都可以用它们线性表示，再证明这一组元素线性无关.

例 25 在 P^4 中，求由基 $\boldsymbol{\varepsilon}_1,\boldsymbol{\varepsilon}_2,\boldsymbol{\varepsilon}_3,\boldsymbol{\varepsilon}_4$ 到基 $\boldsymbol{\eta}_1,\boldsymbol{\eta}_2,\boldsymbol{\eta}_3,\boldsymbol{\eta}_4$ 的过渡矩阵，并求向量 $\boldsymbol{\xi}=(1,0,0,0)$ 在 $\boldsymbol{\varepsilon}_1,\boldsymbol{\varepsilon}_2,\boldsymbol{\varepsilon}_3,\boldsymbol{\varepsilon}_4$ 下的坐标；设 $\begin{cases} \boldsymbol{\varepsilon}_1=(1,2,-1,0), \\ \boldsymbol{\varepsilon}_2=(1,-1,1,1), \\ \boldsymbol{\varepsilon}_3=(-1,2,1,1), \\ \boldsymbol{\varepsilon}_4=(-1,-1,0,1), \end{cases}$ $\begin{cases} \boldsymbol{\eta}_1=(2,1,0,1), \\ \boldsymbol{\eta}_2=(0,1,2,2), \\ \boldsymbol{\eta}_3=(-2,1,1,2), \\ \boldsymbol{\eta}_4=(1,3,1,2). \end{cases}$

分析 由于题目是在四维向量空间 P^4 中讨论，这里可以采用定义法或借助第 3 组基求过渡矩阵；对于求 $\boldsymbol{\xi}$ 在指定基下的坐标可以采用待定系数法，也可以采用坐标变换法.

解 由于这一题目是在四维向量空间 P^4 中讨论，故根据本章内容求过渡矩阵方法可知，由基 $\boldsymbol{\varepsilon}_1,\boldsymbol{\varepsilon}_2,\boldsymbol{\varepsilon}_3,\boldsymbol{\varepsilon}_4$ 到基 $\boldsymbol{\eta}_1,\boldsymbol{\eta}_2,\boldsymbol{\eta}_3,\boldsymbol{\eta}_4$ 的过渡矩阵为

$$\boldsymbol{A}=(\boldsymbol{\varepsilon}_1,\boldsymbol{\varepsilon}_2,\boldsymbol{\varepsilon}_3,\boldsymbol{\varepsilon}_4)^{-1}(\boldsymbol{\eta}_1,\boldsymbol{\eta}_2,\boldsymbol{\eta}_3,\boldsymbol{\eta}_4)=\begin{pmatrix} 1 & 1 & -1 & -1 \\ 2 & -1 & 2 & -1 \\ -1 & 1 & 1 & 0 \\ 0 & 1 & 1 & 1 \end{pmatrix}^{-1}\begin{pmatrix} 2 & 0 & -2 & 1 \\ 1 & 1 & 1 & 3 \\ 0 & 2 & 1 & 1 \\ 1 & 2 & 2 & 2 \end{pmatrix}.$$

令 $\boldsymbol{B}=(\boldsymbol{\varepsilon}_1,\boldsymbol{\varepsilon}_2,\boldsymbol{\varepsilon}_3,\boldsymbol{\varepsilon}_4)$，$\boldsymbol{C}=(\boldsymbol{\eta}_1,\boldsymbol{\eta}_2,\boldsymbol{\eta}_3,\boldsymbol{\eta}_4)$，则根据初等矩阵与初等变换的对应，可以构造 $n\times 2n$ 矩阵 $\boldsymbol{P}=(\boldsymbol{B}\mid\boldsymbol{C})$，对矩阵 $\boldsymbol{P}$ 实施初等行变换，当把 $\boldsymbol{B}$ 化成单位矩阵 $\boldsymbol{E}$ 时，矩阵 $\boldsymbol{C}$ 就化成了 $\boldsymbol{B}^{-1}\boldsymbol{C}$.

$$\boldsymbol{P}=\left(\begin{array}{cccc|cccc}1&1&-1&-1&2&0&-2&1\\2&-1&2&-1&1&1&1&3\\-1&1&1&0&0&2&1&1\\0&1&1&1&1&2&2&2\end{array}\right)\to\cdots\to\left(\begin{array}{cccc|cccc}1&0&0&0&1&0&0&1\\0&1&0&0&1&1&0&1\\0&0&1&0&0&1&1&1\\0&0&0&1&0&0&1&0\end{array}\right)$$
$$=(\boldsymbol{E}\mid\boldsymbol{B}^{-1}\boldsymbol{C}).$$

于是，由基 $\boldsymbol{\varepsilon}_1,\boldsymbol{\varepsilon}_2,\boldsymbol{\varepsilon}_3,\boldsymbol{\varepsilon}_4$ 到基 $\boldsymbol{\eta}_1,\boldsymbol{\eta}_2,\boldsymbol{\eta}_3,\boldsymbol{\eta}_4$ 的过渡矩阵为 $\boldsymbol{A}=\boldsymbol{B}^{-1}\boldsymbol{C}=\begin{pmatrix}1&0&0&1\\1&1&0&1\\0&1&1&1\\0&0&1&0\end{pmatrix}$.

另外，设 $\boldsymbol{e}_1,\boldsymbol{e}_2,\boldsymbol{e}_3,\boldsymbol{e}_4$ 为 P^4 的单位向量组成的自然基，那么

$$(\boldsymbol{\varepsilon}_1,\boldsymbol{\varepsilon}_2,\boldsymbol{\varepsilon}_3,\boldsymbol{\varepsilon}_4)=(\boldsymbol{e}_1,\boldsymbol{e}_2,\boldsymbol{e}_3,\boldsymbol{e}_4)\boldsymbol{B},$$

于是

$$\boldsymbol{\xi}=(1,0,0,0)=(\boldsymbol{e}_1,\boldsymbol{e}_2,\boldsymbol{e}_3,\boldsymbol{e}_4)\begin{pmatrix}1\\0\\0\\0\end{pmatrix}=(\boldsymbol{\varepsilon}_1,\boldsymbol{\varepsilon}_2,\boldsymbol{\varepsilon}_3,\boldsymbol{\varepsilon}_4)\boldsymbol{B}^{-1}\begin{pmatrix}1\\0\\0\\0\end{pmatrix},$$

因此，$\boldsymbol{\xi}$ 在 $\boldsymbol{\varepsilon}_1,\boldsymbol{\varepsilon}_2,\boldsymbol{\varepsilon}_3,\boldsymbol{\varepsilon}_4$ 下的坐标为

$$\begin{pmatrix}y_1\\y_2\\y_3\\y_4\end{pmatrix}=\boldsymbol{B}^{-1}\begin{pmatrix}1\\0\\0\\0\end{pmatrix}=\begin{pmatrix}1&1&-1&-1\\2&-1&2&-1\\-1&1&1&0\\0&1&1&1\end{pmatrix}^{-1}\begin{pmatrix}1\\0\\0\\0\end{pmatrix}.$$

类似地，构造矩阵 $\boldsymbol{P}=(\boldsymbol{B}\mid\boldsymbol{\xi}')$，并对其进行初等行变换，将 $\boldsymbol{B}$ 化成单位矩阵 $\boldsymbol{E}$ 时，矩阵 $\boldsymbol{\xi}'$ 就化成了 $\boldsymbol{B}^{-1}\boldsymbol{\xi}'$.

$$\boldsymbol{P}=\left(\begin{array}{cccc|c}1&1&-1&-1&1\\2&-1&2&-1&0\\-1&1&1&0&0\\0&1&1&1&0\end{array}\right)\to\cdots\to\left(\begin{array}{cccc|c}1&0&0&0&3/13\\0&1&0&0&5/13\\0&0&1&0&-2/13\\0&0&0&1&-3/13\end{array}\right)=(\boldsymbol{E}\mid\boldsymbol{B}^{-1}\boldsymbol{\xi}'),$$

所以，$\boldsymbol{\xi}=(1,0,0,0)$ 在 $\boldsymbol{\varepsilon}_1,\boldsymbol{\varepsilon}_2,\boldsymbol{\varepsilon}_3,\boldsymbol{\varepsilon}_4$ 下的坐标为 $\begin{pmatrix}y_1\\y_2\\y_3\\y_4\end{pmatrix}=\dfrac{1}{13}\begin{pmatrix}3\\5\\-2\\-3\end{pmatrix}$.

题型 4：线性变换

解题思路总结如下.

按照线性变换的定义进行判别.

设 V_n、U_m 分别是实数域 $\mathbf{R}$ 上的 n 维和 m 维线性空间，如果映射(变换) T：$V_n\to U_m$

满足：

(1) 任意给定 $\boldsymbol{\alpha}_1$，$\boldsymbol{\alpha}_2 \in V$，有 $T(\boldsymbol{\alpha}_1+\boldsymbol{\alpha}_2)=T(\boldsymbol{\alpha}_1)+T(\boldsymbol{\alpha}_2)$；

(2) 任意给定 $\boldsymbol{\alpha}_1$，$\lambda \in \mathbf{R}$，都有 $T(\lambda\boldsymbol{\alpha}_1)=\lambda T(\boldsymbol{\alpha}_1)$.

那么，称 T 为从 V_n 到 U_m 的线性变换.

相关题型主要是：线性变换的判别；求线性变换在基下的坐标.

例 26 在 $P[x]$ 中，$\boldsymbol{A}f(x)=f'(x)$，$\boldsymbol{B}f(x)=xf(x)$，求证：$\boldsymbol{AB}-\boldsymbol{BA}=\boldsymbol{E}$.

分析 直接根据变换的定义验证即可.

证明 任取 $f(x)\in P[x]$，则有

$$(\boldsymbol{AB}-\boldsymbol{BA})f(x)=\boldsymbol{AB}f(x)-\boldsymbol{BA}f(x)=\boldsymbol{A}(xf(x))-\boldsymbol{B}(f'(x))$$
$$=(xf(x))'-xf'(x)=f(x)=\boldsymbol{E}f(x),$$

于是 $\boldsymbol{AB}-\boldsymbol{BA}=\boldsymbol{E}$.

总习题五(A)

一、选择题

设 T 是三维行向量空间上的变换，下列 T 不是线性变换的是(　　).

A. $T(a_1,a_2,a_3)=(2a_1-a_2+a_3,a_2+5a_3,a_1-a_3)$

B. $T(a_1,a_2,a_3)=(a_1^2,a_2^2,a_3^3)$

C. $T(a_1,a_2,a_3)=(0,a_1,0)$

D. $T(a_1,a_2,a_3)=(3a_3,3a_2,3a_1)$

二、判断题

1. 判断下列各集合对指定的运算是否构成线性空间.

(1) $V_1=\{\boldsymbol{A}=[a_{ij}]_{2\times2} \mid a_{11}+a_{22}=0\}$，对矩阵的加法和数乘运算是否构成线性空间.

(2) $V_4=\{f(x) \mid f(x)\geqslant 0\}$，通常的函数加法和数乘运算是否构成线性空间.

2. 判断下列集合对于指定的运算是否构成数域 $\mathbf{R}$ 上的线性空间.

(1) 所有 n 阶可逆矩阵，对矩阵的加法及矩阵的数量乘法是否构成数域 $\mathbf{R}$ 上的线性空间.

(2) 微分方程 $y''+3y'-3y=0$ 的全部解，对函数的加法及数与函数的乘积是否构成数域 $\mathbf{R}$ 上的线性空间.

3. 判断下列集合是否构成子空间.

(1) $\mathbf{R}^3$ 中平面 $x+2y+3z=0$ 的点的集合.

(2) $\mathbf{R}^{2\times2}$ 中，二阶正交矩阵集合.

三、填空题

向量空间 $V=\{(x_1,x_2,\cdots,x_n) \mid x_1+x_2+\cdots+x_n=0,\ x_i\in\mathbf{R}\}$ 的一组基为__________，V 的维数为__________.

四、解答题

1. 已知 $\mathbf{R}^4$ 的两组基分别为

$$\boldsymbol{\alpha}_1=(1,1,2,1)^{\mathrm{T}},\ \boldsymbol{\alpha}_2=(0,2,1,2)^{\mathrm{T}},\ \boldsymbol{\alpha}_3=(0,0,3,1)^{\mathrm{T}},\ \boldsymbol{\alpha}_4=(0,0,0,4)^{\mathrm{T}},$$

$$\boldsymbol{\beta}_1=(1,0,0,0)^{\mathrm{T}},\ \boldsymbol{\beta}_2=(1,2,0,0)^{\mathrm{T}},\ \boldsymbol{\beta}_3=(0,0,1,1)^{\mathrm{T}},\ \boldsymbol{\beta}_4=(0,0,-1,1)^{\mathrm{T}},$$

试求基 $\boldsymbol{\alpha}_1,\boldsymbol{\alpha}_2,\boldsymbol{\alpha}_3,\boldsymbol{\alpha}_4$ 到基 $\boldsymbol{\beta}_1,\boldsymbol{\beta}_2,\boldsymbol{\beta}_3,\boldsymbol{\beta}_4$ 的过渡矩阵.

2. 设 V 是由基函数 $x_1=\mathrm{e}^{at}\cos bt$，$x_2=\mathrm{e}^{at}\sin bt$，$x_3=t\mathrm{e}^{at}\cos bt$，$x_4=t\mathrm{e}^{at}\sin bt$ 生成的实数域上的线性空间，令

$$y_1=\mathrm{e}^{at}\cos b(t-1),\ y_2=\mathrm{e}^{at}\sin b(t-1),\ y_3=t\mathrm{e}^{at}\cos b(t-1),\ y_4=t\mathrm{e}^{at}\sin b(t-1).$$

(1) 求证：y_1,y_2,y_3,y_4 也为 V 的一组基.

(2) 求 y_1,y_2,y_3,y_4 到 x_1,x_2,x_3,x_4 的过渡矩阵.

(3) 求微分算子 D 在基 x_1,x_2,x_3,x_4 下的矩阵.

3. 设(Ⅰ) x_1,x_2,x_3 和(Ⅱ) y_1,y_2,y_3 为线性空间 $\mathbf{R}^3$ 的两个基，由基(Ⅰ)到基(Ⅱ)的过渡矩阵为 $\boldsymbol{B}=\begin{pmatrix}1&0&1\\0&-1&0\\-1&0&1\end{pmatrix}$，线性变换 T 满足 $\begin{cases}T(x_1+2x_2+3x_3)=y_1+y_2\\T(2x_1+x_2+2x_3)=y_2+y_3.\\T(x_1+3x_2+4x_3)=y_1+y_3\end{cases}$

(1) 求 T 在基(Ⅱ)下的矩阵 $\boldsymbol{A}$. (2) 求 Ty_1 在基(Ⅰ)下的坐标.

4. 设在 $\mathbf{R}^3$ 中，线性变换 T 关于 $\boldsymbol{\alpha}_1,\boldsymbol{\alpha}_2,\boldsymbol{\alpha}_3$ 的矩阵为 $\boldsymbol{A}=\begin{pmatrix}1&2&3\\-1&0&3\\2&1&5\end{pmatrix}$，求 T 在新基 $\boldsymbol{\beta}_1=\boldsymbol{\alpha}_1$，$\boldsymbol{\beta}_2=\boldsymbol{\alpha}_1+\boldsymbol{\alpha}_2$，$\boldsymbol{\beta}_3=\boldsymbol{\alpha}_1+\boldsymbol{\alpha}_2+\boldsymbol{\alpha}_3$ 下的矩阵.

5. 设 H 是所有形如$(\boldsymbol{\alpha}-2\boldsymbol{\beta},\boldsymbol{\beta}-2\boldsymbol{\alpha},\boldsymbol{\alpha},\boldsymbol{\beta})$的向量所构成的集合，其中，$\boldsymbol{\alpha}$，$\boldsymbol{\beta}$ 是任意的向量，即 $H=\{(\boldsymbol{\alpha}-2\boldsymbol{\beta},\boldsymbol{\beta}-2\boldsymbol{\alpha},\boldsymbol{\alpha},\boldsymbol{\beta})\mid\boldsymbol{\alpha},\ \boldsymbol{\beta}\in\mathbf{R}\}$. 证明 H 是 $\mathbf{R}^4$ 的子空间.

总习题五(B)

一、选择题

设 F 上的三维列向量空间 V 上的线性变换 T 在基 $\boldsymbol{e}_1,\boldsymbol{e}_2,\boldsymbol{e}_3$ 下的矩阵是 $\begin{pmatrix}1&-1&2\\2&0&1\\1&2&-1\end{pmatrix}$，则 T 在基 $\boldsymbol{e}_3,\boldsymbol{e}_2,\boldsymbol{e}_1$ 下的矩阵是(　　).

A. $\begin{pmatrix}1&-1&2\\2&0&1\\1&2&-1\end{pmatrix}$　　B. $\begin{pmatrix}1&2&1\\-1&0&2\\2&1&-1\end{pmatrix}$　　C. $\begin{pmatrix}-1&2&1\\1&0&2\\2&-1&1\end{pmatrix}$　　D. $\begin{pmatrix}2&-1&1\\1&0&2\\-1&2&1\end{pmatrix}$

二、判断题

1. 判断下列各集合对指定的运算是否构成数域 $\mathbf{R}$ 上的线性空间.

(1) 所有 n 阶对称矩阵，对矩阵加法及矩阵的数量乘法.

(2) 微分方程 $y''+3y'-3y=2$ 的全部解，对函数的加法及数与函数的乘积.

2. 判断下面所定义的变换是否为线性变换.

(1)在 $\mathbf{R}^3$ 中，$T(x_1,x_2,x_3)=(x_1^2,x_2+x_3,x_3^2)$.

(2) 在 $P[x]$ 中，$Tf(x)=f(x+1)$.

3. 线性空间 $P[x]_4$ 中，$p_1=1,p_2=x,p_3=x^2,p_4=x^3,p_5=x^4$ 是否构成一个基.

三、填空题

设向量 $\boldsymbol{\xi}$ 在基 $\boldsymbol{e}_1=(1,0,0)^{\mathrm{T}}$，$\boldsymbol{e}_2=(0,1,0)^{\mathrm{T}}$，$\boldsymbol{e}_3=(0,0,1)^{\mathrm{T}}$ 与基 $\boldsymbol{\beta}_1=(1,1,1)^{\mathrm{T}}$，$\boldsymbol{\beta}_2=(1,0,-1)^{\mathrm{T}}$，$\boldsymbol{\beta}_3=(1,0,1)^{\mathrm{T}}$ 下有相同的坐标，则 $\boldsymbol{\xi}=$____________.

四、解答题

1. 在 $\mathbf{R}^4$ 中取两个基(Ⅰ)和(Ⅱ)，

(Ⅰ)：$\boldsymbol{e}_1=(1,-1,1,1)^{\mathrm{T}}$，$\boldsymbol{e}_2=(-1,-1,0,1)^{\mathrm{T}}$，$\boldsymbol{e}_3=(1,2,-1,0)^{\mathrm{T}}$，$\boldsymbol{e}_4=(-1,2,1,1)^{\mathrm{T}}$；

(Ⅱ)：$\boldsymbol{\beta}_1=(2,-1,-1,2)^{\mathrm{T}}$，$\boldsymbol{\beta}_2=(2,1,0,1)^{\mathrm{T}}$，$\boldsymbol{\beta}_3=(0,1,2,2)^{\mathrm{T}}$，$\boldsymbol{\beta}_4=(1,3,1,2)^{\mathrm{T}}$.

(1) 求由(Ⅰ)到(Ⅱ)的过渡矩阵 $\boldsymbol{P}$.

(2) 向量 $\boldsymbol{\beta}$ 在基(Ⅰ)下的坐标为 $(1,19,0,1)^{\mathrm{T}}$，求向量 $\boldsymbol{\beta}$ 在基(Ⅱ)下的坐标.

2. 在三维线性空间 V 上的线性变换 T 在基 $\boldsymbol{\alpha}_1,\boldsymbol{\alpha}_2,\boldsymbol{\alpha}_3$ 下的矩阵为

$$\boldsymbol{A}=\begin{pmatrix} a_{11} & a_{12} & a_{13} \\ a_{21} & a_{22} & a_{23} \\ a_{31} & a_{32} & a_{33} \end{pmatrix}.$$

(1) 求 T 在基 $\boldsymbol{\alpha}_3,\boldsymbol{\alpha}_2,\boldsymbol{\alpha}_1$ 下的矩阵 $\boldsymbol{A}_1$.

(2) 求 T 在基 $\boldsymbol{\alpha}_1,k\boldsymbol{\alpha}_2,\boldsymbol{\alpha}_3$ 下的矩阵 $\boldsymbol{A}_2$，其中 $k\in\mathbf{R}$，$k\neq 0$.

(3) 求 T 在基 $\boldsymbol{\alpha}_1+\boldsymbol{\alpha}_2,\boldsymbol{\alpha}_2,\boldsymbol{\alpha}_3$ 下的矩阵 $\boldsymbol{A}_3$.

3. 在 $\mathbf{R}^4$ 中，定义变换 $\boldsymbol{A}\begin{pmatrix} a_1 \\ a_2 \\ a_3 \\ a_4 \end{pmatrix}=\begin{pmatrix} a_1+a_2 \\ a_2+a_3 \\ a_1+a_4 \\ a_2-a_4 \end{pmatrix}$，证明该变换是线性变换.

4. 在 $\mathbf{R}^{2\times 2}$(所有二阶方阵构成的线性空间)中，定义变换 $T(\boldsymbol{X})=\boldsymbol{AX}-\boldsymbol{XA}$，$\boldsymbol{X}\in\mathbf{R}^{2\times 2}$，$\boldsymbol{A}$ 是一个固定的二阶方阵.

(1) 求证：T 是 $\mathbf{R}^{2\times 2}$ 中的一个线性变换.

(2) 在 $\mathbf{R}^{2\times 2}$ 中取一组基 $\boldsymbol{E}_{11}=\begin{pmatrix} 1 & 0 \\ 0 & 0 \end{pmatrix}$，$\boldsymbol{E}_{12}=\begin{pmatrix} 0 & 1 \\ 0 & 0 \end{pmatrix}$，$\boldsymbol{E}_{21}=\begin{pmatrix} 0 & 0 \\ 1 & 0 \end{pmatrix}$，$\boldsymbol{E}_{22}=\begin{pmatrix} 0 & 0 \\ 0 & 1 \end{pmatrix}$. 求 T 在该组基下的矩阵.

5. 在 $\mathbf{R}^{2\times 2}$ 中，给定 $\boldsymbol{E}_{11}=\begin{pmatrix} 1 & 0 \\ 0 & 0 \end{pmatrix}$，$\boldsymbol{E}_{12}=\begin{pmatrix} 0 & 1 \\ 0 & 0 \end{pmatrix}$，$\boldsymbol{E}_{21}=\begin{pmatrix} 0 & 0 \\ 1 & 0 \end{pmatrix}$，$\boldsymbol{E}_{22}=\begin{pmatrix} 0 & 0 \\ 0 & 1 \end{pmatrix}$.

(1) 求证：$\boldsymbol{E}_{11},\boldsymbol{E}_{12},\boldsymbol{E}_{21},\boldsymbol{E}_{22}$ 是 $\mathbf{R}^{2\times 2}$ 的一组基.

(2) 求证：$\boldsymbol{\eta}_1=\begin{pmatrix} 0 & 1 \\ 1 & 1 \end{pmatrix}$，$\boldsymbol{\eta}_2=\begin{pmatrix} 1 & 0 \\ 1 & 1 \end{pmatrix}$，$\boldsymbol{\eta}_3=\begin{pmatrix} 1 & 1 \\ 0 & 1 \end{pmatrix}$，$\boldsymbol{\eta}_4=\begin{pmatrix} 1 & 1 \\ 1 & 0 \end{pmatrix}$ 是 $\mathbf{R}^{2\times 2}$ 的一组基.

(3) 求由基 $\boldsymbol{E}_{11},\boldsymbol{E}_{12},\boldsymbol{E}_{21},\boldsymbol{E}_{22}$ 到基 $\boldsymbol{\eta}_1,\boldsymbol{\eta}_2,\boldsymbol{\eta}_3,\boldsymbol{\eta}_4$ 的过渡矩阵.

(4) 求 $\boldsymbol{\alpha}=\begin{pmatrix} 0 & 1 \\ 2 & 3 \end{pmatrix}$ 在两个基下的矩阵.

第六章　MATLAB 在线性代数中的应用

通过前面 5 章的学习，我们已经体会到线性代数中的概念不是很抽象，计算公式推导也不是很烦琐，但计算量很大，比如利用伴随矩阵计算一个四阶方阵的逆矩阵，就要进行 247 次乘除运算和 97 次加减运算，人工计算需要几十小时. 计算量大使得线性代数在 1950 年前的两百多年中，没能成为大学众多专业公共基础课，直到发明了计算机，这种局面才发生改变. 数学软件 MATLAB 的矩阵运算能力强、速度快，它计算一个四阶方阵的逆矩阵只需要万分之几秒.

本章首先对 MATLAB 作简单介绍，然后重点介绍 MATLAB 的矩阵运算和矩阵函数，最后通过实例介绍 MATLAB 在线性代数中的应用.

第一节　MATLAB 基本操作

【课前导读】

MATLAB 软件从 1984 年推出以来，功能越来越完善，版本不断更新，目前较新的版本是 2018b，MathWorks 官网上有“MATLAB 快速入门”. MATLAB 软件的安装过程和其他计算机软件相似，只要按提示一步一步往下进行即可，具体安装过程请读者自己上网查阅有关资料.

【学习要求】

1. 了解 MATLAB 软件及其主要功能.
2. 熟悉 MATLAB 软件的安装和启动.
3. 熟悉 MATLAB 软件的界面.
4. 掌握 MATLAB 软件的基本操作.

一、MATLAB 简介

MATLAB 和 Mathematica、Maple、MathCAD 并称为四大数学软件，它在数值计算方面首屈一指. MATLAB 是 Matrix 和 Laboratory 两个词的组合，意为矩阵实验室. MATLAB 是由美国 MathWorks 公司开发的商业数学软件，由 MATLAB 语言和 Simulink 两大部分组成，主要应用于多元函数图像绘制、数值计算、过程控制系统仿真、智能计算、图像处理、金融建模等领域. MATLAB 是目前国际上广泛使用的科学与工程计算软件.

MATLAB 的基本数据单位是矩阵，它的表达式与数学、工程中的形式相似，用 MATLAB 来解决数值计算问题比用 C、FORTRAN 等计算机语言要简捷得多.

MATLAB 的主要优势有 4 点.

（1）高效的数值计算及符号计算功能，使我们从繁杂的数学运算中解脱出来.

(2) 具有完备的图形处理功能，实现计算结果和编程的可视化.

(3) 友好的用户界面以及接近数学表达式的自然语言，易于学习和掌握.

(4) 功能丰富的应用工具箱，为我们提供了大量方便、实用的处理工具.

二、MATLAB 主窗口

尽管 MATLAB 有很多版本，但其主要功能和用户界面基本相同，这里使用的是 MATLAB R2014a 中文版. MATLAB R2014a 安装成功后，Windows 桌面上通常会有 MATLAB R2014a 快捷启动图标，如图 6-1 所示.

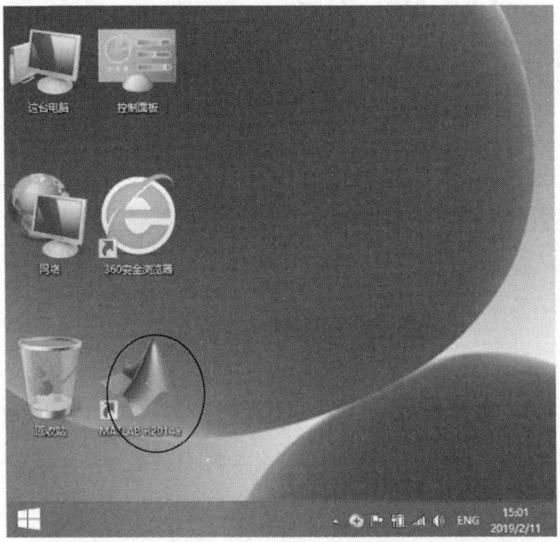

图 6-1 MATLAB R2014a 快捷启动图标

双击 MATLAB R2014a 快捷启动图标，会出现图 6-2 所示界面.

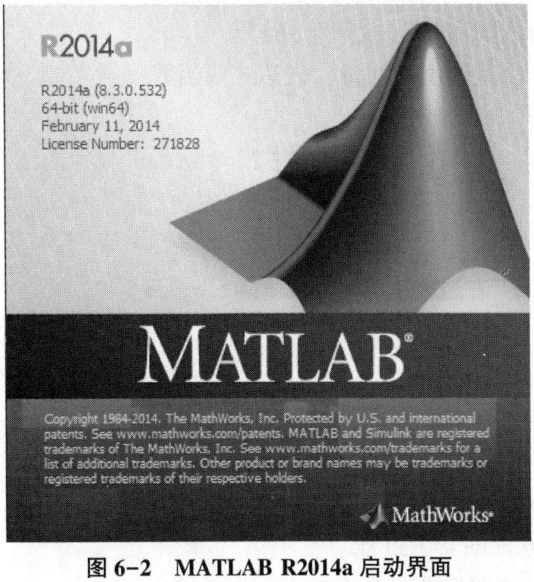

图 6-2 MATLAB R2014a 启动界面

稍等片刻，屏幕上即出现 MATLAB R2014a 主窗口，如图 6-3 所示. 这表示 MATLAB R2014a 准备就绪，我们可以在命令提示符“>>”右边输入命令进行计算.

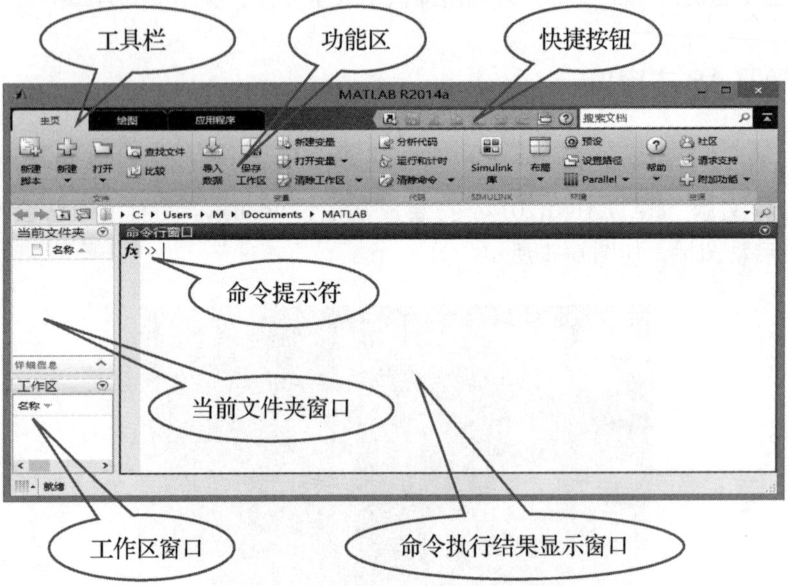

图 6-3　MATLAB R2014a 主窗口

要退出 MATLAB，可在命令提示符“>>”右边输入命令 exit(或 quit)后按 Enter 键.

三、矩阵创建

在 MATLAB 中创建矩阵应遵循以下规则：

(1) 矩阵元素必须放在“[ ]”内；

(2) 矩阵的同行元素之间用空格(或“,”)隔开；

(3) 矩阵的行与行之间用“;”(或回车)隔开；

(4) 矩阵的元素可以是数值、变量、表达式或函数.

例如，要创建矩阵

$$\boldsymbol{A}=\begin{pmatrix}1 & 2 & 3\\4 & 5 & 6\\7 & 8 & 9\end{pmatrix},$$

我们可在命令提示符“>>”右边输入 A=[1 2 3;4 5 6;7 8 9].

习题 6-1

1. 请阅读 MathWorks 公司官网上的“MATLAB 快速入门”，了解 MATLAB 的基本操作.
2. 熟悉 MATLAB 软件的安装过程.
3. MATLAB 软件的主要功能是什么？

4. MATLAB 主窗口由哪几个部分组成?

5. 用两种方法创建矩阵 $\boldsymbol{A}=\begin{pmatrix}-2 & -3 & -5 & -5 & -6\\ 3 & 6 & 9 & 9 & 12\\ 3 & 5 & 30 & 15 & 30\\ 3 & 5 & 15 & 30 & 30\\ 2 & 3 & 6 & 6 & 24\end{pmatrix}$.

6. 写出退出 MATLAB 的两个命令.

第二节　矩阵算术运算

【课前导读】

MATLAB 提供的矩阵算术运算有多种，本节主要介绍第二章中提到的数乘矩阵、两矩阵加、两矩阵减、两矩阵乘、矩阵转置等运算，以及实际中经常用到的点运算，它们是通过运算符来实现的. 这里的运算符有些和线性代数中的一样，有些不一样，学习时要注意区分. 点运算第二章没有提及，是 MATLAB 特有的运算.

【学习要求】

1. 熟悉数乘矩阵运算.
2. 掌握两矩阵的加、减、乘运算.
3. 掌握矩阵的幂运算、转置运算.
4. 掌握点运算.

先说明一下，向量是矩阵，即 n 维行向量是 1 行 n 列矩阵、n 维列向量是 n 行 1 列矩阵.

MATLAB 提供的矩阵算术运算有“ * ”(数乘)、“+”(加)、“-”(减)、“ * ”(乘)、“^”(幂)、“'”(转置)、“.”(点运算).

一、数乘运算

假定有实数 k 和矩阵 $\boldsymbol{A}$，则 $k*\boldsymbol{A}$ 可实现数乘运算.

例 1　若 $k=3$，$\boldsymbol{A}=\begin{pmatrix}1 & 2 & 3\\ 4 & 5 & 6\\ 7 & 8 & 9\end{pmatrix}$，则 $k*\boldsymbol{A}=\begin{pmatrix}3 & 6 & 9\\ 12 & 15 & 18\\ 21 & 24 & 27\end{pmatrix}$.

二、加运算

假定有矩阵 $\boldsymbol{A}$、$\boldsymbol{B}$，则 $\boldsymbol{A}+\boldsymbol{B}$ 可实现矩阵 $\boldsymbol{A}$、$\boldsymbol{B}$ 的加运算. 两个矩阵能进行加运算的前提条件是两个矩阵的维数必须相同. 如果两个矩阵的维数不相同，MATLAB 将给出错误信息，提示我们两个矩阵的维数不一致.

例 2 若 $\boldsymbol{A}=\begin{pmatrix}1&2&3\\4&5&6\\7&8&9\end{pmatrix}$，$\boldsymbol{B}=\begin{pmatrix}10&20&30\\40&50&60\\70&80&90\end{pmatrix}$，则 $\boldsymbol{A}+\boldsymbol{B}=\begin{pmatrix}11&22&33\\44&55&66\\77&88&99\end{pmatrix}$.

三、减运算

假定有矩阵 $\boldsymbol{A}$、$\boldsymbol{B}$，则 $\boldsymbol{A}-\boldsymbol{B}$ 可实现矩阵 $\boldsymbol{A}$、$\boldsymbol{B}$ 的减运算. 两个矩阵能进行减运算的前提条件是两个矩阵的维数必须相同. 如果两个矩阵的维数不相同，MATLAB 将给出错误信息，提示我们两个矩阵的维数不一致.

例 3 对于例 2 中的矩阵 $\boldsymbol{A}$、$\boldsymbol{B}$，有 $\boldsymbol{A}-\boldsymbol{B}=\begin{pmatrix}-9&-18&-27\\-36&-45&-54\\-63&-72&-81\end{pmatrix}$.

四、乘运算

假定有矩阵 $\boldsymbol{A}$、$\boldsymbol{B}$，则 $\boldsymbol{A}*\boldsymbol{B}$ 可实现矩阵 $\boldsymbol{A}$、$\boldsymbol{B}$ 的乘运算. 两个矩阵能进行乘运算的前提条件是左边矩阵 $\boldsymbol{A}$ 的列数与右边矩阵 $\boldsymbol{B}$ 的行数必须相同. 如果不相同，MATLAB 将给出错误信息，提示我们两个矩阵的维数不一致.

例 4 若 $\boldsymbol{A}=\begin{pmatrix}1&2&3\\4&5&6\end{pmatrix}$，$\boldsymbol{B}=\begin{pmatrix}-2&-1&0&9\\8&7&6&5\\4&3&2&1\end{pmatrix}$，则 $\boldsymbol{A}*\boldsymbol{B}=\begin{pmatrix}26&22&18&22\\56&49&42&67\end{pmatrix}$.

五、幂运算

若 $\boldsymbol{A}$ 为 n 阶方阵，称 k 个 $\boldsymbol{A}$ 的乘积为矩阵 $\boldsymbol{A}$ 的 k 次幂，记为 $\boldsymbol{A}^k$，可用 $\boldsymbol{A}$^k 实现.

例 5 若 $\boldsymbol{A}=\begin{pmatrix}0&1&2\\1&1&4\\2&-1&0\end{pmatrix}$，$k=4$，则 $\boldsymbol{A}$^$4=\begin{pmatrix}12&1&14\\21&1&24\\4&-1&2\end{pmatrix}$，$\boldsymbol{A}$^$(-1)=\begin{pmatrix}2&-1&1\\4&-2&1\\-1.5&1&-0.5\end{pmatrix}$

（即 $\boldsymbol{A}$ 的逆 $\boldsymbol{A}^{-1}$）.

六、转置运算

假定有矩阵 $\boldsymbol{A}$，若 $\boldsymbol{A}$ 是实数矩阵，则 $\boldsymbol{A}'$ 可实现转置运算；若 $\boldsymbol{A}$ 是复数矩阵，则 $\boldsymbol{A}'$ 可实现转置共轭运算.

例 6 若 $\boldsymbol{A}=\begin{pmatrix}1&2&3\\4&5&6\end{pmatrix}$，$\boldsymbol{B}=\begin{pmatrix}1+\mathrm{i}&2+\mathrm{i}&3-\mathrm{i}\\4+\mathrm{i}&5-\mathrm{i}&6+\mathrm{i}\end{pmatrix}$，则 $\boldsymbol{A}'=\begin{pmatrix}1&4\\2&5\\3&6\end{pmatrix}$，$\boldsymbol{B}'=\begin{pmatrix}1-\mathrm{i}&4-\mathrm{i}\\2-\mathrm{i}&5+\mathrm{i}\\3+\mathrm{i}&6-\mathrm{i}\end{pmatrix}$.

七、点运算

MATLAB 提供了一种特殊的运算，因为其是在有关运算符前面加点，所以叫作点运算. 点运算符有“.*”“.^”“.'”. 两矩阵进行点运算是指它们的对应元素进行相关运算，要求两矩阵的维数相同. 点转置运算“.'”对实数矩阵转置、对复数矩阵转置不共轭.

例 7 若 $\boldsymbol{A}=\begin{pmatrix}1&2&3\\4&5&6\end{pmatrix}$，$\boldsymbol{B}=\begin{pmatrix}10&20&30\\40&50&60\end{pmatrix}$，$\boldsymbol{C}=\begin{pmatrix}1+\mathrm{i}&2+\mathrm{i}&3-\mathrm{i}\\4+\mathrm{i}&5-\mathrm{i}&6+\mathrm{i}\end{pmatrix}$，则

$\boldsymbol{A}.^*\boldsymbol{B}=\begin{pmatrix}10&40&90\\160&250&360\end{pmatrix}$，$\boldsymbol{A}.\hat{}4=\begin{pmatrix}1&16&81\\256&625&1296\end{pmatrix}$，$\boldsymbol{C}.'=\begin{pmatrix}1+\mathrm{i}&4+\mathrm{i}\\2+\mathrm{i}&5-\mathrm{i}\\3-\mathrm{i}&6+\mathrm{i}\end{pmatrix}$.

习题 6-2

1. 已知矩阵 $\boldsymbol{A}=\begin{pmatrix}1&0&-1\\2&1&4\\-3&2&5\end{pmatrix}$，$\boldsymbol{B}=\begin{pmatrix}1&-2&3\\-1&3&0\\0&5&2\end{pmatrix}$，求 $2\boldsymbol{AB}$.

2. 已知矩阵 $\boldsymbol{A}=\begin{pmatrix}3&1&1\\2&1&2\\1&2&3\end{pmatrix}$，$\boldsymbol{B}=\begin{pmatrix}1&1&-1\\2&-1&0\\1&0&1\end{pmatrix}$，求 $\boldsymbol{AB}-\boldsymbol{BA}$.

3. 已知矩阵 $\boldsymbol{A}=\begin{pmatrix}1&-2&3\\-1&-3&4\\-4&5&2\end{pmatrix}$，求 $\boldsymbol{A}'$ 与 $\boldsymbol{A}^2$.

4. 已知矩阵 $\boldsymbol{A}=\begin{pmatrix}1&0&-1\\2&1&4\\-3&2&5\end{pmatrix}$，求其逆矩阵.

5. 已知矩阵 $\boldsymbol{A}=\begin{pmatrix}1&2&3\\4&5&6\end{pmatrix}$，求 $\boldsymbol{A}.\hat{}2$.

6. 已知矩阵 $\boldsymbol{A}=\begin{pmatrix}3&1&1\\2&1&2\end{pmatrix}$，$\boldsymbol{B}=\begin{pmatrix}1&1&-1\\2&-1&0\end{pmatrix}$，求 $\boldsymbol{A}.^*\boldsymbol{B}$.

第三节 MATLAB 矩阵函数

【课前导读】

第二节介绍的矩阵基本运算是通过运算符实现的，对于矩阵的复杂运算，MATLAB 是通过函数实现的. MATLAB 函数与数学函数形式上一样. 本节主要介绍求方阵行列式值函数、求逆矩阵函数、特殊矩阵生成函数等. 我们只要掌握 MATLAB 矩阵函数即可，如果想

了解 MATLAB 函数程序的源代码，可自己查阅相关资料.

【学习要求】

1. 掌握求方阵行列式值函数.
2. 掌握求可逆方阵逆矩阵函数.
3. 掌握求方阵特征值和特征向量函数.
4. 掌握解方程(组)函数.
5. 掌握将二次型化为标准形函数.

一、求方阵行列式值函数 det( )

格式：det($\boldsymbol{A}$)

功能：求方阵 $\boldsymbol{A}$ 的行列式值.

例 8 若 $\boldsymbol{A}=\begin{pmatrix}0&1&2\\1&1&4\\2&-1&0\end{pmatrix}$，则 det($\boldsymbol{A}$)= 2.

二、求方阵逆矩阵函数 inv( )

格式：inv($\boldsymbol{A}$)

功能：求非奇异方阵 $\boldsymbol{A}$ 的逆矩阵. 若 $\boldsymbol{A}$ 是奇异方阵或不是方阵，MATLAB 将给出警告或错误信息，提示我们 $\boldsymbol{A}$ 是奇异矩阵或 $\boldsymbol{A}$ 必须为方阵.

例 9 若 $\boldsymbol{A}=\begin{pmatrix}0&1&2\\1&1&4\\2&-1&0\end{pmatrix}$，则 inv($\boldsymbol{A}$)= $\begin{pmatrix}2&-1&1\\4&-2&1\\-1.5&1&-0.5\end{pmatrix}$.

例 10 若 $\boldsymbol{A}$ 是非奇异方阵，则 $\boldsymbol{A}$ 的伴随矩阵为 det($\boldsymbol{A}$) * inv($\boldsymbol{A}$).

这是因为 $\boldsymbol{A}^{-1}=\frac{1}{|\boldsymbol{A}|}\boldsymbol{A}^*$，其中 $\boldsymbol{A}^*$ 为 $\boldsymbol{A}$ 的伴随矩阵(见第二章定理 2-1).

三、求方阵特征值与特征向量函数 eig( )

该函数有两种常用格式.

格式 1：$\boldsymbol{D}$=eig($\boldsymbol{A}$)

功能：求方阵 $\boldsymbol{A}$ 的全部特征值，构成向量 $\boldsymbol{D}$.

格式 2：[$\boldsymbol{V}$,$\boldsymbol{D}$]=eig($\boldsymbol{A}$)

功能：求方阵 $\boldsymbol{A}$ 的全部特征值，构成对角阵 $\boldsymbol{D}$. 求 $\boldsymbol{A}$ 的特征向量，构成方阵 $\boldsymbol{V}$ 的列向量.

例 11 若 $\boldsymbol{A}=\begin{pmatrix}4&-1&1\\16&-2&-2\\16&-3&-1\end{pmatrix}$，则执行命令 $\boldsymbol{D}$=eig($\boldsymbol{A}$)后，$\boldsymbol{D}=\begin{pmatrix}4\\-4\\1\end{pmatrix}$.

执行命令$[\boldsymbol{V},\boldsymbol{D}]=\mathrm{eig}(\boldsymbol{A})$后，$\boldsymbol{V}=\begin{pmatrix}0.3333 & 0 & -0.2117\\ 0.6667 & -0.7071 & -0.9313\\ 0.6667 & -0.7071 & -0.2963\end{pmatrix}$，$\boldsymbol{D}=\begin{pmatrix}4 & 0 & 0\\ 0 & -4 & 0\\ 0 & 0 & 1\end{pmatrix}$.

四、求上三角矩阵函数 triu( )

格式：$\mathrm{triu}(\boldsymbol{A})$

功能：求矩阵 $\boldsymbol{A}$ 的上三角矩阵.

例 12　若 $\boldsymbol{A}=\begin{pmatrix}1 & 2 & 3\\ 4 & 5 & 6\\ 7 & 8 & 9\end{pmatrix}$，则 $\mathrm{triu}(\boldsymbol{A})=\begin{pmatrix}1 & 2 & 3\\ 0 & 5 & 6\\ 0 & 0 & 9\end{pmatrix}$.

五、求下三角矩阵函数 tril( )

格式：$\mathrm{tril}(\boldsymbol{A})$

功能：求矩阵 $\boldsymbol{A}$ 的下三角矩阵.

例 13　若 $\boldsymbol{A}=\begin{pmatrix}1 & 2 & 3\\ 4 & 5 & 6\\ 7 & 8 & 9\end{pmatrix}$，则 $\mathrm{tril}(\boldsymbol{A})=\begin{pmatrix}1 & 0 & 0\\ 4 & 5 & 0\\ 7 & 8 & 9\end{pmatrix}$.

例 14　矩阵 $\boldsymbol{A}$ 的对角矩阵为 $\mathrm{triu}(\mathrm{tril}(\boldsymbol{A}))$ 或 $\mathrm{tril}(\mathrm{triu}(\boldsymbol{A}))$.

六、求方阵秩函数 rank( )

格式：$\mathrm{rank}(\boldsymbol{A})$

功能：求方阵 $\boldsymbol{A}$ 的秩.

例 15　若 $\boldsymbol{A}=\begin{pmatrix}0 & 1 & 2\\ 1 & 1 & 4\\ 2 & -1 & 0\end{pmatrix}$，则 $\mathrm{rank}(\boldsymbol{A})=3$.

七、求方阵迹函数 trace( )

格式：$\mathrm{trace}(\boldsymbol{A})$

功能：求方阵 $\boldsymbol{A}$ 的迹. 方阵的迹等于方阵的对角线元素之和，也等于方阵的特征值之和. 若 $\boldsymbol{A}$ 不是方阵，MATLAB 将给出错误信息，提示我们 $\boldsymbol{A}$ 必须是方阵.

例 16　若 $\boldsymbol{A}=\begin{pmatrix}0 & 1 & 2\\ 1 & 1 & 4\\ 2 & -1 & 0\end{pmatrix}$，则 $\mathrm{trace}(\boldsymbol{A})=1$.

八、求共轭矩阵函数 conj( )

格式：conj(**A**)

功能：求矩阵 **A** 的共轭矩阵. **A** 的共轭矩阵是由其元素的共轭复数构成的矩阵.

例 17 若 $A=\begin{pmatrix}1+i & 2+i & 3-i\\ 4+i & 5-i & 6+i\end{pmatrix}$，则 $conj(A)=\begin{pmatrix}1-i & 2-i & 3+i\\ 4-i & 5+i & 6-i\end{pmatrix}$.

九、求方阵特征多项式函数 poly( )

格式：poly(**A**)

功能：求向量或方阵 **A** 的特征多项式. **A** 必须是向量或方阵，若 **A** 不是向量或方阵，MATLAB 将给出错误信息，提示我们 **A** 必须为向量或方阵.

例 18 若 $A=\begin{pmatrix}0 & 1 & 2\\ 1 & 1 & 4\\ 2 & -1 & 0\end{pmatrix}$，则 poly(**A**) = [1 −1 −1 −2]，即矩阵 **A** 的特征多项式是 $\lambda^3-\lambda^2-\lambda-2=0$.

例 19 若 **A** = [1 2 3]（或 **A** = [1;2;3]），则 poly(**A**) = [1 −6 11 −6]，即向量 **A** 的特征多项式是 $\lambda^3-6\lambda^2+11\lambda-6=0$，也就是以向量 **A** 的元素为特征根的特征多项式 $(\lambda-1)(\lambda-2)(\lambda-3)=0$.

十、求矩阵元素个数函数 numel( )

格式：numel(**A**)

功能：求矩阵 **A** 的元素个数.

例 20 若 $A=\begin{pmatrix}1+i & 2+i & 3-i\\ 4+i & 5-i & 6+i\end{pmatrix}$，则 numel(**A**) = 6.

十一、求矩阵维数函数 size( )

该函数有 3 种常用格式.

格式 1：size(**A**)

功能：求矩阵 **A** 的行数和列数，并构成行向量.

格式 2：size(**A**,1)

功能：求矩阵 **A** 的行数.

格式 3：size(**A**,2)

功能：求矩阵 **A** 的列数.

例 21 若 $A=\begin{pmatrix}1+i & 2+i & 3-i\\ 4+i & 5-i & 6+i\end{pmatrix}$，则 size(**A**) = [2 3]，size(**A**,1) = 2，size(**A**,2) = 3.

十二、生成单位方阵函数 eye()

格式：eye(n)
功能：生成 n 阶单位方阵，n 是正整数.

例 22 生成四阶单位方阵 $\text{eye}(4)=\begin{pmatrix}1&0&0&0\\0&1&0&0\\0&0&1&0\\0&0&0&1\end{pmatrix}$.

十三、生成零方阵函数 zeros()

格式：zeros(n)
功能：生成 n 阶零方阵，n 是正整数.

例 23 生成四阶零方阵 $\text{zeros}(4)=\begin{pmatrix}0&0&0&0\\0&0&0&0\\0&0&0&0\\0&0&0&0\end{pmatrix}$.

十四、生成元素全为 1 的方阵函数 ones()

格式：ones(n)
功能：生成 n 阶元素全为 1 的方阵，n 是正整数.

例 24 生成元素全为 1 的四阶方阵 $\text{ones}(4)=\begin{pmatrix}1&1&1&1\\1&1&1&1\\1&1&1&1\\1&1&1&1\end{pmatrix}$.

十五、矩阵旋转函数 rot90()

格式：rot90($\boldsymbol{A}$,n)
功能：将矩阵 $\boldsymbol{A}$ 按逆时针旋转 n 个 90°，$n=1$ 时可以省略.

例 25 若 $\boldsymbol{A}=\begin{pmatrix}1&2&3\\4&5&6\end{pmatrix}$，则 $\text{rot90}(\boldsymbol{A})=\begin{pmatrix}3&6\\2&5\\1&4\end{pmatrix}$，$\text{rot90}(\boldsymbol{A},2)=\begin{pmatrix}6&5&4\\3&2&1\end{pmatrix}$，$\text{rot90}(\boldsymbol{A},3)$
$=\begin{pmatrix}4&1\\5&2\\6&3\end{pmatrix}$.

十六、生成范德蒙矩阵函数 vander( )

格式：vander(V)

功能：用指定的向量 V 生成一个范德蒙矩阵. 该范德蒙矩阵的最后一列全为 1，倒数第二列为指定的向量 V，其他各列是其右边一列与倒数第二列的点乘积.

例 26 若 V=[2 3 4 5](或 V=[2;3;4;5])，则

$$\text{vander}(\boldsymbol{V})=\begin{pmatrix}8&4&2&1\\27&9&3&1\\64&16&4&1\\125&25&5&1\end{pmatrix},\ (\text{rot90}(\text{vander}(\boldsymbol{V})))'=\begin{pmatrix}1&2&4&8\\1&3&9&27\\1&4&16&64\\1&5&25&125\end{pmatrix}.$$

十七、解方程(组)函数 solve( )

格式：solve('方程 1','方程 2',…,'未知数 1','未知数 2',…)

功能：解方程(组).

例 27 求一元方程 $x^5+x^4+1=0$ 的根.

在 MATLAB 命令窗口输入以下命令.

```
>>solve('x^5+x^4+1=0','x')
```

计算结果如下.

```
ans =
        -1.325
- 0.5 + 0.866*i
- 0.5 - 0.866*i
0.6624 + 0.5623*i
0.6624 - 0.5623*i
```

即方程的根为 $x_1=-1.325$，$x_2=-0.5+0.866\mathrm{i}$，$x_3=-0.5-0.866\mathrm{i}$，$x_4=0.6624+0.5623\mathrm{i}$，$x_5=0.6624-0.5623\mathrm{i}$.

例 28 求一元方程 $ax^2+bx+c=0$ 的根.

在 MATLAB 命令窗口输入以下命令.

```
>>solve('a*x^2+b*x+c=0','x')
```

计算结果如下.

```
ans =
-(b+(b^2 -4*a*c)^(1/2))/(2*a)
-(b-(b^2 - 4*a*c)^(1/2))/(2*a)
```

即方程的根为 $x_1=\dfrac{-b+\sqrt{b^2-4ac}}{2a}$，$x_2=\dfrac{-b-\sqrt{b^2-4ac}}{2a}$.

例 29 解方程组 $\begin{cases}3x^2-2y^2+5=0,\\3^{-x}-y-1=0.\end{cases}$

在 MATLAB 命令窗口输入以下命令.

```
>>S=solve('3*x^2-2*y^2+5=0','3^(-x)-y-1=0','x','y')
>>S.x,S.y
```

计算结果如下.

```
ans =
-1.0
ans =
2.0
```

即方程组的解为$\begin{cases}x=-1,\\y=2.\end{cases}$

十八、将二次型化为标准形函数 schur( )

该函数有两种常用格式.

格式 1：$[\boldsymbol{Q},\boldsymbol{D}]=\mathrm{schur}(\boldsymbol{A})$

功能：求出的正交矩阵为 $\boldsymbol{Q}$，二次型矩阵 $\boldsymbol{A}$ 的特征值构成对角矩阵 $\boldsymbol{D}$.

格式 2：$\boldsymbol{D}=\mathrm{schur}(\boldsymbol{A})$

功能：求出的二次型矩阵 $\boldsymbol{A}$ 特征值构成对角矩阵 $\boldsymbol{D}$.

例 30 将二次型

$$f=-2x_1^2-6x_2^2-9x_3^2-9x_4^2+4x_1x_2+4x_1x_3+4x_1x_4+6x_3x_4$$

化为标准形.

在 MATLAB 命令窗口输入以下命令.

```
>> A=[-2 2 2 2;2 -6 0 0;2 0 -9 3;2 0 3 -9];
>> [Q,D]=schur(A)
```

计算结果如下.

```
Q =
    0.0000    -0.5000   -0.0000   -0.8660
    0.0000     0.5000    0.8165   -0.2887
    0.7071     0.5000   -0.4082   -0.2887
   -0.7071     0.5000   -0.4082   -0.2887
D =
  -12.0000          0         0         0
         0    -8.0000         0         0
         0          0   -6.0000         0
         0          0         0    0.0000
```

即经过正交变换 $\boldsymbol{X}=\boldsymbol{QY}$，二次型可化为标准形 $f=-12y_1^2-8y_2^2-6y_3^2$，其中

$$\boldsymbol{X}=\begin{pmatrix}x_1\\x_2\\x_3\\x_4\end{pmatrix},\quad \boldsymbol{Y}=\begin{pmatrix}y_1\\y_2\\y_3\\y_4\end{pmatrix}.$$

例 31　将二次型 $f=3x_1^2-4x_1x_2+6x_2^2$ 化为标准形.

在 MATLAB 命令窗口输入以下命令.

```
>> A=[3 -2;-2 6];
>> D=schur(A)
```

计算结果如下.

```
D =
   2.0000         0
        0    7.0000
```

即二次型的标准形为 $f=2y_1^2+7y_2^2$.

习题 6-3

1. 用 MATLAB 函数求矩阵 $\boldsymbol{A}=\begin{pmatrix}1&2&3&4\\5&6&7&8\\9&10&11&12\end{pmatrix}$ 的对角矩阵.

2. 用 MATLAB 函数求方阵 $\boldsymbol{A}=\begin{pmatrix}-2&-3&-5&-5&-6\\3&6&9&9&12\\3&5&30&15&30\\3&5&15&30&30\\2&3&6&6&24\end{pmatrix}$ 的迹.

3. 用 MATLAB 函数求矩阵 $\boldsymbol{A}=\begin{pmatrix}1&2&3&4\\5&6&7&8\\9&10&11&12\end{pmatrix}$ 的行数和列数.

4. 用 MATLAB 函数生成六阶单位方阵.

5. 用 MATLAB 函数生成六阶元素全为 1 的方阵.

6. 用 MATLAB 函数生成范德蒙矩阵 $\boldsymbol{V}=\begin{pmatrix}1&1&1&1\\3&5&7&9\\9&25&49&81\\27&125&343&729\end{pmatrix}$.

第四节　应用实例

【课前导读】

线性代数在自然科学和社会科学中都有着广泛的应用，本节将通过几个实际问题来展现线性代数的魅力，所介绍的问题是和我们生活有关的简单问题，对于复杂的科学技术问题，需要掌握相关的专业知识，通常计算量也很大．解决步骤是先把实际问题转化为线性代数问题，然后用 MATLAB 进行求解，以减少计算量.

【学习要求】

1. 理解将实际问题转换成线性代数问题的思维方式.
2. 掌握用 MATLAB 求解线性代数问题的方法.
3. 应用线性代数知识解决实际问题.

一、食品配方问题

例 32　某食品加工厂准备生产一种食品，该食品用甲、乙、丙、丁 4 种原料加工而成，且含蛋白质、脂肪和碳水化合物的比例分别为 15%、5% 和 12%. 而甲、乙、丙、丁原料中含蛋白质、脂肪和碳水化合物的比例由表 6-1 给出. 如何用这 4 种原料配置出满足要求的食品呢?

表 6-1　4 种原料中含蛋白质、脂肪和碳水化合物的比例

成分＼原料	甲	乙	丙	丁
蛋白质(%)	20	16	10	15
脂肪(%)	3	8	2	5
碳水化合物(%)	10	25	20	5

解　设该食品中 4 种原料甲、乙、丙、丁所占比例分别 x_1，x_2，x_3，x_4，则可得线性方程组

$$\begin{cases} x_1+x_2+x_3+x_4=1, \\ 20x_1+16x_2+10x_3+15x_4=15, \\ 3x_1+8x_2+2x_3+5x_4=5, \\ 10x_1+25x_2+20x_3+5x_4=12. \end{cases}$$

在 MATLAB 命令窗口输入以下命令.

```
>>A=[1,1,1,1;20,16,10,15;3,8,2,5;10,25,20,5];
>>b=[1;15;5;12];
>>x=inv(A)*b
```

计算结果如下.

```
x =
   0.1031
   0.2147
   0.1460
   0.5362
```

即 $x_1=0.1031=10.31\%$，$x_2=0.2147=21.47\%$，$x_3=0.1460=14.60\%$，$x_4=0.5362=53.62\%$.

二、交通流量问题

例 33　某城市一“井”字路口汽车流量如图 6-4 所示. 求节点 A 到节点 B 的汽车流量 x_1、节点 B 到节点 C 的汽车流量 x_2、节点 C 到节点 D 的汽车流量 x_3.

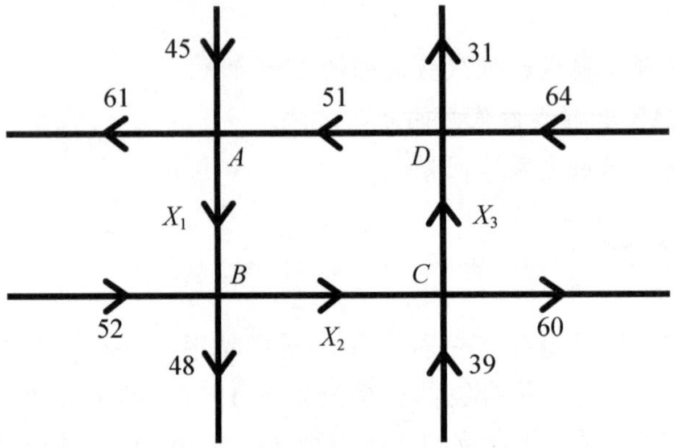

图 6-4　“井”字路口汽车流量图

解　根据汽车的流入和流出情况，容易得线性方程组

$$\begin{cases} x_1+52=x_2+48, \\ x_2+39=x_3+60, \\ x_3+64=51+31, \\ x_1+61=45+51, \end{cases}$$

化简得

$$\begin{cases} x_1-x_2=-4, \\ x_2-x_3=21, \\ x_3=18. \end{cases}$$

在 MATLAB 命令窗口输入以下命令.

```
>>A=[1,-1,0;0,1,-1;0,0,1];
>>b=[-4;21;18];
>>x=inv(A)*b
```

计算结果如下.

```
x =
   35
   39
   18
```

即 $x_1=35$，$x_2=39$，$x_3=18$.

思考：当节点 D 到节点 A 的汽车流量未知时(原问题图中标出的是 51)，如何求解呢?

三、插值多项式系数问题

插值是找一个未知函数 $f(x)$ 的近似多项式函数 $P(x)$，即 $f(x)\approx P(x)$，这样我们就可以利用 $P(x)$ 来研究 $f(x)$ 的性质了，比如 $f(x)$ 的图像、某点的函数值、某点的导数值等. 已知条件是 $f(x)$ 在几个点的函数值，且要求 $P(x)$ 与 $f(x)$ 在这几个点的函数值相等. 任务是确定多项式函数 $P(x)$ 的系数.

例 34　一个未知函数 $f(x)$ 在 4 个点 x_1、x_2、x_3、x_4 处的函数值如表 6-2 所示，现在要我们找一个多项式函数 $P(x)$，使得 $P(x_i)=f(x_i)\,(i=1,2,3,4)$.

表 6-2　未知函数 $f(x)$ 在 4 个点的函数值表

i	1	2	3	4
x_i	1	3	4	7
$f(x_i)$	0	2	15	12

解　令 $P(x)=a_0+a_1x+a_2x^2+a_3x^3$，由 $P(x_i)=f(x_i)\,(i=1,2,3,4)$ 可得线性方程组

$$\begin{cases} a_0+a_1+a_2+a_3=0, \\ a_0+3a_1+9a_2+27a_3=2, \\ a_0+4a_1+16a_2+64a_3=15, \\ a_0+7a_1+49a_2+343a_3=12. \end{cases}$$

在 MATLAB 命令窗口输入以下命令.

```
>>A=[1,1,1,1;1,3,9,27;1,4,16,64;1,7,49,343];
>>b=[0;2;15;12];
>>t=inv(A)*b
```

计算结果如下.

```
t =
   26.0000
   -38.7500
   14.0000
   -1.2500
```

即 $a_0=26$，$a_1=-38.75$，$a_2=14$，$a_3=-1.25$.

四、平板稳态温度问题

在热传导的研究中，一个重要的问题是确定一块平板的稳态温度分布. 根据热传导定律，只要测定一块矩形平板四周的温度就可以确定平板上各点的温度.

例 35　图 6-5 表示一块金属平板. 已知四周 8 个节点处的温度(单位:℃)，求中间 4 个点处的温度 T_1、T_2、T_3、T_4.

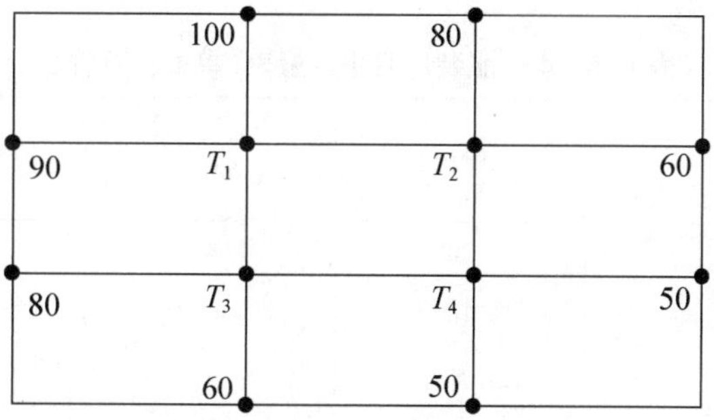

图 6-5　一块平板的温度分布图

解　根据热传导定律可知，中间 4 个点每个点的温度等于与它相邻的 4 个点温度的平均值，容易得线性方程组

$$\begin{cases} T_1=\dfrac{1}{4}(90+100+T_2+T_3), \\ T_2=\dfrac{1}{4}(T_1+80+60+T_4), \\ T_3=\dfrac{1}{4}(80+T_1+T_4+60), \\ T_4=\dfrac{1}{4}(T_3+T_2+50+50), \end{cases}$$

化简得

$$\begin{cases} 4T_1-T_2-T_3=190, \\ -T_1+4T_2-T_4=140, \\ -T_1+4T_3-T_4=140, \\ -T_2-T_3+4T_4=100. \end{cases}$$

在 MATLAB 命令窗口输入以下命令.

```
>>A=[4,-1,-1,0;-1,4,0,-1;-1,0,4,-1;0,-1,-1,4];
>>b=[190;140;140;100];
>>t=inv(A)*b
```

计算结果如下.

```
t =
   82.9167
   70.8333
   70.8333
   60.4167
```

即 $T_1=82.9167$，$T_2=70.8333$，$T_3=70.8333$，$T_4=60.4167$.

五、服装加工问题

例 36　有甲、乙、丙、丁 4 个服装厂，生产帽子、衬衣、裤子 3 种服装，每个服装厂 1 个月的产量如表 6-3 所示. 若甲厂生产 8 个月，乙厂生产 10 个月，丙厂生产 5 个月，丁厂生产 9 个月，则共生产帽子、衬衣、裤子各多少？

表 6-3　4 个服装厂月生产量表(单位：万件)

服装 \ 服装厂	甲厂	乙厂	丙厂	丁厂
帽子	20	4	2	7
衬衣	10	18	5	6
裤子	5	7	16	3

解　4 个服装厂的月产量可以用矩阵 $\boldsymbol{A}$ 来表示，其中不同行表示不同的服装种类，不同列表示不同的服装厂. 4 个服装厂的生产时间用矩阵 $\boldsymbol{B}$ 来表示，即

$$\boldsymbol{A}=\begin{pmatrix}20 & 4 & 2 & 7\\ 10 & 18 & 5 & 6\\ 5 & 7 & 16 & 3\end{pmatrix},\ \boldsymbol{B}=\begin{pmatrix}8\\ 10\\ 5\\ 9\end{pmatrix},$$

则 4 个服装厂共生产的 3 种服装总数

$$\boldsymbol{C}=\boldsymbol{AB}=\begin{pmatrix}273\\ 339\\ 217\end{pmatrix},$$

矩阵 $\boldsymbol{C}$ 的第 1 行、第 2 行和第 3 行分别表示 4 个服装厂共生产的帽子总数、衬衣总数和裤子总数.

可以看出，该问题实际上是两个矩阵乘积问题.

六、成本核算问题

例 37　某工厂生产 3 种产品：产品 A、产品 B、产品 C，生产每种产品的成本如表 6-4 所示，每季度生产的产品数量如表 6-5 所示. 试提供该工厂每季度的总成本分类表.

表 6-4　生产每种产品的成本表(单位：元)

成本 \ 产品	产品 A	产品 B	产品 C
原材料	10	30	15
劳动力	30	40	25
管理费	10	20	15

表 6-5　每季度生产的产品数量表(单位：件)

产品 \ 季度	春	夏	秋	冬
产品 A	4000	4000	4500	4500
产品 B	2200	2000	2800	2400
产品 C	6000	5800	6200	6000

解　设产品分类成本矩阵为 $\boldsymbol{M}$，季度产量矩阵为 $\boldsymbol{P}$，即

$$\boldsymbol{M}=\begin{pmatrix}10 & 30 & 15\\ 30 & 40 & 25\\ 10 & 20 & 15\end{pmatrix},\ \boldsymbol{P}=\begin{pmatrix}4000 & 4000 & 4500 & 4500\\ 2200 & 2000 & 2800 & 2400\\ 6000 & 5800 & 6200 & 6000\end{pmatrix}.$$

设 $\boldsymbol{Q}=\boldsymbol{MP}$，则 $\boldsymbol{Q}$ 的第 1 行第 1 列元素为

$$q_{11}=10\times4000+30\times2200+15\times6000=196000,$$

不难看出，它表示春季消耗的原材料总成本，$\boldsymbol{Q}$ 中其他元素的意义可类推，如 $\boldsymbol{Q}$ 的第 2 行第 3 列元素表示秋季劳动力总成本.

在 MATLAB 命令窗口输入以下命令.

```
>>M=[10,30,15;30,40,25;10,20,15];
>>P=[4000,4000,4500,4500;2200,2000,2800,2400;6000,5800,6200,6000];
>>Q=M*P;
>>X=sum(Q'),Y=sum(Q),Z=sum(sum(Q))
```

计算结果如下.

```
X =
    812000    1486000    718000
Y =
    728000     699000    818000     771000
Z =
    3016000
```

根据以上计算结果，可以完成每季度总成本分类表，如表 6-6 所示.

表 6-6　每季度的总成本分类表(单位：元)

成本＼季度	春	夏	秋	冬	全年总成本
原材料	196000	187000	222000	207000	812000
劳动力	358000	345000	402000	381000	1486000
管理费	174000	167000	194000	183000	718000
季度总成本(元)	728000	699000	818000	771000	3016000

习题 6-4

1. 用矩阵 $\boldsymbol{P}=\begin{pmatrix} p_{11} & p_{12} & p_{13} \\ p_{21} & p_{22} & p_{23} \\ p_{31} & p_{32} & p_{33} \end{pmatrix}$ 表示几个地区每年的人口转移情况，其元素 p_{ij} 表示地区 j 迁往地区 i 的人口比例(j，i=1，2，3)．例如，若地区 1 中 75%的人口留下不动，11%的人口迁往地区 2，14%的人口迁往地区 3，那么相应地，$p_{11}=0.75$，$p_{21}=0.11$，$p_{31}=0.14$. 同样，若地区 2 69%的人口留下不动，18%的人口迁往地区 1，13%的人口迁往地区 3，那么 $p_{12}=0.19$，$p_{22}=0.68$，$p_{32}=0.13$. 若地区 386%的人口留下不动，5%的人口迁往地区 1，9%的人口迁往地区 2，那么相应地，$p_{13}=0.05$，$p_{23}=0.09$，$p_{33}=0.86$，则矩阵 $\boldsymbol{P}=\begin{pmatrix} 0.75 & 0.18 & 0.05 \\ 0.11 & 0.69 & 0.09 \\ 0.14 & 0.13 & 0.86 \end{pmatrix}$.

假定最初时地区 1、地区 2 和地区 3 的人口数分别为 564 万、937 万和 623 万，求两年后各地区的人口数.

2. 某汽车制造商在 3 家不同的工厂生产 3 种不同的车型，2018 年上半年和下半年，3 家工厂生产的 3 种车型产值分别如表 6-7、表 6-8 所示.

表 6-7　2018 年上半年产值(单位：万元)

工厂 \ 车型	车型 1	车型 2	车型 3
工厂 A	2700	4400	5100
工厂 B	3500	3900	6200
工厂 C	3300	5000	4700

表 6-8　2018 年下半年产值(单位：万元)

工厂 \ 车型	车型 1	车型 2	车型 3
工厂 A	2500	4200	4800
工厂 B	3300	4000	6600
工厂 C	3500	4800	5000

试用矩阵来求 2018 年每家工厂的总产值.

3. 某城镇中，每年有 26%的已婚女性离婚，17%的单身女性结婚. 该城镇现有 8367 位已婚女性和 5942 位单身女性. 假设若干年内女性的总数不变，一年后有多少已婚女性和单身女性？两年后呢？

4. 已知矩阵 $\boldsymbol{A}=\begin{pmatrix}1&0&1\\0&1&1\\1&1&2\end{pmatrix}$，求一可逆矩阵 $\boldsymbol{P}$，使得 $\boldsymbol{P}^{-1}\boldsymbol{AP}$ 为对角矩阵.

5. 求一个正交变换，化二次型 $f=x_1^2+x_2^2+2x_1x_3+2x_2x_3+2x_3^2$ 为标准形.

6. 将二次曲面 $3x^2+2y^2+z^2-4xy-4yz=5$ 化简，并判断是什么曲面.

本章内容小结

一、本章知识点网络图

本章知识点网络图如图 6-6 所示.

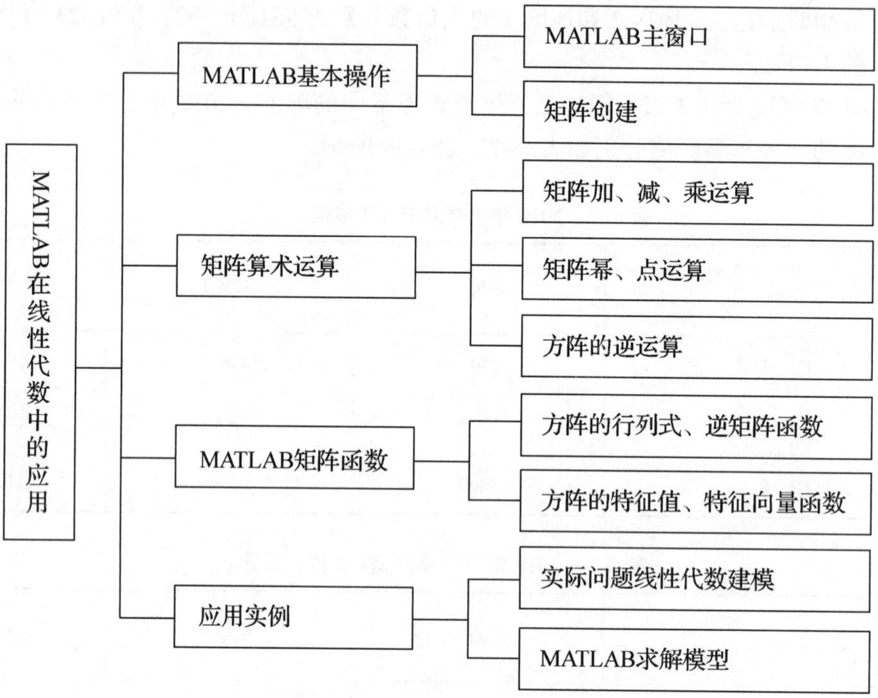

图 6-6　第六章知识点网络图

二、本章题型总结与分析

本章重点介绍了 MATLAB 在线性代数中的应用，因此本章习题主要是实际问题. 用线性代数知识解决实际问题，难点是用线性代数建立数学模型，由于绝大多数实际问题的线性代数模型难以求解，所以往往要借助 MATLAB 求解. 当我们系统地学习了 MATLAB 后，可以编程来解决很多科学计算问题.

总习题六(A)

一、填空题

1. 矩阵 $\boldsymbol{A}=\begin{pmatrix}1 & 1 & 2 & 3\\ -1 & 2 & 0 & 1\\ 0 & 3 & 2 & 4\end{pmatrix}$ 对应的下三角矩阵是________________.

2. 矩阵 $\boldsymbol{A}=\begin{pmatrix}1 & 1 & 2 & 3\\ -1 & 2 & 0 & 1\\ 0 & 3 & 2 & 4\end{pmatrix}$ 的秩是________________.

3. 方阵 $\boldsymbol{A}=\begin{pmatrix}1 & -1 & 1\\ 1 & 1 & 0\\ 2 & 1 & 1\end{pmatrix}$ 的逆矩阵是________________.

4. 方阵 $A=\begin{pmatrix}1&-1&1\\1&1&0\\2&1&1\end{pmatrix}$ 的特征多项式是________________.

5. 方阵 $A=\begin{pmatrix}1&-2&3\\-4&5&-6\\7&-8&9\end{pmatrix}$ 的迹是________________.

6. 方程 $\sin x-3^x+2=0$ 的根是________________.

二、解答题

1. 设矩阵 $A=\begin{pmatrix}1&-2&3\\4&5&-6\end{pmatrix}$，$B=\begin{pmatrix}7&8&9\\-10&-11&12\end{pmatrix}$，计算：

(1) $2A-3B$；　　(2) AB^{T}；　　(3) $A^{\mathrm{T}}B$.

2. 设矩阵 $A=\begin{pmatrix}1&-3\\2&4\end{pmatrix}$，$B=\begin{pmatrix}8&6\\7&-5\end{pmatrix}$，计算 $(A-B)(A+B)$.

3. 设矩阵 $A=\begin{pmatrix}1&-2&3\\-4&5&-6\\7&-8&9\end{pmatrix}$，计算 $3A^2-4A+2E$.

4. 求行列式 $\begin{vmatrix}2&1&4&3\\4&2&3&11\\3&0&9&2\\1&-1&-1&4\end{vmatrix}$ 的值.

5. 解线性方程组 $\begin{cases}x_1-2x_2+4x_3=-5,\\2x_1+3x_2+x_3=4,\\13x_1+8x_2-12x_3=13.\end{cases}$

6. 求方阵 $A=\begin{pmatrix}-2&-3&-5&-5&-6\\3&6&9&9&12\\3&5&30&15&30\\3&5&15&30&30\\2&3&6&6&24\end{pmatrix}$ 的特征值和特征向量.

总习题六(B)

一、解答题

1. 设矩阵 $A=\begin{pmatrix}3&1&4&-2\\2&1&0&7\\-7&8&1&4\\6&9&2&5\end{pmatrix}$，$B=\begin{pmatrix}2&4&7&-8\\1&3&-6&5\\3&0&2&1\\1&-1&1&2\end{pmatrix}$，计算 $AB-B^{\mathrm{T}}A$.

2. 求矩阵 $\boldsymbol{A}=\begin{pmatrix}1&2&1&-2\\2&4&-1&4\\3&-1&1&0\\-1&-4&-1&2\end{pmatrix}$ 的伴随矩阵.

3. 解线性方程组 $\begin{cases}12x_1+3x_2-x_4=0,\\3x_1+10x_2+5x_3-4x_4=2,\\9x_1+7x_2-10x_3+5x_4=-4,\\3x_1-6x_2+15x_3-9x_4=1.\end{cases}$

4. 解方程 $\begin{pmatrix}-1&2&3\\1&1&4\\-5&1&6\end{pmatrix}\boldsymbol{X}\begin{pmatrix}2&-1\\5&-3\end{pmatrix}=\begin{pmatrix}1&-2\\3&-1\\2&-4\end{pmatrix}$，其中 $\boldsymbol{X}$ 是未知矩阵.

5. 解方程组 $\begin{cases}x^2-y^2=4,\\\mathrm{e}^x-y=1.\end{cases}$

6. 将二次型 $f=2x_1x_2+2x_1x_3+2x_2x_3$ 化为标准形.

二、应用题

1. 某公司的 4 个工厂 A、B、C、D 生产 3 种产品 P、Q、R，每种产品的原材料、劳动力和管理费的单位成本如表 6-9 所示. 4 个工厂生产这 3 种产品的月产量如表 6-10 所示. 问每个工厂的原材料、劳动力和管理费的月成本各是多少？

表 6-9　每种产品的单位成本(单位：元)

生产要素 \ 单位成本 \ 产品	P	Q	R
原材料	11	23	14
劳动力	32	26	25
管理费	21	19	17

表 6-10　每个工厂的月产量(单位：件)

产品 \ 月产量 \ 工厂	A	B	C	D
P	2150	3046	1572	4230
Q	1453	532	564	1782
R	2134	2483	2598	2567

2. 某市下辖五区两县，现有农村人口 176 万，城市人口 83 万. 每年有 12%的农村居民移居市区，有 7%的市区居民移居农村. 假设该市总人口不变，人口迁移规律也不变. 问该市 1 年后农村人口和城市人口各是多少？3 年后呢？

3. 某幼儿园的幼儿午餐由 4 种食物甲、乙、丙、丁构成，幼儿食谱要求 1kg 午餐中包含 130g 的钙、75g 的铁、50g 的维生素 A、90g 的维生素 B. 表 6-11 给出的是食物甲、乙、丙、丁每 500g 所含的钙、铁、维生素 A、维生素 B 的量(单位：g). 问 1kg 午餐中所含食物甲、乙、丙、丁的量各是多少?

表 6-11　每种食物中所含营养素(单位：g)

营养素 / 食物	钙	铁	维生素 A	维生素 B
甲	12	3	4	7
乙	5	6	2	5
丙	7	4	3	4
丁	8	2	3	6

4. 设某城市共有 30 万人从事农业、工业、商业工作. 假定这个总人数在若干年内保持不变，而社会调查表明：

(1) 在这 30 万人中，目前约有 15 万人从事农业方面的工作，9 万人从事工业方面的工作，6 万人经商；

(2) 从事农业的人员中，每年约有 17%改行从事工业，9%改行经商；

(3) 在从事工业的人员中，每年约有 13%改行从事农业，8%改行经商；

(4) 在经商人员中，每年约有 6%改行从事农业，14%改行从事工业.

请预测一两年后从事各行业的人数，以及经过若干年后，从事各行业人数的发展趋势.

5. 某培训生产线每年 1 月进行熟练工与非熟练工人数统计，然后调拨熟练工的$\frac{1}{6}$支援其他生产部门，其缺额由招收的新非熟练工补齐. 新、老非熟练工经过培训，至年终考核时，有$\frac{2}{5}$成为熟练工，假设第 1 年 1 月统计的熟练工和非熟练工人数各占一半，请预测若干年后，每年 1 月熟练工和非熟练工人数所占百分比.

6. 某金融机构设立一笔总额为 5400 万元的基金，分别放置于 A 公司和 B 公司，基金在平时可以使用，但每周末结算时必须确保总额仍然为 5400 万元. 经过一段时间的基金流动，发现每过一周，A 公司有 10%的基金流动到 B 公司，B 公司则有 12%的基金流动到 A 公司. 起初 A 公司基金是 2600 万元，B 公司基金是 2800 万元. 按此流动规律，两家公司基金的变化趋势如何? 如果要求每个公司的基金始终不少于 2200 万元，则两家公司的基金需要调整吗?

参考答案

第　一　章

习题 1-1

1. (1)1；(2)$\sin(x-y)$；(3)$\cos2x$；(4)$\frac{\pi}{2}$；(5)0.

2. (1)360；(2)56；(3)0；(4)$(z-y)(z-x)(y-x)$.

3. (1)$x_1=4$，$x_2=1$；(2)$x_1=\frac{10}{3}$，$x_2=\frac{35}{3}$，$x_3=\frac{10}{3}$.

4. $x=0$(二重)或 $x=-3$.

5. 略.

习题 1-2

1. (1)6^6；(2)3×6^5；(3)$6!$.

2. (1)5；(2)17；(3)19；(4)$\frac{n(n-1)}{2}$.

3. (1)$i=2$，$j=4$；(2)$i=1$，$j=4$.

4. 略.

5. 略.

习题 1-3

1. 略.

2. (1)120；(2)0.

3. -40.

4. 略.

5. 略.

习题 1-4

1. (1)9；(2)-21；(3)512；(4)1875；(5)$n!$.

2. 0.

3. 略.

4. $x=a$ 或 $x=b$ 或 $x=c$.

5. 略.

习题 1-5

1. $A_{21}=160$，$A_{22}=45$，$A_{23}=-115$，$A_{24}=-65$；

$$
\begin{aligned}
D &= a_{21}A_{21}+a_{22}A_{22}+a_{23}A_{23}+a_{24}A_{24}\\
&=0\times160+1\times45+0\times115+2\times(-65)\\
&=-85.
\end{aligned}
$$

2. (1)12；(2)$(x_1-x_2)(x_1-x_3)(x_1-x_4)(x_2-x_3)(x_2-x_4)(x_3-x_4)$；

   (3)33；(4)$6(n-3)!$.

3. $A_{31}+A_{32}+A_{33}+A_{34}=0$，$M_{31}+M_{32}+M_{33}+M_{34}=36$.

4. $(-1)^{\frac{n(n-1)}{2}}y^n+(-1)^{\frac{(n-1)(n-2)}{2}}x^n$.

5. 略.

习题 1-6

1. 略.

2. $x_1=3$，$x_2=-4$，$x_3=-1$，$x_4=1$.

3. 当 $a\neq b$ 且 $a\neq c$ 且 $b\neq c$ 时，存在唯一零解；当 $a=b$ 或 $a=c$ 或 $b=c$ 时，存在非零解.

4. 计算可得方程组系数行列式 $D=1+(-1)^{n+1}$；当 n 为奇数时，$D=2\neq0$，方程组存在唯一零解；当 n 为偶数时，$D=0$，方程组存在非零解.

5. 当 $a+(n-1)b\neq0$ 且 $a\neq b$ 时，方程组仅有零解.

习题 1-7

1. $2x-y+2=0$.

2. $x+2y+3z-6=0$.

3. $x^2+y^2-2x-3=0$.

4. $2x^3-9x^2+13x-6=(x-1)(2x-3)(x-2)$.

5. $P_2(x)=1+\frac{1}{2}x+\frac{3}{4}x^2$.

总习题一(A)

一、选择题

1. B.　2. B.　3. C.

二、填空题

1. 120，60，60.　2. 负，负.　3. 22，4.　4. 2.

三、解答题

1. (1)$b_1b_2b_3b_4-b_1a_2a_3b_4$；

   (2) $a_1a_2a_3a_4-a_1b_2b_3a_4-b_1a_2a_3b_4+b_1b_2b_3b_4$.

2. (1)9；(2)1024；(3)6250；(4)x^4；

   (5)$-a^5+a^4-a^3+a^2-a+1$；(6)665；(7)120；(8)2484.

3. 当 $a=b$ 时，存在非零解.

总习题一(B)

一、选择题

1. C.　2. C.　3. A.

二、填空题

1. $\frac{3n(n-1)}{2}$.　2. -12.　3. -28.　4. $x=1$ 或 $x=2$ 或 $x=3$.

三、解答题

1. (1)$(-1)^{n-1}n!$；(2) $(-1)^{\frac{(n-2)(n-1)}{2}}n!$.

2. 略.

3. 略.

4. (1) $n!\sum_{k=1}^{n}\frac{1}{k}$;

(2) $(-1)^{\frac{n(n-1)}{2}}\frac{n+1}{2}n^{n-1}$;

(3) $(-1)^{\frac{n(n-1)}{2}}((n-1)a+b)(b-a)^{n-1}$.

5. (1) $n!\left(1+x+\frac{x}{2}+\cdots+\frac{x}{n}\right)$; (2) $1+x_1^2+x_2^2+\cdots+x_n^2$.

6. (1) $2^{n+1}-1$;

(2) 若 $y=z$，则 $D_n=[x+(n-1)y](x-y)^{n-1}$;

若 $y\neq z$，则 $D_n=\frac{z(x-y)^n-y(x-z)^n}{z-y}$.

7. 略.

8. 略.

9. $(a_1+a_2+a_3+a_4+a_5)\prod_{1\leqslant i<j\leqslant 5}(a_j-a_i)$.

10. 当 $b\neq 0$ 且 $b+\sum_{i=1}^{n}a_i\neq 0$ 时，方程组仅有零解.

第二章

习题 2-1

1. $\begin{pmatrix}7 & 1 & 5\\ 0 & 20 & 9\end{pmatrix}$; $\begin{pmatrix}-2 & 44\\ -5 & -10\end{pmatrix}$.

2. (1) (-11); (2) $\begin{pmatrix}9 & 21 & -2\\ 4 & 14 & -2\end{pmatrix}$; (3) $\begin{pmatrix}1 & 0\\ n & 1\end{pmatrix}$; (4) (50).

3. $\boldsymbol{B}=\begin{pmatrix}a_1 & a_2 & a_3\\ 0 & a_1 & a_2\\ 0 & 0 & a_1\end{pmatrix}(a_1, a_2, a_3\in\mathbf{R})$.

4. $\begin{pmatrix}a_1b_1 & a_1b_2\\ a_2c_1 & a_2c_2\end{pmatrix}$; $\begin{pmatrix}a_1b_1 & a_2b_2\\ a_1c_1 & a_2c_2\end{pmatrix}$.

5. 略.

6. 168; 168.

习题 2-2

1. (1) $\begin{pmatrix}4 & -3\\ -1 & 1\end{pmatrix}$; (2) $\begin{pmatrix}1 & -1 & 0\\ 0 & 1 & -1\\ 0 & 0 & 1\end{pmatrix}$; (3) $\begin{pmatrix}\frac{1}{2} & \frac{1}{2} & -1\\ -1 & 0 & 3\\ \frac{1}{2} & -\frac{1}{2} & -1\end{pmatrix}$.

2. (1) $\begin{pmatrix} -1 & -1 \\ \frac{1}{2} & 2 \end{pmatrix}$；(2) $\begin{pmatrix} \frac{5}{3} & 0 & \frac{1}{3} \\ -\frac{5}{6} & -\frac{1}{2} & \frac{4}{3} \end{pmatrix}$.

3. $-\frac{27}{16}$.

4. 略.

5. 略.

6. $\begin{pmatrix} -1 & 0 & -\frac{1}{2} \\ 0 & \frac{1}{2} & -\frac{3}{2} \\ 0 & 0 & -\frac{1}{2} \end{pmatrix}$.

习题 2-3

1. (1) $\begin{pmatrix} 9 & 0 & 0 \\ 0 & 7 & 3 \\ 0 & 9 & 4 \end{pmatrix}$；(2) $\begin{pmatrix} 5 & -8 & 0 & 0 \\ -8 & 13 & 0 & 0 \\ 0 & 0 & 17 & 24 \\ 0 & 0 & 12 & 17 \end{pmatrix}$.

2. $\begin{pmatrix} 0 & 0 & 0 & 0 \\ 28 & 16 & 0 & 0 \\ 0 & 0 & 19 & 6 \\ 0 & 0 & 15 & 10 \end{pmatrix}$.　3. -6.　4. $\begin{pmatrix} -\frac{5}{2} & 2 & 0 \\ \frac{3}{2} & -1 & 0 \\ 0 & 0 & -\frac{1}{2} \end{pmatrix}$.　5. 50.

习题 2-4

1. $\begin{pmatrix} 1 & 0 & 2 & 0 \\ 0 & 1 & 1 & 0 \\ 0 & 0 & 0 & 1 \\ 0 & 0 & 0 & 0 \end{pmatrix}$.　2. $\begin{pmatrix} 1 & 0 & 0 \\ 0 & 1 & 0 \\ 0 & 0 & 1 \end{pmatrix}$.

3. (1) $\begin{pmatrix} -\frac{1}{2} & 1 & -\frac{1}{2} \\ \frac{1}{2} & 0 & \frac{1}{2} \\ \frac{1}{2} & 1 & -\frac{1}{2} \end{pmatrix}$；(2) $\begin{pmatrix} \frac{2}{3} & -\frac{1}{3} & -1 \\ -\frac{1}{3} & \frac{2}{3} & 1 \\ -\frac{2}{3} & \frac{1}{3} & 2 \end{pmatrix}$；(3) $\begin{pmatrix} \frac{18}{5} & \frac{4}{5} & -\frac{6}{5} & -\frac{1}{5} \\ -\frac{6}{5} & -\frac{1}{10} & \frac{2}{5} & \frac{2}{5} \\ -2 & -\frac{1}{2} & 1 & 0 \\ \frac{3}{5} & \frac{3}{10} & -\frac{1}{5} & -\frac{1}{5} \end{pmatrix}$.

4. (1) $\begin{pmatrix} -4 & -\frac{23}{2} \\ 2 & \frac{11}{2} \end{pmatrix}$；(2) $\begin{pmatrix} \frac{7}{3} & \frac{1}{3} & -\frac{2}{3} \\ \frac{5}{2} & 0 & -\frac{1}{2} \end{pmatrix}$.

5. $\begin{pmatrix} 5 & 0 & -2 \\ -2 & \frac{1}{3} & \frac{2}{3} \\ -6 & 0 & 3 \end{pmatrix}$.

习题 2-5

1. $r(\boldsymbol{A})=3$.

2. $\lambda=-4$.

3. 略.

4. 略.

习题 2-6

1. $\begin{pmatrix} a_{11} & a_{12} \\ a_{21} & a_{22} \\ a_{31} & a_{32} \end{pmatrix}\begin{pmatrix} b_{11} & b_{12} \\ b_{21} & b_{22} \end{pmatrix}$.

2. $\begin{pmatrix} 0 & 1 & 1 & 1 \\ 1 & 0 & 0 & 1 \\ 1 & 0 & 0 & 1 \\ 1 & 1 & 1 & 0 \end{pmatrix}$.

总习题二(A)

一、选择题

1. B.　2. D.　3. C.　4. B.　5. D.

二、填空题

1. $\begin{pmatrix} -2 & 0 & 8 \\ -1 & 0 & 4 \\ -3 & 0 & 12 \end{pmatrix}$.　2. $\begin{pmatrix} 2^4 & 0 & 2^4 \\ 0 & 3^5 & 0 \\ 2^4 & 0 & 2^4 \end{pmatrix}$.　3. $\begin{pmatrix} 1 & 0 & -1 \\ -1 & 0 & 2 \\ -\frac{1}{3} & \frac{1}{3} & \frac{2}{3} \end{pmatrix}$.　4. $\begin{pmatrix} -\frac{1}{2} & -\frac{1}{2} & 0 & 0 \\ \frac{3}{4} & \frac{1}{4} & 0 & 0 \\ 0 & 0 & 5 & 4 \\ 0 & 0 & -1 & -1 \end{pmatrix}$.

5. $\boldsymbol{A}^2-\boldsymbol{A}+\boldsymbol{E}$.　6. $\frac{1}{4}(\boldsymbol{A}-2\boldsymbol{E})$.　7. 0.

8. $\begin{pmatrix} -1 & -\frac{1}{2} & 0 \\ 0 & \frac{1}{2} & -\frac{3}{2} \\ 0 & 0 & -\frac{1}{2} \end{pmatrix}$.

三、解答题

1. $\begin{pmatrix} 3 & 3 & -3 \\ 4 & 1 & 2 \\ 1 & -6 & 7 \end{pmatrix}$；$\begin{pmatrix} 1 & 0 & 9 \\ 0 & 6 & 0 \\ 4 & 3 & -9 \end{pmatrix}$.

2. (1)$\begin{pmatrix} 5 \\ 7 \\ -1 \end{pmatrix}$；(2)$\begin{pmatrix} 0 & -3 & 2 \\ 1 & 6 & 6 \\ 2 & 3 & 8 \end{pmatrix}$；(3)$\begin{pmatrix} 4 & 5 & 6 & 7 \\ 5 & 7 & 7 & 8 \\ 6 & 7 & 12 & 9 \\ 7 & 8 & 9 & 19 \end{pmatrix}$；(4)1.

3. $\begin{pmatrix} x_1 \\ x_2 \\ x_3 \end{pmatrix} = \begin{pmatrix} 4 & 1 & 2 \\ 1 & 2 & -2 \\ 10 & -9 & -3 \end{pmatrix}\begin{pmatrix} z_1 \\ z_2 \\ z_3 \end{pmatrix}$.

4. $f(\boldsymbol{A}) = \begin{pmatrix} 3 & 4 \\ -4 & 7 \end{pmatrix}$.

5. 略.

总习题二(B)

一、选择题

1. A.　2. C.　3. B.　4. D.　5. B.

二、填空题

1. 2.　2. 1.　3. $\begin{pmatrix} 0 & 0 & \frac{1}{2} \\ 0 & 1 & 0 \\ \frac{1}{2} & 0 & 0 \end{pmatrix}$.　4. 1.　5. 24.　6. $(-k)^n|\boldsymbol{A}|$.　7. $\boldsymbol{B}^*\boldsymbol{A}^*$.

8. $\frac{625}{162}$.

三、解答题

1. $\begin{pmatrix} 1 & 0 & 0 & 0 \\ 0 & 1 & 0 & 0 \\ 0 & 0 & 1 & 0 \\ 0 & 0 & 0 & 0 \end{pmatrix}$.

2. (1)$\begin{pmatrix} -1 & -1 \\ 3 & 2 \end{pmatrix}$；(2)$\begin{pmatrix} \frac{1}{2} & 0 & 0 \\ 0 & -\frac{1}{2} & -\frac{3}{2} \\ 0 & 1 & 2 \end{pmatrix}$；(3)$\begin{pmatrix} 2 & \frac{1}{3} & 2 & -1 \\ 0 & -\frac{1}{3} & 0 & 0 \\ \frac{1}{2} & \frac{1}{6} & -\frac{1}{2} & 0 \\ -\frac{3}{2} & \frac{1}{6} & -\frac{3}{2} & 1 \end{pmatrix}$.

3. (1)$\begin{pmatrix}3 & -11\\ -1 & 5\end{pmatrix}$；(2)$\begin{pmatrix}3 & -\frac{5}{3} & -\frac{5}{3}\\ 9 & -3 & -5\end{pmatrix}$.

4. 略.　5. 略.　6. 略.　7. 略.

第 三 章

习题 3-1

1. $(0,-8,0,2)^{\mathrm{T}}$.　2. $\boldsymbol{\beta}=(1,2,3,4)^{\mathrm{T}}$.

3. (1)$\boldsymbol{\beta}=-11\boldsymbol{\alpha}_1+14\boldsymbol{\alpha}_2+9\boldsymbol{\alpha}_3$；(2)$\boldsymbol{\beta}=\boldsymbol{\varepsilon}_1+5\boldsymbol{\varepsilon}_2-\boldsymbol{\varepsilon}_3+2\boldsymbol{\varepsilon}_4$；(3)$\boldsymbol{\beta}=2\boldsymbol{\alpha}_1-\boldsymbol{\alpha}_2$.

习题 3-2

1. (1)错误. 反例：取$\boldsymbol{\alpha}_1=(1,0,0\cdots,0)$，$\boldsymbol{\alpha}_2=\boldsymbol{\alpha}_3=\cdots=\boldsymbol{\alpha}_m=\mathbf{0}$，满足向量组$\boldsymbol{\alpha}_1,\boldsymbol{\alpha}_2,\cdots,\boldsymbol{\alpha}_m$线性相关，但$\boldsymbol{\alpha}_1$不能由$\boldsymbol{\alpha}_2,\cdots,\boldsymbol{\alpha}_m$线性表示.

(2)错误. 反例：取$\boldsymbol{\alpha}_1=(1,0,0\cdots,0)$，$\boldsymbol{\alpha}_2=\boldsymbol{\alpha}_3=\cdots=\boldsymbol{\alpha}_m=\mathbf{0}$，取$\boldsymbol{\beta}_1,\boldsymbol{\beta}_2,\cdots,\boldsymbol{\beta}_m$为线性无关组.

(3)错误. 反例：$\boldsymbol{\alpha}_1=(1,1)^{\mathrm{T}}$，$\boldsymbol{\alpha}_2=(2,3)^{\mathrm{T}}$，$\boldsymbol{\alpha}_3=(3,4)^{\mathrm{T}}$线性相关，但当取$\lambda_1=\lambda_2=\lambda_3=1$时，$\boldsymbol{\alpha}_1+\boldsymbol{\alpha}_2+\boldsymbol{\alpha}_3\neq\mathbf{0}$.

(4)错误. 反例：取$\boldsymbol{\alpha}_1=(1,0)^{\mathrm{T}}$，$\boldsymbol{\alpha}_2=(2,0)^{\mathrm{T}}$，$\boldsymbol{\beta}_1=(0,3)^{\mathrm{T}}$，$\boldsymbol{\beta}_2=(0,4)^{\mathrm{T}}$.

(5)错误. 反例：$\boldsymbol{\alpha}_1=(1,1)^{\mathrm{T}}$，$\boldsymbol{\alpha}_2=(2,3)^{\mathrm{T}}$，$\boldsymbol{\beta}_1=(3,4)^{\mathrm{T}}$，$\boldsymbol{\beta}_2=(2,4)^{\mathrm{T}}$，$\boldsymbol{\alpha}_1,\boldsymbol{\alpha}_2$线性无关，$\boldsymbol{\beta}_1,\boldsymbol{\beta}_2$也线性无关，但向量组$\boldsymbol{\alpha}_1,\boldsymbol{\alpha}_2,\boldsymbol{\beta}_1,\boldsymbol{\beta}_2$线性相关.

2. (1)线性相关；(2)线性无关；(3)线性相关.

3. $\lambda=2$或$\lambda=-1$，$\boldsymbol{\alpha}_1,\boldsymbol{\alpha}_2,\boldsymbol{\alpha}_3$线性相关.

4. (1)$k=5$，$\boldsymbol{\alpha}_1,\boldsymbol{\alpha}_2,\boldsymbol{\alpha}_3$相关；(2)$k\neq5$，$\boldsymbol{\alpha}_1,\boldsymbol{\alpha}_2,\boldsymbol{\alpha}_3$线性无关.

5. 略.

习题 3-3

1. (1)$r(\boldsymbol{A})=3$，$\boldsymbol{\alpha}_1,\boldsymbol{\alpha}_2,\boldsymbol{\alpha}_3$；(2) $r(\boldsymbol{A})=2$，$\boldsymbol{\alpha}_1,\boldsymbol{\alpha}_2$；(3) $r(\boldsymbol{A})=2$，$\boldsymbol{\alpha}_1,\boldsymbol{\alpha}_2$.

2. $r(\boldsymbol{A})=3$，$\boldsymbol{\alpha}_1,\boldsymbol{\alpha}_2,\boldsymbol{\alpha}_5$；$\boldsymbol{\alpha}_3=-5\boldsymbol{\alpha}_1-10\boldsymbol{\alpha}_2+0\cdot\boldsymbol{\alpha}_5$，$\boldsymbol{\alpha}_4=3\boldsymbol{\alpha}_1+5\boldsymbol{\alpha}_2+0\cdot\boldsymbol{\alpha}_5$.

3. $k\neq5$，$k\neq-3$.

4. 能，$\boldsymbol{\beta}=2\boldsymbol{\alpha}_1-\boldsymbol{\alpha}_2-\boldsymbol{\alpha}_3$.

5. 略.

习题 3-4

1. (1)$\begin{pmatrix}x_1\\x_2\\x_3\\x_4\end{pmatrix}=k_1\begin{pmatrix}2\\-2\\1\\0\end{pmatrix}+k_2\begin{pmatrix}\frac{5}{3}\\-\frac{4}{3}\\0\\1\end{pmatrix}$，$k_1$，$k_2$为任意常数；

(2) $\begin{pmatrix}x_1\\x_2\\x_3\\x_4\end{pmatrix}=k_1\begin{pmatrix}2\\1\\0\\0\end{pmatrix}+k_2\begin{pmatrix}\frac{2}{7}\\0\\-\frac{5}{7}\\1\end{pmatrix}$，$k_1$，$k_2$ 为任意常数；

(3) $\begin{pmatrix}x_1\\x_2\\x_3\\x_4\\x_5\end{pmatrix}=k_1\begin{pmatrix}-2\\1\\1\\0\\0\end{pmatrix}+k_2\begin{pmatrix}-1\\-3\\0\\1\\0\end{pmatrix}+k_3\begin{pmatrix}2\\1\\0\\0\\1\end{pmatrix}$，$k_1$，$k_2$，$k_3$ 为任意常数；

(4) $\begin{pmatrix}x_1\\x_2\\x_3\\x_4\\x_5\end{pmatrix}=k_1\begin{pmatrix}\frac{3}{5}\\\frac{9}{5}\\1\\2\\0\end{pmatrix}+k_2\begin{pmatrix}0\\0\\0\\1\\1\end{pmatrix}$，$k_1$，$k_2$ 为任意常数.

2. (1)基础解系 $\boldsymbol{\xi}_1=\begin{pmatrix}-3\\-1\\1\\0\end{pmatrix}$，$\boldsymbol{\xi}_2=\begin{pmatrix}0\\-2\\0\\1\end{pmatrix}$，通解 $\begin{pmatrix}x_1\\x_2\\x_3\\x_4\end{pmatrix}=k_1\begin{pmatrix}-3\\-1\\1\\0\end{pmatrix}+k_2\begin{pmatrix}0\\-2\\0\\1\end{pmatrix}+\begin{pmatrix}0\\-1\\0\\0\end{pmatrix}$，$k_1$，$k_2$ 为任意常数；

(2) $\boldsymbol{\xi}_1=\begin{pmatrix}-2\\1\\0\\0\end{pmatrix}$，$\boldsymbol{\xi}_2=\begin{pmatrix}1\\0\\-1\\2\end{pmatrix}$，通解 $\begin{pmatrix}x_1\\x_2\\x_3\\x_4\end{pmatrix}=k_1\begin{pmatrix}-2\\1\\0\\0\end{pmatrix}+k_2\begin{pmatrix}1\\0\\-1\\2\end{pmatrix}+\begin{pmatrix}\frac{1}{2}\\0\\\frac{3}{2}\\0\end{pmatrix}$，$k_1$，$k_2$ 为任意常数；

(3) $\boldsymbol{\xi}_1=\begin{pmatrix}-\frac{3}{7}\\\frac{2}{7}\\1\\0\end{pmatrix}$，$\boldsymbol{\xi}_2=\begin{pmatrix}-\frac{13}{7}\\\frac{4}{7}\\0\\1\end{pmatrix}$，通解 $\begin{pmatrix}x_1\\x_2\\x_3\\x_4\end{pmatrix}=k_1\begin{pmatrix}-\frac{3}{7}\\\frac{2}{7}\\1\\0\end{pmatrix}+k_2\begin{pmatrix}-\frac{13}{7}\\\frac{4}{7}\\0\\1\end{pmatrix}+\begin{pmatrix}\frac{13}{7}\\-\frac{4}{7}\\0\\0\end{pmatrix}$，$k_1$，$k_2$ 为任意常数.

3. $\begin{pmatrix} x_1 \\ x_2 \\ x_3 \\ x_4 \end{pmatrix} = k\begin{pmatrix} 1 \\ -7 \\ -3 \\ 2 \end{pmatrix} + \begin{pmatrix} 3 \\ -4 \\ 1 \\ 2 \end{pmatrix}$，$k$ 为任意常数.

4. 当 $\lambda = -4$ 时，方程组有解，通解为 $\begin{pmatrix} x_1 \\ x_2 \\ x_3 \\ x_4 \end{pmatrix} = k_1\begin{pmatrix} -1 \\ 0 \\ 1 \\ 0 \end{pmatrix} + k_2\begin{pmatrix} \frac{17}{5} \\ -\frac{6}{5} \\ 0 \\ 1 \end{pmatrix} + \begin{pmatrix} \frac{1}{5} \\ -\frac{3}{5} \\ 0 \\ 0 \end{pmatrix}$，$k_1$，$k_2$ 为任意常数.

5. 略.

6. 略.

习题 3-5

1. 略.

2. 略.

总习题三(A)

一、选择题

1. D.　2. B.　3. D.　4. D.　5. C.　6. C.　7. C.　8. D.　9. D.　10. A.

二、填空题

1. $a=2$，$b=4$.　2. $(5,3,1,2)$.　3. -1.　4. 线性无关的.　5. 相关.

6. $\boldsymbol{r}(\boldsymbol{A}) = \boldsymbol{r}(\boldsymbol{A},\boldsymbol{b})$.

7. $\boldsymbol{\eta} + k_1\boldsymbol{\xi}_1 + k_2\boldsymbol{\xi}_2 + \cdots + k_{n-r}\boldsymbol{\xi}_{n-r}$($k_1$，$k_2$，…，$k_{n-r}$ 为任意常数).

8. 1.　9. 5；0.　10. $k \neq -2$ 且 $k \neq 1$；1；-2.

三、解答题

1. (1) $\begin{pmatrix} x_1 \\ x_2 \\ x_3 \\ x_4 \end{pmatrix} = k\begin{pmatrix} \frac{4}{3} \\ -3 \\ \frac{4}{3} \\ 1 \end{pmatrix}$，$k$ 为任意常数；

(2) $\begin{pmatrix} x_1 \\ x^2 \\ x_3 \\ x_4 \end{pmatrix} = k_1\begin{pmatrix} -\frac{1}{2} \\ 1 \\ 0 \\ 0 \end{pmatrix} + k_2\begin{pmatrix} \frac{1}{2} \\ 0 \\ 1 \\ 0 \end{pmatrix} + \begin{pmatrix} \frac{1}{2} \\ 0 \\ 0 \\ 0 \end{pmatrix}$，$k_1$，$k_2$ 为任意常数；

(3) $\begin{pmatrix} x_1 \\ x_2 \\ x_3 \\ x_4 \end{pmatrix} = k \begin{pmatrix} -\frac{1}{2} \\ \frac{7}{2} \\ \frac{5}{2} \\ 1 \end{pmatrix}$，$k$ 为任意常数；

(4) $\begin{pmatrix} x_1 \\ x_2 \\ x_3 \\ x_4 \end{pmatrix} = k \begin{pmatrix} 0 \\ 1 \\ 1 \\ 0 \end{pmatrix} + \begin{pmatrix} \frac{3}{2} \\ -\frac{17}{2} \\ 0 \\ \frac{13}{2} \end{pmatrix}$，$k$ 为任意常数.

2. 当 $k=1$ 时，$\boldsymbol{r}(\boldsymbol{A})=1$；当 $k=-2$ 时，$\boldsymbol{r}(\boldsymbol{A})=2$；当 $k\neq 1$ 且 $k\neq -2$ 时，$\boldsymbol{r}(\boldsymbol{A})=3$.

3. 当 $\lambda=0$ 或 $\lambda=-3$ 时，方程组有非零解；当 $\lambda=0$ 时，通解为 $\begin{pmatrix} x_1 \\ x_2 \\ x_3 \end{pmatrix} = k_1 \begin{pmatrix} -1 \\ 1 \\ 0 \end{pmatrix} + k_2 \begin{pmatrix} -1 \\ 0 \\ 1 \end{pmatrix}$，$k_1$，$k_2$ 为任意常数；当 $\lambda=-3$ 时，通解为 $\begin{pmatrix} x_1 \\ x_2 \\ x_3 \end{pmatrix} = k \begin{pmatrix} 1 \\ 1 \\ 1 \end{pmatrix}$，$k$ 为任意常数.

4. (1) $\boldsymbol{r}(\boldsymbol{\alpha}_1,\boldsymbol{\alpha}_2,\boldsymbol{\alpha}_3)=2$，$\boldsymbol{\alpha}_1,\boldsymbol{\alpha}_2$；

(2) $\boldsymbol{r}(\boldsymbol{\alpha}_1,\boldsymbol{\alpha}_2,\boldsymbol{\alpha}_3)=2$，$\boldsymbol{\alpha}_1,\boldsymbol{\alpha}_2$；

(3) $\boldsymbol{r}(\boldsymbol{\alpha}_1,\boldsymbol{\alpha}_2,\boldsymbol{\alpha}_3,\boldsymbol{\alpha}_4)=2$，$\boldsymbol{\alpha}_1,\boldsymbol{\alpha}_2$.

5. $\boldsymbol{r}(\boldsymbol{\alpha}_1,\boldsymbol{\alpha}_2,\boldsymbol{\alpha}_3,\boldsymbol{\alpha}_4,\boldsymbol{\alpha}_5)=3$；$\boldsymbol{\alpha}_1,\boldsymbol{\alpha}_2,\boldsymbol{\alpha}_3,\boldsymbol{\alpha}_4,\boldsymbol{\alpha}_5$ 线性相关；$\boldsymbol{\alpha}_3=3\boldsymbol{\alpha}_1+\boldsymbol{\alpha}_2+0\boldsymbol{\alpha}_4$，$\boldsymbol{\alpha}_5=\boldsymbol{\alpha}_1+\boldsymbol{\alpha}_2+\boldsymbol{\alpha}_4$.

6. 略.

7. 略.

8. (1) $\begin{pmatrix} x_1 \\ x_2 \\ x_3 \\ x_4 \end{pmatrix} = k_1 \begin{pmatrix} \frac{2}{7} \\ \frac{5}{7} \\ 1 \\ 0 \end{pmatrix} + k_2 \begin{pmatrix} \frac{3}{7} \\ \frac{4}{7} \\ 0 \\ 1 \end{pmatrix}$，$k_1$，$k_2$ 为任意常数；

(2) $\begin{pmatrix} x_1 \\ x_2 \\ x_3 \\ x_4 \end{pmatrix} = k_1 \begin{pmatrix} 0 \\ 1 \\ 0 \\ 4 \end{pmatrix} + k_2 \begin{pmatrix} -4 \\ 0 \\ 1 \\ -3 \end{pmatrix}$，$k_1$，$k_2$ 为任意常数；

（3）$\begin{pmatrix}x_1\\x_2\\x_3\\x_4\end{pmatrix}=k_1\begin{pmatrix}\frac{3}{2}\\\frac{3}{2}\\1\\0\end{pmatrix}+k_2\begin{pmatrix}-\frac{3}{4}\\\frac{7}{4}\\0\\1\end{pmatrix}+\begin{pmatrix}\frac{5}{4}\\-\frac{1}{4}\\0\\0\end{pmatrix}$，$k_1$，$k_2$ 为任意常数；

（4）$\begin{pmatrix}x_1\\x_2\\x_3\\x_4\\x_5\end{pmatrix}=k_1\begin{pmatrix}-\frac{1}{2}\\-\frac{1}{2}\\1\\0\\0\end{pmatrix}+k_2\begin{pmatrix}0\\-1\\0\\1\\0\end{pmatrix}+k_3\begin{pmatrix}2\\-3\\0\\0\\1\end{pmatrix}+\begin{pmatrix}-\frac{9}{2}\\\frac{23}{2}\\0\\0\\0\end{pmatrix}$，$k_1$，$k_2$，$k_3$ 为任意常数.

9. $\begin{pmatrix}x_1\\x_2\\x_3\\x_4\end{pmatrix}=k\begin{pmatrix}3\\4\\5\\6\end{pmatrix}+\begin{pmatrix}2\\3\\4\\5\end{pmatrix}$，$k$ 为任意常数.

10.（1）$\lambda=-4$ 且 $\mu\neq0$；（2）$\lambda\neq-4$；（3）$\lambda=-4$ 且 $\mu=0$，$\boldsymbol{b}=k\boldsymbol{\alpha}_1-(2k+1)\boldsymbol{\alpha}_2+\boldsymbol{\alpha}_3$.

11. 略.

12. 略.

13. 略.

总习题三(B)

一、选择题

1. A.　2. D.　3. D.　4. A.

二、填空题

1. $\lambda\neq1$.　2. 2.

三、解答题

1. $\begin{pmatrix}x_1\\x_2\\x_3\\x_4\end{pmatrix}=\begin{pmatrix}3\\-8\\0\\6\end{pmatrix}+k\begin{pmatrix}-1\\2\\1\\0\end{pmatrix}$，$k$ 为任意常数.

2. 当 s 为奇数，$|\boldsymbol{A}|=2\neq0$，方程组只有零解，则向量组 $\boldsymbol{\beta}_1,\boldsymbol{\beta}_2,\cdots,\boldsymbol{\beta}_s$ 线性无关；当 s 为偶数，$|\boldsymbol{A}|=0$，方程组有非零解，则向量组 $\boldsymbol{\beta}_1,\boldsymbol{\beta}_2,\cdots,\boldsymbol{\beta}_s$ 线性相关.

3. 当 $k_1\neq2$ 时，方程组有唯一解；当 $k_1=2$ 且 $k_2\neq1$ 时，方程组无解；当 $k_1=2$ 且 $k_2=1$ 时，方程组有无穷多解，且通解为. $\begin{pmatrix}x_1\\x_2\\x_3\\x_4\end{pmatrix}=\begin{pmatrix}-8\\3\\0\\2\end{pmatrix}+k\begin{pmatrix}0\\-2\\1\\0\end{pmatrix}$，$k$ 为任意常数.

4. (1)当 $a=-1$，$b\neq0$ 时，线性方程组无解 $\boldsymbol{\beta}$ 不能由 $\boldsymbol{\alpha}_2,\boldsymbol{\alpha}_3,\boldsymbol{\alpha}_4$ 线性表示；

(2)当 $a\neq-1$ 时，线性方程组有唯一解，$\boldsymbol{\beta}$ 可由 $\boldsymbol{\alpha}_1,\boldsymbol{\alpha}_2,\boldsymbol{\alpha}_3,\boldsymbol{\alpha}_4$ 唯一地线性表示，且

$$\boldsymbol{\beta}=-\frac{2b}{a+1}\boldsymbol{\alpha}_1+\frac{a+b+1}{a+1}\boldsymbol{\alpha}_2+\frac{b}{a+1}\boldsymbol{\alpha}_3+0\boldsymbol{\alpha}_4.$$

5. 略.　6. 略.

第 四 章

习题 4-1

1. $\boldsymbol{\alpha}_0=\left(\frac{1}{3},\frac{2}{3},-\frac{2}{3}\right)^{\mathrm{T}}$.　2. (1)$\frac{\pi}{2}$；(2)$\frac{\pi}{4}$.　3. $\boldsymbol{\gamma}=(1,0,1)^{\mathrm{T}}$.

4. $\boldsymbol{\eta}_1=\left(\frac{1}{\sqrt{3}},\frac{1}{\sqrt{3}},-\frac{1}{\sqrt{3}}\right)^{\mathrm{T}}$，$\boldsymbol{\eta}_2=\left(-\frac{1}{\sqrt{14}},\frac{3}{\sqrt{14}},\frac{2}{\sqrt{14}}\right)^{\mathrm{T}}$，$\boldsymbol{\eta}_3=\left(-\frac{5}{\sqrt{42}},\frac{1}{\sqrt{42}},-\frac{4}{\sqrt{42}}\right)^{\mathrm{T}}$.

5. $\boldsymbol{\alpha}_2=(1,1,0)^{\mathrm{T}}$，$\boldsymbol{\alpha}_3=\left(\frac{1}{2},-\frac{1}{2},-1\right)^{\mathrm{T}}$.　6. 略.

习题 4-2

1. $\lambda_1=2$，$\boldsymbol{\alpha}_1=(1,1)^{\mathrm{T}}$；$\lambda_2=4$，$\boldsymbol{\alpha}_2=(-1,1)^{\mathrm{T}}$.

2. $\lambda_1=2$，$\boldsymbol{\alpha}_1=(0,0,1)^{\mathrm{T}}$；$\lambda_2=\lambda_3=1$，$\boldsymbol{\alpha}_2=(-1,-2,1)^{\mathrm{T}}$.

3. (1)2，-4，6；(2)1，$-\frac{1}{2}$，$\frac{1}{3}$.

4. 9.

5. 0 或 1.

6. 略.

习题 4-3

1. 相似.　2. $\begin{pmatrix}2&&\\&2&\\&&-7\end{pmatrix}$.　3. $a=-1$.　4. $\begin{pmatrix}1&2^{99}-1&2^{99}\\0&2^{99}&2^{99}\\0&2^{99}&2^{99}\end{pmatrix}$.

5. (1)$a=-3$，$b=0$，$\lambda=-1$；(2)不能对角化.

6. $\boldsymbol{P}=\begin{pmatrix}\frac{\sqrt{3}}{3}&-\frac{\sqrt{2}}{2}&-\frac{\sqrt{6}}{6}\\\frac{\sqrt{3}}{3}&\frac{\sqrt{2}}{2}&-\frac{\sqrt{6}}{6}\\\frac{\sqrt{3}}{3}&0&\frac{\sqrt{6}}{3}\end{pmatrix}$.　7. 略.

习题 4-4

1. $\begin{pmatrix}1&3&5\\3&5&7\\5&7&9\end{pmatrix}$.　2. $a=-3$.

3. $\begin{pmatrix} x_1 \\ x_2 \\ x_3 \end{pmatrix} = \begin{pmatrix} \frac{1}{3} & -\frac{2}{\sqrt{5}} & -\frac{2}{\sqrt{45}} \\ \frac{2}{3} & \frac{1}{\sqrt{5}} & -\frac{4}{\sqrt{45}} \\ \frac{2}{3} & 0 & \frac{5}{\sqrt{45}} \end{pmatrix} \begin{pmatrix} y_1 \\ y_2 \\ y_3 \end{pmatrix}$.

4. $f=y_1^2-y_2^2+9y_3^2$.

5. $C=\begin{pmatrix} 1 & 1 & -\frac{1}{2} \\ 1 & -1 & -\frac{1}{2} \\ 0 & 0 & 1 \end{pmatrix}$.

习题 4-5

1. 负定. 2. $0<a<1$. 3. $-3<a<1$. 4. 略. 5. 略.

习题 4-6

1. $Q_{\max}=4$，$x_1=x_2=\frac{\sqrt{2}}{2}$.

2. $x=16$，$y=11$，$U_{\max}=216$.

总习题四(A)

一、选择题

1. B. 2. D. 3. B.

二、填空题

1. 3，-1，5. 2. 1，-1. 3. 2. 4. $k>-1$ 且 $k\neq 0$.

三、解答题

1. (1)6；(2)6，3，2；(3)11.

2. 略. 3. 略.

总习题四(B)

一、选择题

1. B. 2. A.

二、填空题

1. $\begin{pmatrix} 6 & & \\ & 3 & \\ & & 2 \end{pmatrix}$. 2. 2. 3. 3.

三、解答题

1. (1)$P=\begin{pmatrix} -\frac{1}{\sqrt{2}} & \frac{1}{\sqrt{6}} & \frac{1}{\sqrt{3}} \\ \frac{1}{\sqrt{2}} & \frac{1}{\sqrt{6}} & \frac{1}{\sqrt{3}} \\ 0 & -\frac{2}{\sqrt{6}} & \frac{1}{\sqrt{3}} \end{pmatrix}$；(2)-1.

2. (1) $a=5$，$b=6$；(2) $\boldsymbol{P}=\begin{pmatrix}1 & -1 & 1\\ 0 & 1 & -2\\ 1 & 0 & 3\end{pmatrix}$.

3. (1) 2，-2，0；(2) $k>2$.

4. 略.

5. 略.

第五章

习题 5-1

1. 构成线性空间.

2. $\mathbf{P}^n$ 构成数域 $\mathbf{P}$ 上的线性空间.

3. $C[a,b]$ 构成数域 $\mathbf{R}$ 上的线性空间.

4. V 不构成数域 $\mathbf{R}$ 上的线性空间.

5. 略.

6. 略.

7. 略.

习题 5-2

1. $\boldsymbol{p}_1=1$，$\boldsymbol{p}_2=x$，$\boldsymbol{p}_3=x^2$，$\boldsymbol{p}_4=x^3$.

2. $(33,-82,154)^{\mathrm{T}}$.

3. 略.

4. 证明略；$\left(\frac{5}{7},\frac{10}{7},-\frac{1}{7}\right)$，$\left(-\frac{2}{7},\frac{3}{7},\frac{6}{7}\right)$.

5. $\boldsymbol{\alpha}_1,\boldsymbol{\alpha}_2$ 线性无关，所以它是一个基；$\dim L(\boldsymbol{\alpha}_1,\boldsymbol{\alpha}_2,\boldsymbol{\alpha}_3)=2$.

6. 维数是 2，一组基为 $\boldsymbol{\xi}_1=(2,-2,1,0)^{\mathrm{T}}$，$\boldsymbol{\xi}_2=\left(\frac{5}{3},-\frac{3}{4},0,1\right)^{\mathrm{T}}$.

习题 5-3

1. $\begin{pmatrix}-\frac{3}{2} & -2\\ \frac{5}{2} & 3\end{pmatrix}$.

2. $(1,-2,6)^{\mathrm{T}}$.

3. 过渡矩阵 $\boldsymbol{P}=\begin{pmatrix}2 & 0 & 5 & 6\\ 1 & 3 & 3 & 6\\ -1 & 1 & 2 & 1\\ 1 & 0 & 1 & 3\end{pmatrix}$；在基 $\boldsymbol{\beta}_1,\boldsymbol{\beta}_2,\boldsymbol{\beta}_3,\boldsymbol{\beta}_4$ 下的坐标为

$$\boldsymbol{P}^{-1}\begin{pmatrix}x_1\\x_2\\x_3\\x_4\end{pmatrix}=\begin{pmatrix}\frac{4}{9}&\frac{1}{3}&-1&-\frac{11}{9}\\ \frac{1}{27}&\frac{4}{9}&-\frac{1}{3}&-\frac{23}{27}\\ \frac{1}{3}&0&0&-\frac{2}{3}\\ -\frac{7}{27}&-\frac{1}{9}&\frac{1}{3}&-\frac{26}{27}\end{pmatrix}\begin{pmatrix}x_1\\x_2\\x_3\\x_4\end{pmatrix}.$$

4. $\left(\frac{1}{2},-1\right)^{\mathrm{T}}$.　5. 略.

习题 5-4

1. 略.　2. 略.

3. $\begin{pmatrix}a_{22}&a_{21}\\a_{12}&a_{11}\end{pmatrix}$.

4. $\begin{pmatrix}0&0&0&0\\3&0&0&0\\0&2&0&0\\0&0&1&0\end{pmatrix}$.

5. (1) $\begin{pmatrix}1&0&0\\0&1&0\\0&0&0\end{pmatrix}$；(2) $\begin{pmatrix}1&0&1\\0&1&1\\0&0&0\end{pmatrix}$.

习题 5-5

1. $y=\begin{pmatrix}3\\1\end{pmatrix}$，几何意义就是把向量 $\boldsymbol{x}=\begin{pmatrix}1\\1\end{pmatrix}$ 变换为平面上另一个向量 $\boldsymbol{y}=\begin{pmatrix}3\\1\end{pmatrix}$.

2. 几何意义是在变换 $\boldsymbol{x}\to\boldsymbol{A}\boldsymbol{x}$ 下，将空间中的点 $P(x_1,x_2,x_3)$ 投影到 x_1ox_2 平面上.

3. 变换后为平行四边形.

4. 是旋转变换.

5. 略.

总习题五(A)

一、选择题

B.

二、判断题

1. (1)是；(2)不是.

2. (1)不是；(2)是.

3. (1)是；(2)不是.

三、填空题

$\boldsymbol{\xi}_1=(-1,1,0,\cdots,0)^{\mathrm{T}}$，$\boldsymbol{\xi}_2=(-1,0,1,\cdots,0)^{\mathrm{T}}$，$\boldsymbol{\xi}_{n-1}=(-1,0,0,\cdots,1)^{\mathrm{T}}$ 是一组基；维数为 $n-1$.

四、解答题

1. $\boldsymbol{P}=\begin{pmatrix}1&0&0&0\\1&2&0&0\\2&1&3&0\\1&2&1&4\end{pmatrix}^{-1}\begin{pmatrix}1&1&0&0\\0&2&0&0\\0&0&1&-1\\0&0&1&-1\end{pmatrix}=\begin{pmatrix}1&1&0&0\\-\frac{1}{2}&\frac{1}{2}&0&0\\-\frac{1}{2}&-\frac{5}{6}&\frac{1}{3}&-\frac{1}{3}\\\frac{1}{8}&-\frac{7}{24}&\frac{1}{6}&-\frac{1}{6}\end{pmatrix}$.

2. (1)略;

(2)过渡矩阵$\begin{pmatrix}\cos b&\sin b&0&0\\-\sin b&\cos b&0&0\\0&0&\cos b&\sin b\\0&0&-\sin b&\cos b\end{pmatrix}$;

(3)$\boldsymbol{A}=\begin{pmatrix}a&b&1&\\-b&a&&1\\&&a&b\\&&-b&a\end{pmatrix}$.

3. (1)$\boldsymbol{A}=\begin{pmatrix}-3&2&1\\-5&5&3\\6&-5&-2\end{pmatrix}$; (2)$(3,5,9)^{\mathrm{T}}$.

4. $\boldsymbol{B}=\begin{pmatrix}2&4&4\\-3&-4&-6\\2&3&8\end{pmatrix}$.

5. 略.

总习题五(B)

一、选择题

C.

二、判断题

1. (1)是; (2)不是.

2. (1)不是; (2)是.

3. 构成一个基.

三、填空题

$k(1,1,-1)^{\mathrm{T}}$, $k\in\mathbf{R}$.

四、解答题

1. (1)$\boldsymbol{P}=\begin{pmatrix}\frac{16}{13}&1&1&1\\\frac{19}{13}&0&0&0\\\frac{20}{13}&1&0&1\\-\frac{9}{13}&0&1&1\end{pmatrix}$; (2)$\begin{pmatrix}13\\-23\\5\\3\end{pmatrix}$.

2. (1)$A_1=\begin{pmatrix} a_{33} & a_{32} & a_{31} \\ a_{23} & a_{22} & a_{23} \\ a_{13} & a_{12} & a_{11} \end{pmatrix}$；(2)$A_2=\begin{pmatrix} a_{11} & ka_{12} & a_{13} \\ \frac{a_{21}}{k} & a_{22} & \frac{a_{23}}{k} \\ a_{31} & ka_{32} & a_{33} \end{pmatrix}$；

(3)$A_3=\begin{pmatrix} a_{11}+a_{12} & a_{12} & a_{13} \\ a_{21}+a_{22}-a_{11}-a_{12} & a_{22}-a_{12} & a_{23}-a_{13} \\ a_{31}+a_{32} & a_{32} & a_{33} \end{pmatrix}$.

3. 略.

4. (1)略；(2)$\begin{pmatrix} 0 & -a_{12} & a_{21} & 0 \\ -a_{12} & a_{11}-a_{22} & 0 & a_{21} \\ a_{12} & 0 & a_{22}-a_{11} & -a_{21} \\ 0 & a_{12} & -a_{21} & 0 \end{pmatrix}$.

5. (1)略；(2)略；(3)$\begin{pmatrix} 0 & 1 & 1 & 1 \\ 1 & 0 & 1 & 1 \\ 1 & 1 & 0 & 1 \\ 1 & 1 & 1 & 0 \end{pmatrix}$；(4)$(0,1,2,3)^T$，$(2,1,0,-1)^T$.

第　六　章

习题 6-1

1. 请读者自己查阅资料.
2. 解压 MATLAB 软件安装包，双击应用程序 setup，按提示一步一步往下进行.
3. MATLAB 软件的主要功能有数值计算、符号计算、绘图、编程、仿真等.
4. MATLAB 主窗口包括工具栏、工作空间窗口、历史命令窗口、命令行窗口等.
5. **方法一**　A=[-2 -3 -5 -5 -6;3 6 9 9 12;3 5 30 15 30;3 5 15 30 30;2 3 6 6 24]；

   方法二　A=[-2,-3,-5,-5,-6;3,6,9,9,12;3,5,30,15,30;3,5,15,30,30;2,3,6,6,24].
6. exit，quit.

习题 6-2

1. $2AB=\begin{pmatrix} 2 & -14 & 2 \\ 2 & 38 & 28 \\ -10 & 74 & 2 \end{pmatrix}$.

2. $AB-BA=\begin{pmatrix} 2 & 2 & -2 \\ 2 & 0 & 0 \\ 4 & -4 & -2 \end{pmatrix}$.

3. $A'=\begin{pmatrix} 1 & -1 & -4 \\ -2 & -3 & 5 \\ 3 & 4 & 2 \end{pmatrix}$，$A^2=\begin{pmatrix} -9 & 19 & 1 \\ -14 & 31 & -7 \\ -17 & 3 & 12 \end{pmatrix}$.

4. $A^{-1}=\begin{pmatrix}0.3 & 0.2 & -0.1\\ 2.2 & -0.2 & 0.6\\ -0.7 & 0.2 & -0.1\end{pmatrix}$.

5. $A.\hat{}2=\begin{pmatrix}1 & 4 & 9\\ 16 & 25 & 36\end{pmatrix}$.

6. $A.{}^*B=\begin{pmatrix}3 & 1 & -1\\ 4 & -1 & 0\end{pmatrix}$.

习题 6-3

1. $\mathrm{tril}(\mathrm{triu}(A))=\begin{pmatrix}1 & 0 & 0 & 0\\ 0 & 6 & 0 & 0\\ 0 & 0 & 11 & 0\end{pmatrix}$，或 $\mathrm{triu}(\mathrm{tril}(A))$.

2. $\mathrm{trace}(A)=88$.

3. $\mathrm{size}(A)=[3\quad 4]$，即矩阵 A 的行数为 3，列数为 4.

4. $\mathrm{eye}(6)=\begin{pmatrix}1 & 0 & 0 & 0 & 0 & 0\\ 0 & 1 & 0 & 0 & 0 & 0\\ 0 & 0 & 1 & 0 & 0 & 0\\ 0 & 0 & 0 & 1 & 0 & 0\\ 0 & 0 & 0 & 0 & 1 & 0\\ 0 & 0 & 0 & 0 & 0 & 1\end{pmatrix}$.

5. $\mathrm{ones}(6)=\begin{pmatrix}1 & 1 & 1 & 1 & 1 & 1\\ 1 & 1 & 1 & 1 & 1 & 1\\ 1 & 1 & 1 & 1 & 1 & 1\\ 1 & 1 & 1 & 1 & 1 & 1\\ 1 & 1 & 1 & 1 & 1 & 1\\ 1 & 1 & 1 & 1 & 1 & 1\end{pmatrix}$.

6. $\mathrm{rot90}(\mathrm{vander}([3\quad 5\quad 7\quad 9]))=\begin{pmatrix}1 & 1 & 1 & 1\\ 3 & 5 & 7 & 9\\ 9 & 25 & 49 & 81\\ 27 & 125 & 343 & 729\end{pmatrix}$.

习题 6-4

1. 令最初时各地区人口数对应的向量是 $x^{(0)}=\begin{pmatrix}564\\ 937\\ 623\end{pmatrix}$，则一年后各地区人口数对应的向量 $x^{(1)}=P*x^{(0)}=\begin{pmatrix}622.81\\ 764.64\\ 736.55\end{pmatrix}$，两年后各地区人口数对应的向量

$$x^{(2)}=P*x^{(1)}=\begin{pmatrix}641.5702\\ 662.4002\\ 820.0296\end{pmatrix},$$

即两年后各地区的人口数：地区 1 是 641.5702 万人，地区 2 是 662.4002 万人，地区 3 是 820.0296 万人.

2. 令

$$M=\begin{pmatrix}2700&4400&5100\\3500&3900&6200\\3300&5000&4700\end{pmatrix},\ N=\begin{pmatrix}2500&4200&4800\\3300&4000&6600\\3500&4800&5000\end{pmatrix},$$

则 sum((***M***+***N***)′)=[23700　27500　26300]，即 2018 年工厂 A 的总厂值是 23700 万元，工厂 B 的总厂值是 27500 万元，工厂 C 的总厂值是 26300 万元.

3. 令 $A=\begin{pmatrix}0.74&0.17\\0.26&0.83\end{pmatrix}$，$b=\begin{pmatrix}8367\\5942\end{pmatrix}$，则 $x^{(1)}=A*b=\begin{pmatrix}7202\\7107\end{pmatrix}$，$x^{(2)}=A*x^{(1)}\begin{pmatrix}6538\\7771\end{pmatrix}$，即一年后已婚女性 7202 人，单身女性 7107 人；两年后已婚女性 6538 人，单身女性 7771 人.

4. 在 MATLAB 中执行命令[P D]=eig(A)，可得逆矩阵

$$P=\begin{pmatrix}0.5774&0.7071&0.4082\\0.5774&-0.7071&0.4082\\-0.5774&0&0.8165\end{pmatrix},\ P^{-1}AP=\begin{pmatrix}0&0&0\\0&1&0\\0&0&3\end{pmatrix}.$$

5. 标准形是 $3y_1^2+y_2^2$.

6. 化简后为 $\frac{(x')^2}{-5}+\frac{(y')^2}{5/2}+\frac{(z')^2}{1}=1$，单叶双曲面.

总习题六(A)

一、填空题

1. $\begin{pmatrix}1&0&0&0\\-1&2&0&0\\0&3&2&0\end{pmatrix}$.

2. 2.

3. $A^{-1}=\begin{pmatrix}1&2&-1\\-1&-1&1\\-1&-3&2\end{pmatrix}$.

4. $\lambda^3-3\lambda^2+2\lambda-1=0$.

5. 15.

6. $x=0.93957179270394491322316790453312$.

二、解答题

1. (1) $2A-3B=\begin{pmatrix}-19&-28&-21\\38&43&-48\end{pmatrix}$；(2) $AB^{\mathrm{T}}=\begin{pmatrix}18&48\\14&-167\end{pmatrix}$；

(3) $A^{\mathrm{T}}B=\begin{pmatrix}-33&-36&57\\-64&-71&42\\81&90&-45\end{pmatrix}$.

2. $(A-B)(A+B)=\begin{pmatrix}-144&-12\\36&-24\end{pmatrix}$.

3. $3A^2-4A+2E=\begin{pmatrix}88 & -98 & 116\\ -180 & 225 & -262\\ 280 & -344 & 416\end{pmatrix}$.

4. 15.

5. $\begin{cases}x_1=-0.3333,\\ x_2=1.6667,\\ x_3=-0.3333.\end{cases}$

6. 特征值是 $\lambda_1=57.8034$，$\lambda_2=12.6147$，$\lambda_3=-0.6194$，$\lambda_4=3.2013$，$\lambda_5=15$；对应的特征向量是 $\boldsymbol{x}_1=\begin{pmatrix}-0.147\\ 0.274\\ 0.6491\\ 0.6491\\ 0.2461\end{pmatrix}$，$\boldsymbol{x}_2=\begin{pmatrix}0.1701\\ -0.2707\\ -0.5228\\ -0.5228\\ 0.5925\end{pmatrix}$，$\boldsymbol{x}_3=\begin{pmatrix}-0.9313\\ 0.3629\\ 0.0012\\ 0.0012\\ 0.0309\end{pmatrix}$，$\boldsymbol{x}_4=\begin{pmatrix}-0.3901\\ 0.9166\\ -0.0233\\ -0.0233\\ -0.0812\end{pmatrix}$，$\boldsymbol{x}_5=\begin{pmatrix}0\\ 0\\ 0.7071\\ -0.7071\\ 0\end{pmatrix}$.

总习题六(B)

一、解答题

1. $\boldsymbol{AB}-\boldsymbol{B}^{\mathrm{T}}\boldsymbol{A}=\begin{pmatrix}24 & -19 & 8 & -39\\ 0 & 6 & 1 & -5\\ 0 & -34 & -123 & 148\\ 41 & 23 & 24 & -56\end{pmatrix}$.

2. $\boldsymbol{A}^*=\begin{pmatrix}26 & 4 & -4 & 18\\ -2 & 0 & 0 & -2\\ -80 & -12 & 16 & -56\\ -31 & -4 & 6 & -21\end{pmatrix}$.

3. $\begin{cases}x_1=3.3333,\\ x_2=3.8889,\\ x_3=31.9556,\\ x_4=51.6667.\end{cases}$

4. $\boldsymbol{X}=\begin{pmatrix}3.3333 & -1.25\\ -3.3333 & 1.25\\ 1 & -0.25\end{pmatrix}$.

5. $\begin{cases}x=-2.1882274172028049321849673166889,\\ y=-0.887884693751423172297236265063 32.\end{cases}$

6. 标准形是 $-y_1^2-y_2^2+2y_3^2$.

二、应用题

1. 令 $\boldsymbol{M}=\begin{pmatrix}11 & 23 & 14\\ 32 & 26 & 25\\ 21 & 19 & 17\end{pmatrix}$，$\boldsymbol{N}=\begin{pmatrix}2150 & 3046 & 1572 & 4230\\ 1453 & 532 & 564 & 1782\\ 2134 & 2483 & 2598 & 2567\end{pmatrix}$，则

$$T=M*N=\begin{pmatrix}86945 & 80504 & 66636 & 123454\\ 159928 & 173379 & 129918 & 245867\\ 109035 & 116285 & 87894 & 166327\end{pmatrix}.$$

矩阵 T 的第 1 列、第 2 列、第 3 列、第 4 列元素从上到下分别是工厂 A、工厂 B、工厂 C、工厂 D 的原材料、劳动力、管理费成本.

2. 令 $A=\begin{pmatrix}0.88 & 0.07\\ 0.12 & 0.93\end{pmatrix}$，$b=\begin{pmatrix}176\\ 83\end{pmatrix}$，则 $A*b=\begin{pmatrix}160.69\\ 98.31\end{pmatrix}$，$A^3*b=\begin{pmatrix}138.244\\ 120.756\end{pmatrix}$，即 1 年后农村人口和城市人口各是 160.69 万、98.31 万，3 年后各是 138.244 万、120.756 万.

3. 令 $A=\begin{pmatrix}12 & 3 & 4 & 7\\ 5 & 6 & 2 & 5\\ 7 & 4 & 3 & 4\\ 8 & 2 & 3 & 6\end{pmatrix}$，$b=\begin{pmatrix}130\\ 75\\ 50\\ 90\end{pmatrix}$，$x=\begin{pmatrix}x_1\\ x_2\\ x_3\\ x_4\end{pmatrix}$，其中 x_1、x_2、x_3、x_4 分别为 1kg 午餐中含食物甲、乙、丙、丁的量(单位：g)，则有方程组 $2A^{\mathrm{T}}x=b$，解得

$$\begin{cases}x_1=1.8,\\ x_2=3,\\ x_3=3.1,\\ x_4=0.8.\end{cases}$$

4. 令 $A=\begin{pmatrix}0.74 & 0.13 & 0.06\\ 0.17 & 0.79 & 0.14\\ 0.09 & 0.08 & 0.8\end{pmatrix}$，$b=\begin{pmatrix}15\\ 9\\ 6\end{pmatrix}$，则 $x^{(1)}=Ab=\begin{pmatrix}12.63\\ 10.5\\ 6.87\end{pmatrix}$，$x^{(2)}=Ax^{(1)}=A^2b=\begin{pmatrix}11.1234\\ 11.4039\\ 7.4727\end{pmatrix}$，可以看出，1 年后从事农业、工业、商业的人数分别是 12.63 万、10.5 万、6.87 万，两年后分别是 11.1234 万、11.4039 万、7.4727 万.

用 MATLAB 命令 $[P,D]=\mathrm{eig}(A)$，求出

$$P=\begin{pmatrix}-0.4766 & -0.7402 & -0.5424\\ -0.7211 & 0.6685 & -0.2574\\ -0.5027 & 0.0717 & 0.7997\end{pmatrix},\ D=\begin{pmatrix}1 & 0 & 0\\ 0 & 0.6168 & 0\\ 0 & 0 & 0.7132\end{pmatrix}.$$

因为 $A=PDP^{-1}$，所以

$$x^{(n)}=Ax^{(n-1)}=\cdots=A^nb=(PD^nP^{-1})b$$

$$=\begin{pmatrix}-0.4766 & -0.7402 & -0.5424\\ -0.7211 & 0.6685 & -0.2574\\ -0.5029 & 0.0717 & 0.7997\end{pmatrix}\begin{pmatrix}1 & 0 & 0\\ 0 & 0.6168^n & 0\\ 0 & 0 & 0.7132^n\end{pmatrix}\begin{pmatrix}-0.588 & -0.588 & -0.588\\ -0.7507 & 0.6952 & -0.2854\\ -0.3025 & -0.4321 & 0.9062\end{pmatrix}\begin{pmatrix}15\\ 9\\ 6\end{pmatrix}$$

$$\xrightarrow{n\to+\infty}\begin{pmatrix}0.2803 & 0.2803 & 0.2803\\ 0.424 & 0.424 & 0.424\\ 0.2957 & 0.2957 & 0.2957\end{pmatrix}\begin{pmatrix}15\\ 9\\ 6\end{pmatrix}=\begin{pmatrix}8.4076\\ 12.7207\\ 8.8717\end{pmatrix}.$$

若干年后分别是 8.4076 万、12.7208 万、8.8716 万，从事各行业人数趋于稳定.

5. 设第 n 年 1 月统计的熟练工和非熟练工所占百分比分别为 x_n 和 y_n，记 $\boldsymbol{Z}_n=\begin{pmatrix}x_n\\y_n\end{pmatrix}$，则 $\boldsymbol{Z}_1=\begin{pmatrix}0.5\\0.5\end{pmatrix}$. 下面来确定 $\boldsymbol{Z}_n$ 与 $\boldsymbol{Z}_{n-1}$ 的关系式，根据已知条件可得

$$x_n=\left(1-\frac{1}{6}\right)x_{n-1}+\frac{2}{5}\left(\frac{1}{6}x_{n-1}+y_{n-1}\right)=0.9x_{n-1}+0.4y_{n-1},$$

$$y_n=\left(1-\frac{2}{5}\right)\left(\frac{1}{6}x_{n-1}+y_{n-1}\right)=0.1x_{n-1}+0.6y_{n-1},$$

即 $\boldsymbol{Z}_n=\boldsymbol{A}\boldsymbol{Z}_{n-1}$，其中 $\boldsymbol{A}=\begin{pmatrix}0.9&0.4\\0.1&0.6\end{pmatrix}$，$\boldsymbol{Z}_n=\boldsymbol{A}\boldsymbol{Z}_{n-1}=\boldsymbol{A}^2\boldsymbol{Z}_{n-2}=\cdots=\boldsymbol{A}^{n-1}\boldsymbol{Z}_1$.

将 $\boldsymbol{A}$ 对角化，使用 MATLAB 命令 $[\boldsymbol{P},\boldsymbol{D}]=\text{eig}(\boldsymbol{A})$，求出

$$\boldsymbol{P}=\begin{pmatrix}0.9701&-0.7071\\0.2425&0.7071\end{pmatrix},\ \boldsymbol{D}=\begin{pmatrix}1&0\\0&0.5\end{pmatrix}.$$

因为 $\boldsymbol{A}=\boldsymbol{P}\boldsymbol{D}\boldsymbol{P}^{-1}$，所以

$$\begin{aligned}\boldsymbol{Z}_n&=(\boldsymbol{P}\boldsymbol{D}\boldsymbol{P}^{-1})^{n-1}\boldsymbol{Z}_1=(\boldsymbol{P}\boldsymbol{D}^{n-1}\boldsymbol{P}^{-1})\boldsymbol{Z}_1\\&=\begin{pmatrix}0.9701&-0.7071\\0.2425&0.7071\end{pmatrix}\begin{pmatrix}1&0\\0&0.5^{n-1}\end{pmatrix}\begin{pmatrix}0.8246&0.8246\\-0.2828&1.1314\end{pmatrix}\begin{pmatrix}0.5\\0.5\end{pmatrix}\\&\xrightarrow{n\to+\infty}\begin{pmatrix}0.8&0.8\\0.2&0.2\end{pmatrix}\begin{pmatrix}0.5\\0.5\end{pmatrix}=\begin{pmatrix}0.8\\0.2\end{pmatrix}.\end{aligned}$$

容易看出，若干年后，每年 1 月熟练工和非熟练工所占百分比稳定在 80%和 20%.

6. 设第 n 周后，A 公司和 B 公司的基金分别为 x_n 和 y_n，则有

$$x_0=2600,\ y_0=2800,\ \begin{cases}x_n=0.9x_{n-1}+0.12y_{n-1},\\y_n=0.1x_{n-1}+0.88y_{n-1},\end{cases}$$

令

$$\boldsymbol{A}=\begin{pmatrix}0.9&0.12\\0.1&0.88\end{pmatrix},\ \boldsymbol{Z}_n=\begin{pmatrix}x_n\\y_n\end{pmatrix},$$

则

$$\boldsymbol{Z}_0=\begin{pmatrix}2600\\2800\end{pmatrix},\ \boldsymbol{Z}_n=\boldsymbol{A}\boldsymbol{Z}_{n-1}=\boldsymbol{A}^2\boldsymbol{Z}_{n-2}=\cdots=\boldsymbol{A}^n\boldsymbol{Z}_0.$$

将 $\boldsymbol{A}$ 对角化，用 MATLAB 命令 $[\boldsymbol{P},\boldsymbol{D}]=\text{eig}(\boldsymbol{A})$，求出

$$\boldsymbol{P}=\begin{pmatrix}0.7682&-0.7071\\0.6402&0.7071\end{pmatrix},\ \boldsymbol{D}=\begin{pmatrix}1&0\\0&0.78\end{pmatrix}.$$

因为 $\boldsymbol{A}=\boldsymbol{P}\boldsymbol{D}\boldsymbol{P}^{-1}$，所以

$$\begin{aligned}\boldsymbol{Z}_n&=(\boldsymbol{P}\boldsymbol{D}\boldsymbol{P}^{-1})^{n}\boldsymbol{Z}_0=(\boldsymbol{P}\boldsymbol{D}^{n}\boldsymbol{P}^{-1})\boldsymbol{Z}_0\\&=\begin{pmatrix}0.7682&-0.7071\\0.6402&0.7071\end{pmatrix}\begin{pmatrix}1&0\\0&0.78^{n}\end{pmatrix}\begin{pmatrix}0.71&0.71\\-0.6428&0.7714\end{pmatrix}\begin{pmatrix}2600\\2800\end{pmatrix}\\&\xrightarrow{n\to+\infty}\begin{pmatrix}0.5455&0.5455\\0.4545&0.4545\end{pmatrix}\begin{pmatrix}2600\\2800\end{pmatrix}=\begin{pmatrix}2945.5\\2454.5\end{pmatrix}.\end{aligned}$$

可以看出，经过一段时间后，A 公司和 B 公司的基金稳定在 2945.5 万元和 2454.5 万元，都大于 2200 万元，所以不需要调整基金.

参考文献

[1] 王鄂访，石生明. 高等代数[M]. 3版. 北京：高等教育出版社，2003.
[2] 北京大学数学系几何与代数教研室前代数小组. 高等代数[M]. 4版. 北京：高等教育出版社，2013.
[3] 杨桂元. 经济数学基础——线性代数[M]. 3版. 成都：电子科技大学出版社，2015.
[4] 同济大学数学系. 线性代数[M]. 6版. 北京：高等教育出版社，2014.
[5] DEEBA E，GUNAWARDENA A. 用MAPLE V学习线性代数[M]. 邱维声，译. 北京：高等教育出版社，2001.
[6] 同济大学数学系. 线性代数[M]. 北京：人民邮电出版社，2017.
[7] 陈建龙，周建华，张小向，等. 线性代数[M]. 北京：科学出版社，2016.
[8] 吴赣昌. 线性代数(经济类)[M]. 5版. 北京：中国人民大学出版社，2006.
[9] 邓方安，陈露，潘宁. 线性代数[M]. 北京：国防工业出版社，2013.
[10] 江惠坤，绍荣，范红军. 线性代数讲义[M]. 北京：科学出版社，2013.
[11] 郑列，耿亮. 线性代数应用与提高[M]. 2版. 北京：科学出版社，2012.
[12] 邱森. 线性代数[M]. 2版. 武汉：武汉大学出版社，2013.
[13] LAY D C. Linear Algebra and Its Applications[M]. 沈复兴，傅莺莺，莫单玉，等译. 北京：人民邮电出版社，2007.
[14] 苗佳晶，郭渝生. 线性代数[M]. 长春：东北师范大学出版社，2012.
[15] 吴赣昌. 线性代数(理工类)[M]. 5版. 北京：中国人民大学出版社，2017.
[16] 华中科技大学数学系. 线性代数[M]. 3版. 北京：高等教育出版社，2008.
[17] 李宗强. 经济数学——线性代数[M]. 北京：中国水利水电出版社，2014.
[18] 朱时琍，王学蕾. 线性代数[M]. 北京：人民邮电出版社，2016.
[19] 朱祥和. 线性代数及应用[M]. 武汉：华中科技大学出版社，2016.
[20] 谢国瑞. 线性代数及应用[M]. 北京：高等教育出版社，2000.
[21] 张杰，邹杰涛. 线性代数及应用[M]. 北京：中国财政经济出版社，2010.
[22] 邱森. 线性代数探究性课题精编[M]. 武汉：武汉大学出版社，2011.
[23] 陈怀琛. 实用大众线性代数(MATLAB版)[M]. 西安：西安电子科技大学出版社，2014.
[24] LAY D C，LAY S R，MCDONALD J J. 线性代数及其应用[M]. 刘深泉，张万芹，陈玉珍，等译. 5版. 北京：机械工业出版社，2018.
[25] 杨桂元. 经济数学基础——概率论与数理统计[M]. 2版. 成都：电子科技大学出版社，2008.
[26] 盛骤，谢式千，潘承毅. 概率论与数理统计[M]. 4版. 北京：高等教育出版社，2008.
[27] 符名培. 线性代数[M]. 武汉：华中科技大学出版社，2002.
[28] 李庆扬，王能超，易大义. 数值分析[M]. 5版. 北京：清华大学出版社，2008.